CATALOGUE

DE LA

BIBLIOTHÈQUE

DE

M. THÉODORE REINACH

MEMBRE DE L'INSTITUT DE FRANCE

ANTIQUITÉS
BEAUX-ARTS
HISTOIRE
RELIGIONS
etc.

PARIS
LIBRAIRIE GIRAUD-BADIN
128, Boulevard Saint-Germain

1930

CATALOGUE

DE LA

BIBLIOTHÈQUE

DE

M. THÉODORE REINACH

MEMBRE DE L'INSTITUT DE FRANCE

ANTIQUITÉS
BEAUX-ARTS
HISTOIRE
RELIGIONS
etc.

PARIS
LIBRAIRIE GIRAUD-BADIN
128, Boulevard Saint-Germain

—

1930

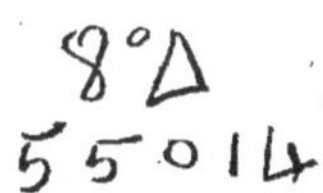

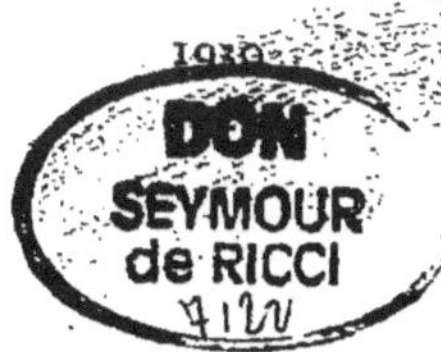

L'importante bibliothèque de feu M. Théodore Reinach, membre de l'Institut, sera vendue aux enchères dans le courant du mois de novembre 1930. La date des vacations sera ultérieurement annoncée.

Les héritiers se réservent d'ici là la faculté de céder à l'amiable tout ou partie de la bibliothèque.

◁ ◻ ▷

Pour tous renseignements,
s'adresser à la Librairie Giraud-Badin,
128, Boulevard Saint-Germain, Paris.

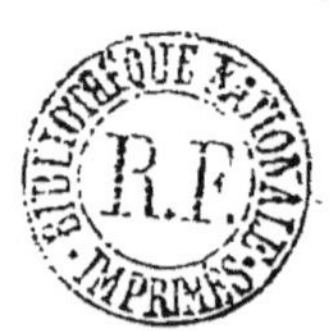

OUVRAGES GÉNÉRAUX

BIBLIOGRAPHIE

1. **Brunet** (Jacques-Charles). Manul du libraire et de l'amateur de livres. *Paris*, 1860-65, 6 vol. in-8.

Figures.

2. **Brunet** (G.) et **Deschamps** (P.). Manuel du libraire et de l'amateur de livres. Supplément. *Paris*, 1878-80, 2 vol. in-8 brochés.

Un coin de la couverture manque au deuxième volume.

3. **Brunet** (Gustave). Curiosités bibliographiques et artistiques. Livres, manuscrits et gravures qui, en vente publique, ont dépassé le prix de mille francs... *Genève*, 1867, in-8.

Tirage à 262 exemplaires numérotés.

4. **Chavigny** (P.). Organisation du travail intellectuel. *Paris*, 1918, in-12.

Figures.

5. **Cohen** (Henry). Guide de l'amateur de livres à vignettes du XVIIIe siècle. *Paris*, 1870, in-8.

Tirage à 550 exemplaires.

6. **Crottet** (L.). Supplément à la 5e édition du Guide de l'amateur de livres à figures du XVIIIe siècle. *Amsterdam*, 1890, in-8.

7. **Coyecque** (E.) et **Debraye** (H.) [Catalogue général des manuscrits des Bibliothèques publiques de France]. Paris, Chambre des Députés. *Paris*, 1907, in-8 broché.

8. **Dreux** (André). La Bibliothèque des aveugles. Préface de Pierre Loti. *Paris*, 1917, in-12.

9. **Engelmann** (Wilhelm). Bibliotheca scriptorum classicorum et graecorum et latinorum... *Leipzig*, 1858, in-8.

10. — Le même ouvrage. *Leipzig*, 1880-1882, 2 vol. in-8.

11. **Fisher** (Richard). Introduction to a Catalogue of the early Italian prints in the British Museum. *Londres*, 1886, in-8.

12. **Fournier** (F.-J.). Dictionnaire portatif de bibliographie. *Paris*, 1805, in-8.

13. **Grand-Carteret** (John). Les almanachs français. *Paris*, 1896, in-8.

Figures et planches.

14. **Graux** (Charles). Notices bibliographiques. *Paris*, 1884, in-8.

15. **Halphen** (Louis). L'histoire en France depuis cent ans. *Paris*, 1914, in-16.

16. **Hase** (Oscar). Die Koberger. Eine Darstellung des buchändlerischen Geschäftsbetriebes... *Leipzig*, 1885, in-8.

17. **Jordell** (D.). Répertoire bibliographique de la librairie française, 1902, 1903. *Paris*, 1903, 1904, 2 vol. in-8.

18. — Répertoire bibliographique des principales revues françaises, 1897, 1898, 1899. *Paris*, 1898, 1899, 1900, 3 vol. in-8 reliés en un.

19. Jouaust (D.). Aux bibliophiles. Ultima. *Paris*, 1891, in-8, broché.

Portrait. Tirage à 300 exemplaires. Envoi d'auteur signé à M. Ephrussi.

20. Kristeller (Paul). Die strassburger Bücher-Illustration. *Leipzig*, 1888, in-8.

Figures et planches.

21. Lampros (P.). Κατάλογος τῶν ἐν τῇ κατὰ τὴν Ἄνδρον μονῇ τῆς Ἁγίας Κωδίκων ὑπὸ Π. Λάμπρου. *Athènes*, 1898, in-8.

22. Langlois (Ch.) et **Stein** (H.). Les archives de l'histoire de France. *Paris*, 1891, in-8.

23. Langlois (Ch.-V.). Manuel de bibliographie historique. *Paris*, 1901-1904, in-8.

24. Marouzeau (J.). Dix années de bibliographie classique. *Paris*, 1927, in-8, broché.

1re partie : auteurs et textes.

25. Mau (August). Katalog der Bibliothek des kaiserlich deutschen archaeologischen Instituts in Rom. *Rome*, 1900-1902, 2 vol. in-8.

26. Müntz (Eugène). La Bibliothèque du Vatican au XVIe siècle. *Paris*, 1886, pet. in-12.

27. Omont (Henri). Inventaire sommaire des manuscrits grecs de la Bibliothèque Nationale. *Paris*, 1886-1888, 3 vol. in-8. 1 vol. de table. *Paris*, 1898.

28. — Bibliothèque Nationale. Catalogue des manuscrits grecs, latins, français et espagnols et des portulans, recueillis par feu Emmanuel Miller. *Paris*, 1897, in-8.

29. — Catalogue des manuscrits grecs de la Bibliothèque de Fontainebleau sous François Ier et Henri II. *Paris*, 1889, in-4.

30. Ricci (Seymour de). Les manuscrits de la collection Henry Yates Thompson. *Paris*, 1926, in-4, broché.

31. — A hand-list of a collection of books and manuscripts belonging to the right hon. Lord Amherst of Hackney. *Cambridge*, 1906, in-8.

Fac-similés. Imprimé seulement au recto.

32. Rivoli (Duc de). Bibliographie des livres à figures vénitiens. *Paris*, 1892, in-8.

Figures et planches.

33. Rye (Reginald-Arthur). Catalogue of the printed books and manuscripts forming the library of Frederic David Mocatta. *Londres*, 1904, in-8.

Portraits.

34. Stein (Henri). Manuel de bibliographie générale. *Paris*, 1897, in-8.

35. Teubner. Forschung und Unterricht. Einblicke in ihre Arbeit aus Verlagswerken von B. G. Teubner. *Leipzig*, 1914, in-8.

Portraits.

36. Tisserant (Eugenius). Specimina Codicum orientalium. *Bonn*. 1914, in-8.

Fac-similés.

37. Bibliographie. 20 brochures, par H.-P. Marmottan, Seymour de Ricci, Rebelliau, Aug. Rondel, etc.

38. Bibliothéconomie. Environ 15 brochures.

39. Bibliothèque de la ville de Lyon. Documents paléographiques, typographiques, iconographiques. [*Lyon*, 1923], in-4.

Fac-similés. Planches en couleurs. N° II.

40. Bibliothèque des Avocats à la Cour d'Appel de Paris. Catalogue des livres imprimés, *Paris*, 1880-1882, 2 vol. in-8.

41. Bibliothèque Nationale. Nouvelles acquisitions du département des manuscrits pendant les années 1891-1910. *Paris*, 1912, in-8, broché.

42. — Notices et extraits des manuscrits de la Bibliothèque Nationale et autres bibliothèques publiés par l'Académie des Inscriptions et Belles-Lettres. *Paris*, 1916, 2 vol. in-4. T. XXXIX (2e partie) et XL.

43. Library of the Societies for the promotion of Hellenic and Roman studies (Catalogue of the). *Londres*, 1924, in-8.

44. Bibliothèque Léon Abrami. Livres illustrés du XVIIIe siècle reliés en maroquin, la plupart armoriés ou ornés de dentelles. *Paris*, 1926, in-4, broché.

Planches.
La vente de cette collection n'ayant pas eu lieu, ce catalogue a été tiré à très petit nombre à titre documentaire.

45. Bibliothèque Horace de Landau. *Florence*, 1885-1890, 2 vol. in-8, brochés.

46. Bibliothèque Alfred Piat. *Paris*, 1898, in-8, broché.

3e partie.

47. Bibliothèque Ernest Renan. *Paris*, 1895, in-8.

48. Bibliothèque dramatique de Taylor. *Paris*, 1893, in-8, broché.

49. Florence (Palais de San Donato). Catalogue de la Bibliothèque. *Paris* [1880], in-4, broché.

Illustrations hors texte.

50. Cabinet d'un Curieux. Description de quelques livres rares. *Paris*, 1892, in-8.

Planches.
[Catalogue de la collection Lucien Double.]

51. Le même ouvrage.

52. Incunabula xylographica et chalcographica. *Munich*, Rosenthal, s. d., in-4.

Figures et planches.

53. Librairie rationaliste. Essai de bibliographie contemporaine sur le résumé de nos connaissances. *Paris*, 1906, in-8, broché.

54. Livres avec riches reliures historiques des XVIe, XVIIe et XVIIIe siècles. *Paris, Th. Belin*, 1912, in-4.

Planches.

55. Livres dans de riches reliures des XVIe, XVIIe, XVIIIe et XIXe siècles. *Paris, D. Morgand*, 1910, in-4, broché.

Planches.

56. Nomenclature des journaux et revues en langue française paraissant dans le monde entier. *Paris*, 1926-1927, in-8, broché.

57. Bulletin du Bibliophile, 1896-1919.

En fascicules, plus quelques années dépareillées et incomplètes.

58. Revue de bibliographie analytique. *Paris*, 1840-1845, 12 vol. in-8.

Rousseurs.

59. Congrès international des Bibliothécaires, 1900. Procès-verbaux et mémoires. *Paris*, 1901, in-8, broché.

DICTIONNAIRES — ALMANACHS
ANNUAIRES
REVUES GÉNÉRALES

ALLEMAND

60. Sanders (Daniel). Kurzgefasstes Wörterbuch der Hauptschwierigkeiten in der deutschen Sprache. *Berlin*, 1872, in-8.

61. — Wörterbuch der deutschen Sprache. *Leipzig*, 1860-1865, 3 vol. in-4, brochés.

62. Dictionnaire complet français-allemand-anglais, à l'usage des trois nations. *Leipzig*, A. Brockhaus, 1878, in-8.

63. Breul (Karl). A new German and English dictionary. *Londres*, s. d., in-8.

64. Burckhardt (G.-F.). Complete English-German and German-English pocket-dictionary. *Berlin*, s. d., 2 vol. in-12 reliés en un.

65. Kaltschmidt (J.-H.). Neues vollständiges Wörterbuch der englischen und deutschen Sprache. *Leipzig*, 1881, 2 vol. in-8, reliés en un.

66. Anonyme. New (A) pocket-dictionary of the English and German language. *Leipzig*, 1874, in-16.

67. Hermann (J.-T.). Nouveau dictionnaire des langues allemande et française. *Paris*, 1850, in-8.

Tome I : Allemand-français.

68. Sachs - Villatte. Encyclopädisches französisch-deutsches und deutsch-französisches Wörterbuch. *Berlin*, 1877-1881, 2 vol. in-8.

69. Valentini (Francesco). Gran dizionario grammatico - pratico italiano - tedesco, tedesco-italiano. *Leipzig*, 1836, 4 vol. in-4.

Rousseurs.

ANGLAIS

70. Nuttall (Austin). Routledge's pronouncing dictionary of the English language. *Londres*, 1873, in-8.

71. Walker (J.), [**J. Longmuir**]. The rhyming dictionary of the English language. *Londres*, s. d., in-8.

72. Smith (L.) et **Hamilton** ; **Hamilton** et **Legros**. Dictionnaire international anglais-français, français-anglais. *Paris*, 1875-1876, 2 vol. in-8.

ARABE

73. Barthélemy. Vocabulaire phraséologique français - arabe. *Leipzig - Vienne*, s. d., in-32.

74. Roland de Bussy (Th.). Petit dictionnaire français-arabe et arabe-français. *Alger*, 1910, in-16 (3e édition).

ÉGYPTIEN

75. Chardon. Dictionnaire démotique. *Paris*, 1897, in-8, broché.

Autographié (fascicules II et III).
Envoi d'auteur signé.

ESPAGNOL

76. Berbrugger (A.). Nouveau dictionnaire de poche français-espagnol. *Paris*, 1842, in-16.

Dos décollé.

77. Fonseca (Joseph de). Dictionnaire français-espagnol, espagnol-français. *Paris*, 1870, in-8.

Première planche et titre détachés.

78. Rozzol (Arturo de). Nouveau vocabulaire français-espagnol. *Paris*, s. d., in-32.

FRANÇAIS

79. Beaujean (A.). Dictionnaire de la langue française. *Paris*, 1882, in-8.

80. Brachet (A.). Dictionnaire étymologique de la langue française. *Paris*, s. d., in-12.

81. Lafaye (B.). Dictionnaire des synonymes de la langue française. *Paris*, 1878, in-8.

82. Noter (R. de), **Lécuyer** (H.), **Vuillermoz** (P.). Les synonymes. *Paris*, 1912, in-12, broché.

GREC

83. Chassang (A.). Dictionnaire grec-français. *Paris*, 1878, in-32.

En mauvais état : premier plat du cartonnage détaché.

84. Courtaud-Diverneresse (J.-J.). Dictionnaire français - grec. *Paris*, 1874, 2 vol. in-8.

85. Crönert (Wilhelm). Passow's Wörterbuch der griechischen Sprache. *Goettingue*, s. d., in-8.

Fascicules 1, 2 et 3.

86. Estienne (Henri). Θησαυρὸς τῆς Ἑλληνικῆς γλώσσης. *Paris*, Ed. Hase et Dindorf, 1831-1865, 9 vol. in-4 (le premier en 2 tomes).

87. Jackson (J.). Iambica. An English-Greek and Greek-English vocabulary for writers of iambic verse. *Londres*, 1909, in-12.

88. Koch (Dr A.). Griechisch-deutsches Taschenwörterbuch. *Berlin*, s. d., in-32.

89. Legrand (Emile). Nouveau dictionnaire français-grec moderne [— grec moderne-français]. *Paris*, s. d., 2 vol. in-32.

90. Liddell (H.-G.), **Scott** (Robert). A Greek-English lexicon. *Oxford*, 1925-26, 2 vol. in-8, brochés.

Fascicules 1 et 2.

91. Pape (W.). Griechisch - deutsches Handwörterbuch. *Brunswick*, 1888, 2 vol. in-8.

92. — Wörterbuch der griechischen Eigennamen. *Brunswick*, 1884, 2 vol. in-8, reliés en un.

93. Pernot (Hubert). Lexique français-grec moderne. *Paris*, 1915, in-16.

94. Sophocles (E.-A.). Greek lexicon of the Roman and Byzantine periods. *New-York-Leipzig*, 1904, in-4.

95. Van Herwerden (Henricus). Lexicon graecum suppletorium et dialecticum. Nouvelle édition. *Leyde*, 1910, 2 vol, in-8, brochés.

96. Vlachos. Λεξικόν Ἑλληνογαλλικόν. *Athènes*, 1897, in-8.

97. Etymologicum Gudianum. Edition A. de Stéfani. *Leipzig*, 1909, in-8.

Fascicule I.

98. Etymologicon magnum. Edition Thomas Gaisford. *Oxford*, 1848, in-4.

Planches en fac-similé.

HÉBREU

99. Sander (N.-Ph.), **Trenel** (I.). Dictionnaire hébreu-français. *Paris*, 1859, in-8.

HOLLANDAIS

100. Van Cuyck (Frans). [Vocabulaire] nederlandsch-fransch. *Paris*, 1903, in-32.

ITALIEN

101. Ronna (A.). Dictionnaire français-italien. *Paris*, s. d., in-32.

LATIN

102. Forcellini. Totius latinitatis lexicon opera et studio Ægidii Forcellini lucubratum et in hac editione post tertiam auctam et emendatam a Josepho Furlanetto... *Prato*, 1858-1875, 6 vol. in-4.

103. De Vit. Onomasticon. *Prato*, 1859-1887, 4 vol. in-4.

Supplément au Lexicon de Forcellini.

104. Quicherat (L.). Thesaurus poeticus linguae latinae. *Paris*, 1871, in-8.

Le dos et le premier feuillet détachés.

RUSSE

105. Makarov. Dictionnaire français - russe [— russe-français]. *Saint-Pétersbourg*, 1885-1887, 2 vol. in-8.

Tchèque

106. Rank (Josef). Kurzgefasstes Taschenwörterbuch der böhmischen und deutschen Sprache. *Vienne*, s. d., in-12.

Deutsch-böhmischer Theil.

Encyclopédies

107. Aus Natur und Geisteswelt. *Leipzig, B.-G. Teubner*, 1906-1911, 35 vol. in-12, plus 2 catalogues.

108. Belèze (G.). Dictionnaire universel de la vie pratique. *Paris*, 1867, in-8.

109. Bouillet (M.-N.). Dictionnaire universel des sciences, des lettres et des arts. *Paris*, 1872, in-8.

110. Gazier (A.). Nouveau dictionnaire classique illustré. *Paris*, 1887, in-12.

111. Grande Encyclopédie (**La**). *Paris, H. Lamirault*, s. d., 31 vol. in-8.

Figures. Cartes en couleurs.

112. Jal (A.). Dictionnaire critique de biographie et d'histoire. *Paris*, 1867, in-8.

Fac-similés.

113. Joanne (Adolphe). Dictionnaire géographique, administratif, postal, etc., de la France. *Paris*, 1872, in-8.

114. Kurchner. Taschen Konversations-Lexikon. *Berlin-Stuttgart*, s.d., in-32.

115. Lalanne (Lud.), **Renier** (I.), **Bernard** (Th.), etc. Biographie universelle des contemporains. *Paris*, 1861, in-12.

116. Larousse (Pierre). Dictionnaire complet illustré. *Paris*, 1896, in-12.

117. Larousse illustré (**Petit**). Nouveau Dictionnaire encyclopédique. *Paris*, 1906, in-8.

118. Meyer (Hermann-J.). Neues Konversations-Lexikon. *Hildburghausen* 1861-1868, 16 vol. in-8, plus 1 volume d'illustrations.

119. Meyers Hand-Lexikon des allgemeinen Wissens. *Leipzig*, 1878, 2 vol. in-8.

120. Savoie. Dictionnaire biographique et historique illustré. *Paris*, s. d., in-8.

Portraits.

121. Sittler (T.-J.). Dictionnaire abréviatif chiffré. *Paris*, 1868-1889, 5 vol. in-12 et in-8.

Tirages différents.

122. Vapereau (G.). Dictionnaire universel des contemporains. *Paris*, 1880, in-8.

Almanachs

123. Almanach de Gotha. Annuaire généalogique, diplomatique et statistique, 1901, 1908, 1913, 1919. *Gotha*, s. d., 4 vol. in-16.

Portraits.

124. Almanach explained (**The**), [1807].

Impression minuscule, étui.

125. Annuaire des Deux-Mondes, 1856-1867. *Paris*, 8 vol. in-8.

126. Annuaire général de la France et de l'étranger, 1925. *Paris*, s. d., in-8.

127. Calendrier pour l'an 1811. *Paris*, s. d., in-64.

Gravures hors texte.
On y joint un carnet blanc, reliure romantique.

128. Minerva, Jahrbuch der Gelehrten Welt, 1925. *Berlin-Leipzig*, s. d., in-8.

Revues générales

129. Académie royale des Sciences, des Lettres et des Beaux-Arts de Belgique Bulletin 1896-1898 (dernière année) et Table 1881-1895. Bulletin de la classe des Lettres et des Sciences morales et politiques et de la classe des Beaux-Arts, 1899 (origine) à 1928. *Bruxelles*, in-8.

Les deux dernières années en fascicules.

130. Au seuil de la vie. *Paris*, 1910-1911, in-8.

Illustrations dans le texte.

131. Cultura (La). *Roma*, 1902-1906 in-8.

2 volumes reliés, le reste en fascicules.

132. Deutsche Literaturzeitung, 1900-1926. *Berlin-Leipzig*, 39 vol. in-8.

Les années 1927 et 1928 en fascicules.

133. Journal des Savants. *Paris*, 1909-1926, 18 vol. in-4.

Les années 1927, 1928 en fascicules, plusieurs numéros dépareillés.

134. Revue critique d'histoire et de littérature. *Paris*, 1885-1928, 74 vol. in-8.

Les années 1927 et 1928 en fascicules.

135. Revue politique et parlementaire. Questions politiques, sociales et parlementaires, de l'origine (1895) à fin 1928. *Paris*, 101 vol. in-8,

Les années 1921 à 1928 en livraisons.

ACADÉMIES

136. Institut de France. Séances publiques, etc, in-4.

137. Académie des Beaux-Arts. Bulletin semestriel, 1925-1927. *Paris*, 1925-1927, 3 vol. in-8 (l'année 1927 en fasc.).

Illustrations dans le texte.

138. — Divers.

139. Académies. Mémoires inédits sur la vie et les ouvrages des membres de l'Académie Royale de peinture et de sculpture. Ed. Dussieux. *Paris*, 1854, 2 vol. in-8.

Envoi signé de l'un des éditeurs à M. Ch. Ephrussi.

140. Académie francaise. Séances publiques, discours de réception, éloges funèbres, etc...

141. Histoire de l'Académie royale des Inscriptions et belles-lettres. *Paris*, 1733, 2 vol. in-4.

Tomes VII et VIII. Mouillures.

142. Académie des Inscriptions et belles-lettres. Comptes rendus des séances de l'origine 1857 à 1928. *Paris*, Imp. Nat. 1858-1928, 69 vol. in-8.

Les années 1927 et 1928 en fascicules.

143. Mémoires de l'Institut national de France. Académie des Inscriptions et belles-lettres. *Paris*, 1916, 1920, 2 vol. in-4.

144. Académie des Inscriptions et belles-lettres. Séances publiques, discours de réception, éloges funèbres, etc...

145. Académie des Sciences. Divers.

146. Académie des Sciences morales et politiques. Séances publiques, éloges funèbres, etc...

147. Mémoires de l'Académie des Sciences, inscriptions et belles-lettres de Toulouse, X^{e} série, tome 111, *Toulouse*, 1903, in-8, broché.

148. Académie royale des Sciences, des lettres et des beaux-arts de Belgique, — Annuaires 1897-1928. *Bruxelles*, 1897-1928, 22 vol. in-12.

Le premier volume seul est relié.

149. — Notices biographiques et bibliographiques, 1896-1909. *Bruxelles*, 1897-1909, 2 vol. in-12.

150. — Règlements et documents concernant les trois classes. *Bruxelles*, 1896, in-12.

151. Académie royale de Belgique Divers.

SCIENCES AUXILIAIRES

PAPYROLOGIE

(*Voir aussi : Histoire de l'antiquité.*)

152. Bauer (Adolf) et **Strzygowski** (Josef). Eine alexandrinische Weltchronik. Text und Miniaturen eines griechischen Papyrus der Sammlung W. Goleniscev. *Vienne*, 1905, in-4.

Planches hors texte et en couleurs.

153. Bell (H. Idris). Jews and Christians in Egypt... illustrated by texts from Greek papyri in the British Museum. *Oxford*, 1924, in-8.

Coupures jointes.

154. Berger (Adolf). Die Strafklausen in den Papyrusurkunden. *Leipzig*, 1911, in-8.

155. British Museum. Greek papyri in the British Museum. Fac-similes. *London*, 1898-1907, 2 vol. in-fol.

156. Grenfell (B. P.) et **Hunt** (A. S.). Catalogue général des antiquités égyptiennes du Musée du Caire. Greek papyri. *Oxford*, 1903, in-4.

157. Le Caire (Musée). **Maspero** (Jean). Catalogue général des antiquités égyptiennes du Musée du Caire. Papyrus grecs d'époque byzantine. *Le Caire*, 1910, in-4.

Fac-similés. Tome I, premier fascicule.

158. Collart (Paul). Les papyrus Bouriant. *Paris*, 1926, in-4, broché.

159. Comparetti (D.) et **Vitelli** (G.). Papiri greco-egizii. Papiri fiorentini. *Milan*, 1905-1908, 3 fasc. in-4.

Fac-similés.

160. Druffel (Ernst von). Papyrologische Studien zum byzantinischen Urkundenwesen. *Munich*, 1915, in-8, broché.

161. [Egypte.] Aegyptische Urkunden aus den koeniglichen Museen zu Berlin. *Berlin*, 1892-1911, 4 vol. in-4, le dernier en fascicules.

162. Eitrem (S.). Papyri Osloenses. Fasc. I. Magical papyri. *Oslo*, 1925, in-8.

Planches.

163. Erman (Adolf) et **Krebs** (Fritz). Aus den Papyrus der königlichen Museen. *Berlin*, 1899, in-8.

Figures.

164. Fribourg. Mitteilungen aus der Freiburger Papyrus-Sammlung. *Heidelberg*, 1914, in-8.

165. Goodspeed (Edgar J.). Greek papyri from the Cairo Museum. *Chicago*, 1902, in-4.

166. Gradenwitz (Otto). Einführung in die Papyruskunde. *Leipzig*, 1900, in-8.

Le tome I seul paru.

167. Grenfell (Bernard P.). An Alexandrian erotic fragment and other Greek papyri chiefly Ptolemaic. *Oxford*, 1896, in-4.

Fac-similés.

168. Grenfell (Bernard P.) et **Hunt** (Arthur). The Hibeh papyri. *London*, 1906, in-4.

1re partie; fac-similés.

169. — The Amherst papyri. *London*, 1900-1901, 2 vol. in-4.

Fac-similés.

170. — New classical fragments and other Greek and Latin papyri. *Oxford*, 1897, in-4.

Fac-similés.

171. — The Oxyrhynchus papyri. *London*, 1898-1927, 17 vol. in-4.

Fac-similés.

172. — et **Hogarth** (David G.). Fayûm towns and their papyri. *London*, 1900, in-4,

Planches et fac-similés.

173. — et autres. The Tebtunis papyri, *London*, 1902-1907, 2 vol. in-4.

Fac-similés.

174. Henne (H.). Papyrus Graux, 1 et 2, 3 à 8. *Le Caire*, 1923-1927, 2 vol. in-4.

Planches en phototypie.

175. Herculanum. Herculanensium voluminum. *Oxford*, 1824-1825.

Reproduction de textes en lithographie.

176. Hiller v. Gaertringen. Aus der Belagerung von Rhodos 304 v. Chr. griechischer Papyrus der Kgl. Museen zu Berlin. *Berlin*, 1918, in-8.

Extrait.

177. Hunt (Arthur S.), **Johnson** (J. de M.), **Martin** (Victor). Catalogue of the Greek papyri in the John Rylands Library, Manchester. *Oxford*, 1911-1915, 2 vol. in-4.

Fac-similés.

178. Jouguet (Pierre). Papyrus de Théadelphie. *Paris*, 1911, in-8, broché.

179. Jouguet (Pierre), **Collart** (Paul), **Lesquier** (Jean), **Noual** (Maurice). Papyrus grecs. *Paris*, 1907-1914, 2 vol. in-4, en 4 fascicules brochés, plus un fasc. de planches.

180. Kalbfleisch (C.). Papyri Iandanae. *Leipzig*, 1913-1914, 4 vol. in-8. cartonnés.

181. Kalbfleisch (K.) et **Schone** (H.). Griechische Papyri medizinischen und naturwissenschaftlichen Inhalts. *Berlin*, 1905, in-4, broché.

Fac-similés.

182. Kenyon (F. G.). Greek papyri in the British Museum. *London*, 1893-1917, 5 vol. in-4.

183. — The palaeography of Greek papyri. *Oxford*, 1895, in-8.

Fac-similés.

184. Kornemann (Ernst) et **Meyer** (Paul M.). Griechische Papyri im Museum des oberhessischen Geschichtsvereins zu Giessen. *Leipzig*, 1910, in-4, en 3 fasc. brochés,

Tome I.

185. Kunst (Karl). Rhetorische Papyri im Auftrage der Berliner Papyruskomission. *Berlin*, 1923, in-8, broché.

Fac-similé.

186. Dikaiomata. Auszuge aus alexandrinischen Gesetzen und Verordnungen in einem Papyrus des philologischen Seminars der Universität Halle. *Berlin*, 1923, in-4.

Planches.

187. Letronne et **Brunet de Presle** (W.) Notices et extraits des manuscrits de la Bibliothèque impériale et autres Bibliothèques. T. XVIII (seconde partie). Notices et textes des papyrus grecs du Musée du Louvre et de la Bibliothèque impériale. *Paris*, 1865, in-4.

188. Mahaffy (John P.) et **Smyly** (J. Gilbart). The Flinders Petrie papyri. *Dublin*, 1891-1905, 3 vol. in-4 et atlas in-fol.

189. Meyer (P. M.). Juristische Papyri. *Berlin*, 1920, in-8, broché.

190 — Griechische Papyrusurkunden der hamburger Stadtbibliothek. *Leipzig* et *Berlin,* 1913-1924, 3 vol. in-4.

Planches.

191. Mitteis (Ludwig). Griechische Urkunden der Papyrussammlung zu Leipzig. *Leipzig,* 1906, in-4.

Planches. Tome I.

192. — et **Wilcken** (V.). Grundzüge und Chrestomathie der Papyruskunde. *Leipzig-Berlin,* 1912, 4 vol. in-8, brochés.

193. Nicole (Jules). Les papyrus de Genève. *Genève,* 1896-1900, 1 vol. in-4, en 2 fasc. brochés.

194. Peyron (A.). Papyri graeci Regii Taurinensis Musei Aegypti. *Taurini,* 1826-1827, 2 vol. in-4, reliés en 1.

195. Preisigke (Friedrich). Griechische Papyrus der Universitäts-und Landesbibliothek zu Strassburg. *Strasbourg,* 1906; *Leipzig,* 1912, in-4.

Tome I, 3 fascicules, fac-similés.

196. — Wörterbuch der griechischen Papyrusurkunden. *Berlin,* 1925-1927, 2 vol. in-4, en 6 fasc., brochés.

197. — Fachwörter des öffentlichen Verwaltungsdienstes Ægyptens in den griechischen Papyrusurkunden. *Göttingen,* 1915, in-8.

198. — Sammelbuch griechischer Urkunden aus Ægypten. *Strasbourg,* 1913-1918, 7 fasc. in-8, brochés.

199. — Berichtigungsliste der griechischen Papyrusurkunden aus Ægypten. *Strasbourg,* 1913, 2 vol. in-8.

200. — et **Spiegelberg** (Wilhelm). Die Prinz-Joachim-Ostraka. Griechische und demotische Beisetzungsurkunden fur Ibis-und Falken-Mumien. *Strasbourg,* 1914, in-8, broché.

Fac-similés.

201. Reinach (Théodore), **Spiegelberg** et **S. de Ricci**. Papyrus Théodore Reinach. Papyrus grecs et démotiques. *Paris,* 1905. in-8.

Planches.

202. — Le même ouvrage.

Planches.

203 Ricci (Seymour de). Bulletin papyrologique [1900-1922]. *Paris,* 4vol. in-8, brochés.

204. Rubensohn (O.). Elephantine-Papyri. *Berlin,* 1907, in-8.

Planches.

205. Sayce (A. H.) et **Cowley** (A. E.). Aramaic papyri discovered at Assuan. *Londres,* 1906, in-fol.

Fac-similés.

206. Schubart (W.). Ein griechischer Papyrus. *Berlin,* 1918, in-8.

Extrait.

207. — Einführung in die Papyruskunde. *Berlin,* 1918, in-8, broché.

Couverture muette.

208. — Papyri graeci Berolinenses. *Bonn.* 1911, in-8.

Recueil de planches en phototypie.

209. — et **Wilamowitz - Moellendorff** (U. von). Griechische Dichterfragmente. *Berlin,* 1907, 2 vol. in-4, brochés.

Fac-similés.

210. Scott (Edward). Aristotle on the Constitution of Athens. Facsimile of Papyrus CXXXI in the British Museum. *Londres,* 1891, in-fol.

211. Scuola papirologica (Studi della). *Milan,* 1915, in-8.

Tome I.

212. Viereck (Paul) et **Zucker** (Friedrich). Papyri, Ostraka und Wachstafeln aus Philadelphia im Fayûm. *Berlin,* 1926, in-8.

Planches.

213. Waszynski (Stefan). Die Bodenpacht agrargeschichtliche Papyrusstudien. *Leipzig,* 1905, in-8, broché.
Erster Band. Die Privatpacht.

214. Wessely (Carl) et **Krall** (Jacob). Corpus papyrorum Raineri archiducis Austriae. *Vienne,* 1895, 2 vol. in-4.

215. — Die pariser Papyri des Fundes von El-Fayûm. *Vienne,* 1889, in-4.

216. — Corpus papyrorum Hermopolitanorum. *Leipzig,* 1905, in-4.
1re partie.

217. — Catalogus papyrorum Raineri. Papyri N. 24858-25024 aliique in Socnopaei insula scripti. *Leipzig,* 1922, in-4.

218. — Textus graeci, qui in libro „ Papyrus Erzherzog Rainer Führer durch die Ausstellung Wien 1894 " descripti sunt. *Leipzig,* 1921, in-4.

219. Wilamowitz-Moellendorff (U. von). Dichterfragmente aus der Papyrussammlung der Kgl. Museen. *Berlin,* 1918, in-8.
Extrait.

220. Wilcken (Ulrich). Griechische Ostraka aus Ægypten und Nubien. *Leipzig-Berlin,* 1899, 2 vol. in-8.

221. Archiv fur Papyrusforschung publié sous la direction d'Ulrich Wilcken. *Leipzig,* 1901-1930, 9 vol. in-8.

222. Environ 10 brochures par B. Apostolidès, L. Barry, E. Bickermann, E. Biedermann, F. Boll, etc.

223. — Etudes diverses par MM. W. Cronert, P. Jouguet, Kalbfleisch, Seymour de Ricci et Wessely. 8 broch. in-4,

ÉPIGRAPHIE — PALÉOGRAPHIE

224. Auteurs grecs. Le „ Codex Schottanus ". Des extraits „ de Legationibus ". Ed. Justice. *Gand,* 1896, in-8.
Envoi d'auteur signé.

225. Baillet (Jules). Inscriptions grecques et latines des tombeaux des rois ou Syringes à Thèbes. *Le Caire,* 1920, in-4.
Planches, fac-similés, 1er fasc.

225 *bis* **Boeckh** (Aug.) et **Franz** (J.). Corpus inscriptionum graecarum. *Berlin,* 1828-1877, 4 vol. in-fol.

226. Buckler (W. H.). Lydian inscriptions. *Leyde,* 1924, in-4.
Planches.

227. Cagnat (René). L'Année épigraphique. Recueil des publications épigraphiques relatives à l'antiquité romaine. *Paris,* 1889-1927, 3 vol. in-8 [1888-1910].
La suite en fascicules.

228. — Cours d'épigraphie latine. *Paris,* 1898, in-8.
Envoi d'auteur signé.

229. — **Merlin** (A.), **Chatelain** (L.). Inscriptions latines d'Afrique. *Paris,* 1923, in-8.

230. Cauer (Paulus). Delectus inscriptionum graecarum. *Leipzig,* 1883, in-8.

231. Clerc (M.). De rebus Thyatirenorum. Commentatio epigraphica. *Paris,* 1893, in-8.

232. — Le même ouvrage, Trad. gr. Zakas. *Athènes,* 1900, in-8.

233. Collitz (Hermann). Sammlung der griechischen Dialekt-Inschriften. *Göttingen,* 1884-1915, 4 vol. reliés et 7 fascicules in-8.

234. Comparetti (Domenico). Le leggi di Gortyna e le altre iscrizioni arcaiche cretesi. *Milan,* 1893, in-4.
Fac-similés.

235. Dareste (R.), **Haussoullier** (B.) et **Reinach** (Théodore). Recueil des inscriptions juridiques grecques. *Paris,* 1891, 2 vol. in-8.

236. Delamarre (J.). Inscriptiones Amorgi et insularum vicinarum. *Berlin*, 1908, in-4, broché. (Inscr. graecae XII, 7.)

237. Delos. Inscriptiones Deli liberae. Rationes magistratuum. Tabulae Hieropoeorum. in-4, en feuillets. (I. G. XI.)

238. Delphes (Fouilles de). T. III. Epigraphie, en fascicules (6).

239. Dessau (Hermann). Inscriptiones latinae selectae. *Berlin*, 1892-1916, 5 vol. in-8, les 3 derniers brochés.

240. Diehl (Ernest). Inscriptiones latinae christianae veteres. *Berlin*, 1925-1928, 2 vol. in-8, brochés, le second en fasc., plus le 1er et 2e fasc. du t. III.

241. — Inscriptiones latinae. *Bonn*, 1912, in-8.

Planches, fac-similés.

242. Dimitsa (M. L.). Η Μακεδονία. *Athènes*, 1896, in-8.

243. Dittenberger (L.). Sylloge inscriptionum graecarum. *Leipzig*, 1883, in-8.

Add. mss.

244. — Le même ouvrage, *Leipzig*, 1898-1901, 3 vol. in-8.

245. — Le même ouvrage. *Leipzig*, 1915-1923, 5 vol. in-8, brochés.

246. — Orientis graeci inscriptiones selectae. Supplementum Sylloges inscriptionum graecarum. *Leipzig*, 1903, in-8.

Tome I. Notes mss. jointes.

247. — Inscriptiones atticae aetatis romanae. *Berlin*, 1878-1897, 3 vol. in-fol. (I. G. III.)

248. — Inscriptiones graecae Phocidis, Locridis, Aetoliae, Acarnaniae, insularum maris Ionii. *Berlin*, 1897, in-4. (I. G. IX, 1.)

249. — Inscriptiones Megaridis et Boeotiae. *Berlin*, 1892, in-4. (I, G. VII.)

250. — Orientis graeci inscriptiones selectae. *Leipzig*, 1905, 2 vol. in-8.

251. — et **Purgold** (Karl). Die Inschriften von Olympia. *Berlin*, 1896, in-fol.

Fac-similés.

252. Durrbach (Félix). Choix d'inscriptions de Délos. *Paris*, 1921, in-4.

Tome I, 1er fascicule.

253. — Inscriptiones Deli. *Berlin*, 1912, in-4. (I. G. XI, 2.)

254. — Inscriptions de Délos. Comptes des Hiéropes (nos 290-371). *Paris*, 1926, in-4.

255. Ehrle (Franciscus) et **Liebaert** (Paulus). Specimina codicum latinorum vaticanorum. *Bonn*, 1912, in-8.

Fac-similés.

256. Franchi de' Cavalieri (Pius) et **Lietzmann** (Johannes). Specimina codicum graecorum vaticanorum. *Bonn*, 1910, in-8.

Fac-similés.

257. Fränkel (Max.). Inscriptiones Argolidis. *Berlin*, 1912, in-4. (I. G. IV.)

258. — Die Inschriften von Pergamon. *Berlin*, 1890-1895, 2 vol. in-4.

Fac-similés.

259. Friedrich (C.). Inscriptiones insularum maris Thracici. *Berlin*, 1909, in-4, broché. (I. G. XII, 8.)

260. Froehner (W.). Musée national du Louvre. Les inscriptions grecques. *Paris*, s. d. in-12.

Illustrations hors texte.

261. Giry (A.). Manuel de diplomatique. *Paris*, 1894, in-8.

262. Grégoire (Henri). Recueil des inscriptions grecques chrétiennes d'Asie Mineure. *Paris*, 1922, in-4.

Tome I, 1er fascicule.

263. Gutscher (Hans). Die attischen Grabschriften. *Leoben*, 1890, in-8.

264. Halbherr (F.) et **Comparetti** (D.). [Inscriptions crétoises]. *S. l. n. d.*, in-4.
Plans et fac-similés.

265. Hicks (E. L.). A manual of Greek historical inscriptions. *Oxford*, 1882, in-8.

266. Hicks (E. L.) et **Hill** (G. F.). A manual of Greek historical inscriptions. *Oxford*, 1901, in-8.

267. Hiller von Gaertringen (Fr.). Inscriptiones Cycladum praeter Tenum. *Berlin*, 1903, in-4, broché. (I. G. XII, 5.)

268. — Inscriptiones Cycladum. *Berlin*, 1903-1909, in-4, broché. (I. G. XII, 5.)

269. — Inscriptiones atticae Euclidis anno anteriores. *Berlin*, 1924, in-4.

270. — Inscriptiones graecae insularum Symes, Teutlussae, Tebi, Nisyri, Astypalatae, Anaphes, Therae et Therasiae, Pholegandri, Meli, Cimoli. *Berlin*, 1898, in-4. (I. G. XII, 3.)

271. — Inscriptiones graecae insularum Rhodi, Chalces, Carpathi cum Saro Casi. *Berlin*, 1895, in-4. (I. G. XII, 1.)

272. — Inscriptiones insularum maris Aegaei. *Berlin*, 1904, in-4. (I. G. XII, 3.)

273. Hirschfeld (Gustave). Ueber die griechischen Grabschriften welche Geldstrafen anordnen. *S. l. n. d.*, in-8.

274. Hoffmann (E.). Sylloge epigrammatum Graecorum. *Halle*, 1893, in-8.
Fac-similés.

275. Hondius (J. J. E.). Novae inscriptiones atticae. *Leyde*, 1925, in-8, broché.
Fac-similés.

276. Imbert (J.-A.). Quelques inscriptions lyciennes. *Paris*, 1916, in-8, broché.

277. Janell (Walther). Ausgewählte Inschriften griechisch und deutsch. *Berlin*, 1906, in-8.
Fac-similé.

278. Kaibel (G.). Epigrammata graeca ex lapidibus collecta. *Berlin*, 1878, in-8.

279. — et **Lebègue** (Alb.). Inscriptiones Italiae et Siciliae. *Berlin*, 1890, in-4. (I. G. XIV.)

280. Kalinka (Ernest). Tituli Lyciae lingua lycia conscripti. *Vienne*, 1901, in-4.
Carte et vignettes.

281. Kern (Otto). Inscriptiones Graeciae septentrionalis. *Berlin*, 1908, in-4. (I. G. IX, 2.)

282. — Die Inschriften von Magnesia am Maeander. *Berlin*, 1900, in-4.

283. — Inscriptiones graecae. *Bonn*, 1913, in-8.
Pl., fac-similés.

284. Kirchhoff (A.). Studien zur Geschichte der griechischen Alphabets. *Berlin*, 1877, in-8.

285. — Inscriptiones atticae anno Euclidis vetustiores. *Berlin*, 1873, in-fol., et 1 vol. de supplément. (I. G. I.)

286. Kirchner (Johannes). Inscriptiones atticae Euclidis anno posteriores. *Berlin*, 1916, 4 vol. in-4.
Voluminis II et III editio minor, pars prima, 1er et 2e fasc., pars II, 1er fasc; pars IV, 1er fasc.

287. Koehler (Udalricus). Inscriptiones atticae aetatis quae est inter Euclidis annum et Augusti tempora. *Berlin*, 1877-1895, 5 vol. in-fol. (I. G. II.)

288. Kolbe (G.). Inscriptiones Laconiae, Messeniae, Arcadiae. *Berlin*, 1913, 2 vol. in-4. (I. G. V, 1.)

289. Laqueur (R.). Quaestiones epigraphicae et papyrologicae selectae. *Strasbourg*, 1904, in-8.

290. Larfeld (Wilhelm). Bericht über die griechische Epigraphik fur 1888-1894. *Berlin*, 1897, in-8.

291. Latyschev (Basilius). Inscriptiones antiquae orae septentrionalis Ponti Euxini. *St-Pétersbourg*, 1885-1901, 1916, 3 vol. in-4, dont 2 brochés.

292. — Inscriptiones regni Bosporani graecae et latinae. *Saint-Pétersbourg*, 1890, in-4.

293. Lidzbarski (Mark). Handbuch der nordsemitischen Epigraphik nebst ausgewählten Inschriften. *Weimar*, 1898, in-8 et atlas de pl. in-4, broché.

294. — Ephemeris fur semitische Epigraphik. *Giessen*, 1902-1915, 3 vol. in-8, (le 3e en fasc.).

Figures.

295. Loch (Ed.). De titulis graecis sepulcralibus. *Kœnigsberg*, 1890, in-8.

296. Loewy (Emmanuel). Inschriften griechischer Bildhauer. *Leipzig*, 1885, in-4.

Fac-similés.

297. Mentz (Georg). Handschriften der Reformationzeit. *Bonn*, 1912, in-8.

Fac-similés.

298. Michel (Charles). Recueil d'inscriptions grecques. *Bruxelles*, 1900, 1 vol. et 1 fasc. in-8.

299. Mommsen (Th.). Inscriptiones Confederationis helveticae latinae. *Zurich*, 1854, in-8.

300. Newton (C. T.). The collection of ancient Greek inscriptions in the British Museum. *Oxford*, 1874-1916, 4 parties en 6 vol. in-fol.

301. Orellius (Jo. Casp.). et **Henzen** (G.). Inscriptionum latinarum selectarum amplissima collectio ad illustrandam romanae antiquitatis disciplinam... *Zurich*, 1828-1856, 3 vol. in-8.

302. Paton (G. R.). Inscriptiones gracae insularum Lesbi, Nesi, Tenedi. *Berlin*, 1899, in-4. (I. G. XII, 2.)

303. Preger (Theodorus). Inscriptiones Graecae metricae. *Leipzig*, 1891, in-8.

304. Preisigke (Friedrich). Die Inschrift von Skaptoparene in ihrer Beziehung zur kaiserlichen Kanzlei in Rom. *Strasbourg*, 1917, in-8, broché.

305. Prou (Maurice). Manuel de paléographie latine et française. *Paris*, 1892, in-8.

306. Reinach (Salomon). Traité d'épigraphie grecque, précédé d'un Essai sur les inscriptions grecques par C. T. Newton. *Paris*, 1885, in-8.

307. Reinach (Th.). Bulletin annuel d'épigraphie grecque.

Extraits de la *Revue des Etudes grecques*. 2 fascicules, le reste collé sur feuilles volantes.

308. Roberts (E. S.) et **Gardner** (E. A.). An introduction to Greek epigraphy. *Cambridge*, 1887, 2 vol. in-8.

309. Roehl (Hermann). Inscriptiones graecae antiquissimae praeter atticas in Attica repertas. *Berlin*, 1882, in-4.

310. – Imagines inscriptionum graecarum antiquissimarum in usum scholarum. *Berlin*, 1894, in-4, broché.

Fac-similés.

311. Rome. Inscriptiones graecae ad res romanas pertinentes. *Paris*, 1901-1927, 3 vol. in-4.

Les t. I et IV en fascicules, le tome III relié. Le tome II n'a pas paru.

312. Roussel (P.). Inscriptiones Deli. *Berlin*, 1914, in-4.

313. Schinnerer (Fridericus). De epitaphiis Graecorum veterum. *Erlangen*, 1886, in-8.

314. Supplementum epigraphicum graecum. *Leyde*, 1923-1927, 2 vol. in-8, en fasc. et 1er fasc. du t. III.

315. Swoboda (Heinrich). Die griechischen Volksbeschlüsse, epigraphische Untersuchungen. *Leipzig*, 1890, in-8.

316. Thompson (Edward Maunde). Hand book of Greek and Latin palaeography. *Londres*, 1894, in-8.

Fac-similés.

317. Van Berchem (Max). Matériaux pour un Corpus inscriptionum arabicarum. 2e partie, Syrie du Sud. T. II, Jerusalem „ Haram ". *Le Caire*, 1920-1927, 3 fasc. in-4, 2 de pl. et 1 de texte.

318. Wescher (Carl). Étude sur le monument bilingue de Delphes. *Paris*, 1868, in-4.

319. — et **Foucart** (P.). Inscriptions recueillies à Delphes et publiées pour la première fois. *Paris*, 1863, in-8.

320. Wiegand (Theodor). Die puteolanische Bauinschrift. *Leipzig*, 1894, in-8.

321. Wilhelm (Adolf.). Beiträge zur griechischen Inschriftenkunde. *Vienne*, 1909, in-4.

322. Willmanns (G.). Exempla inscriptionum latinarum. *Berlin*, 1873, 2 vol. in-8.

323. Wunsch (Richard). Sethianische Verfluchungstafeln aus Rom. *Leipzig*, 1898, in-8.

324. Xanthoudidis. Χριστιανικαὶ 'επιγραφαὶ Κρήτης. *Athènes*, 1903, in-8.

325. Corpus inscriptionum semiticarum. *Paris*, 1881. in-4.

En fascicules. 1re partie : tome I, fasc. 1, 2, 3, 4; tome II, fasc. 1 et 4; 2e partie : tome I, fasc. 1, 2; 4e partie : tome I, fasc. 1, 2; tome II, fasc. 1, 2. Planches desdits fascicules. 12 cartons.

326. Répertoire d'épigraphie sémitique publié par la Commission du Corpus inscriptionum semiticarum. *Paris, Imp. nat.*, 1900-1919, 4 fasc. in-8.

Tome I, 1re liv.; tome II, 2e et 3e liv.; tome IV, 1re livr.

327. Revue épigraphique. 1901-1907. *Vienne* (Isère), 16 fasc. in-8.

Manque le n° 112. Même revue, publiée sous la direction d'Em. Espérandieu et Ad. Reinach, *Paris*, 1913-1914, 2 vol. in-8.

328. Documents épigraphiques et paléographiques.

1 carton. Notes mss., photographies, 1 cliché (verre).

329. Inscriptions grecques. Environ 45 brochures in-4 et in-8, de B. Apostolidès Belléli, Bourguet, Cumont, Halbherr, Haussoullier, etc. — 2 cartons.

330. Inscriptions latines. 5 brochures in-8.

Dont une de Th. Reinach : « A propos d'une épitaphe de Lyon » (1926). Carton.

MONNAIES ET MÉDAILLES

331. Armand (Alfred). Les médailleurs italiens des XVe et XVIe siècles. *Paris*, 1879, in-8.

Envoi à Ch. Ephrussi.

332. — Le même ouvrage. *Paris*, 1887, 3 vol. in-8.

333. Babelon (Ernest). Catalogue des monnaies grecques de la Bibliothèque Nationale. Les rois de Syrie, d'Arménie et de Commagène. *Paris*, 1890, in-8.

Figures et planches. Envoi d'auteur signé.

334. Babelon (Jean). La médaille et les médailleurs. *Paris*, 1927, in-8, broché.

Planches. Envoi d'auteur signé.

335. Bell (H. W.). Sardis. *Leyde*, 1916, in-4, broché.

Vol. XI. Coins, part. 1, 1910-1914.

336. **Beulé** (E.). Les monnaies d'Athènes. *Paris*, 1858, in-4.

337. **Boutkowski** (Alexandre). Dictionnaire numismatique pour servir de guide... *Leipzig*, 1877-1884, 3 vol. in-8.

Figures.

338. **British Museum**. (A Catalogue of the Greek coins of the.) — *London*, 1873-1927, 30 vol. in-8.

Figures et planches.
Collection complète très rare.

339. **Blanchet** (J. Adrien). Histoire monétaire du Béarn. *Paris*, 1893, in-8.

Planches. (Numismatique du Béarn, t. I).

340 — Nouveau manuel de numismatique du Moyen Age et moderne. *Paris*, 1890, 2 vol. in-12 et atlas.

341. **Head** (Barclay). A guide to the coins of the ancients (British Museum). *Londres*, 1889, in-8.

Relié à la suite :

Nisios (Aristote). Στοιχεῖα τῆς ἀρχαίας νομισματικῆς. *Athènes*, 1897, in-8.

342. — A guide to the principal gold and silver coins of the ancients from circ. B.C. 700 to A.D. 1 [British Museum]. *Londres*, 1889, in-8, en feuilles, pl.

343. **Mattingly** (Harold). Coins of the Roman Empire in the British Museum. *Londres*, 1923, in-8.

Tome I; Augustus to Vitellius. Planches.

344. **Wroth** (Warwick). Catalogue of the Imperial Byzantine coins in the British Museum. *Londres*, 1908, 2 vol. in-8.

Planches.

345. — Catalogue of the coins of the Vandals, Ostrogoths and Lombards and Empires of Thessalonica, Nicaea, and Trebizond in the British Museum *Londres*, 1911, in-8.

Planches hors texte.

346. **British Museum** : Acquisitions, 1887-1927.

Environ 30 brochures in-8, par W. Wroth et G.-F. Hill. Carton.

347. **Buchenau** (Heinrich). Grundriss der Münzkunde. *Leipzig-Berlin*, 1920, in-12.

Figures.

348. **Chabouillet** (A.) et **Muret** (E.) Catalogue général des monnaies gauloises. Mémoires sur la numismatique gauloise. *Paris*, 1878, in-fol.

Recueil de planches.

349. **Del Mar** (Alexandre). Les systèmes monétaires. Trad. A. Chabry, C. Besson-net-Favre. *Paris*, s. d., in-4.

350. **Deloche** (Maximin). Etudes de numismatique mérovingienne. *Paris*, 1890, in-8.

Envoi d'auteur signé.

351. **Engel** (Arthur) et **Serrure** (Raymond). Traité de numismatique moderne et contemporaine. *Paris*, 1897-1899, 2 vol. in-8.

Figures.

352. — Traité de numismatique du Moyen Age. *Paris*, 1891-1905, 3 vol. in-8.

Figures.

353. **Falbe** (U.), **Lindberg** et **Müller** (L.). Numismatique de l'ancienne Afrique. *Copenhague*, 1860-1862, 3 vol in-4, reliés en 1.

Figures. Rousseurs.

354. **Fillon** (Benjamin). Les médailleurs italiens des XVe et XVIe siècles. *Paris*, 1879, in-4.

Figures. Papier de Hollande.

355. **Friedensburg** (Ferd.). Die Münze in der Kulturgeschichte. *Berlin*, 1909, in-8.

356. — Le même ouvrage. *Berlin*, 1909, in-8.

Dos décollé. Figures dans le texte.

357. — Die Symbolik der Mittelalter münzen. *Berlin*, 1913-1922, 3 parties en 2 vol. in-8, brochés.

358. Friedlaender (Julius) et **Sallet** (A. von). Das königliche Münzkabinet. *Berlin*, 1873, in-8.

Planches.

359. — Die oskischen Münzen. *Leipzig*, 1850, in-8.

Planches gravées.

360. Froehner (W.). Les médaillons de l'Empire romain. *Paris*, 1878, in-8.

Figures.

361. — Monnaies grecques de la collection Photiadès pacha. *Paris*, 1890, in-4.

Planches. Envoi signé.

362. Gardner (Percy). The types of Greek coins. *Cambridge*, 1883, in-4.

Planches.

363. Garnier (Germain) Mémoire sur la valeur des monnaies de compte chez les peuples de l'antiquité. *Paris*, 1817, in-4.

364. Garrucci (P. Raffaele). Le monete dell'Italia antica. *Rome*, 1885, in-4.

Planches. Très rare.

365. Giel (Chr.). Kleine Beiträge zur antiken Numismatik Südrusslands. *Moscou*, 1886, in-4.

Planches.

366. Giesecke (Walther). Sicilia numismatica. *Leipzig*, 1923, in-4.

Planches.

367. Haeberlin (Dr J.). Aes grave. Das Schwergeld Roms und Mittelitaliens. *Francfort*, 1910, in-4.

368. Hamburger (Léopold). Die Münzprägungen während des letzten Aufstandes der Israeliten gegen Rom. *Berlin*, 1892, in-8.

Planches. Lettre jointe.

369. Hands (A. W.). Common Greek coins. *Londres*, 1907, in-8.

Tome I.

370. Head (Mélanges). Corolla numismatica. Numismatic essays in honour of Barclay V. Head, *Oxford*, 1906, in-8.

Portrait, planches.

371. Head (Barclay V.). On the chronological sequence of the coins of Boeotia. *Londres*, 1881, in-8.

Planches.

372. Heiss (Aloïss). Description générale des monnaies antiques de l'Espagne. *Paris*, 1870, in-4.

Figures et planches.

373. — Description générale des monnaies des rois wisigoths d'Espagne. *Paris*, 1872, in-4.

Figures et planches.

374. — Les médailleurs de la Renaissance. 1. Florence. *Paris*, 1891-1892, 2 vol. in-4, rel. en 1.

Tirage à 200 exemplaires numérotés. Envoi d'auteur signé à M. Ch. Ephrussi.

375. — Le même ouvrage. 2. Venise. *Paris*, 1881-1887, 6 vol. in-4, rel. en 1.

Figures. Envoi d'auteur signés à M. Ch. Ephrussi.

376. Hill (George F.). L'art dans les monnaies grecques. *Paris* et *Bruxelles*, 1927, in-4.

Planches.

377 — The medallic portraits of Christ. *Oxford*. 1920, in-4.

Figures et planches.

378. Imhoof-Blumer (F.). Choix de monnaies grecques de la collection de F. Imhoof-Blumer. 2e éd. *Leipzig*, 1883, in-4.

Recueil de planches gravées.

379. — Die Münzen der Dynastie von Pergamon. *Berlin*, 1884, in-4.

Planches. Envoi d'auteur signé.

380. — Griechische Münzen. *Munich*, 1890, in-4.

Planches. Envoi d'auteur signé.

381. — Kleinasiatische Münzen. *Vienne*, 1901-1902, 2 vol. in-4.

Planches.

382. — Monnaies grecques. *Amsterdam*, 1883, in-4.

383. — Porträtköpfe auf antiken Münzen... *Leipzig*, 1885, in-4.

Planches.

384. — Porträtköpfe auf römischen Münzen der Republik und der Kaiserzeit. *Leipzig*, 1879, in-4.

385. — Zur Münzkunde und Paläographie Boeotiens. *Vienne*, 1873, in-8.

Planches.

386. — Die antiken Münzen Nord-Griechenlands. Dacie et Moesie par Pick; Thrace par Münze et Strack ; Macédoine et Péonie par Gaebler. *Berlin*, 1898-1912, 6 vol. in-8.

Planches.

387. — et **Fritze** (Hans von). Die antiken Münzen Mysiens. Unter Leitung von F. Imhoof-Blumer. Adramytion-Kisthene. *Berlin*, 1913, in-8.

388. — et **Keller** (Otto). Tier und Pflanzenbilder auf Münzen u. Gemmen des klassischen Altertums. *Leipzig*, 1889, in-4.

Planches. Envoi d'auteur signé.

389. Hay (E.). Histoire monétaire des colonies françaises. *Paris*, 1892, in-8.

Figures.

390. Lampros (Jean P.). Ἀναγραφὴ τῶν νομισμάτων τῆς... Ἑλλάδος. Πελοπόννησος. *Athènes*, 1891, in-8.

391. Langlois (Victor). Numismatique de l'Arménie. *Paris*, 1859, in-4.

392. Laum (Bernhard). Heiliges Geld. *Tübingen*, 1924, in-8, broché.

393. Lavy. Museo numismatico Lavy appartenente alla R. Accademia delle Scienze di Torino. *Turin*, 1839-1840, 2 vol. in-4.

Planches gravées. Envoi d'auteur signé.

394-395. Numéros réservés.

396. Lenormant (Fr.). Monnaies et médailles. *Paris*, s. d. in-8. Figures.

397. Longpérier (Adrien de). Mémoires sur la chronologie et iconographie des rois parthes et arsacides. *Paris*, 1853-1882, in-4, broché.

Figures et planches.

398. Luschin von Ebengreuth (A.). Allgemeine Münzkunde und Geldgeschichte des Mittelalters und der neuern Zeit. *Munich, Berlin*, 1926, in-8.

Figures.

399. Macdonald (George). Catalogue of Greek coins in the Hunterian collection, University of Glasgow. *Glasgow*, 1899-1905, 3 vol. in-4.

Planches.

400. Madden (Frédéric W.). Coins of the Jews. *Londres*, 1881, in-4.

Figures.

401. Martin (Victor). Un document administratif du nome de Mendès. [Studien zur Palaeographie und Papyruskunde]. *Leipzig*, 1917, in-4.

402. Médailles françaises. Administration des monnaies et médailles. — Médailles françaises dont les coins sont conservés au Musée monétaire. *Paris*, 1892, in-4.

403. Médailles sur les principaux événements du règne de Louis le Grand. *Paris* Imprimerie royale, 1702, in-fol.

Maroquin rouge, dos orné, armes de France sur les pl., dent. intér., tr. dorées.
Frontispice dessiné par A. Coypel, gravé par Simonneau aîné, planches gravées.

404. Mionnet (T. E.). Description des médailles antiques grecques et romaines. *Paris*, Debure, 1813-1822 (quelques vol. en 2e éd.), 6 vol. in-8.

Les pl. du t. I détachées, plus 9 volumes de supplément, 1819-1837; 1 volume de planches et un volume de table.

405. — Le même ouvrage... Atlas par A.-H. Dufour. *Paris*, 1838, in-4.

406. — Le même ouvrage. Recueil des planches. *Paris*, 1808, in-8.

Veau plein. Deuxième plat détaché.

407. — Le même ouvrage. Tables générales. *Paris*, 1837, in-8.

Interfolié.

408. — De la rareté et du prix des médailles romaines. *Paris*, 1827, 2 vol. in-8.

Planches gravées. Les plats du tome II détachés.

409. Mommsen (Theodor). Geschichte des römischen Münzwesens. *Berlin*, 1860, in-8.

410. Monnaies françaises de Hugues Capet à Charles VIII (Catalogue, 1re partie). *Paris*, 1927, in-8.

Planches.

411. Münsterberg (Rudolf). Die Beamtennamen auf den griechischen Münzen. *Vienne*, 1911-1912, in-8, en feuilles.

[Numismatische Zeitschrift.]

412. Muret (Ernest). Catalogue des monnaies gauloises de la Bibliothèque Nationale. *Paris*, 1889, in-4.

Atlas par H. de la Tour. Exemplaires de M. A. Chabouillet, contenant une note ms. curieuse de M. Chabouillet, et une épreuve en pages (notes mss) de sa préface.

413. Museo nazionale di Napoli. Catalogo del Medagliere [Monete greche, pars secunda], 1870. — **Salinas** (Antonino). Le monete delle antiche città di Sicilia (*Palermo*, 1867). 2 vol. in-4.

Planches gravées.

414. Newell (Edward T.). The Seleucid mint of Antioch. *New-York*, 1918, in-8.

Planches.

415. Pellerin. Recueil de médailles de Rois [de peuples et de villes], qui n'ont point encore été publiées ou qui sont peu connues. *Paris*, 1762-1763, 4 vol. in-4.

Nombreuses planches. Mélange de diverses Médailles pour servir de supplément, 1765, 2 in-4; supplément, 1765, 1767, 2 in-4, Lettres de l'auteur, 1770, in-4; plus un volume de planches. S.l.n.d., in-4. On y joint :

Le Blond (L'abbé). Observations sur quelques médailles du cabinet de M. Pellerin. *Paris*, 1823, in-4, broché.

416. Postolacca (Achille). Κατάλογος τῶν ἀρχαίων νομισμάτων τοῦ 'Αθηνῆσιν ἐθνικοῦ νομισματικοῦ Μουσείου. *Athènes*, 1872, in-4.

417. — Synopsis nummorum veterum qui in museo numismatico Athenarum publico adservantur. *Athènes*, 1878, in-4.

418. — Κατάλογος τῶν ἀρχαίων νομισμάτων τῶν νήσων Κερκυρᾶς..., συλλέχθεντων... ὑπό Π. Λάμπρου. *Athènes*, in-4.

Planches.

419. Prou (Maurice). Introduction au catalogue des monnaies mérovingiennes de la Bibliothèque Nationale. *Paris*, 1892, in-8.

Relié à la suite : Introduction au catalogue des monnaies carolingiennes.

420. — Inventaire sommaire des monnaies mérovingiennes de la collection d'Amécourt acquises par la Bibliothèque Nationale. *Paris*, 1890, in-8.

Reliés à la suite : Les catalogues Ch. de L'Écluse (1888) et Comte de D... (1889, planches hors texte).

421. Rathgeber (Georg). Neun und-neunzig silberne Münzen der Athenaier aus der Sammlung zu Gotha. *Weissensee*, 1858, in-4.

Exemplaire usagé; cahiers détachés.

422. Regling (Kurt). Die antike Münze als Kunstwerk. *Berlin*, 1924, in-8.

Planches.

423. — Handbücher der Staatlichen Museen zu Berlin. Die antiken Münzen, nach Alfred von Sallet. *Berlin, Leipzig*, 1922, in-8, broché.

Figures.

424. — 2. Die Münzen von Priene. *Berlin*, 1927, in-4.

Planches.

425. Reinach (Théodore). L'histoire par les monnaies. *Paris*, 1902, in-8.

Figures et planches et nombreuses notes mss.

426. — Les monnaies juives. *Paris*, 1888, in-16, broché.

Figures.

427. — Le même ouvrage, trad. angl. *Londres*, 1903, in-12.

Figures et planches.

428. — Trois royaumes d'Asie Mineure. *Paris*, 1887-1888, in-8.

Recueil comprenant : Essai sur la numismatique des rois de : Cappadoce, Bithynie, Pont. Planches hors texte.

429 Rondot (Natalis). Les médailleurs et les graveurs de monnaies, jetons et médailles en France. *Paris*, 1904, in-8.

Avant-propos et notes par H. de La Tour.

430. Sambon (Arthur). Recueil des monnaies médiévales du Sud de l'Italie avant la domination des Normands. *Paris*, 1919, in-4, broché.

Figures. Envoi d'auteur signé.

431. Schlumberger (G. L.). Des bractéates d'Allemagne. *Paris*, 1873, in-8.

Planches.

432. Schulz (Otto Th.). Die Rechtstitel und Regierungsprogramme auf römischen Kaisermünzen (Von Cäsar bis Severus). *Paderborn*, 1925, in-8, broché.

433. Seltman (C. T.). Athens, its history and coinage before the Persian invasion. *Cambridge*, 1924, in-8.

Figures et planches.

434. — The Temple coins of Olympia. *Cambridge*, 1921, in-8.

Planches.

435. Soutzo (Michel C.). Introduction à l'étude des monnaies de l'Italie antique. *Paris-Mâcon*, 1887-1889, in-8.

Vignettes. Envoi d'auteur signé.

436. Sundwall (J.). Untersuchungen über die attischen Münzen des neueren Stiles. *Helsingfors*, 1908, in-8, broché.

La couverture imprimée sert de titre.

437. Svoronos (Hean N.). Τά νομίσματα τοῦ κράτεος τῶν Πτολεμαίων. *Athènes*, 1904-1908, 4 vol. in-4, rel. en 2.

Planches.

438. — Numismatique de la Crète ancienne. *Mâcon*, 1890, in-4 et carton de pl.

1re partie : Description des monnaies. Histoire et géographie.

439. — Trésor de la numismatique grecque ancienne. Les monnaies d'Athènes. *Munich*, 1923-1926, petit in-folio.

Planches. 6 livraisons. Tout ce qui a paru.

440. Tricou (Jean). Méreaux et jetons armoriés des églises et du clergé lyonnais. *Lyon*, 1923-1926, in-8, broché.

Planches.

441. Ugdulena (Gregorio). Sulle monete punico-sicule. *Palermo*, 1857, in-4.

Planches.

442. Viedebantt (Oskar). Antike Gewichtsnormen und Münzfusze. *Berlin*, 1903, in-8, broché.

443. Vogt (Joseph). Die alexandrinischen Münzen. *Stuttgart*, 1924, in-8.

Tome I, texte.

444. Allotte de la Fuye (Collection). Monnaies grecques. Première vente, 1925. [*Paris*, imp. Lahure, s. d.], in-4.

Planches.

445. Barron (Collection). Griechische und römische Münzen. *Munich*, 1911, in-4.

Planches.

446. Boyne (Collection). Catalogue of the first portion of the important collection of coins and medals formed by the late Wm. B... *Londres*, 1896, in-8.

447. Bunbury (Collection). Catalogue of the Bunbury collection of Greek coins. *Londres*, 1896, 2 vol. in-8, rel. en 1.

Planches.

448. Erba (Collection). Monnaies grecques, romaines et du Moyen Age. *Mâcon*, in-8.

Figures et planches.

449. Essling (Collection du prince d'). Monnaies. Médailles. *Paris*, 1927, in-8 et un album de pl. en feuilles.

450. Hartwig (Collection Paul). Collection de médailles grecques et romaines... *Rome*, 1910, in-8.

Figures et planches.

451. Hoffmann (Collection H.). Médailles grecques et romaines, françaises et étrangères. S. l. Imp. alsacienne, 1898, in-4.

Portraits, planches.

452. Jameson (Collection R.). Monnaies grecques antiques. Monnaies impériales romaines. *Paris*, 1913-1924, 3 vol. in-4.

Avec atlas de planches.

453. King (Collection White). Première partie. Monnaies des rois grecs et scythes. *Amsterdam*, 1904, in-8.

Planches. Reliés à la suite les catalogues Laigle (1893, planches hors texte) F. de Witt, etc., etc. (1904, planches).

454. Lambros (Collection Jean P.). Griechische Münzen. Römische Münzen aus altem Besitz. *Munich*, 1910, in-8.

Planches.

455. Maddalena (Collection). Monnaies grecques et romaines. *Mâcon*, s. d., in-8.

Planches.

456. Mertens (Collection). Catalog der Medaillen-Sammlung. *Francfort*, s. d., in-8.

Planches.

457. Montagu (Collection H.). Monnaies d'or romaines et byzantines. *Mâcon*, *Paris*, 1896, in-4.

Planches.

458. Montagu (The) Collection of coins. Catalogue of the Greek series. *Londres*, (1896-1897), 3 vol. in-8, rel. en 1.

Planches.

459. Murdoch (Collection J. G.). Catalogue of the valuable collection of coins and medals. The series of English historical medals... *Londres*, s. d., in-8.

Planches.

460. Naville (Catalogues). Monnaies grecques antiques. Monnaies romaines antiques. Monnaies grecques et romaines, provenant de diverses collections. *Genève*, 1922-1928, 8 vol. in-4.

Planches.

461. Northwick (Collection). Catalogue of the first portion of the Northwick collection of coins and medals comprising the Greek series. *Londres*, 1859, in-8.

462. Ozeschnikoff. Catalogue du Cabinet. Ouvaroff. *Moscou*, 1887, in-8.

Portraits. Envoi d'auteur signé.

463. Philipsen (Collection). Antike Münzen von Griechenland, Asien und Afrika. *Munich*, 1909, in-8.

Planches.

464. Pozzi (Collection). Monnaies grecques antiques. *Genève*, 1920, in-4.

Planches.

465. Prowe (Collection Theodor). Sammlung griechischer, römischer und byzantinischer Münzen. *Vienne*, 1904, in-4.

Planches.

466. Quélen (Collection E. de). Monnaies romaines et byzantines d'or, d'argent et de bronze, monnaies grecques, gauloises, mérovingiennes, royales françaises,... *Paris*, 1888, in-8.

Planches.

467. Récamier (Collection). Monnaies romaines, monnaies françaises, jetons, médailles, sceaux, antiquités, séries lyonnaises. *S. l. n. d.*, [1925], in-8.

Planches.

468. Rollin et **Feuardent**. Catalogue de livres qui se trouvent à la librairie numismatique de MM. R. et F. *Paris*, 1893, in-12.

469. — Catalogue d'une collection de médailles des rois et des villes de l'ancienne Grèce en vente à l'amiable. *Paris*, 1864, in-12.

470. Sartiges(Collection de). Séries grecque et romaine en 1910, ainsi que les acquisitions depuis cette date. *Paris*, s. d., in-4, en feuilles.

Recueil de planches.

471. Stiavelli (Collection C.). Collection de médailles grecques, romaines, aes grave et monnaies italiennes. [*Rome*, 1908], in-8.

Planches.

472. Stroehlin (Collection). (1re partie). *Genève*, 1909, in-4.

Portraits, planches.

473. Strozzi (Collection). Médailles grecques et romaines, aes grave. *Paris*, s. d., in-8.

Planches.

474. Trau (Collection Franz). Münzen und Medaillen. *Vienne*, 1904, in-8.

Planches.

475. Trésor de numismatique et de glyptique, ou Recueil général de médailles, monnaies, pierres gravées, bas-reliefs, etc tant anciens que modernes, les plus intéressants sous le rapport de l'art et de l'histoire. *Paris*, Le Normant, 1834-1850, 15 vol. in-fol.

Demi-chagrin vert, coins, t. dorées.
Planches gravées (procédé Achille Collas).

476. Walcher de Molthein (Collection). Collection des médailles grecques. *Paris*, 1895, in-4.

Portraits, planches. Relié à la suite.

477. Ward (Collection) — **Hill** (G. F.). Descriptive catalogue of ancient Greek coins belonging to John Ward. *S. l. n. d.* [1901]. In-4.

Figures et planches.

478. Weber (Collection Fr.). *Munich*, 1908-1909, 2 vol. in-8, brochés.

Portraits, planches.

479. Anonyme (Collection). Auctions-Catalog einer hochbedeutenden Sammlung griechischer Münzen aus dem Nachlasse eines bekannten Archäologen. *Munich*, 1905, in-8.

Planches.

480. — Römische und griechische Münzen Sammlungen aus dem Nachlasse eines namhaften münchener Künstlers. *Munich*, 1909, in-8.

Planches.

481. Journal international d'archéologie numismatique. *Athènes*, 1898-1922, in-8.

En fascicules. Planches. Manquent les tomes III et IV et le quatrième trimestre du tome IX.

482. Nomisma. Untersuchungen auf dem Gebiete der antiken Münzkunde. *Berlin*, 1907-1923, 12 vol. in-4, brochés.

Planches.

483. Numismatic (The) Chronicle and Journal of the Numismatic Society. *Londres*, 1898-1927, 30 vol. in-8.

Planches. Plus le premier fascicule de 1927-1928.

484. Numismatische Zeitschrift. *Vienne*, 1870-1925, 35 vol. in-8, plus les années 1926-1927-1928 brochées et 1 carton de planches.

Collection complète.

485. Revue numismatique. *Paris*, 1887-1927, 39 vol. in 8, plus le 1er fasc. 1928 et 1 volume de table.

486. Zeitschrift für Numismatik. *Berlin*, 1874-1928, 37 vol. in-8.

En fascicules. Planches. Plus 2 volumes de tables. Collection complète.

487. Monnaies. 5 brochures, par M. Duclos, H. Cernuschi (1886, 1889), E. Séligmann.

488. Numismatique. 8 brochures.

489. Catalogues de livres de numismatique. Environ 20 brochures in-8.

490. Catalogues de marchands français. Monnaie de Paris. Environ 20 brochures, in-8.

491. Catalogues de marchands étrangers. Environ 15 brochures in-8.

Carton.

492. Catalogues de ventes. 1762, 1894-1928. Environ 400 brochures in-8,

22 cartons.

493. Numismatique. Catalogues de ventes. 8 brochures in-4 et in-8.

Planches.

494. Numismatique moderne. Environ 20 brochures in-4 et in-8, par L. Blancard, A. Blanchet, Chabouillet, H. Lavoix, Marchéville, Maurice Prou, etc.

495. Sphragistique. 4 brochures in-8.

MÉTRIQUE — MUSIQUE — DANSE

496. Adler (Guido). Handbuch der Musikgeschichte. *Francfort*, 1924, in-8.

Musique notée.

497. Altenburg (Wilh). Die Klarinette. *Heilbronn*, s. d., in-8.

498. Amsel (Georgius). De vi atque indole rhythmorum quid veteres judicaverint. *Breslau*, 1887, in-8.

499. Aristides Quintilien. De la musique. Edit. Jahn. *Berlin*, 1882, in-8.

Relié à la suite.

499 *bis*. **Caesar** (Jules). Die Grundzüge der griechischen Rhythmik im Anschluss an Aristides Quintilianus. *Marburg*, 1861, in-8.

500. Bartholini (Casp.). De tibiis veterum et earum antiquo usu. *Amsterdam*, 1779, in-12, vél. blanc.

Frontispice et planches gravées.

501. Batha (Richard). Allgemeine Geschichte der Musik. *Stuttgart*, s. d., 2 vol. in-8.

Musique notée. Figures.

502. Bourgault-Ducoudray (L.-A.). Études sur la musique ecclésiastique grecque. *Paris*, 1877, in-8.

Envoi d'auteur signé.

503. Bouvet (Charles). Cornélie Falcon. *Paris*, 1927, in-8, broché.

Portraits et fac-similés.

504. Bouvy (Edmond). Poètes et mélodes. *Nîmes*, 1886, in-8.

505. Boyer d'Agen. Introduction aux mélodies grégoriennes. *Paris - Poitiers*, 1894, in-8.

506. Brahms. Johannes Brahms im Briefwechsel mit Heinrich und Elisabeth von Herzogenberg. *Berlin*, 1908-1910, in-8, broché.

506 *bis*. **Bücher** (Karl). Arbeit und Rhythmus. *Leipzig*, 1899, in-8.

507. Carruthers. The ancient use of Greek accents. *Londres*, 1897, in-8.

Musique notée.

508. Chamberlain (Houston Stewart). Richard Wagner. *Munich*, 1901, in-8.

Portraits.

509. Christ (Wilhelm). Metrik der Griechen und Römer. *Leipzig*, 1879, in-8.

510. Clément (Félix). Les musiciens célèbres depuis le XVIe siècle jusqu'à nos jours. *Paris*, in-8.

Portraits; p. sup. détachés.

511. Combarieu (Jules). La musique et la magie. *Paris*, 1909, in-8, broché.

512. Commemorazione della Riforma melodrammatica, par divers. *Firenze*, 1895, in-4.

Planches. Envoi signé à M. Ephrussi.

513. Del Grande (Carlo). Sviluppo musicale dei metri greci. *Naples*, 1927, in-8, broché.

514. Ecorcheville (Jules). Actes d'état civil de musiciens insinués au Châtelet de Paris. *Paris*, 1907, in-4, broché.

Fac-similés.

515. — Catalogue des livres rares et précieux composant sa bibliothèque musicale. *Paris*, 1920, in-8.

516. Emmanuel (Maurice). La danse grecque antique. *Paris*, 1896, in-8.

Figures et planches.

517. — Traité de l'accompagnement modal des Psaumes. *Lyon*, 1913, in-8, broché.

Envoi d'auteur signé.

518. — Traité de la musique grecque antique. *Paris*, 1911, in-8.

Figures et musique notée. Extrait.

519. — De saltationis disciplina apud Graecos. *Paris*, 1895, in-8.

520. Encyclopédie de la musique. Histoire de la musique [Italie, Allemagne]. *Paris*, s. d., in-8.

Musique notée.

521. Estève (J.). Les innovations musicales dans la tragédie grecque à l'époque d'Euripide. *Nimes*, 1902, in-8.

522. Expert (Henry). Le Psautier huguenot du XVIe siècle. *Paris*, 1902, in-4.

Musique notée.

523. Gaisser (Hugues). Le système musical de l'Église grecque. *Rome*, 1901, in-8.

524. Gastoué (Amédée). Catalogue des manuscrits de musique byzantine de la Bibliothèque Nationale. *Paris*, 1907, in-4, broché.

525. George (Max). Harmonisation. *Paris*, 1894, in-4.

Musique notée.

526. Gevaert (Fr.-Aug.). Histoire et théorie de la musique dans l'antiquité. *Gand*, 1875-1881, 2 vol. in-8.

Musique notée. Demi-maroquin vert, coins, t. dorée, couverture conservée. Reliure fatiguée.

527. — La mélopée antique dans le chant de l'Église latine. *Gand*, 1895, in-8.

Musique notée. Demi-maroquin vert, t. dorée. Envoi d'auteur signé.

528. Gigliucci (Valeria). Clara Novello's Reminiscences. *Londres*, 1910, in-8.

Portrait et planches.

529. Goodell (Thomas Dwight). Chapters on Greek metric. *New-York*, 1901, in-8.

530. Greilsamer (Lucien). Le vernis de Crémone. *Paris*, 1908, in-8.

Envoi d'auteur signé.

531. Gross (Adolf). Die Stichomythie in der griechischen Tragödie und Komödie. *Berlin*, 1905, in-8.

532. Haskins (Fr.). Explication des modes et des tons de l'ancienne musique grecque. *Paris*, 1790, in-8.
Figures. [Société royale de Londres].

533. Havet (Louis). Cours élémentaire de métrique grecque et latine. *Paris*, 1888, in-12.

534. Hensel (S.). Die Familie Mendelssohn, 1729-1847. *Berlin*, 1879, 3 vol. in-8.
Portraits.

535. Hermannus (Godofredus). Elementa doctrinae metricae. *Leipzig*, 1816, in-8.

536. Jacquot (Albert). La musique en Lorraine. *Paris*, 1882, in-4.
Figures et planches.

537. Kapp (Julius). Franz Liszt. *Berlin*, 1911, in-8.
Planches.

538. Kaulbach (H.). Opern-Cyclus. Photographies collées sur bristol.

539. Kawczynski (Maximilien). Essai comparatif sur l'origine et l'histoire des rythmes. *Paris*, 1889, in-8.

540. La Laurencie (Lionel de). Lully. *Paris*, s. d., in-8, broché.

541. Laloy (Louis). Aristoxène de Tarente et la musique de l'antiquité. *Paris*, 1904, in-8.

542. La Mara. Musikalische Studienköpfe, *Leipzig*, 1874, 2 vol. in-12 reliés en un.
Premier plat détaché.

543. Lavoix fils (H.). Histoire de la musique. *Paris*, s. d., in-8.

544. — La musique française. *Paris*, s. d., in-8.
Envoi d'auteur signé.

545. Litzmann (Berthold). Clara Schumann. *Leipzig*, 1902-1908, 3 vol. in-8.
Portrait.

546. Maas (P.). Griechische Metrik. *Leipzig*, 1923, in-8.

547. Marx (Adolf-Bernhard). Allgemeine Musiklehre. *Leipzig*, 1857, in-8.

548. Masqueray (Paul). Théorie des formes lyriques de la tragédie grecque. *Paris*, 1895, in-8.

549. — Traité de métrique grecque. *Paris*, 1899, in-12.

550. Masson (Paul-Marie). Berlioz. *Paris*, 1923, in-8, broché.

551. Mendelssohn - Bartholdy (Félix). Briefe aus den Jahren 1830 bis 1847. *Leipzig*, 1899, in-12.

552. Ménil (H. de). Histoire de la danse à travers les âges. *Paris*, s. d., in-8.
Figures.

553. Monro (D.-B.). The modes of ancient Greek music. *Oxford*, 1894, in-8.

554. Mueller (L.). Rei metricae poetarum latinorum praeter Plautum et Terentium summarium. *Saint-Pétersbourg*, 1878, in-8.

555. Meibomius. Antiquae musicae auctores septem. *Amsterdam, Elzevir*, 1652, 2 vol. in-4, reliés en un.
Rel. v. f., dos fatigué. Musique notée.
Plus un carton contenant un index en fiches.

556. Nef (Charles). Histoire de la musique. *Paris*, 1925, in-8, broché.
Musique notée.

557. **Pecz** (Wilhelm). Beiträge zur vergleichenden Tropik der Poesie. *Berlin*, 1886, in-8.

558. **Plessis** (F.). Traité de métrique grecque et latine. *Paris*, 1889, in-12.

559. **Polko** (Elise). Musikalische Marchen, Phantasien und Skizzen. *Leipzig*, 1879-1880, 3 vol. in-12.

560. **Quicherat** (L.). Traité de versification latine. *Paris*, 1868, in-12.

561. **Quittard** (Henri). Le Trésor d'Orphée d'Antoine Francisque. *Paris*, 1906, in-4, broché.

Musique notée.

562. **Reber** (Henri). Traité d'harmonie. *Paris*, s. d., in-8.

563. **Reinach** (Théodore). La musique grecque. *Paris*, 1926, in-16.

Musique notée.

564. N° réservé.

565. **Reisch** (Æmilius). De musicis Graecorum certaminibus capita quattuor. *Vienne*, 1885, in-8.

566. **Riemann** (Hugo) ; **Humbert** (Georges). Dictionnaire de la musique. *Lausanne*, s. d., in-8, broché.

567. **Riemann** (Hugo), **Dannenberg** (R.), **Schroeder** (C.). Max Hesses illustrierte Katechismen. *Leipzig*, s. d., 20 vol. in-12, dont 3 brochés.

Figures dans le texte. Musique notée. Manquent les nos 11 et 22 à 28.

568. **Rolland** (Romain). Musiciens d'autrefois. *Paris*, 1912, broché.

Dos cassé, plats de la couverture salis et détachés.

569. **Rossbach** (August) et **Westphal** (Rudolf). Théorie der musikalischen Künste der Hellenen. *Leipzig*, 1885-1887 3 vol. in-8, reliés en 2.

Reliés en deux.

570. **Schmidt** (J.-H.-Heinrich). Die Eurhythmie in den Chorgesängen der Griechen. *Leipzig*, 1868, in-8.

571. **Semitelos** (Démétrios-S.). Métrique grecque. *Athènes*, 1894, in-8.

572. **Solenière** (E. de). Massenet. *Paris*, 1897, in-8.

Portraits.

573. **Soubies** (Albert). Histoire de la musique. *Paris*, 1898-1906, 14 vol. in-12, brochés.

Planches. Quelques dos cassés.

574. — Histoire de la musique allemande. *Paris*, s. d., in-8.

Figures.

575. — Histoire de la musique en Russie. *Paris*, s. d., in-8.

576. **Usener** (Hermann). Altgriechischer Versbau. *Bonn*, 1887, in-8.

577. **Vernier** (Léon). Petit traité de métrique grecque et latine. *Paris*, 1894, in-12.

578. **Vincent** (A.-J.-H.). Notice sur divers manuscrits grecs relatifs à la musique. *Paris*, 1847, in-4.

579. **Wagner** (Richard). An Mathilde Wesendonk. Tagebuchblatter und Briefe, 1853-1871. *Berlin*, 1904, in-8.

Portraits.

580. — Familienbriefe von Richard Wagner, 1832-1874. *Berlin*, 1907, in-8.

Portraits.

581. — Das Rheingold, Vorspiel zu der Trilogie der Ring des Nibelungen. *Mayence*, 1876, in-12.

582. Weale (W. H. James). Historical Music loan Exhibition. A descriptive Catalogue of rare manuscripts and printed books chiefly liturgical. *Londres*, 1886, in-8.

583. Weege (Fritz). Der Tanz in der Antike. *Halle*, 1926, in-4.

Figures.

584. Westphal (Rudolf). Die Fragmente und die Lehrsätze der griechischen Rhythmiker. *Leipzig*, 1861, in-8.

585. — Die Musik des griechischen Alterthumes. *Leipzig*, 1883, in-8.

586. White (John-Williams). The verse of Greek comedy. *Londres*, 1912, in-8.

587. Wilamowitz-Moellendorff (U. von). Griechische Verskunst. *Berlin*, 1921, in-8, broché.

588. Wolffheim. Versteigerung der Musikbibliothek des Herrn Dr. Werner W. *Berlin*, [1928], 2 vol. in-8, brochés, dont 1 volume de planches.

589. Annales de la Musique (Les), 1901 ; 11 vol. in-8, [manque le n° 11]. Rivista musicale italiana, fasc. 1 et 2. Publications diverses dépareillées.

Liasse.

590. Bulletin de la Société française de musicologie, 1917-1921, 2 vol. in-8, en 10 fascicules. — Revue de musicologie, 1922, in-8, en 4 fascicules.

591. Bulletin français de la S. I. M. (Société internationale de musique), *Paris*, 1909-1914, 6 vol. in-8.

Planches. Musique notée; plus les fascicules 1 et 6 du « Mercure musical » (1907).

592. Bulletin mensuel de la Société internationale de musique, 1913-1914. *Leipzig*, 1913-1914, 2 vol. in-8, en 21 fascicules.

Musique notée. Plus 2 numéros dépareillés de 1906 et de 1910.

593. Recueil de la Société internationale de musique, 1906-1907, 1913-1914. *Leipzig*, 1906-1914, 5 fasc. in-8.

594. Revue musicale (La). Revue d'histoire et de critique. Tomes II à X (1902-1910), 9 in-8, plus les fascicules 1 et 2 de 1911. — Et 1920-1927, 15 in-8.

Planches. Musique notée. Plus un numéro spécial consacré à G. Fauré.

595. Sammelbände der internationalen Musikgesellschaft, 1908-1913. *Leipzig*, 5 vol. in-8.

596. Zeitschrift der internationalen Musikgesellschaft, 1908-1912. *Leipzig*, 4 vol. in-8, reliés en 2.

597. Congrès international d'histoire de la musique [Paris, 1920]. *Paris*, s. d., in-8.

598. Exposition de Vienne, 1892. G. Ricordi, etc... *S. l. n. d.*, 2 vol. in-4 dont un de fac-similés.

Figures et planches.

599. Exposition de Vienne. Fach-Katalog der musikhistorischen Abtheilung von Deutschland und Oesterreich-Ungarn. *Vienne*, 1892, in-8, broché.

Dos cassé. Manque le plat sup. de la couverture.

600. Deutsche Musiker-Gallerie.

Portraits photographiques collés sur bristol.

601. Biographies musicales. Environ 20 brochures in-8, par Wanda Landowska, H. Prunières, Ch. Bouvet, G.-F. Haendel, Henry Cochin, Alfred Ernst, etc., etc.

602. Instruments de musique. Environ 12 brochures in-8.

603. Métrique et musique antique. Environ 70 brochures in-8, de Bourgault-Ducoudray, O. Crusius, Graf, C. de Jan, Johnson, Lang, Lake, Th. Reinach, etc.

Carton.

604. Musique, divers. 6 brochures in-8, par A.-J.-H. Vincent, Eisenmenger, Hortense Parent, etc.

605. Périodiques musicaux. Courrier musical. — Ménestrel. - Monde musical. — La Musique de chambre. 20 numéros dépareillés environ.

606. Programmes et prospectus.

GÉOLOGIE — GÉOGRAPHIE VOYAGES

Généralités

607. Beauvoir (Comte de). Voyage autour du monde. *Paris*, 1872, in-8.
Figures, cartes.

608. Cook (James). Drei Reisen um die Welt. Ed. Friedrich Steger. *Leipzig*, 1858, in-8.
Déchirure à la première page.

609. Credner. Traité de géologie et de paléontologie. Traduction R. Moniez. *Paris*, 1879, in-8 (3e édit.).

610. Cuvier. Discours sur les révolutions du globe. *Paris*, 1875, in-8.

611. Figuier (Louis). La terre et les mers. *Paris*, 1874, in-8.
Figures et planches.

612. Grégoire (L.). Géographie générale. *Paris*, 1876, in-4.
Cartes. Illustrations en noir et en couleurs.

613. Haas (Hippolyt). Katechismus der Geologie. *Leipzig*, 1898, in-16.

614. Humboldt (Alexander von). Ansichten der Natur. *Stuttgart*, 1849, in-12.

615-616. — Kosmos. *Stuttgart*, 1845-1858, 4 vol. in-8.

617. Krafft (Hugues). Souvenirs de notre tour du monde. *Paris*, 1885, in-8.
Cartes et planches en phototypie.

618. Lapparent (A. de). Traité de géologie. *Paris*, 1900. 2 vol. in-8.
Figures (4e édition).

619. Launay (L. de). Où en est la géologie? *Paris*, s. d., in-8.

620. Malte - Brun. Géographie universelle. *Paris*, 1869, 6 vol. in-8.
Planches. Édition refondue par Lavallée.

621. Mély (F. de). De Périgueux au Fleuve jaune. *Paris*, 1927, in-4, broché.
1 carte et 20 planches.

622. Reclus (Onésime). Géographie. *Paris*, 1872, in-12.

623. Suess (Eduard). Das Antlitz der Erde, 2e édition. *Prague*, *Vienne* et *Leipzig*, 1892-1909, 4 vol. in-8.
Figures, planches et cartes.

624. Thomson (C. Wyville). Les abîmes de la mer. Trad. Lortet. *Paris*, 1875, in-8.
Figures, carte.

625. Vidal-Lablache. La Terre. Géographie physique et économique. *Paris*, 1883, in-12.

626. Cartographie. Environ 16 brochures, par E. Laloy, Ch. de La Roncière, A. Isnard, E.-T. Hamy, Rollet de l'Isle, etc.

627. Géographie. 3 brochures, par Camille Bloch, A. Marguillier, Paul Paké ; journaux.

628. Géographie générale. Environ 10 brochures, par A. Thomas, E. Picard, L. Raveneau, Dr Charcot, etc.

629. Géologie. Environ 25 brochures, par Adolphe Bloch, E. Fuhlrott, Ernst Haeckel, E.-T. Hamy, F. de Villenoisy, etc.

630. Minéralogie. 5 brochures, par G.-A. Blanc, F. de Mély, A. Penck, Ed. Brückner, etc.

631. Annales de géographie. Bibliographie géographique annuelle, 1899. *Paris*, Armand Colin, in-8, broché.

632. Société de géographie. Bulletin, 3e trimestre 1897 ; 1898.

Manquent les fascicules 1 et 10 de 1898.

633. Géographie (La). Bulletin de la Société de géographie, 1900 à 1928. *Paris*, 49 vol. in-8.

Le deuxième semestre 1927 et le premier semestre 1928 en fascicules.

634. Petermann's geographische Mitteilungen. Inhaltsverzeichniss, 1855-1864, 1865-1874, 1875-1884, 1885-1894. *Gotha*, 1865-1897, 4 vol. in-4, brochés.

635. Revue du Touring-Club de France, 1919-1928, 9 vol. in-8 reliés en 6, plus l'année 1928 en fascicules.

Planches et cartes.

ALLEMAGNE

636. Riehl (W.-H.). Land und Leute. *Stuttgart*, 1861, in-12.

637. Bavière. Führer durch die Königsschlosser Herrenchiemsee, Hohenschwangau, Neuschwanstein, Landerhof u. Berg. *Wurzbourg-Wien*, s. d., in-16, broché.

Carte.

638. Berlin. Berlin und die Berliner. Leute. Dinge. Sitten Winke. *Karlsruhe*, 1905, in-8.

639. Nuremberg. Neues Taschenbuch von Nürnberg. *Nuremberg*, Riegel und Wieszner, 1819, in-12.

Titre gravé, couverture illustrée.

640. Mainberger (Charles). Une semaine à Nuremberg. Description précise de la ville... et de ses environs. *Nuremberg*, 1838, in-12.

Plan.

641. Nuremberg (Histoire et géographie). 1 carton : 9 brochures, [Karl Lochner], et un plan.

642. Drossong (Albert). Der Rhein von Düsseldorf und Cöln bis Frankfurt a. M. und Wiesbaden. *Berlin*, 1912-1913, in-16.

Cartes et plan.

643. Foltz (Frédéric). Le Rhin de Mayence jusqu'à Cologne. *Mayence*, s. d., obl.

Panorama dépliant.

644. Allemagne. — Autriche. 1 carton : 7 brochures, par Lucien Hubert, E. Riquiez, Ernest Leroux, etc.

AUTRICHE

645. Burger (Hugo). Die Südbahn und ihr Verkehrsgebiet in Oesterreich-Ungarn. *Vienne, Brünn, Leipzig*, s. d., in-12.

Cartes et vignettes.

646. Unser Wien. *Vienne*, Emil M. Engel, s. d., obl.

Figures.

647. Wien im Zeitalter Kaiser Franz Josephs I. *Vienne*, 1908, in-4.

Figures et planches.

BALKANS

648. Gasparin (A. de). A Constantinople, par l'auteur des Horizons prochains. *Paris*, 1867, in-12 (2e édit.).

649. Balkans. Constantinople, le Mont Athos, la Grèce. 19e caravane d'Arcueil. [*Paris*, Imp. A. Mersch, s. d.], in-8, couverture illustrée, broché.

Figures et planches.

650-659. N[os] réservés.

660. — 1 carton : environ 14 brochures, par E.-T. Hamy, L. Gallois, Balkanicus, G. Bousquet, Georges Lorand, etc., etc.

661. Roumanie. 1 carton : 4 brochures par E. Staïco, J.-G. Pelivan, J. Cvijic, etc., et un journal.

662. Turquie. 1 carton : 5 brochures, par G. Doublet, S. Lauriol, etc.

Belgique

663. Belgique. 2 brochures et 2 journaux.

Espagne et Portugal

664. Rothschild (H. de). Souvenirs d'Espagne. *Mâcon*, 1890, in-16.

665. Ulbach (Louis). Espagne et Portugal. *Paris*, 1886, in-12.

666. Espagne et Portugal. 1 carton : 4 brochures et 6 journaux.

France

667. Blerzy (H.). Torrents, fleuves et canaux de la France. *Paris*, 1878, in-16.

668. Dubois (Marcel). Géographie économique de la France. *Paris*, s. d., in-12.

Envoi d'auteur signé.

669. Renard (Geo). A travers les régions de la France. *Paris*, 1914, in-12, broché.

Envoi d'auteur signé.

670. Saillens (E.). Facts about France. *Paris*, 1918, in-16.

Figures et cartes.

671. Verne (Jules). Géographie illustrée de la France et de ses colonies. *Paris*, s. d., in-8.

Figures et cartes.

672. Boule (Marcellin), **Glangeaud** (Ph.), **Rouchon** (G.), **Vernière** (N.). Le Puy-de-Dôme et Vichy. Guide du touriste, du naturaliste et de l'archéologue. *Paris*, 1901, in-12.

Figures et cartes.

673. Chevalier (Mgr C.). Guide pittoresque du voyageur en Touraine. *Tours*, s. d., in-12.

Carte.

674. Fontenay (Harold de). Autun et ses monuments, avec un Précis historique, par Anatole de Charmasse. *Autun*, 1889, in-8, broché.

675. Joanne. Géographie (par départements) : Bouches-du-Rhône, 1903 ; Calvados, 1900 ; Indre-et-Loire, 1893 ; Manche, 1896 ; Mayenne, 1902 ; Orne, 1902 ; Pas-de-Calais, 1908 ; Sarthe, 1905 ; Savoie, 1896. *Paris*, Hachette, 9 vol. in-12.

Cartes et vignettes.

676. Raverat (Le Baron). La vallée du Rhône, de Lyon à la mer (en bateau à vapeur). [*Lyon*], 1889, in-16.

Portraits et carte.

677. Valabrègue (Antony). Au pays flamand. *Tours*, s. d., in-4.

Figures et planches.

678. France. Environ 40 brochures, par F. Maner de Barlen, L. Duhamel, Paul Meunier, Dr M. Delmas, G. Eiffel, etc.

679. Alsace-Lorraine. 5 brochures, par Maurice Barrès, Th. Ruyssen, Fr. Eccard, A. Leroy-Beaulieu et journaux.

680. Boulogne-sur-Mer et la région boulonnaise, 1899. *Boulogne-sur-Mer*, Soc. typ. et lith., 1899, 2 vol. in-8.

Figures. Offert par la ville de Boulogne à l'occasion du XXVIIIe Congrès de l'Association française pour l'avancement des sciences.

681. Paris. Environ 10 brochures, par Ch. Manneville, Camille Jullian, l'abbé de Meissas, Lucien Lambeau, etc.

Colonies et Protectorats

682. Homberg (Octave). La France des cinq parties du monde. *Paris*, s. d., in-8.

Figures et planches. Un des 100 exemplaires numérotés sur hollande. Envoi signé.

683. Rambaud (Alfred). La France coloniale. *Paris*, 1886, in-8.

Cartes.

684. Colonies françaises (Les). [Notice publiée à l'occasion de l'] Exposition universelle et internationale de Bruxelles, 1910. *Paris*, s. d., in-8, broché.

Figures.

685. — Généralités. 9 brochures, par E. Jeanselme, A. Rambaud, A. Duchêne, Le Myre de Villiers, etc.

686. Bulletin du Comité de l'Afrique française. Organe du Comité du Maroc, 1905-1927, 23 vol. in-4.

L'année 1928 en fascicules.

687. Algérie. Environ 30 brochures, par J. Saurin, E. Chauvin, Ph. Millet, Ch. Michel, Ch. Lutaud, etc.

688. Maroc. L'Effort français au Maroc. Numéro spécial du Sud-Ouest économique. [*Bordeaux-Paris*, 1927], in-4.

Figures et planches.

689. — Environ 6 brochures, par J. de Lécussan, A. Bernard, A. Girod, H. de Castries et journaux.

690. Babelon (Ernest). Carthage. *Paris* 1896, in-12.

691. Ballu (Albert). Guide illustré de Timgad (antique Thamugadi), 2e éd. *Paris*, in-12.

Nombreuses planches.

692. Tunisie. Environ 10 brochures, par J. Berge, Alex. Boutrouc, E. de Warren, Jules Saurin, etc.

693. Colonies et protectorats. Amérique. Environ 7 brochures, par G. Daygrand, A. Delmont, M. Boulloche, etc.

694. Mismer (Ch.). Souvenirs de la Martinique. *Paris*, 1890, in-12.

Envoi d'auteur signé.

695. Colonies et protectorats. Asie. 1 carton : environ 15 brochures, par V. Goloubew, A. Klobukowski, J.-B. Saumont, Jules Roux, A. de Pouvourville, Jean Ajalbert, etc.

696. Doumer (Paul). Situation de l'Indo-Chine (1897-1901). *Hanoi*, 1902, in-8.

Dos cassé.

697. Colonies et protectorats. Océanie. 1 carton : 1 brochure et 1 journal

Grande-Bretagne

698. Lake [Richard]. Guide du voyageur à Londres et dans ses environs. *Paris-Londres*, 1840, in-16.

Cartes et plans.

699. Angleterre, Ecosse. 5 brochures.

Grèce

700. Centerwall (Julius). Iran, Hellas och Levanten. *Stockholm*, 1888, in-8.

Figures et planches.

701. Dimitsas. Φυσικὴ καὶ πολιτικὴ Γεωγραφία τῆς Ἑλλάδος. *Athènes*, 1891, in-8.

702. Dixon (W. Hepworth). British Cyprus. *Londres*, 1879, in-8.

Frontispice en couleurs.

703. Lang (R. Hamilton). Cyprus. *Londres*, 1878, in-8.

Cartes.

704. Pernot (Hubert). L'île de Chio. *Paris*, 1903, in-8.

Figures et planches.

705. Simonelli (Vittorio). Candia. Ricordi di escursione. *Parma*, 1897, in-8.

Figures et planches.

HONGRIE

706. Hongrie. 1 brochure.

ITALIE

707. Brown (Horatio T.). Life on the Lagoons. *Londres*, 1900, in-12.

Planches.

708. Cooke (John H.). Sketches written in and about Malta. [*Malte*, Imp. P. Debono, s. d.], in-16.

709. Gsell-Fels (Dr Th.). Ober-Italien. *Leipzig*, 1875, 2 vol. in-12.

Cartes et vignettes.

710. Maurel (André). Petites villes d'Italie. *Paris*, 1907-1911, 4 vol. in-12.

2e et 3e éditions, 2 originales. Les 3 premiers, demi-maroquin rouge, dos et coins, t. dorée, le dernier broché.

711. — Quinze jours à Florence. *Paris*, 1914, in-12.

Plans et planches.

712. Ricci (Corrado). Guida di Bologna. *Bologne*, 1886, in-16.

713. Guide artistique de Florence et de ses environs. *Florence*, Société Editrice florentine, 1919, in-16.

Vignettes.

714. Italie. Castello (Il) di Vincigliata e i suoi contorni. *Firenze*, 1871, in-8.

Figures et planches.

715. — Environ 10 brochures, par J.-F. Frank, Gustave Schlumberger, etc.

POLOGNE ET RUSSIE

716. Delage (Emile). Chez les Russes. Préf. par G. Montorgueil. *Paris*, 1903, in-12.

717. Koechlin-Schwartz (A.). Un touriste au Caucase. Volga-Caspienne-Caucase. *Paris*, s. d., in-12.

Cartes.

718. Lycklamaa-Nijeholt (Baron). Voyage en Russie, au Caucase et en Perse, etc., pendant les années 1866, 1867 et 1868. *Paris-Amsterdam*, 1872, 4 vol. in-8.

Portraits.

719. Poole (Ernest). The Village (Russian impressions). *New-York*, 1918, in-12.

Envoi d'auteur signé.

720. Théry (Edmond). La transformation économique de la Russie. *Paris*, 1914, in-12.

Envoi d'auteur signé.

721. Pologne. 8 brochures, par S. Aubac, J. Panenko, J. de Bartoszewicz, M. Lozensky, etc.

722. Russie. 7 brochures, par le baron de Baye, O. Diamanti, A. Boutroue, E. Cotteau, etc., et des journaux.

SCANDINAVIE

723. Scandinavie. 1 carton : 5 brochures, par A. Boutroue, M. Springer, Paul Verrier, etc., et des journaux.

SUISSE

724. Suisse. 5 brochures et des journaux.

TCHÉCO-SLOVAQUIE

725. Tchéco-Slovaquie. 4 brochures et 2 journaux.

AFRIQUE

726. Baratier (Lieut.-Col.). A travers l'Afrique. *Paris*, 1912, in-12.

Cartes et portraits.

727. Foucart (George). Introductory questions on African ethnology. *Le Caire*, 1919, in-8, broché.

728. Steger (Friedrich). Mungo Parks Reisen in Africa. *Leipzig*, 1856, in-8.

729. Afrique. Sept brochures, par R. Symons, A. Schweitzer, Capit. Augiéras, E.-T. Hamy, etc., et des journaux.

ÉGYPTE

730. Breccia (E.). Alexandria ad Ægyptum. Guide de la ville ancienne et moderne et du musée gréco-romain. *Bergame*, 1914, in-12.

Figures et planches.

731. Foucart (G.) et **Cattaui bey** (Adolphe). La Société Sultanieh de Géographie du Caire. *Le Caire*, 1921, in-8, broché.

732. Jondet (Gaston). Le port de Suez. *Le Caire*, 1919, in-4, broché.

Planches, cartes, plans.

733. Lane (Edward-William). The manners and customs of the modern Egyptians. *Londres*, s. d., in-12.

734. Lepic (Ludovic). La dernière Egypte. *Paris*, 1884, in-8.

Portraits, figures et planches.

735. Rhoné (Arthur). Coup d'œil sur l'état du Caire ancien et moderne. *Paris*, 1882, in-8.

Figures et planches. Envoi d'auteur signé à MM. Paul Baudry et Ch. Ephrussi. Notes mss. de Paul Baudry.

736. Ritt (Olivier). Histoire de l'isthme de Suez. *Paris*, 1869, in-8.

Portraits et cartes.

737. [Egypte.] Société Sultanieh de Géographie. Bulletin. *Le Caire*, Imp. de l'Institut français d'Archéologie orientale, 1921, in-8, broché.

Tome x, 2e, 3e et 4e fascicules. Planches.

738. — **Congrès égyptien** (Recueil des travaux du 1er), Héliopolis. 1911. *Alexandrie*, 1911, in-8, broché.

AFRIQUE CENTRALE

739. Jousseaume (Dr F.). Impressions de voyage en Apharras. *Paris*, 1914, 2 vol. in-8.

Figures.

740. Mille (Pierre) et **Challaye** (F.). Les deux Congos. *Paris*, Cahiers de la Quinzaine, in-12.

AMÉRIQUE DU NORD

CANADA

741. Canada. 1 carton : 2 brochures et 1 journal.

ETATS-UNIS

742. Cambon (Vict.). Etats-Unis-France. *Paris*, in-8, broché.

743. Kolb (Ellsworth L.). Through the Grand Canyon from Wyoming to Mexico. *New-York*, 1914, in-8.

Planches. Envoi d'auteur signé.

744. Haussonville (Vic. d'). A travers les Etats-Unis. *Paris*, 1883, in-12.

745. Lacroix (Mgr L.). Yankees et Canadiens. *Tours*, s. d., in-8.

Figures et planches.

746. Weiller (Lazare). Les grandes idées d'un grand peuple. *Paris*, s. d., in-12.

Portraits. Envoi d'auteur signé.

747. Wilcox (Delos F.). Great cities in America. *New-York*, 1910, in-12.

AMÉRIQUE CENTRALE
ET AMÉRIQUE DU SUD

748. Belly (Félix). Percement de l'isthme de Panama par le canal de Nicaragua. *Paris*, 1858, in-8.

Cartes. Relié à la suite : La Nouvelle Galles du Sud en 1881.

749. Cermoise (H.). Deux ans à Panama Notes et récit d'un ingénieur au Canal. *Paris*, 1886, in-12 (2e édit.).

750. Garzon (Eugenio). Discours prononcés en 1914 à Rio de Janeiro, Montevideo, Buenos-Aires. *Paris*, 1918, in-12.

751. Humboldt (Alexandre de). Reise in die Aequinoctial-Gegenden des neuen Continents. Trad. all. Hauff. *Stuttgart*, 1859-1860, 4 vol. in-8, rel. en 2.

752. République Argentine. Recensement agricole général. L'élevage et l'agriculture en 1908. *Buenos-Ayres*, 1909, 3 vol. in-8, brochés.

Plus une enveloppe de cartes.

753. Amérique latine. 1 carton : 5 brochures, par E. Daireaux, A.-J. Coelho, Géo Gérald, etc.

Asie Mineure

754. Deschamps (Gaston). Sur les routes d'Asie. *Paris*, 1894, in-12.

Envoi d'auteur signé.

755. Ouvré (H.). Un mois en Phrygie. *Paris*, 1896, in-12.

Planches. Envoi d'auteur signé.

756. Palgrave (William-Clifford). Une année de voyage dans l'Arabie Centrale (1862-63). Trad. Jouveaux. *Paris*, 1866, 2 vol. in-8.

Portraits.

757. Urquhart (David). The Lebanon (Mount Souria). A history and a diary. *Londres*, 1860, 2 vol. in-8.

758. Asie antérieure. 4 brochures, placard, journal.

Japon

759. Menpes (Mortimer). Japan. A record in colour. *Londres*, s. d., in-8.

Planches en couleurs.

760. Oliphant (Laurence). Le Japon. Traduct. Guigot. *Paris*, 1875, in-8.

Figures et planches.

Perse

761. Anet (Claude). La Perse en automobile. *Paris*, 1906, in-4.

Planches hors texte.

762. Séréna (Mme Carla). Une Européenne en Perse. *Paris*, s. d., in-12.

Envoi d'auteur signé.

Océanie

Pôles

763. Kane (Elisha Kent). Arktische Fahrten und Entdeckungen der zweiten Grinnel Expedition zur Aufsuchung Sir John Franklin's in den Jahren 1853, 1854 und 1855. *Leipzig*, 1861, in-8.

Figures et planches. Le plat supérieur détaché.

764. Mundy (G.-C.). Wanderungen in Australien und Vandiemensland. Trad. allem. Gerstäcker. *Leipzig*, 1856, in-8.

765. Savoyen (Ludwig Amadeus von). Die « Stella Polar » im Eismeer. *Leipzig*, 1903, in-8.

Figures, planches et cartes.

Cartes

766. Atlas général. *Gotha*, Justus Perthes, 1884, in-fol.

767. Chavanne (Dr Joseph). Karte von Central-Afrika. *Wien, Pest, Leipzig*, s. d.

768. Dufour. Carte hydrographique, itinéraire et administrative de la France... à l'échelle de 1 : 700 000. *Paris*, 1880.

4 feuilles gravées et coloriées, collées sur toile. Étui.

769. Grèce. Carte de la Grèce (E.-M. français) à 1 : 900 000.

1 carton : 4 feuilles collées sur toile.

770. Kiepert (Heinrich). Neuer Hand-Atlas über alle Theile der Erde. *Berlin*, 1871, in-fol.

771. Kiepert (Richard). Karte von Kleinasien. Masstab 1 : 400 000. *Berlin*, 1902-1906.

24 feuilles, gravées et coloriées, collées sur toile, en 2 étuis.

772. Reclus (Onésime). Atlas de la plus grande France. *Paris*, s. d., in-4.

En livraisons, carton.

773. — Atlas pittoresque de la France. *Paris*, 3 gr. in-8 en fascicules, cartons.

Cartes et nombreuses illustrations dans le texte.

774. Robert et Robert de Vaugondy. Atlas universel. *Paris*, 1757, in-fol.

Frontispice illustré, cartouches gravés. Reliure ancienne.

775. Ruge (W.) et **Friedrich** (E.). Archoälogische Karte von Kleinasien. *Halle*, 1899.

776. Sieglin (Wilhelm). Atlas antiquus. S.l.n.d., 3e livraison.

777. Stieler (Adolf). Hand-Atlas uber alle Theile der Erde. *Gotha*, s. d. in-fol.

777 *bis*. Le même ouvrage, 1906.

778. Stieler. Schul-Atlas. *Gotha*, 1886.

779. Sydow's (E. von). Schul-Atlas. *Gotha*, 1865, in-fol.

Dos cassé.

780. Vuillemin (A.). Bassins des grands fleuves de la France et de l'Europe. *Paris*, s. d., nouvelle édition.

Cartes en couleurs.

781. Guides et cartes diverses.

HISTOIRE DE L'ANTIQUITÉ

PRÉHISTOIRE

Primitifs — Orient
Extrême-Orient

782. Arbois de Jubainville (H. d'). Les premiers habitants de l'Europe. *Paris*, 1889, in-8.

Tome I.

783. Dottin (Georges). Les anciens peuples de l'Europe. *Paris*, 1916, in-8.

784. Figuier (Louis). L'homme primitif. *Paris*, 1876, in-8.

Figures et planches.

785. Goury (Georges). Origine et évolution de l'homme. *Paris*, 1927, in-8.

Figures.

786. Keane (A.-H.). Man past and present. *Cambridge*, 1899, in-8.

Planches.

787. — Ethnology. *Cambridge*, 1896, in-8.

Figures.

788. Lubbock (Sir John). Les origines de la civilisation. Trad. Ed. Barbier. *Paris*, 1881, in-8.

Planches.

789. Montelius (Oscar). Les temps préhistoriques en Suède. Trad. S. Reinach. *Paris*, 1895, in-8.

Figures.

790. Mortillet (Gabriel de). Le préhistorique. *Paris*, 1883, in-8.

Figures.

791. Osborn (Henry-Fairfield). Men of the old stone age. *New-York*, 1918, in-8.

Figures et planches. Envoi d'auteur signé et lettre jointe.

792. Perrier (Edmond). La terre avant l'histoire. *Paris*, 1920, in-8, broché.

793. Pothier. Les populations primitives. *Paris*, 1897, in-8.

794. Reinach (Salomon). Répertoire de l'art quaternaire. *Paris*, 1913, in-12, broché.

Suite d'illustrations.

795. — Glozel. *Paris*, s. d., in-12 broché.

796. — Ephémérides de Glozel. *Paris*, s. d., in-12, broché.

797. Tylor (Edward B.). Primitive culture. *Londres*, 1903, 2 vol. in-8.

798. — Researches into the early history of mankind and the development of civilization. *Londres*, 1870, in-8.

799. Préhistoire. Carton : 38 brochures in-8, par le comte Begouën, A. Bertrand, H. Breuil, M. Champion, R. Dussaud, R.-M. Gattefossé, E.-T. Hamy, H. Herbert, C. Jullian, Dr Morlet, A. Vayson de Pradenne, etc.

HISTOIRE GÉNÉRALE

800. Benlœw (Louis). Les lois de l'histoire. *Paris*, 1881, in-8.

801. Berger (Philippe). Histoire de l'écriture dans l'antiquité. *Paris*, 1892, in-8.

Figures et planches. Demi-maroquin laval., coins, t. dorée.

802. Bouché-Leclercq (A.). Histoire de la divination dans l'antiquité. *Paris*, 1879-1882, 4 vol. in-8.

803. Bourdeau (Louis). L'histoire et les historiens. *Paris*, 1888, in-8.

804. Burckhardt (Jakob). Weltgeschichtliche Betrachtungen. *Berlin-Stuttgart*, 1905, in-8.

805. Cartellieri (Alexander). Grundzüge der Weltgeschichte, 378-1914. *Leipzig*, 1919, in-8.

806. Colin (Lt-Colonel). Les grandes batailles de l'histoire. I. De l'antiquité à 1913. *Paris*, 1915, in-12, broché.

807. Creasy (Sir Edward S.). The fifteen decisive battles of the World. *Edimbourg* s. d., in-16.

808. Febvre (Lucien). La terre et l'évolution humaine. *Paris*, 1922, in-8, broché

809. Flint (Robert). La philosophie de l'histoire de France. Trad. Ludovic Carrau. *Paris*, 1878, in-8.

810. Fougères (Gustave), **Contenau** (G.), **Grousset** (R.), **Jouguet** (P.), **Lesquier** (J.). Les premières civilisations. *Paris*, 1926, in-8, broché, cartes.

Cartes.

811. Guizot (F.). Histoire de la civilisation en Europe. *Paris*, 1875, in-12.

812. Hallam (Henry). View of the state of Europe during the Middle Ages. *Londres*, 1869, in-12.

813. Halphen (Louis). Les Barbares. *Paris*, 1926, in-8, broché.

814. Hammarstrom (M.). Beiträge zur Geschichte des etruskischen, lateinischen und griechischen Alphabets. *Helsingfors*, 1920, in-4, broché.

815. Helmot (Hans V.) et divers. Weltgeschichte. *Leipzig* et *Vienne*, 1899-1907, 9 vol. in-8.

Cartes et planches.

816. Hertzberg (Gustav Friedrich). Staaten-Geschichte. *Gotha*, 1876, 4 vol. in-8 et index.

817. Isaac (J.). 1789-1912. Petite histoire contemporaine. *Paris*, 1912, in-16.

818. Lavisse (Ernest). Vue générale de l'histoire politique de l'Europe. *Paris*, 1890, in-12.

819. Lindner (Theodor). Weltgeschichte. *Stuttgart-Berlin*, 1901-1914, 8 vol. in-8.

820. Mc Candless (Byron) and **Grosvenor** (Gilbert). Flags of the world. *Washington*, s. d., in-8.

Figures et planches en couleurs. Envoi d'auteur signé.

821. Moret (A.) et **Davy** (G.). Des clans aux empires. *Paris*, 1923, in-8, broché.

Figures et cartes.

822. Morgan (J. de). Essai sur les nationalités. *Paris*, 1917, in-8, broché.

823. Oncken (Wilhelm) et divers. Allgemeine Geschichte. *Berlin*, 1887-1892, 45 vol. in-8.

824. Pittard (Eugène). Les races et l'histoire. *Paris*, 1924, in-8, broché.

Figures et cartes.

825. Power (Eileen). Medieval people. *Londres*, s. d., in-8.

Figures.

826. Robertson (William). The works of William Robertson. *Londres*, 1840, in-8.

Portraits.

827. Scaliger (Joseph). Opus de emendatione temporum... *Genève,* 1629, in-fol.

828. Schäfer (Dietrich). Weltgeschichte der Neuzeit. *Berlin,* 1908, 2 vol. in-8.

829. Schlosser (J. C.). Geschichte des 18[n] und 19[n] Jahrhunderts. *Heidelberg,* 1860-1864, 8 vol. in-8.

830. Seignobos (Ch.). Histoire politique de l'Europe contemporaine. *Paris,* 1903, in-8.

831. Sorel (Albert). L'Europe et la Révolution française. *Paris,* 1897-1904, 8 vol. in-8.

832. Weber (Georg). Lehrbuch der Weltgeschichte. *Leipzig,* 1861, 2 vol. in-8.

833. Wells (H. G.). The outline of history. *Londres,* s. d., in-8.

Figures.

834. Annales internationales d'histoire. Congrès de Paris, 1900. Histoire générale et diplomatique. *Paris,* 1901, in-8.

835. These eventful years. The twentieth Century in the making. *Londres,* Encyclopaedia Britannica, s. d., 2 vol. in-fol.

Planches.

836. Bulletin de la Société d'histoire moderne, 1903 (n. 15) à 1928 en livraisons.

Incomplet. Manquent : 1re série : nos 1, 2, 3, 4, 6, 7; 2e série : no 48; 4e série : no 24.

837. Revue belge de philologie et d'histoire, 1922-1928. *Bruxelles,* 1922-1928, 7 vol. in-8.

L'année 1928 en fascicules. On y joint le premier fascicule de 1929.

838. Revue historique, dirigée par MM. G. Monod et G. Fagniez, de l'origine (1876) à fin 1928. *Paris,* Germer Baillière, 1876. F. Alcan 1928, 156 vol. in-8 ; l'année 1928 en livraisons. Plus les tables.

Manque le tome II.

839. Revue d'histoire moderne et contemporaine. *Paris,* 1899-1901. plus le 1er fasc. de 1902, 2 vol. in-8.

On y joint la table du Bulletin de la Société d'Histoire moderne (1907-1920).

840. Revue du XVIIIe **siècle** publiée par la Société du XVIIIe siècle. *Paris,* 1913-1917, 3 vol. in-4.

Planches hors texte.

841. Congrès des sciences historiques. (Compte rendu du Ve). *Bruxelles,* 1923, in-8, broché.

On y joint, en feuilles, les « sommaires des communications ».

842. Biographica. 11 cartons : environ 215 brochures classées alphabétiquement et des journaux.

843. Histoire générale : environ 12 brochures, par G. Schlumberger, G. Monod, G. Glotz, Marcel Dieulafoy, R. de Lasteyrie, Omont, etc...

ÉGYPTE

844. Amélineau (E.). Résumé de l'histoire de l'Egypte. *Paris,* 1894, in-12.

Figures.

845. Bell (Edward). The architecture of ancient Egypt. *Londres,* 1915, in-8.

Figures et planches.

846. Bisson de la Roque (F.). et **Drioton** (Eugène). [Fouilles de] Médamoud. *Le Caire,* 1926, 2 vol. in-4, brochés.

Figures.

847. Bissing (Fr. W. von). Denkmäler ägyptischer Sculptur. *Munich,* 1914, 2 vol. in-4.

En feuilles. Planches. Cartons.

848. — Denkmäler ägyptischer Sculptur. *Munich,* 1911, in-4.

Figures.

849. Breasted (James-Henry). A history of the ancient Egyptians. *New-York*, 1908, in-12.

Cartes.

850. Brown (Major R. H.) The Fayûm and Lake Mœris. *Londres*, 1892, in-4.

Planches.

851. Bruyère (Bernard). [Fouilles de] Deir el Medineh. *Le Caire*, 1926, in-4, broché.

Figures et planches.

852. Bruyère (H.) et **Kuentz** (Ch.). Tombes thébaines. La nécropole de Deir el Medineh. La tombe de Nakht-Min et la tombe d'Ari-Nefer. *Le Caire*, 1926, in-4, broché.

Premier fascicule.

853. Champollion le Jeune. Lettres et journaux. Ed. H. Hartleben. *Pqris*, 1909, 2 vol. in-8, brochés.

854. Chassinat (Emile). Le Temple d'Edfou, *Le Caire*, 1928, 2 vol. in-4, brochés, dont 1 de planches.

855. Daninos-Pacha (A.). Les monuments funéraires de l'Égypte ancienne. *Paris*, 1899, in-12, broché.

Figures et planches. Envoi d'auteur signé à M. Ch. Ephrussi.

856. Hartmann (Fernande). L'agriculture dans l'ancienne Egypte, *Paris*, 1923, in-8. broché.

Figures.

857. Jéquier (Gustave). L'architecture et la décoration dans l'ancienne Egypte. *Paris*, s. d., in-fol.

Tome I. Suite de photographies de V. de Mestral-Combremont.

858. — Manuel d'archéologie égyptienne. *Paris*, 1924, in-8, broché.

Figures. 1re partie : Les éléments de l'architecture.

859. Jondet (Gaston). Les ports submergés de l'ancienne île de Pharos. *Le Caire*, 1916, in-4, broché.

Planches et cartes. Envoi d'auteur signé.

860. Loret (Victor). Manuel de la langue égyptienne. *Paris*, 1889, in-4.

861. Maspero (G.). L'archéologie égyptienne. *Paris*, s. d., in -8.

Figures.

862. — et **Wiet** (Gaston). Matériaux pour servir à la géographie de l'Egypte. 1re série, 2e fascicule. *Le Caire*, 1919, in-4, broché.

863. Meyer (Edward). Ægyptische Chronologie. *Berlin*, 1904, in-4.

Planches.

864. Moret (A.). Le Nil et la civilisation égyptienne. *Paris*, 1926, in-8, broché.

Figures et cartes.

865. Oppel (Karl). Das Land der Pyramiden. *Leipzig*, 1863, in-12.

Figures et planches. Le plat supérieur détaché.

866. Otto (Walter). Priester und Tempel in hellenistischen Ægypten. *Leipzig*, 1905, 2 vol. in-8.

867. Petrie (W. M. Flinders). Koptos, with a chapter by D. G. Hogarth. *Londres*, 1896, in-4.

Planches.

868. — Les arts et métiers de l'ancienne Egypte. Trad. J. Capart. *Paris-Bruxelles*, 1912, in-8, broché.

Figures et planches.

869. Randall-Maciver (D.) et **Woolley** (Léonard) Buhen. *Philadelphie*, 1911, 2 vol. in-4, dont 1 de pl.

870. Schäfer (Heinrich), **Moeller** (G.) et **Schubart** (W.). Ægyptische Goldschmiedearbeiten. *Berlin*, 1910, in-4.

Figures et planches.

871. Sharpe (Samuel). Geschichte Ægyptens. Trad. all. Jolowicz. *Leipzig*, 1857-1858, 2 vol. in-8.
Reliés en 1.

872. Schmidt (Valdemar). Choix de monuments égyptiens. *Paris*, 1910, in-12, broché.
Planches. Envoi d'auteur signé.

873. Tabouis (G. R.). Le Pharaon Tout Ank Amon. Préf. de T. Reinach. *Paris*, Payot, 1928, in-8, broché.
Figures et planches.

874. — Le même ouvrage.

875. Toussoun (Le prince Omar). Mémoire sur les anciennes branches du Nil. *Le Caire*, 1922, in-4, broché.
Cartes.

876. Weill (Raymond). La fin du Moyen Empire égyptien. *Paris*, 1918, 2 vol. in-8, brochés.
Fac-similés.

877. — Bases, méthodes, et résultats de la chronologie égyptienne. *Paris*, 1926, in-8, broché.
Envoi d'auteur signé.

878. Woolley (C. Leonard) et **Randall Maciver** (D.). Karanög. The Romano-Nubian cemetery. *Philadelphie*, 1910, 2 vol. in-4, dont 1 de pl.

879. — Karanög. The town. *Philadelphie*, 1911, in-4.
Planches.

880. Young (Thomas). An account of some recent discoveries in hieroglyphical literature. *Londres*, 1823, in-8.

881. Chronique d'Égypte. Bulletin périodique de la fondation égyptologique de la reine Elisabeth. [décembre 1925-juillet 1928]. *Bruxelles*, Musées royaux du Cinquantenaire, 6 fasc. in-8.
Figures et planches.

882. Revue de l'Égypte ancienne. *Paris*, Champion, 1927, in-4, en fasc.
Tome I. — Planches.

883. Ægyptiaca. 1 carton : environ 75 brochures par F. v. Bissing, Foucart, Ch. Kuentz, Wilhelm Spiegelberg, Herbert E. Winlock, Raymond Weill, etc.

884. Littérature copte. 2 brochures par le Dr Geo P. G. Sobhy, Seymour de Ricci et Eric O. Winstedt.

ORIENT

(*Sauf Juifs et Égypte ancienne.*)

885. Andrae (Walter). Assur farbige Keramik. *Berlin*, s. d., in-fol., en feuilles, carton.
Planches en couleurs.

886. Babelon (Ernest) Manuel d'archéologie orientale. *Paris*, 1888, in-8.
Figures.

887. Belkassim ben Sedira. Cours pratique de langue arabe. *Alger*, 1891, in-12.

888. Casanova (Paul). Essai de reconstitution topographique de la ville d'Al-Foustât ou Misr. *Le Caire*, 1919, in-4.

889. Chabot (J.-B.). Choix d'inscriptions de Palmyre traduites et commentées. *Paris*, 1922, in-4, broché.
Planches.

890. Clermont-Ganneau (Ch.), **Cumont** (Franz), **Dussaud** (R.), **Naville** (C.), **Pottier** (Ed.), **Virolleaud** (Ch.). Les travaux archéologiques en Syrie de 1920 à 1922. *Paris*, 1923, in-4.
Planches.

891. Clermont-Ganneau (Ch.). L'imagerie phénicienne et la mythologie iconologique chez les Grecs. *Paris*, 1880, in-8
Planches. 1re partie : La Coupe phénicienne de Palestrina.

892. Comparetti (Domenico). Ricerche intorno al Libro di Sindibad. *Milan*, 1869, in-4, broché.

893. Contenau (Dr G.). La civilisation phénicienne. *Paris*, 1926, in-8. broché.
Figures et planches.

894. — Mission archéologique à Sidon (1914). *Paris*, 1921, in-4.
Figures et planches.

895. Cumont (Franz). Études syriennes. *Paris*, 1917, in-8.
Figures.

896. — Textes et monuments figurés relatifs aux mystères de Mithra. *Bruxelles*, 1896-1899, 2 vol. in-4.
Figures et planches.

897. — Les mystères de Mithra. *Paris*, 1902, in-8.
Figures et planches.

898. Cumont (Franz et Eugène). Studia Pontica. T. II. *Bruxelles*, 1906, in-8.
Illustrations dans le texte et hors texte. Envoi d'auteur signé.

899. Cumont (F.), **Anderson** (J. G. C.). **Grégoire** (Henri). Studia Pontica. T. III. *Bruxelles*, 1910, in-8.
Figures et planches.

900. Darmesteter (James). Rapport annuel fait à la Société asiatique. *Paris*, Imp. Nat. 1890-1892, 2 vol. in-8.

901. Delaporte (L.) La Mésopotamie. *Paris*, 1923, in-8, broché.
Figures et cartes.

902. Derenbourg (Hartwig). Les manuscrits arabes de l'Escurial. *Paris*, 1884, in-8.
Tome premier.

903. — Opuscules d'un arabisant, 1868-1905. *Paris*, 1905, in-8, broché.
Envoi d'auteur signé.

904. Dussaud (René) et **Macler** (Frédéric). Voyage archéologique au Safâ et dans le Djebel Ed-Drûz. *Paris*, 1901, in-8.
Fac-similés.

905. Hafir Omar Khayyam. Roubâyyât. Trad. Carpentier, d'après la version anglaise de Fitzgerald. *Paris*, in-8, broché.

906. Janssen et **Savignac** (RR. PP.). Mission archéologique en Arabie. El'-Ela, d'Hégra à Taïma, Harrah de Tebouk. *Paris*, 1914, in-8, broché.
Figures et atlas.

907. — Mission archéologique en Arabie. Coutumes des Fuqarâ. *Paris*, (1914), 1920, in-8, broché.

908. — Mission archéologique en Arabie. Châteaux arabes de Queseir 'Amra, Harâneh et Tûba. *Paris*, s. d., in-8, broché et atlas.

909. Kershap (P.). Studies in ancient Persian history. *Londres*, 1905, in-12.

910. Lantsheere (Léon de). De la race et de la langue des Hittites. *Bruxelles*, 1891, in-8.

911. Lenormant (François). Bas-reliefs de bronze assyriens. *Paris*, 1878, in-4.
Planches.

912. — Histoire ancienne de l'Orient. *Paris*, 1881, in-8.
Figures. Le tome I seulement.

913. Leonhard (Walther). Hettiter und Amazone. *Leipzig-Berlin*, 1911, in-8, broché.
Carte.

914. Luynes (Albert de). Mémoire sur le sarcophage et l'inscription funéraire d'Esmunazar, roi de Sidon. *Paris*, 1856, in-4.
Planches et fac-similé.

915. Machuel (L.). Grammaire élémentaire d'arabe régulier, 2e éd. Alger, in-8.

916. Macrizi. Description historique et topographique de l'Egypte. Trad. Casanova. *Le Caire*, 1920, in-4, broché.

4e partie, premier fascicule.

917. Maspéro (G.). Histoire ancienne des peuples de l'Orient classique. *Paris*, 1895-1899, 3 vol. in-4.

Figures et planches.

918. — Histoire ancienne des peuples de l'Orient. *Paris*, 1886, in-12.

Reliure pleine en cuir de Russie. Lettre jointe.

919. Meyer (Eduard). Sumerier und Semiten in Babylonien. *Berlin*, 1906, in-4.

Planches.

920. Mille et Une Nuits [Les], Trad. Galland, *Paris*, Roy, s. d., in-8.

Figures et planches.

921. — [Le livre des]. Trad. Mardrus. *Paris*, 1899, in-8.

Tome premier.

922. Mottahar Ben Tahir el Macrisi. Le livre de la Création et de l'Histoire. Ed. et Trad. Huart. *Paris*, 1907, in-8, broché.

Tome IV. Envoi signé du traducteur. Les plats de la couverture détachés.

923. Muyassar (Ibn). Annales d'Egypte. (Les Khalifes Fâtimides). Ed. Henri Massé. *La Caire*, 1919, in-4, broché.

924. Noeldeke (Th.). Etudes historiques sur la Perse ancienne. Trad. Oswald Wirth. *Paris*, 1896, in-12.

925. Paterson (Archibald). Assyrian Sculptures. Palace of Sénacherib. *La Haye*, s. d., in-4.

Recueil de planches en feuilles. Carton.

926. Pràsek (Justin V.). Geschichte der Meder und Perser, bis zur makedonischen Eroberung. *Gotha*, 1906, 2 vol. in-8, rel. en un.

927. Schiffer (Dr Sina). Die Aramäer. Historisch-geographische Untersuchungen. *Leipzig*, 1911, in-8 broché..

Carte. Envoi d'auteur.

928. Servier (André). Le péril de l'avenir. Le nationalisme musulman en Egypte, en Tunisie, en Algérie. *Constantine*, 1923, in-8.

929. Sibawaihi (Sibouya, dit) Traité de grammaire arabe. Ed. Derenbourg. *Paris*. 1881-1889, 2 vol. in-8.

Tome I et tome II, ce dernier broché.

930. Spiegel (Fr.). Erânische Alterthumskunde. *Leipzig*, 1871-1873, 2 vol. in-8.

931. Stark (K. B.). Gaza und die philistäische Küste. *Iena*, 1852, in-8.

932. [Tello] Genouillac (Henri de). Inventaire des tablettes de Tello. *Paris*, 1910, in-4, broché.

Tome II, 1re partie. Planches hors texte.

933. — Cros (Gaston); Heuzey (Léon); Thureau-Dangin (F.). Nouvelles fouilles de Tello. *Paris*, 1910-1914, 3 livraisons, in-4.

Planches hors texte.

934. Thilenius (M. L.). Bititkallim bilarabi? (Sprechen Sie arabisch?) *Dresden und Leipzig*, 1903, in-8.

935. Thimm (Captain C. A.). Turkish self taught. *Londres*, 1910, in-12, broché.

936. Wellhausen (J. . Reste arabischen Heidentums. *Berlin*, 1897, in-8.

937. Bulletin de l'Institut francais d'Archéologie orientale. *Le Caire*, imp. de l'Institut français, 1918-1927, 8 fasc. in-4.

Tomes XV, XVI, XVII, XVIII (premier fasc.), XXVII (2e fasc.).

938. Congrès des Orientalistes (Actes du) 10e Congrès. Genève 1894. *Leyde*, 1897, 2 vol. in-8, — 11e Congrès. Paris, 1897. *Paris*, 1898-1899, 7 vol. in-8, reliés en 4. — 12e Congrès. Rome, 1899. *Florence*, 1901-1902. 4 vol. in-8, reliés en 2. — 13e Congrès. Hambourg, 1902, *Leyde*, 1904, in-8. — 14e Congrès. Alger, 1905, *Paris*, 1906-1907, 4 vol. in-8, brochés.

939. Archéologie : Afrique : 2 brochures par Bonnel de Mézières et F. Foureau.

940. Orient ancien. Asie : environ 22 brochures, par Germain Bapst, Ph. Berger, M. Dieulafoy, L. Heuzey, F. Lenormant, etc.

941. Arabica : 4 brochures par E. Blochet, James Darmesteter, Cl. Huart.

942. Arménie (Histoire) : 6 brochures, par Aknouni, M. A. Tchobanian, G. Brandès, etc., et un journal.

943. Assyriaca-Babylonica : environ 34 brochures, par Alfred Boissier, E. Cuq, Ch. Fossey, J. H lévy, E.-T. Hamy, Léon Heuzey, Jules Oppert, H. Pognon, V. Scheil, etc.

944. Syria, Phœnicia, Arabia vetus, Hittites : environ 15 brochures par E. Babelon, Michel Clerc, J.-B. Chabot, René Dussaud, E.-J. Gautier, Th.-C. Macridy-Bey, A.-J. Reinach, E. Renan, etc.

945. Persica : environ 10 brochures, par A. Bigot, J. de Morgan, E. Drouin, Jules Oppert, H.-A. Vasnier, L.-Ch. Watelin, etc.

946. Religions orientales (sauf le Judaïsme). 12 brochures, par Cl. Huart, G. F. Hill, M.-A. Kugener, F. Cumont, V. Henry, etc.

947. Turquie. 3 brochures par J.-A. Decourdemanche et Cl. Huart.

INDE — EXTRÊME-ORIENT

948. Senart, Barth, Chavannes, Cordier. Mémoires concernant l'Asie orientale. Inde, Asie centrale, Extrême-Orient. *Paris*, 1913-1916, 2 vol. in-4, brochés.

Planches.

949. Chavannes (Edouard). Mission archéologique dans la Chine septentrionale. *Paris*, 1913, in-8.

Planches. Tome I. Deux cartons de planches.

950. — Rapport annuel fait à la Société asiatique dans la séance du 20 juin 1895. *Paris*, Imp. Nat., 1895, in-8.

Extrait du « Journal asiatique ».

951. Cordier (P.). Catalogue du fonds tibétain de la Bibliothèque Nationale. *Paris*, 1909-1915, 2 vol. in-8, brochés.

2e et 3e parties.

952. Florentz (K.). Dichtergrüsse aus dem Osten : japonische Dichtungen. *Leipzig*, s. d., in-8.

Illustrations, papier et tirage japonais.

953. Goblet d'Alviella. Ce que l'Inde doit à la Grèce. *Paris*, 1897, in-8.

954. Henry (Victor). La magie dans l'Inde antique. *Paris*, 1904, in-12.

955. Jouveau-Dubreuil (G.). Archéologie du Sud de l'Inde. *Paris*, Geuthner, 1914, 2 vol. in-8.

Figures et planches.

956. Kalidasa. La Reconnaissance de Sakountala [trad. P. E. Foucaux]. *Paris*, 1867, in-16.

957. Lafont (G. de). Le Buddhisme précédé d'un essai sur le Védisme et le Brahmanisme. *Paris*, 1895, in-12.

958. Lahor (Jean). [Cazalis]. Histoire de la littérature hindoue. *Paris*, 1888, in-12 broché.

Envoi d'auteur signé à C. Ephrussi.

959. Tagore (Rabindranath). Gitanjali. (Trad. et introd. de W. B. Yeats). *Londres*, 1913, in-8.

Portraits.

960. [Valmici] Il Ramayana di Valmici, trad. ital. Gorresio. *Milan*. 1869-1870. 3 vol. in-12.

Envoi signé du traducteur.

CELTES ET GERMAINS

961. Arbois de Jubainville (H. d') La civilisation des Celtes et celle de l'épopée homérique. *Paris*, 1899, in-8.

962. — et **Poinsinet** (L.). L'exil des fils d'Usnech [1888].

963. Bertrand (Alexandre). La Gaule avant les Gaulois. *Paris*, 1891, in-8.

964. — Archéologie celtique et gauloise. *Paris*, 1876, in-8.

Figures et planches. Envoi d'auteur signé.

965. Cougny (Edmond). Extraits des auteurs grecs concernant la géographie et l'histoire des Gaules. *Paris*, 1878-1892, 6 vol. in-8.

Envoi de la famille.

966. Déchelette (Joseph). Manuel d'archéologie préhistorique, celtique et gallo-romaine. *Paris*, 1908-1914, 6 vol. in-8, dont 3 brochés.

Figures.

967. Dottin (Georges). La langue gauloise. *Paris*, 1920, in-8.

968. Thierry (Amédée). Histoire des Gaulois. *Paris*, 1863, 2 vol. in-12.

969. Pro Alesia. Revue mensuelle des fouilles d'Alise et des questions relatives à Alésia, 1906-1907. *Paris*, s. d., in-8.

Planches.

970. Gaulois. Basques. 1 carton : environ 20 brochures, par W. d'Abartiague, Adrien Blanchet, H. d'Arbois de Jubainville, A. de Barthélémy, Em. Espérandieu, Julien Havet, C. Jullian, Paul Monceaux, Adolphe Reinach, Salomon Reinach, Seymour de Ricci, etc.

ÉTRURIE

971. Martha (Jules). L'art étrusque. *Paris*, 1889, in-4.

Figures et planches en couleurs, demi-maroquin vert, coins, t. dorée.

972. — Manuel d'archéologie étrusque et romaine. *Paris*, s. d., in-8.

973. — La langue étrusque. *Paris*, 1913, 1 vol. in-8, broché.

974. Muller (Karl Otfried). Die Etrusker. Vier Bücher, neu bearbeitet von Wilhelm Deecke. *Stuttgart*, 1877, 2 vol. in-8, reliés en 1.

975. Etrusca. 1 carton : 4 brochures par F. Butavand, C. Casati de Casatis.

ANTIQUITÉ CLASSIQUE

OUVRAGES GÉNÉRAUX

976. Abel (Otto). Makedonien vor König Philipp. *Leipzig*, 1847, in-8.

977. Aldenhoven (Ferdinand). Itinéraire descriptif de l'Attique et du Péloponèse. *Athènes*, 1841, in-8.

Figures, cartes et plans. Chagrin rouge, dos orné, filet sur les plats et filet intérieur, garde moire, tr. dorées. Sur le plat intérieur initiales du roi Louis-Philippe. Dédicace ms. de M. Egger.

978. Anderson (J. G. C.). A journey of exploration in Pontus. *S. l. n. d.*, in-8,

979. Andreadès (ΑΝΔΡΕΟΥ ΜΙΧ.) 'Ιστορία τῆς ἑλληνικῆς οἰκονομίας. *Athènes*, 1918, 3 vol. in-8, brochés.

980. Anghelopoulos (E. J.). Περί Πειραιῶς καὶ τῶν λιμένων αὐτοῦ. *Athènes*, 1898, in-8.

Relié à la suite :

Ardaillon (Edouard). Les mines du Laurion. *Paris*, 1897, in-8.

981. Barthélemy (Abbé). Voyage du jeune Anacharsis en Grèce. *Paris*, 1790, 7 vol. in-8.

982. Baumgarten (Fritz), **Poland** (Franz), **Wagner** (Richard). Die hellenische Kultur. *Leipzig-Berlin*, 1905, in-8.

982 *bis*. — Le même ouvrage. *Ibid*, 1913, in-8.

983. Baumstark (Anton). Lucubrationes syro-graecae. *Leipzig*, 1894, in-8.

Figures.

984. Beauchet (Ludovic). Histoire du droit privé de la République athénienne. *Paris*, 1897, 4 vol. in-8.

985. Beaufort (Louis de). Dissertation sur l'incertitude des cinq premiers siècles de l'histoire romaine. éd. Alfred Blot. *Paris*, 1866, in-8.

986. Becq de Fouquières (L.). Les jeux des Anciens. *Paris*, 1869, in-8.

Figures. Tirage à 50 exemplaires.

987. Beloch (Karl Julius). Griechische Geschichte. *Strasbourg*, 1912-1927, 4 t. en 8 vol. in-8, brochés.

988. — Die attische Politik seit Perikles. *Leipzig*, 1884, in-8.

989. Beloch (Mélanges). Saggi di storia antica e di archeologia. *Roma*, 1910, in-8.

Portraits.

990. Benndorf (Mélanges). Festschrift für Otto Benndorf zu seinem 60 Geburtstage. *Vienne*, 1898, in-4.

Figures et planches.

991. Bérard (Victor). Les Phéniciens et l'Odyssée. *Paris*. 1902-1903, 2 vol. in-8.

Figures et cartes. Envoi d'auteur signé.

992. Berve (Helmut). Das Alexanderreich aus prosopographischer Grundlage. *Munich*, 1926, 2 vol. in-8.

993. Bevan (Edwyn). A history of Egypt under the Ptolemaic dynasty. *Londres*, s. d., in-8.

Figures.

994. Billeter (G.). Die Anschauungen vom Wesen des Griechentums. *Leipzig-Berlin*, 1911, in-8.

995. — Geschichte des Zinsfusses im griechisch-römischen Altertum bis auf Justinian. *Leipzig*, 1898, in-8.

996. Bissing (F. V.). Das Griechentum und seine Weltmission. *Leipzig*, 1921, in-12.

997. Blegen (Carl W.). Korakou. A prehistoric settlement near Corinth. *Boston-New-York*, 1921, in-4.

Figures, plan, illustrations hors texte en couleurs.

998. Blümner (H.). Der Maximaltarif des Diocletian. *Berlin*, 1893, in-4.

999. Boeckh (August). Encyklopädie und Methodologie der philologischen Wissenschaften. *Leipzig*, 1877, in-8.

1000. Boeckh (August), **Frankel** (Max). Die Staatshaushaltung der Athener. *Berlin*, 1886, 2 vol. in-8.

Portraits.

1001. Boissier (Mélanges). Recueil de mémoires concernant la littérature et les antiquités romaines dédié à Gaston Boissier. *Paris*, 1903, in-8.

Portraits et planches.

1002. Boissier (Gaston). Cicéron et ses amis. *Paris*, 1888, in-12.

1003. — La conjuration de Catilina. *Paris*, 1905, in-12.

1004. Borgeaud (Charles). Histoire du plébiscite. Le plébiscite dans l'antiquité. *Genève* et *Paris*, 1887, in-8.

1005. Bouché-Leclercq (A.). Histoire des Lagides. *Paris*, 1903-1907, 4 vol. in-8.

1006. Bourguet (Emile). L'administration financière du Sanctuaire pythique au IVe siècle avant J.-C. *Paris*, 1905, in-8.

1007. — Le même ouvrage.

1008. Brunn (Heinrich). Kleine Schriften. *Leipzig*, 1905-1906, 2 vol. in-8.

Portraits. Tomes II et III.

1009. Busolt (Georg). Griechische Geschichte bis zur Schlacht bei Chaeroneia. *Gotha*, 1893-1904, in-8, 3 part. en 4 vol.

1010. Cabrol (Elie). Voyage en Grèce (1889). Notes et impressions. *Paris*, 1890, in-4.

Planches en héliogravure.

1011. Caetani Lovatelli (E.). Miscellanea archeologica. *Rome*, 1891, in-8.

Envoi d'auteur signé.

1012. — Scritti vari. *Rome*, 1898, in-8.

Relié à la suite : Thanatos, 1888, in-8. Envoi d'auteur signé.

1013. — Varia. *Rome*, 1905, in-8.

1014. Cagnat (René). L'armée romaine d'Afrique sous les empereurs. *Paris*, 1912, 2 vol. in-4.

1015. — et **Goyau** (G.). Lexique des antiquités romaines. *Paris*, 1895, in-8.

Figures et planches.

1016. — et **Chapot** (V.). Manuel d'archéologie romaine. *Paris*, 1916-1920, 2 vol. in-8, brochés.

Figures.

1017. Caillemer (E.). Le droit de succession légitime à Athènes. *Paris* et *Caen*, 1879, in-8.

1018. Cardinali (Giuseppe). Il regno di Pergamo. *Rome*, 1906, in-8.

1019. Cantel (J.). La reine Cléopâtre. Préface d'An. France. *Paris*, s. d., in-8, broché.

1020. Cantor (Moritz). Vorlesungen über Geschichte der Mathematik. *Leipzig*, 1894, in-8.

1021. Carpenter (Rhys). The Greeks in Spain. *Londres*, 1925, in-16.

Planches.

1022. Casson (Stanley). Macedonia, Thrace and Illyria. *Oxford*, 1926, in-8.

Planches.

1023. Cavaignac (Eugène). Etudes sur l'histoire financière d'Athènes au IVe siècle. *Versailles*, 1908, in-8.

Planches et plan.

1024. — Histoire de l'Antiquité. *Paris*, 1913-1914, 2 vol. in-8.

Tome II : Athènes. Envoi d'auteur signé.

1025. Chapot (Victor). La frontière de l'Euphrate de Pompée à la conquête arabe. *Paris*, 1907, in-8.

Figures. Envoi d'auteur signé.

1026. — La Province romaine proconsulaire d'Asie. *Paris*, 1904, in-8.

Envoi d'auteur signé.

1027. Chapot, Colin, Croiset, etc... L'hellénisation du monde antique. *Paris*, 1914, in-8.

1028. Chatelain (Mélanges). Mélanges offerts à M. Emile Chatelain par ses élèves et ses amis. *Paris*, 1910, in-4.

En feuilles. Portraits.

1029. Cherbuliez (Victor). A propos d'un cheval. Causeries athéniennes. *Genève*, 1860, in-8.

Frontispice en photographie.

1030. Chtchoukarev. Archontes athéniens. *Saint-Pétersbourg*, 1889, in-8.

1031. Cichorius (Conrad). Römische Studien. *Leipzig-Berlin*, 1922, in-8.

1032. Clerc (Michel). Les métèques athéniens. *Paris*, 1893, in-8.

1033. Clinton (Henry Fynes). Fasti Hellenici. *Oxford*, 1834-1851, 3 vol. in-4.

1034. Cognetti de Martiis (S.). Socialismo antico. *Turin*, 1889. In-8.

1035. Colin (G.). Rome et la Grèce de 200 à 146 avant Jésus-Christ. *Paris*, 1905, in-8.

1036. Collignon (Max). Quid de collegiis epheborum apud Græcos, excepta Attica, ex titulis epigraphicis commentari liceat. *Paris*, 1877, in-8.

1037. Comnène (P. Al.). Λακωνικὰ χρόνων προϊστορικῶν τε καί ἱστορικῶν. *Athènes*, 1896, in-8.

1038. Croiset (A.). Les démocraties antiques. *Paris*, 1909, in-12.

1039. Curtius (Ernst). Gesammelte Abhandlungen. *Berlin*, 1894, 2 vol. in-8.

1040. — Griechische Geschichte. *Berlin*, 1887, 3 vol. in-8.

1041. — **Bouché-Leclercq** (A.). Atlas pour servir à l'Histoire grecque de E. Curtius. *Paris*, 1888, in-8.

1042. Curtius (Ernst). Die Stadtgeschichte von Athen. *Berlin*, 1891, in-8.

Figures.

1043. Daremberg et **Saglio**. Dictionnaire des antiquités grecques et romaines. *Paris*, 1877-1919, 9 vol. in-4.

Figures. Plus un volume de table.

1044. Dareste (Rodolphe). La science du droit en Grèce. Platon, Aristote, Théophraste. *Paris*, 1893, in-8.

1045. — La loi de Gortyne. *Paris*, 1886, in-8.

1046. Delatte (A.). Essai sur la Politique pythagoricienne. *Liège-Paris*, 1922, in-8.

1047. Delbruck (Hans). Die Perserkriege und die Burgunderkriege. *Berlin*, 1887, in-8.

1048. Dessau (Hermann). Geschichte der römischen Kaiserzeit. *Berlin*, 1926, in-8.

Tome II, 1re partie.

1049. Dodge (Theodore-Ayrault). Great captains : Alexander. *Boston* et *New-York*, 1890, in-8.

Plans et figures.

1050. Dreyfus (Robert). Essai sur les lois agraires sous la République romaine. *Paris*, 1898, in-12.

Envoi d'auteur signé.

1051. Droysen (J.-G.). Geschichte Alexanders des Grossen. *Gotha*, 1892, in-8.

1052. — Geschichte des Hellenismus. *Gotha*, 1877-1878, in-8, 6 parties rel. en 4 vol. in-8.

1053. Drumann (W.). Geschichte Roms in seinem Uebergange der republikanischen zur monarchischen Verfassung. *Leipzig* et *Berlin*, 1899-1919, 5 vol. in-8, le dernier broché.

1054. Dumont (Albert). Essai sur la chronologie des archontes athéniens. *Paris*, 1870, in-8.

1055. — Mélanges d'archéologie et d'épigraphie. *Paris*, 1892, in-8.

Portraits.

1056. Duncker (Max.). Geschichte des Alterthums. *Berlin*, 1863-1867, 2 vol. in-8.

1057. — Abhandlungen aus der griechischen Geschichte. *Leipzig*, 1887, in-8.

1058. Duruy (Victor). Histoire des Grecs. *Paris*, 1874, 2 vol. in-8.

Exemplaire usagé, pages détachées, notes mss.

1059. Ebers (Georg). Kleopatra. Historischer Roman. *Stuttgart*, 1894, in-8.

1060. Eger (Otto). Zum ägyptischen Grundbuchwesen in römischer Zeit. *Leipzig*, 1909, in-8.

1061-62. [Egypte.] Bibliography : Graeco-Roman Egypt 1924-1927, 2 vol. in-4, brochés.

Tiré du *Journal of Egyptian archæology*, Paris.

1063. Eranos Vindobonensis. *Vienne*, 1893, in-8.

1064. Espérandieu (Emile). Signacula medicorum oculariorum. *Paris*, 1904, in-8, broché.

1065. Evans (Arthur). The palace of Minos. *Londres*, 1921, in-8.

Figures, planches, en noir et en couleurs, cartes. Tome I.

1066. Evans (Mélanges). Essays in Ægean archaeology, presented to sir Arthur Evans in honour of his 75th birthday. *Oxford*, 1927, in-8.

Planches.

1067. Ferguson (William Scott). Hellenistic Athens. *Londres*, 1911, in-8.

1068. Filow (Bogdan). Die Legionen der Provinz Moesia von Augustus bis auf Diokletian. *Leipzig*, 1906, in-8, broché.

[Klio.]

1069. Fimmen (Dietrich). Die kretischmykenische Kultur. *Leipzig* et *Berlin*, 1921, in-8.

Figures.

1070. Finlay (Georg). Griechenland unter den Römern. *Leipzig*, 1861, in-8.

1071. Fischer (Curtius Theodorus). De Hannonis Carthaginiensis periplo. *Leipzig*, 1893, in-8.

1072. Fock (Gustave). Catalogus dissertationum philologicarum classicarum.. *Leipzig*, 1894, in-8.

1073. Forbiger (Albert). Handbuch de alten Geographie. *Hambourg*, 1877, 3 vol in-8 (2e éd.).

Cartes.

1074. Foucart (Paul). Mémoires sur les ruines et l'histoire de Delphes. *Paris*, 1865, in-8.

1075. Fougères (Gustave). Mantinée et l'Arcadie orientale. *Paris*, 1898, in-8.

Figures, planches, cartes et plans.

1076. Francotte (Henri). L'industrie dans la Grèce ancienne. *Bruxelles*, 1900, in-8. T. I.

1077. — L'organisation de la cité athénienne et la réforme de Clisthènes. *Bruxelles*, 1892, in-8.

1078. — La *Polis* grecque et l'organisation des cités. *Paderborn*, 1907, in-8.

1079. Fränkel (Arthur). Die Quellen der Alexanderhistoriker. *Breslau*, 1883, in-8.

1080. Freeman (Edward A.). The history of Sicily from the earliest times. *Oxford*, 1891-1894, 4 vol. in-8.

Cartes.

1081. Freeman (Kenneth J.). School of Hellas. *Londres*, 1922, in-8.

Planches

1082. Friedlaender (Ludwig). Darstellungen aus der Sittengeschichte Roms in der Zeit von August bis zum Ausgang der Antonine. *Leipzig*, 1888-1890, 3 vol. in-8.

1083. Furtwaengler (Mélanges). Münchener archäologische Studien dem Andenken Adolf Furtwänglers gewidmet. *Munich*, 1909, in-8.

Figures.

1084. Gardner (Alice). Julian philosopher and Emperor. *Londres* et *New-York*, 1895, in-8.

Figures, planches, carte.

1085. Gardner (Ernest-Arthur). Ancient Athens. *Londres*, 1902, in-8.

Figures et planches.

1086. Gardner (Percy). New chapters in Greek history ; historical results of recent excavations in Greece and Asia Minor. *Londres*, 1892, in-8.

Figures, planches et plan.

1087. Gardner (Percy) and **Jevons** (Frank-Byron). A manual of Greek antiquities. *Londres*, 1895, in-8.

Figures et planches.

1088. Gardthausen (V.). Augustus und seine Zeit. *Leipzig*, 1891-1904, 3 vol. in-8, le 3e vol. en 2 fasc. brochés.

1089. Gercke (Alfred) et **Norden** (Eduard). Einleitung in die Altertumswissenschaft. *Leipzig-Berlin*, 1910-1912, 3 vol. in-8.

1090. Gibbon (Edward). The history of the decline and fall of the Roman empire, with variorum notes, including those of Guizot, Wenck, Schreiter and Hugo. *Londres*, 1867, 7 vol. in-12.

1091. Gilbert (Gustav). Handbuch der griechischen Staatsalterthümer. *Leipzig*, 1885-1893, 2 vol. in-8.

Le tome I est de la 2e édition (1893); le tome II de l'édition originale.

1092. — Handbuch der Staatsalterthümer. *Leipzig*, 1881, in-8.

Tome I : Sparte et Athènes.

1093. Gildersleeve (Mélanges). Studies in honor of Basil L. Gildersleeve. *Baltimore*, 1902, in-8.

Portraits.

1094. Ginzel (F. K.). Mathematische und technische Chronologie. *Leipzig*, 1911, in-8.

Tome II.

1095. Girard (Paul). L'éducation athénienne au Ve et au IVe siècle avant J.-C. *Paris*, 1889, in-8.

Envoi d'auteur signé.

1096. Glotz (Gustave). Bulletin d'histoire grecque, 1911-1914. *Paris*, 1916, in-8, broché.

Envoi d'auteur signé.

1097. — La civilisation égéenne. *Paris*, 1923, in-8, broché.

Figures et cartes. Envoi d'auteur signé.

1098. — La Cité grecque. *Paris*. 1928, in-8, broché.

Envoi d'auteur signé.

1099. — Etudes sociales et juridiques sur l'antiquité grecque. *Paris*, 1906, 1 vol. in-16.

Envoi d'auteur signé.

1100. Gnomon (Le). 7 brochures in-8, par divers, dont : Théodore Reinach. Un code fiscal de l'Egypte romaine. Le Gnomon de l'Idéologue (1920-1921). —

1101. Goodyear (W. Henry). Greek refinements. *Oxford*, 1912, in-4.

Figures et planches.

1102. Goyau (Georges). Chronologie de l'empire romain. *Paris*, 1891, in-12.

1103. Graux (Charles). Les articles originaux publiés dans divers recueils par Charles Graux. Ed. posthume. *Paris*, 1893, in-8.

1104. Graux (Mélanges). Recueil de travaux d'érudition classique dédié à la mémoire de Charles Graux. *Paris*, 1884, in-8.

Portraits.

1105. Greenidge (A. H. J.). A handbook of Greek constitutional history. *Londres*, 1896, in-8.

Carte.

1106. Grenfell (B. P.). Revenue laws of Ptolemy Philadelphus. *Oxford*,. 1896, in-4.

Plus un atlas de fac-similés.

1107. Grote (Georg). Geschichte Griechenlands. *Berlin*, 1880, 6 vol. in-8.

Portraits, cartes et plans.

1108. Gsell (Stéphane). Essai sur le règne de l'empereur Domitien. *Paris*, 1893, in-8, broché.

1109. Guhl (E.) et **Koner** (W.). Leben der Griechen und Römer. *Berlin*, 1893, in-8.

Figures.

1110. — Le même ouvrage. Trad. F. Trawinski, *Paris*, 1902, in-8, broché.

Vignettes. 1re partie : La Grèce.

1111 Guiraud (Paul). Etudes économiques sur l'antiquité. *Paris*, 1905, in-12.

1112. — La main-d'œuvre industrielle dans l'ancienne Grèce. *Paris*, 1900, in-8.

1113. — La propriété foncière en Grèce jusqu'à la conquête romaine. *Paris*, 1893, in-8.

1114. Gummerus (Hermann). Der römische Gutsbetrieb als wirtschaftlicher Organismus. *Leipzig*, 1906, in-8, broché.

[Klio].

1115. Gutschmid (Alfred von). Kleine Schriften. *Leipzig*, 1893, in-8.

Tome IV.

1116. Hatzidakis (G. N.). Ἔλεγχοι καὶ Κρίσεις. *Athènes*, 1901, in-8.

1117. Haussoullier (Bernard). Traité entre Delphes et Pellana. Etude de droit grec. *Paris*, 1917, in-8.

Envoi d'auteur signé.

1118. — Etudes sur l'histoire de Milet et du Didymeion. *Paris*, 1902, in-8

Envoi d'auteur signé.

1119. Hauvette-Besnault (Amédée). Les stratèges athéniens. *Paris*, 1885, in-8.

1120. Havet (Mélanges) offerts à Louis Havet à l'occasion du 60e anniversaire de sa naissance. *Paris*, 1909, in-8.

1121. Headlam (James Wycliffe). Election by Lot at Athens. *Cambridge*, 1891, in-8.

1122. Helbig (M W.). Sur la question mycénienne. *Paris*, 1896, in-4.

1123. Hermann (K. F.). Lehrbuch der griechischen Antiquitäten. *Tubingen*, 1913, in-8, broché.

Tome I.

1124. [**Thumser, Thalhain, Blümner**]. Lehrbuch der griechischen Staatsaltertümer. *Freiburg*, 1889, 4 vol. in-8.

1125. — Lehrbuch der griechischen Rechtsaltertümer. *Fribourg* et *Leipzig*, 1895, in-8.

1126. Hertzberg (C. F.). Histoire de la Grèce sous la domination des Romains, trad. Bouché-Leclercq. *Paris*, 1887-1890, 3 vol. in-8.

1127. Heuzey (Léon). Le mont Olympe et l'Acarnanie. *Paris*, 1860, in-8.

1128. Hinstin (G.). Les Romains à Athènes avant l'Empire. *Paris*, 1877, in-8.

1129. Hirschfeld (Otto). Die kaiserlichen Verwaltungsbeamten bis auf Diocletian. *Berlin*, 1905, in-8.

2e édition.

1130. — Kleine Schriften. *Berlin*, 1913, in-8.

1131. — Geschichte Siciliens im Alterthum. *Leipzig*, 1870-1898, 3 vol. in-8, reliés en 2 vol.

1132. Holm (Adolf). Griechische Geschichte. *Berlin*, 1886-1894, 4 vol. in-12.

1133. Homo (Léon). Essai sur le règne de l'empereur Aurélien, 270-275. *Paris*, 1904, in-8, broché.

Le plat supérieur de la couverture détaché.

1134. Homolle (Th.), **Diehl** (Ch.) etc... La Grèce immortelle. *Genève*, 1919, in-8.

Figures et planches.

1135. Hübner (E.). Bibliographie der klassischen Alterthumswissenschaft. *Berlin*, 1889, in-8.

1136. Hultsch (Friedrich). Griechische und römische Metrologie. *Berlin*, 1882, in-8.

1137. Jahn (Otto). Archäologische Beiträge. *Berlin*, 1847, in-8.

1138. Jardé (A.). La formation du peuple grec. *Paris*, 1923, in-8, broché.

1139. Jebelev (S.). Axaika. *Saint-Pétersbonrg*, 1903, in-8.

1140. Jébélev (Recueil). Exposé sommaire. *Leningrad*, 1926, in-8, broché.

1141. Jondet (Gaston). Atlas historique de la ville et des ports d'Alexandrie. *Le Caire*, 1919, in-4, en feuilles.

Planches et plans.

1142. Jouguet (P.). L'impérialisme macédonien et l'hellénisation de l'Orient. *Paris*, 1926, in-8.

Planches et cartes.

1143. Judeich (Walther). Caesar im Orient. *Leipzig*, 1885, in-8.

1144. — Kleinasiatische Studien. *Marburg*, 1892, in-8.

1145. — Le même ouvrage.

1146. Jullien (Aemilius). De L. Cornelio Balbo Majore. *Paris*, 1886, in-8.

1147. Kaerst (Julius). Geschichte des hellenistischen Zeitalters. *Leipzig*, 1901-1909, 2 vol. in-8.

1148. Kiepert (Heinrich). Lehrbuch der alten Geographie. *Berlin*, 1878, in-8.

1149. Kornemann (Ernst). Zur Geschichte der Gracchenzeit. *Leipzig*, 1903, in-8, broché.

[Klio].

1150. Korsch (Mélanges). Χαπιστάπια. *Moscou*, 1896, in-8.

1151. Lacour-Gayet (G.). Antonin le Pieux et son temps. *Paris*, 1888, in-8.

1152. Lafoscade (Léon). De epistulis (aliisque titulis) imperatorum magistratuumque romanorum... *Lille*, 1902, in-8.

Envoi d'auteur signé.

1153. Lange (Ludwig). Römische Alterthümer. *Berlin*, 1876-1879, 3 vol. in-8.

1154. Laum (Bernahrd). Stiftungen in der griechischen und römischen Antike. *Leipzig*, 1914, 2 vol. in-8, brochés

1155. Lecoutere (C.). L'archontat athénien. *Louvain*, 1893, in-8.

1156. Lemonnier (Henry). Etude historique sur la condition privée des affranchis aux trois premiers siècles de l'Empire romain. *Paris*, 1887, in-8.

1157. Lenormant (François). A travers l'Apulie et la Lucanie. *Paris*, 1883, 2 vol. in-8.

1158. Lesquier (Jean). L'armée romaine d'Égypte, d'Auguste à Dioclétien. I. [Mém. de l'Inst. fr. d'Arch. orientale du Caire, 1918], 2 fasc. in-4, brochés.

1159. — Les institutions militaires de l'Égypte sous les Lagides. *Paris*, 1911, in-8.

Envoi d'auteur signé.

1160. Letronne (A.-J.). Œuvres choisies. *Paris*, 1881-1885, 6 vol. in-8.

1161. — Recherches pour servir à l'histoire de l'Égypte. *Paris*, 1823, in-8.

1162. Liebenam (W.). Forschungen zur Verwaltungsgeschichte des römischen Kaiserreichs. *Leipzig*, 1888, in-8.

Tome I seul.

1163. — Städteverwaltung im römischen Kaiserreich. *Leipzig*, 1900, in-8.

1164. Linforth (Ivan M.). Solon, the Athenian. *Berkeley*, 1919, in-8.

1165. Lipsius (Mélanges). Griechische Studien Hermann Lipsius zum sechzigsten Geburtstag dargebracht. *Leipzig*, 1894, in-8.

1166. Longpérier (A. de). Œuvres. Ed. G. Schlumberger. *Paris*, 1883-1887, 7 vol in-8.

1167. Lubker (Friedrich). Reallexikon des classischen Alterthums für Gymnasien. *Leipzig*, 1877, in-8.

Figures et plans.

1168. Lumbroso (Giacomo). L'Egitto dei Greci e dei Romani. *Rome*, 1885, in-8.

1169. — Recherches sur l'économie politique de l'Égypte sous les Lagides. *Turin*, 1870, in-8.

1170. Madvig (J.-N.). L'Etat romain, [Trad. Ch. Morel]. *Paris*, 1882-1883, 2 vol. in-8, brochés.

1171. Mahaffy (J.-P.). The Empire of the Ptolemies. *Londres*, 1895, in-12.

Figures.

1172. — Greek life and thought. *Londres*, 1887, in-8.

1173. — The Greek world under Roman sway. *Londres*, 1890, in-8.

1174. — A history of Egypt under the Ptolemaic dynasty. *Londres*, 1898, in-8.

Figures.

1175. — Problems in Greek history. *Londres*, 1892, in-8.

1176. — The progress of hellenism in Alexander's Empire. *Londres*, 1905, in-12.

1177. — Social life in Greece. *Londres*, et *New-York*, 1890, in-18.

1178. Malten (Ludolf). Kyrene. *Berlin*, 1911, in-8.

1179. Martin (Albert). Les cavaliers athéniens. *Paris*, 1886, in-8.

1180. Maschke (Richard). Der Freiheitsprozess im klassischen Alterthum insbesondere der Prozess um Verginia. *Berlin*, 1888, in-8.

1181. Maurice (Jules). Constantin le Grand. *Paris*, s. d., in-8.

Envoi d'auteur signé.

1182. Meier (Moritz-Hermann-Eduard) und **Schömann** (G.-H.). Der attische Process. *Berlin*, 1883-1887, 2 vol. in-12.

1183. Menadier (Julius). Qua condicione Ephesii usi sint inde ab Asia in formam provinciae redacta. *Berlin*, 1880, in-8.

1184. Meursius (Joannes). Fortuna attica. *Leyde*, 1622, in-8,

V. f. filets sur les plats, dentelle intérieure, tr. dorées, reliure moderne.

1185. Meyer (Eduard). Blüte und Niedergang des Hellenismus in Asien. *Berlin*, 1925, in-8, broché.

1186. — Forschungen zur alten Geschichte. *Halle*, 1892-1899, 2 vol. in-8.

1187. — Kleine Schriften. *Halle*, 1910, in-8.

1188. — Geschichte des Alterthums. *Stuttgart*, 1884-1902, 5 vol. in-8.

1189. — Le même ouvrage. *Stuttgart-Berlin*, 1907-1909, 2 vol. in-8.

1190. — Le même ouvrage. Trad. Maxime David. *Paris*, 1912, in-8, broché.

Tome premier.

1191. — Geschichte von Troas. *Leipzig*, 1877, in-8.

Relié à la suite : Geschichte des Königreichs Pontos. *Leipzig*, 1879, in-8.

1192. Meyer (Ernest). Die Grenzen der hellenistischen Staaten in Kleinasien. *Munich-Leipzig*, 1925, in-8, broché.

Cartes.

1193. — Untersuchungen zur Chronologie der ersten Ptolemäer auf Grund der Papyri. *Leipzig*, 1925, in-8.

1194. Meyer (Paul M.). Das Heerwesen der Ptolemaër und Römer in Ægypten. *Leipzig*, 1900, in-8.

1195. Milne (J. Grafton). A history of Egypt under Roman rule. *Londres*, 1898, in-8.

Figures.

1196. Minns (Ellis H.). Scythians and Greeks. *Cambridge*, 1913, in-4.

Figures et cartes.

1197. Mitteis (Ludwig). Reichsrecht und Volksrecht in den östlichen Provinzen des römischen Kaiserreichs. *Leipzig*, 1891, in-8.

1198. Mommsen (August). Delphika. *Leipzig*, 1878, in-8.

1199. Mommsen (Theodor). Abriss des römischen Staatsrechts. *Leipzig*, 1893, in-8.

1200. — Epigraphische und numismatische Schriften. *Berlin*, 1913, in-8.

Tome I.

1201. — Historische Schriften. *Berlin*, 1906, 3 vol. in-8.

1202. — Juristische Schriften. *Berlin*, 1905, 3 vol. in-8.

Portraits.

1203. — Philologische Schriften. *Berlin*, 1909, in-8.

1204. — Res gestae divi Augusti. Ex monumentis Ancyrano et Apolloniensi. *Berlin*, 1883, in-8.

Plus un fascicule de planches.

1205. — Römische Geschichte. *Berlin*, 1888-1889, 3 vol. in-8.

1206. — Römische Geschichte. *Berlin*, 1885, in-8.

Tome V.

1207. Mommsen (Mélanges). Commentationes philologae in honorem Theodori Mommseni scripserunt amici. *Berlin*, 1877, in-8.

1208. Monceaux (Paul). La Grèce avant Alexandre, étude sur la société grecque du VIe au IVe siècle. *Paris*, 1892, in-8.

Envoi d'auteur signé.

1209. — Les Proxénies grecques. *Paris*, 1885, in-8.

1210. Muller (Heinrich Dietrich). Historisch - mythologische Untersuchungen. *Gottingen*, 1892, in-8.

1211. Muller (Ivan von). Handbuch der klassischen Altertums - Wissenschaft. *Munich*, dates diverses, 39 vol. in-8.

T. I (2); II, 1-3 (2); III; III, I, 1 (2); III, II, 2 (2); III, 3 (2); III, 4 (2); IV, 1-2 (2); V, I (2), 2, I-II (2); 3 (1 et 2); V, 4 (2); VI; VII (4); VIII, 1-2 (2), 3 (2), 4, I; IX, 1 (1).

1212. Muller (Karl Otfried). Geschichten hellenischer Stämme und Städte. *Breslau*, 1820-1824, 4 vol. in-8, reliés en 3.

1213. — Kleine deutsche Schriften. Ed. Müller. *Breslau*, 1847-1848, 2 vol. in-8.

Carte.

1214. Muller (Otto). Untersuchungen zur Geschichte des attischen Bürger-und Eherechts. *Leipzig*, 1899, in-8.

1215. Napoléon III. Histoire de Jules César. *Paris*, 1865-1866, 2 vol. in-8.

1216. Nicole (Mélanges). Recueil de Mémoires de philologie classique et d'archéologie. *Genève*, 1905, in-8.

Portraits.

1217. Niebuhr (B.-G.). Kleine historische und philologische Schriften. Erste Sammlung. *Bonn*, 1828, in-8.

1218. Niese (Benedictus). Geschichte der griechischen und makedonischen Staaten seit der Schlacht bei Chaeronea. *Gotha*, 1893-1903, 3 vol. in-8.

1219. Nietzsche (Friedrich). Philologica. *Leipzig*, 1913, 3 vol. in-8.

Tomes XVII, XVIII, XIX des œuvres complètes.

1220. Obst (Ernst). Der Feldzug des Xerxes. *Leipzig*, 1913, in-8.

[Klio].

1221. Pais (Ettore). Storia della colonizzazione di Roma antica. *Rome*, 1923, in-8, broché.

Tome I.

1222. Partsch (Josef). Griechisches Bürgschaftsrecht. *Leipzig* et *Berlin*, 1909, in-8.

1er Teil: Das Recht des altgriechischen Gemeindestaats.

1223. Pauly-Wissowa. Real-Encyclopädie. *Stuttgart*, 1894-1927, 24 vol. in-8.

Les 8 premiers reliés, les autres brochés, dont quelques-uns en fascicules. Plus 4 volumes de supplément, 1903-1924, les 2 premiers en fascicules, les 2 autres brochés.

1224. Pârvan (Vasile). Getica, o protoistorie a Daciei. *Bucarest*, 1926, in-4, broché.

Figures.

1225. Pascal (Carlo). Studii di antichità e mitologia. *Milano*, 1896, in-8.

1226. Pater (Walter). Greek studies. *Londres* et *New-York*, 1895, in-8.

Portraits.

1227. Pernice (Erich). Griechische Gewichte. *Berlin*, 1894, in-8.

1228. Perrot (Mélanges). Recueil de mémoires concernant l'archéologie classique, la littérature et l'histoire anciennes dédié à Georges Perrot... *Paris*, 1903, in-4.

Portraits, filets et illustrations.

1229. Philarétos (Georges N.). Δεῖπνα καὶ συμπόσια τῶν ἀρχαίων Ἑλλήνων. *Athènes*, 1907, in-12.

Figures dans le texte. Envoi d'auteur signé.

1230. Piganiol (André). La conquête romaine. *Paris*, 1927, in-8, broché.

1231. Poehlmann (Robert). Geschichte des antiken Kommunismus und Sozialismus. *Munchen*, 1893-1901, 2 vol. in-8.

1232. Pohlenz (Max). Staatsgedanke und Staatslehre der Griechen. *Leipzig*, 1923, in-12.

1233. Poland (Franz). Geschichte des griechischen Vereinswesens. *Leipzig*, 1909, in-8.

1234. Possenti (G.-B.). Il re Lisimaco di Tracia. *Turin-Rome*, 1901, in-8.

1235. Pouqueville (M.). Grèce. *Paris*, 1835, in-8, planches.

1236. Preisigke (Friedrich). Girowesen im griechischen Ægypten. *Strasbourg*, 1910, in-8.

1237. Premerstein (Anton V.). Das Attentat der Konsulare auf Hadrian im Jahre 118 n. Chr. *Leipzig*, 1908, in-8.

[Klio].

1238. Prott (J. de) et **Ziehen** (L.). Leges Graecorum sacrae e titulis collectae. *Leipzig*, 1896-1906, in-8, broché.

1239. Radet (Georges). La Lydie et le monde grec au temps des Mermnades (687-546). *Paris*, 1893, in-8.

1240. Ramsay (W.-M.). The cities and bishoprics of Phrygia. *Oxford*, 1895-1897, 2 vol. in-8.

Cartes.

1241. — The historical geography of Asia Minor. *Londres*, 1890, in-8.

Cartes.

1242. — (and others). Studies in the history and art of the Eastern provinces of the Roman Empire. *Aberdeen*, 1906, in-8.

Figures et planches.

1243. Ramsay (Mélanges). Anatolian Studies presented to Sir William Mitchell Ramsay. *Manchester*, 1923, in-8.

Portraits.

1244. Reinach (Adolphe). Atthis. Les origines de l'état athénien. *Paris*, 1912, in-8.

1245. Reinach (Salomon). Chronique d'Orient (1893-95). *Paris*, in-8.

Extrait de la « Revue archéologique ».

1246. — Manuel de philologie classique. *Paris*, 1884-1904, 2 vol. in-8.

1247. — Le même ouvrage. *Paris*, 1883, in-8.

Tome I. Envoi d'auteur.

1248. Reinach (Théodore). Mithradates Eupator König von Pontos. Trad. Goetz. *Leipzig*, 1895, in-8.

Rel. pl. cuir de Russie, t. dorée, dent. intérieure, gardes moire, planches, cartes. Notes marginales mss.

1249. Rich (Anthony). Dictionnaire des antiquités romaines et grecques. Trad. Chéruel. *Paris*, 1873, in-8.

Figures dans le texte.

1250. Robert (Mélanges Carl). Genethliakon. *Berlin*, 1910, in-8.

1251. Robinson (D. M.). Ancient Sinope. *Baltimore*, 1906, 1 vol. in-12.

Avec deux brochures de M. Th. Reinach ; Une inscription grecque du Pont, 1913; Inscriptions de Sinope ,1916.

1252. Rostovtzeff. A history of the ancient world. [Traduct. angl. Duff]. *Oxford*, 1927, 2 vol. in-8.

Planches.

1253. — A large estate in Egypt in the third Century B. C. *Madison*, 1922, in-8, broché.

Fac-similés.

1254. — Römische Bleitesserae. *Leipzig*, 1905, in-8, broché.

Planches. [Klio].

1255. — The social and economic history of the Roman Empire. *Oxford*, 1926, in-8.

Planches.

1256. — Studien zur Geschichte des römischen Kolonates. *Leipzig*, 1910, in-8.

1257. Rouire (Dr). La découverte du bassin hydrographique de la Tunisie centrale et l'emplacement de l'ancien lac Triton. *Paris*, 1887, in-8.

Cartes. Envoi d'auteur signé.

1258. Roussel (Pierre). Délos colonie athénienne. *Paris*, 1916, in-8, broché.

1259. Salinas (Mélanges). Miscellanea di archeologia, storia e filologia dedicata al Prof. Antonino Salinas. *Palerme*, 1907, in-8.

Portraits et figures.

1260. Sanctis (Gaetano de). Ἀτθίς, Storia della Republica Ateniese dalle origine alle riforme di Clistene. *Rome*, 1898, in-8.

1261. Sandys (John-Edwin). A history of classical scholarship. *Cambridge*, 1903, in-8.

1262. San Nicolo (Mariano). Ægyptisches Vereinswesen zur Zeit der Ptolemaër und Römer. *Munich*, 1913, 2 vol. in-8, brochés.

Tome I, tome II (1re partie).

1263. Satura Viadrina. Festschrift zum fünfundzwanzigjahrigen Bestehen des philologischen Vereins zu Breslau. *Breslau*, 1896, in-8.

1264. Saucinc (Théophil). Andros. *Vienne*, 1914, in-4.

Figures.

1265. Saxl (Fritz). Vorträge der Bibliothek Warburg, 1923-1924. *Leipzig-Berlin*, 1926, in-8, broché.

1266. Scala (Rudolf von). Die Staatsverträge des Altertums. *Leipzig*, 1898, in-8.

1re partie.

1267. Schaefer (Arnold). Demosthenes und seine Zeit. *Leipzig*, 1885-1887, 3 vol. in-8.

Portraits.

1268. Schanz (Mélanges). Festgabe für Martin von Schanz zur 70 Geburtstagsfeier. *Würzburg*, 1912, in-8.

1269. Schiller (Hermann). Geschichte der römischen Kaiserzeit. *Gotha*, 1883-1887, in-8.

2 tomes en 3 volumes.

1270. Schmidt (Adolf). Handbuch der griechischen Chronologie. *Iéna*, 1888, in-8.

1271. Schnebel (Michael). Die Landwirtschaft in hellenistischen Ægypten. *Munich*, 1925, in-8, broché.

1272. Schoeffer (Valerianus de). De Deli insulae rebus. *Berlin*, 1889, in-8.

1273. Schoemann (G.-F.). Griechische Alterthümer. Erster Band : Das Staatswesen. *Berlin*, 1897, in-8.

1274. Schubert (Rudolf). Geschichte des Pyrrhus. *Königsberg*, 1894, in-8.

1275. Schulthess (Otto). Vormundschaft nach attischem Recht. *Freiburg*, 1886, in-8.

1276. Schur (Werner). Die Orientpolitik des Kaisers Nero. *Leipzig*, 1923, in-8, broché.

[Klio].

1277. Schwarz (Wilhelm). Der Schoinos bei den Ægyptern, Griechen und Römern. *Berlin*, 1894, in-8.

1278. Seeck (Otto). Geschichte des Untergangs der antiken Welt. *Stuttgart*, 1920-1921, 6 vol. in-8, plus 6 vol. de suppléments.

1279. Segré (Angelo). Circolazione monetaria e prezzi nel mondo antico ed in particolare in Egitto. *Roma*, 1922, in-8, broché.

1280. Semeka (Gregor). Ptolemaïsches Prozessrecht. *Munich*, 1913, in-8, broché.

1re partie.

1281. Smith (William). A dictionary of Greek and Roman geography. *Londres*, 1878, 2 vol. in-8.

Figures et cartes.

1282. — Dictionary of Greek and Roman biography and mythology. *Londres*, 1849, 3 vol. in-8.

Figures.

1283. — **Wayte** (William), **Marindin** (G.-E.). A Dictionary of Greek and Roman antiquities. *Londres*, 1890, 2 vol. in-8.

Figures.

1284. Soltau (Wilhelm). Prolegomena zu einer römischen Chronologie. *Berlin*, 1886, in-8.

1285. Stæhelin (Félix). Geschichte der kleinasiatischen Galater bis zur Errichtung der römischen Provinz Asia. *Bâle*, 1897, in-8.

1286. Stahr (Adolf). Cleopatra. *Berlin*, 1879, in-12.

1287. — Römische Kaiserfrauen. *Berlin*, 1880, in-12.

1288. Stech (Bruno). Senatores romani qui fuerint inde a Vespasiano usque ad Traiani exitum. *Leipzig*, 1912, in-8.

[Klio].

1289. Stein (Arthur). Untersuchungen zur Geschichte und Verwaltung Ægyptens unter römischer Herrschaft. *Stuttgart*, 1915, in-8, broché.

1290. Steinacker (Harold). Die antiken Grundlagen der frühmittelalterlichen Privaturkunde. *Leipzig - Berlin*, 1927, in-8, broché.

1291. Strack (Max-L.). Die Dynastie der Ptolemaër. *Berlin*, 1897, in-8.

1292. Struck (Adolf). Griechenland. Band I. *Vienne-Leipzig*, 1911, in-8.

Figures, plan.

1293. Studniczka (Franz). Das Symposion Ptolemaios II. *Leipzig*, 1914, in-8, broché.

Figures et planches. N° II.

1294. Sundwall (Johannes). Epigraphische Beiträge zur sozial-politischen Geschichte Athens im Zeitalter des Demosthenes. *Leipzig*, 1906, in-8, broché.

[Klio].

1295. — Die einheimischen Namen der Lykier nebst einem Verzeichnisse kleinasiatischer Namenstämme. *Leipzig*, 1913, in-8.

[Klio].

1296. Svoronos. Φῶς ἐπὶ τῶν 'ἀρχαιολογικῶν σκανδάλων. *Athènes*, 1896, in-8.

1297. Szanto (Emil). Das griechische Bürgerrecht. *Fribourg*, 1892, in-8.

1298. Tannery (Paul). Pour l'histoire de la science hellène. De Thalès à Empédocle. *Paris*, 1887, in-8.

1298 *bis.* — Recherches sur l'astronomie ancienne. *Paris,* 1893, in-8.

1299. Tarn (William Woodthorpe). Antigonos Gonatas. *Oxford,* 1913, 1 vol. in-8.

1300. Télfy (I.-B.). Συναγωγή τῶν 'Αττικῶν νόων. *Budapest* et *Leipzig,* 1868, in-8.

1301. Thieling (Walter). Der Hellenismus in Kleinafrika. *Leipzig-Berlin,* 1911, in-8.

1302. Thonissen (J.-J.). Le droit pénal de la république athénienne précédé d'une étude sur le droit criminel de la Grèce légendaire. *Bruxelles* et *Paris,* 1875, in-8.

1303. Tissot (Charles). Géographie comparée de la province romaine d'Afrique [Ed. S. Reinach]. *Paris,* 1888, in-4.

Tome II : Chorographie, réseau routier et atlas.

1304. Tod (Marcus-Niebuhr). International arbitration amongst the Greeks. *Oxford,* 1913, in-8.

1305. Toepffer (Iohannes). Attische Genealogie. *Berlin,* 1889, in-8.

1306. — Beiträge zur griechischen Altertumswissenschaft. *Berlin,* 1897, in-8.

Portraits.

1307. Torr (Cecil). Memphis and Mycenae. *Cambridge,* 1896, in-8.

1308. Treuber (Oskar). Geschichte der Lykier. *Stuttgart,* 1887, in-8.

Carte.

1309. Tucker (F.-G.). Life in ancient Athens. *New-York,* 1907, 1 vol. in-12.

Figures et cartes.

1310. Usener (Hermann). Kleine Schriften. *Berlin,* 1912, 4 vol. in-8.

1311. Usteri (Paul). Achtung und Verbannung im griechischen Recht. *Berlin,* 1903, in-8.

1312. Van Gelder (Hendrik). Galatarum res in Graecia et Asia gestae usque ad medium secundum saeculum ante Christum. *Amsterdam,* 1888, in-8.

1313. — Geschichte der alten Rhodier. *La Haye,* 1900, in-8.

1314. Vars (Jules). L'art nautique dans l'antiquité et spécialement en Grèce. *Paris,* 1887, in-12.

Figures.

1315. Vinogradoff (Paul). Outlines of historical jurisprudence. *Oxford,* 1922, in-8.

Tome II : The jurisprudence of the Greek city.

1316. Wachsmuth (Curt). Die Stadt Athen im Alterthum. *Leipzig,* 1874, in-8.

Le tome I seulement.

1317. Waddington (W.-H.). Fastes des provinces asiatiques de l'empire romain depuis leur origine jusqu'au règne de Dioclétien. *Paris,* 1872, in-8.

Première partie, la seule parue.

1318. Wallon (H.). Histoire de l'esclavage dans l'antiquité. *Paris,* 1879, 3 vol. in-8.

Envoi d'auteur signé.

1319. Ward (Osborne). A history of the ancient working people. *Washington,* s. d., in-8.

Tome II : Origins of socialism.

1320. Weigall (A. E. P. Brome). The life and times of Cleopatra, queen of Egypt. *Edimbourg-Londres,* 1914, in-8.

Figures, cartes.

1321. Weil (Mélanges). Studi italiani di filologia classica. *Florence-Rome,* 1898, in-8.

Tome VI, dédié à Henri Weil.

1322. Weiss (J.-E.). Griechisches Privatrecht. *Leipzig,* 1923, in-8.

Tome I : Allgemeine Lehrer.

1323. Wendland (Paul). Handbuch zum Neuen Testament. Die hellenistisch-römische Kultur in ihren Beziehungen zu Judentum und Christentum. *Tubingen*, 1907, in-8.

1324. Wessely (Carl). Karanis und Soknopaiu Nesos. *Vienne*, 1902, in-4.

1325. — Topographie des Faijûm in griechischer Zeit. *Vienne*, 1904, in-4.

1326. Wilamowitz-Moellendorff (Ulrich von). Aus Kydathen. *Berlin*, 1880, in-8.

1327. Willems (P.). Le droit public romain depuis la fondation de Rome jusqu'à Justinien. *Louvain*, 1880, in-8 (4e édit.).

1328. Wislicenus (Walter). Astronomische Chronologie. *Leipzig*, 1895, in-8.

1329. Woodhouse (William S.). Ætolia. *Oxford*, 1897, in-8.

Planches et cartes.

1330. Zervos (Skevos Georges). Rhodes, capitale du Dodécanèse. *Paris*, 1920, in-4.

Figures, planches et cartes, en noir et en couleurs.

1331. Ziebarth (Erich). Aus dem griechischen Schulwesen. *Leipzig - Berlin*, 1909, in-8, broché.

1332. — Das griechische Vereinswesen. *Leipzig*, 1896, in-8.

1333. Zogheb (Alexandre-Max de). Etudes sur l'ancienne Alexandrie. *Paris*, 1909, in-8.

Lettre jointe.

Périodiques et Mélanges

1334. Congrès. Congrès international d'archéologie, 1re session, Athènes, 1905 (comptes rendus). *Athènes*, 1905, in-8.

On y joint un carton contenant 8 brochures in-8 relatives au Congrès.

1335. — 2e session, Le Caire, 1909 (comptes rendus). *Le Caire*, 1909, in-8.

1336. — Symbolae Pragenses. Festgabe der deutschen Gesellschaft für Alterthumskunde in Prag, zur 42. Versammlung deutscher Philologen und Schulmänner in Wien, 1893. *Vienne*, 1893, in-8.

1337. — Apophoreton. XLVII Versammlung deutscher Philologen und Schulmänner, Apophoreton uberreicht von der Graeca Halensis. *Berlin*, 1903, in-8.

1338. Antiquité classique. Environ 1 050 brochures in-8, par Amelung, Appleton, E. Babelon, A. Blanchet, M. Collignon, P. Gardner, Havet, Homolle, Michaelis, Omont, E. Pottier, A.-J. Reinach, Salomon Reinach, Th. Reinach, S. de Ricci, etc.

1339. Mélanges antiques. 6 brochures in-folio, planche hors texte, par Sotheby, Wilkinson, A. Sambon, A.-C. Headlam, etc., etc.

1340. — contenant environ 160 brochures classées alphabétiquement, par Audollent, Babelon, R. Cagnat, Collignon, Dieulafoy, Espérandieu, Formigé, Gayet, Haussoullier, Salomon et Théodore Reinach, etc.

1341. American Journal of Archæology, 1896-1923. *Princeton*, 27 vol. in-8.

(L'année 1896, en fasc.) On y joint des numéros dépareillés des années 1888, 1889, 1895, 1924 et 1925.

1342. Annuaire de l'Association pour l'encouragement des études grecques en France. *Paris*, 1867-1887, 18 vol. in-8.

1343. Le même ouvrage. *Paris*, 1887, in-8.

1344. Archæological Institute of America. Papers of the American School of classical studies at Athens. *Boston*, 1885-1892, 5 vol. in-8.

1345. Archæological Institute of America. Supplementary Papers of the American School of classical studies in Rome. *New-York*, 1905-1908, 2 vol. in-4.

Figures et planches.

1346. Aréthuse. Revue trimestrielle d'art et d'archéologie. *Paris*, 1923-1928, 5 vol. in-4.

Figures et planches. La première année reliée, les autres en fascicules.

1347. Atene e Roma. Bolletino della Societa italiana per la diffusione e l'incoraggiamento degli studi classici. *Florence-Rome*, janvier-février 1898-mars 1901, en fascicules.

Manquent : 1re année : fascicules 3 et 4 ; 2e année : fascicules 9, 10, 11, 12 ; 3e année : fascicule 13.

1348. Bulletin de l'Association Guillaume Budé [octobre 1923-avril 1929]. *Paris*, 23 fasc. in-8.

1349. Bulletin de la Société archéologique d'Alexandrie. *Alexandrie*, 1898-1925.

Figures et planches, 1re série, 5 fasc. ; nouv. série, 5 fasc. ; t. VI, fasc. 1.

1350. Bulletin de la Société des humanistes francais. *Paris*, 1894, in-8.

1351. 'ΕΘΝΙΚΟΝ ΠΑΝΕΠΙΣΤΗΜΙΟΝ. Ἐπιστημονικη 'επετηρις. *Athènes*, 1904, 1906, 2 vol. in-8, brochés.

1352. Gnomon. Kritische Zeitschrift für die gesamte klassische Altertumswissenschaft, 1927, 1928. *Berlin*, 2 vol. in-8.

Tomes III et IV.

1353. Hermes. Zeitschrift für klassische Philologie. *Berlin*, 1866-1928, 61 vol. in-8, reliés en 33.

Deux années en fascicules, plus 1 volume de tables.

1354. Jahrbuch des kaiserlich deutschen archaeologischen Instituts. *Berlin*, 1887-1914, 28 vol. in-8, plus 1 volume de tables.

Vignettes dans le texte.

1355. Klio. Beiträge zur alten Geschichte. *Leipzig*, 1902-1928, 22 vol. in-8, les années 1927-1928 en fascicules.

Les années 1927-1928 en fascicules. La publication n'a pris le titre de « Klio » qu'à partir du tome V [1905].

1356. Königsberger Studien. *Kœnigsberg*, 1887, in-8.

1re partie.

1357. Neapolis. Rivista di archeologia, epigrafia e numismatica S.l.n.d. in-4, broché.

Figures et planches. Avril 1913, 1re année, fascicule 1.

1358. ΘΡΑΚΙΚΗ. Ἐπετπρις ἐθησιον δημοσιεγμα. *Athènes*, 1897, in-12, broché.

Dos cassé.

1359. ΦΙΛΟΛΟΓΙΚΟΣ ΣΥΛΛΟΓΟΣ ΠΑΡΝΑΣΣΟΣ·ΕΠΕΤΗΡΙΣ *Athènes*, 1899, 1901, 1903 1904, 1906, 5 vol. in-8 (les 3 derniers brochés).

1360. Revue des Comptes rendus d'ouvrages relatifs à l'antiquité classique, 1916-1918. *Paris*, 1921, in-8, plus 1 fascicule 1925.

1361. Revue des études grecques. *Paris*, 1888-1926, 39 vol. in-8.

1362. Revue des études latines. *Paris*, 1923-1927, 4 vol. in-8, plus les 2 premiers fascicules de 1928.

1363. Revue des Revues et publications d'académies relatives à l'antiquité classique, 1876-1924. *Paris*, 1877-1924, 48 v. in-8.

Plus 1 fascicule de 1925.

1364. Rivista di storia antica e scienze affini. *Padoue*, 8 fasc. in-8.

1re année : fascicule 1, 2 ; 2e année : fascicule 1 ; 9e année : fascicules 3 et 4 ; 10e année : fascicules 1, 2, 3, 4.

1365. Revues allemandes. 1 carton : Philologus, Rheinisches Museum für Philologie, Berliner philologische Wochenschrift.

9 fascicules.

1366. Revues anglaises. The Classical Review. Octobre, décembre 1891, novembre 1895, mars 1898, novembre 1902, in-8.

5 fascicules in-8.

1367. Revues italiennes. 1 carton : Rivista di Filologia. Rivista bimestrale di Antichità greche e romane, 2 numéros.

PHILOSOPHIE — RELIGION

1368. Allègre (F.). Etude sur la déesse grecque Tyché. *Paris*, 1889, in-8.

1369. Aravantinos (A.-P.). Ἀσκληπιός καί Ἀσκληπίεια. *Leipzig*, 1907, in-8.

Envoi d'auteur signé.

1370. Baege (Wernerus). De Macedonum sacris. *Halle*, 1913, in-8, broché.

1371. Bassi (Domenico). Saggio di bibliografia mitologica. *Roma-Torino*, 1896, in-8.

Puntata I : Apollo.

1372. Bérard (Victor). De l'origine des cultes arcadiens. *Paris*, 1894, in-16.

1373. Berger (E.-H.). Mythische Kosmographie der Griechen. *Leipzig*, 1904, in-8.

1374. Bernoulli (J.-J.). Aphrodite. *Leipzig*, 1873, in-8.

Frontispice lithographié.

1375. Block (R. de). Evhémère. *Mons*, 1876, in-8.

1376. Boethius (Axel). Die Pythaïs. *Upsala*, 1918, in-8, broché.

1377. Boissier (Gaston). La religion romaine d'Auguste aux Antonins. *Paris*, 1900, 2 vol. in-12.

1378. Boll (Franz). Sphaera. *Leipzig*, 1903, in-8.

1379. Bouché-Leclercq (A.). L'astrologie grecque. *Paris*, 1899, in-8.

1380. Brunn (Heinrich). Griechische Götterideale. *Munich*, 1893, in-8.

Figures et planches.

1381. Chauvet (Emmanuel). Philosophie des médecins grecs. *Paris*, 1886, in-8.

1382. Collignon (Maxime). Essai sur les monuments grecs et romains relatifs au mythe de Psyché. *Paris*, 1877, in-8.

Demi-maroquin bleu, coins.

1383. Conze (Alexandre). De Psyches imaginibus quibusdam. *Berlin*, s. d., in-8.

Relié à la suite : **Eros**, étude sur la symbolique du désir.

1384. Crusius (O.). Erwin Rohde. *Tubingen-Leipzig*, 1902, in-8.

1385. Cumont (Franz). Astrology and religion among the Greeks and Romans. *New-York-Londres*, 1912, in-8.

Envoi d'auteur signé.

1386. Decharme (Paul). La critique des traditions religieuses chez les Grecs. *Paris*, 1904, in-8.

1387. Demoulin (Hubert). Epiménide de Crète. *Bruxelles*, 1901, in-8.

1388. Denis (J.). Histoire des théories et des idées morales dans l'antiquité. *Paris*, 1856, 2 vol. in-8.

1389. Dyer (Louis). Studies of the Gods in Greece. *Londres*, 1891, in-8.

1390. Farnell (Lewis - Richard). Greek Hero cults and ideas of immortality. *Oxford*, 1921, in-8.

1391. Foucart (Paul). Le culte de Dionysos en Attique. *Paris*, 1904, in-4.

Note ms. jointe.

1392. Ganszyniec (Ricardus). De Agatho daemone. *Varsovie*, 1919, in-8, broché.

1393. Geffcken (Johannes). Der Ausgang des griechisch-römischen Heidentumes. *Heidelberg*, 1920, in-8.

1394. Geffcken (J.). Kynika und Verwandtes. *Heidelberg*, 1909, in-8.

1395. Gruppe (Otto). Geschichte der klassischen Mythologie und Religionsgeschichte. *Leipzig*, 1921, in-8.

1396. Hannig (Franciscus). De Pegaso. *Breslau*, 1902, in-8.

1397. Harrisson (Jane Ellen). Themis. A study of the social origins of Greek religion. *Cambridge*, 1912, in-8.

Figures.

1398. Hepding (Hugo). Attis. Seine Mythen und sein Kult. *Gieszen*, 1903, in-8.

1399. Homolle (Théophile). De antiquissimis Dianae simulacris Deliacis. *Paris*, 1885, in-8.

1400. — Les archives de l'intendance sacrée à Délos. *Paris*, 1887, in-8.

1401. Kern (Otto). Die Religion der Griechen. *Berlin*, 1926, in-8.

Tome I.

1402. Lafaye (Georges). Histoire du culte des divinités d'Alexandrie. *Paris*, 1883, in-8.

1403. Lawson (John C.). Modern Greek folklore and ancient Greek religion. *Cambridge*, 1910, in-8.

1404. Levi (Alessandro). Delitto e pena nel pensiero dei Greci. *Milan-Rome-Florence*, 1903, in-8.

1405. Lévy (Isidore). La légende de Pythagore, de Grèce en Palestine. *Paris*, 1927, in-8, broché.

Envoi d'auteur signé.

1406. — Recherches sur les sources de la légende de Pythagore. *Paris*, 1926, in-8, broché.

1407. Lippmann (E.-O. von). Entstehung und Ausbreitung der Alchemie. *Berlin*, 1919, in-8.

1408. Loewe (Aemilius). De Aesculapi figura. *Strasbourg*, 1887, in-8.

1409. Luria (S.). Studien zur Geschichte der antiken Traumdeutung. *Leningrad*, 1928, in-8, broché.

Envoi d'auteur signé.

1410. Mély (F. de) et **Ruelle** (Ch.-Em.). Les lapidaires de l'antiquité et du Moyen Age. Les lapidaires grecs. *Paris*, 1898-1902, 2 vol. in-4 (le t. II broché).

Planches. Tome II, fascicule 1 et tome III, fascicule 1.

1411. Mommsen (Aug,). Feste der Stadt Athen im Altertum. *Leipzig*, 1898, in-8.

1412. — Heortologie. Antiquarische Untersuchungen über die städtischen Feste der Athener. *Leipzig*, 1864, in-8.

1413. Murray (Gilbert). Five stages of Greek religion. *Oxford*, 1925, in-8.

1414. Niebuhr (B.-G.). Griechische Heroengeschichten an seinen Sohn erzaehlt. *Gotha*, 1880, in-folio.

Planches hors texte par Friedrich Preller.

1415. Nilsson (Martin-P.). A history of Greek religion. *Oxford*, 1925, in-8.

1416. — The Minoan-Mycenaean religion and its survival in Greek religion. *Londres, Oxford, Paris, Leipzig*, 1927, in-8.

1417. Patin (A.). Parmenides im Kampfe gegen Heraklit. *Leipzig*, 1899, in-8.

1418. Petersen (Eugen). Ara Pacis Augustae. *Vienne*, 1902, in-4.

Plus 1 supplément.

1419. Picard (Ch.). Ephèse et Claros. *Paris*, 1922, in-8.

1420. Posnansky (Hermann). Nemesis und Adrasteia. *Breslau*, 1890, in-8.

Planches.

1421. Preller (L.). Römische Mythologie. *Berlin*, 1858, in-8.

Rousseurs.

1422. — Griechische Mythologie. *Berlin*, 1894-1921, 4 vol. in-8.

Tomes I (seul relié) et II; tome III, 1re partie (seul relié).

1423. Preuner (Erich). Ein delphisches Weihgeschenk. *Leipzig*, 1900, in-8.

1424. Reisch (Emil). Griechische Weihgeschenke. *Prague*, 1890, in-8.

1425. Reitzenstein (R.). Die hellenistischen Mysterienreligionen. *Leipzig-Berlin*, 1910, in-8.

1426. — Poimandres. *Leipzig*, 1904, in-8.

1427. — Zwei religiongeschichtliche Fragen. *Strasbourg*, 1901, in-8.

Planches.

1428. Réville (Jean). La religion à Rome sous les Sévères. *Paris*, 1886, in-8.

1429. Ridder (A. de). De l'idée de la mort en Grèce à l'époque classique. *Paris*, 1897, in-8.

Relié à la suite : Du même : De ectypis quibusdam aeneis quae falso vocantur « Argivo-Corinthiaca » (189).

1430. Robert (Carl). Bild und Lied. *Berlin*, 1881, in-8.

Figures.

1431. Roscher (W. - H.). Ausführliches Lexicon der griechischen und römischen Mythologie. *Leipzig*, 1884-1925, 8 vol. in-8.

Dont 5 reliés, les 3 derniers en fascicules (jusqu'à W), plus les 3 volumes de supplément.

1432. Schreiber (Theodor). Apollon Pythoktonos. *Leipzig*, 1879, in-8.

1433. Schwab (Gustav). Die schönste Sagen des klassischen Alterthums. *Gütersloh*, 1866, 3 vol. in-12.

Planches.

1434. Sorel (G.). Procès de Socrate. *Paris*, 1889, in-12.

1435. Soulier (Enrico). Saggi di filosofia ante-socratica. Eraclito Efesio. *Rome*, 1885, in-8.

1436. Stein (Ludwig). Die Psychologie der Stoa. *Berlin*, 1886, in-8.

1437. Stengel (Paul). Opferbränche der Griechen. *Berlin-Leipzig*, 1910, in-8.

Figures.

1438. Stoll (H.-W.). Die Götter und Heroen des classischen Alterthums. *Leipzig*, 1858, 2 vol. in-8 reliés en un.

Figures.

1439. Studniczka (Franz). Kyrene, eine altgriechische Göttin. *Leipzig*, 1890, in-8.

Figures.

1440. Thamin (Raymond). Un problème moral dans l'antiquité. Etude sur la casuistique stoïcienne. *Paris*, 1884, in-12.

1441. Weicker (Georg). Der Seelenvogel in der alten Litteratur und Kunst. *Leipzig*, 1902, in-4.

Figures.

1442. Wellauer (Albert). Étude sur la fête des Panathénées dans l'ancienne Athènes. *Lausanne*, 1899, in-8.

1443. Wide (Sam). Lakonische Kulte. *Leipzig*, 1893, in-8.

1444. — Le même ouvrage, broché.

1445. Wundt (Max). Geschichte der griechischen Ethik. Erster Band. *Leipzig*, 1911, 2 vol. in-8.

Figures.

ARCHÉOLOGIE

1446. **Altmann** (Walter). Architectur und Ornamentik der antiken Sarkophage. *Berlin*, 1902, in-8.

Planches.

1447. **Amelung** (Walther). Die Basis des Praxiteles aus Mantinea. *Munich*, 1895, in-8.

1448. — Florentiner Antiken. *Munich*, 1893, in-8.

Figures et planches.

1449. **Atlas** zur Archäologie der Kunst. *Munich*, 1897, in-8, obl.

En fascicules, carton.

1450. **Babelon** (Ernest). Le trésor d'argenterie de Berthouville. *Paris*, 1916, in-4.

Figures et planches.

1451. **Denkmäler, des klassischen Altertums**, publ. par Baumeister. *Munich-Leipzig*, 1885-1888, 3 vol. in-8.

Figures et planches.

1452. **Beazley** (J.-D.). Attic red-figured vases in American Museums. *Cambridge*, 1918, in-4.

1453. — Attische Vasenmaler der rotfigurigen Stils. *Tubingen*, 1925, in-8.

1454. **Benoit** (François). L'architecture. Antiquité. *Paris*, 1911, in-8.

Figures et planches.

1455. **Bernoulli** (J.-J.). Griechische Ikonographie. *Munich*, 1901, 2 vol. in-8.

Figures.

1456. **Bertrand** (Édouard). Études sur la peinture et la critique d'art dans l'antiquité. *Paris*, 1893, in-8.

1457. **Bethe** (Erich). Prolegomena zur Geschichte des Theaters im Alterthum. *Leipzig*, 1896, in-8.

1458. **Bie** (Oscar). Die Musen in der antiken Kunst. *Berlin*, 1887, in-8.

1459. **Bieber** (Margarete). Das dresdner Schauspielerrelief. *Bonn*, 1907, in-8.

Figures.

1460. **Blanchet** (Adrien) et **Villenoisy** (Fr. de). Guide pratique de l'antiquaire. *Paris*, 1899, in-12.

1461. **Bloch** (Léo). Griechischer Wandschmuck. *Munich*, 1895, in-8.

Figures.

1462. **Blumner** (Hugo). Technologie und Terminologie der Gewerbe und Künste bei Griechen und Römern. *Leipzig*, 1874-1887, 4 vol. in-8.

1463. **Bodensteiner** (Ernst). Szenische Fragen über den Ort des Auftretens und Abgehens in Schauspielern und Chor im griechischen Drama. *Leipzig*, 1893, in-8.

Planches formant suite.

1464. **Boehlau** (Johannes). Aus ionischen und italischen Nekropolen. *Leipzig*, 1898, in-4.

Figures.

1465. — Quaestiones de re vestiaria Graecorum. *Weimar*, 1884, in-8.

Planches.

1466. **Bohn** (Richard). Altert ümer von Aegae. *Berlin*, 1889, in-8.

1467. **Boissonnas** (Fred.). L'Image de la Grèce. — Salonique et ses basiliques, *Genève*, 1919, in-8. — La Macédoine occ dentale, *ibid.*, 1921, in-8. — Athènes ancienne, *ibid.*, 1921, in-8.

Recueils de reproductions photographiques.

1468. **Botti** (G). Plan de la ville d'Alexandrie à l'époque ptolémaïque. *Alexandrie*, 1898, in-8.

Figures et plans.

1469. **Bourguet** (Emile). Les ruines de Delphes. *Paris*, 1914, in-8.

Figures et planches.

1470. Boutmy (Emile). Le Parthénon. *Paris*, 1897, in-12.

1471. Brauchitsch (Georg von). Die panathenäischen Preisamphoren. *Berlin* et *Leipzig*, 1910, in-8.

Figures.

1472. Breccia (Ev.). Alexandrea ad Ægyptum, A guide to the ancient and modern town, and to its Graeco-Roman museum. *Bergame*, 1922, in-12, broché.

Figures et planches.

1473. Brueckner (Alfred). Ornement und Form der attischen Grabstellen. *Strasbourg*, 1886, in-8.

Planches.

1474. Brunn (Heinrich). Geschichte der griechischen Künstler. *Stuttgart*, 2 vol. in-8.

1475. — Griechische Kunstgeschichte. *Munich*, 1893, in-8.

Figures et planches.
1re partie.

1476. Burckhardt (Jacob). Der Cicerone. *Leipzig*, 1879, in-12.

1477. Le même ouvrage. Trad. ang. Gérard. *Paris*, 1885, in-12.

1re partie : art ancien. Envoi signé à M. Ephrussi.
Planches.

1478. Caetani-Lovatelli (E.). Antichi monumenti illustrati. *Roma*, 1889, in-8.

1479. — Scritti vari. *Rome*, 1898, in-18.

1480. Camarasa (Marq. de). Causeries brouettiques. *Madrid*, s. d., 2 vol. in-8.

933 figures.

1481. Carapanos (Constantin). Dodone et ses ruines. *Paris*, 1878, in-4 et atlas.

Envoi d'auteur signé.

1482. Carcopino (Jérôme). Etudes romaines. La basilique pythagoricienne de la Porte Majeure. *Paris*, 1926, in-12, broché.

Plan. Envoi d'auteur signé.

1483. Caro-Delvaille (Henry). Phidias. *Paris*, 1922, in-8.

Planches.

1484. Cartault (Augustin). Deuxième collection Camille Lécuyer. Terres cuites antiques trouvées en Grèce et en Asie Mineure. *Paris*, 1892, in-folio en feuilles.

85 planches.

1485. Chapot (Victor). La colonne torse et le décor en hélice dans l'art antique. *Paris*, 1907, in-8.

Figures. Envoi d'auteur signé.

1486. Clerc (Michel) et **Arnaud d'Agnel** (G.). Découvertes archéologiques à Marseille. *Marseille*, 1904, in-4.

Planches en noir et en couleurs.

1487. Collignon (Maxime). Histoire de la sculpture grecque. *Paris*, 1892, 2 vol. in-4.

Figures et planches.

1488. — Manuel d'archéologie grecque. *Paris*, s. d., in-8.

Figures.

1489. — Mythologie figurée de la Grèce. *Paris*, s. d., in-12.

1490. — Le Parthénon. *Paris*, 1914, 1 vol. in-4.

Figures et planches, couverture illustrée. Envoi d'auteur signé.

1491. — Les statues funéraires dans l'art grec. *Paris*, 1912, in-4.

Figures et planches.

1492. Conze (Alexander), **Berlet** (Otto), **Philippson** (Alfred), **Schuchhardt** (Carl), **Graber** (Friedriech). Altertümer von Pergamon. *Berlin*, 1912-1913, 3 fasc. in-4 formant le tome I du texte.

Figures, cartes et plans.

1493. Conze (Alexander), **Hauser** (Alois), **Niemann** (George). Archaeologische Untersclungen auf Samothrake. *Vienne*, 1875, in-folio.

Planches formant suite.

1494. — 2e édition. *Ibid.*, 1880, in-4.

Planches hors texte formant suite.

1495. Conze (Alexander), **Schatzmann** (Paul). Mamurt-Kaleh. Ein Tempel der Göttermutter unweit Pergamon. *Berlin*, 1911, in-8.

1496. Courby (Fernand). Les vases grecs à reliefs. *Paris*, 1922, in-8.

Figures. Envoi d'auteur signé.

1497. Cultrera (Giuseppe). Saggi sull'arte ellenistica e greco-romana. *Rome*, 1907, in-8.

Parte 1a. Envoi d'auteur signé.

1498. Curle (Alex.-O.). The treasure of Traprain. *Glasgow*, 1923, in-4.

Figures et planches. Avec lettre.

1499. Defrasse (Alphonse) et **Lechat** (H.). Epidaure. *Paris*, 1895, in-folio.

Figures et planches.

1500. Dehio (G.). Ein Proportionsgesetz der antiken Baukunst. *Strasbourg*, 1895, in-8.

Planches formant suite.

1501. Delbruck (Richard). Antike Porträts. *Bonn*, *Oxford*, *Rome*, in-4.

Planches formant suite.

1502. Delphes. Fouilles de Delphes. *Paris*, 1902-1915, 17 fasc. in-4.

Figures et planches. Tome II : 1er fascicule (texte et planches). [2]. Tome III : 6 fascicules; tome IV : 5 fascicules; tome V : 4 fascicules.

1503. Dennison (Walter). A gold treasure of the late Roman period. *New-York*, 1918, in-8.

Figures et planches.

1504. Deonna (W.). Les statues de terre cuite dans l'antiquité. *Paris*, 1908, in-8.

Figures.

1505. — Les Apollons archaïques. *Genève*, 1909, in-4.

Figures et planches.

1506. Diehl (August). Die Reiterschöpfungen der phidiasischen Kunst. *Berlin*, 1921, in-8, broché.

Frontispice et planches hors texte formant suite.

1507. Diest (Walther von). Nysa ad Maeandrum nach Forschungen und Aufnahmen in den Jahren 1907 und 1909. *Berlin*, 1913, in-8.

Figures et planches.

1508. Dorpfeld (Wilhelm) und **Reisch** (Emil). Das griechische Theater. *Athènes*, 1896, in-4.

Figures.

1509. Dorpfeld (Wilhelm). Troja und Ilion. *Athènes*, 1902, 2 vol. in-4.

Figures et planches.

1510. Durm (Josef). Die Baukunst der Griechen. *Darmstadt*, 1892, in-8.

Figures et planches.

1511. — Die Baukunst der Etrusker. Die Baukunst der Römer. *Stuttgart*, 1905, in-8.

Figures et planches.

1512. Espérandieu (Emile). Recueil général des bas-reliefs de la Gaule romaine. *Paris*, 1907-1925, 9 vol. in-4.

Figures et planches. Manque le tome VII.

1513. Evans (A.-J.). Palace of Knossos. *Londres*, s. d., in-8.

Figures et planches.

1514. Frickenhaus (August). Die altgriechische Bühne. *Strasbourg*, 1917, in-8.

Planches.

1515. Frickenhaus (August), **Muller** (Walter), **Oelmann** (Franz), **Rodenwaldt** (Gerhart). Tiryons. *Athènes*, 1912, 2 vol. in-4.

Planches formant suite.

1516. Friederichs (Carl), **Wolters** (Paul). Die Gipsabjusse antiker Bildwerke. *Berlin*, 1885, in-8.

1517. Führer (Joseph). Forschungen zur Sicilia sotteranea. *Munich*, 1897, in-4.

Plans dépliants.

1518. Le même ouvrage.

Figures et planches.

1519. Führer (Joseph) und **Schultze** (Victor). Die alte christlichen Grabstätten Siziliens. *Berlin*, 1907, in-8.

Dont un volume de planches.

1520. Furtwängler (Adolf). Die antiken Gemmen. *Leipzig-Berlin*, 1900, 3 vol. in-4.

1521. — Intermezzi. Kunstgeschichtliche Studien. *Leipzig-Berlin*, 1896, in-4.

Figures et planches hors texte formant suite.

1521 *bis*. — Kleine Schriften. Ed. Siercking et Curtius. *Munich*, 1912, 2 vol. in-8.

1522. — Meisterwerke der griechischen Plastik. *Leipzig-Berlin*, 1893, in-8.

Figures et planches.

1523. Le même ouvrage.

Carton de planches et un album de planches en feuilles (in-4).

1524. Gardner (Ernest-Arthur). A handbook of Greek sculpture. *Londres*, 1896-1897, 2 vol. in-8.

Figures et planches.

1525. Gardner (Percy). A grammar of Greek art. *Londres*, 1905, in-8.

Figures et planches.

1526. — New chapters in Greek art. *Oxford*, 1926, in-8.

Figures.

1527. — Sculptured tombs of Hellas. *Londres*, 1896, in-8.

Figures et planches.

1528. Gsell (Stéphane). Exploration scientifique de l'Algérie pendant les années 1840-45. Archéologie. *Paris*, 1913, 1 vol. in-8.

Texte explicatif des planches de Ad.-H.-L. Delamare.

1529. Gurlitt (W.). Das Alter der Bildwerke und die Bauzeit des sogenannten Theseion in Athen. *Vienne*, 1895, in-8.

1530. Guimet (E.). Les portraits d'Antinoé au musée Guimet. *Paris*, s. d., in-4.

Planches en noir et en couleurs.

1531. Gusman (Pierre). L'art décoratif de Rome. *Paris*, s. d., 3 séries, en 5 fasc. in-4.

Planches.

1532. — La décoration murale à Pompéi, *Paris*, s. d., in-4.

Planches en couleurs. Envoi signé de l'éditeur.

1533. — Pompéi. *Paris*, [1899], in-4, broché.

Couverture illustrée. Figures et planches en couleurs. Envoi d'auteur signé.

1534. — La villa impériale de Tibur. *Paris*, 1904, in-4, broché, couverture illustrée.

Figures et planches. Premier plat détaché.

1535. Hamdy Bey (O.) et **Osgan Effendi.** Musée impérial ottoman. *Constantinople*, 1883, in-4.

Photographies hors texte formant suite.

1536. Hamdy Bey et **Reinach** (Théodore). Une nécropole royale de Sidon. *Paris*, 1896, in-4.

Figures. Texte. Exemplaire sur japon n° 2. Carton.

1537. — Le même ouvrage.

Exemplaire sur japon n° 4.

1538. Hekler (Antoine). Portraits antiques. *Paris*, 1913, in-4.

518 reproductions hors texte formant suite.

1539. Helbig (Wolfgang) et **Donner** (Otto). Wandgemälde der vom Vesno verschütteten Städte Campaniens. *Leipzig*, 1868, in-8.

Avec atlas in-4.

1540. Herculanum et Pompéi. Recueil général des peintures, bronzes, mosaïques, etc. *Paris*, 1825-1827, 8 vol. in-8 ,reliés.

Plein vélin blanc.

1541. Herford (Mary A. B.). A handbook of Greek vase painting. *Manchester*, 1919, in-8.

Figures et planches.

1542. Hermann (Carl), **Cichorius** (Conrad), **Judeich** (Walther), **Winter** (Franz). Altertümer von Hierapolis. *Berlin*, 1898, in-8.

Figures.

1543. Herzog (Rudolf). Koische Forschungen und Funde. *Leipzig*, 1899, in-8.

Planches.

1544. Hiller von Gaertringen (F. Freih.) et **Lattermann** (H.). Arkadische Forschungen. *Berlin*, 1911, in-4.

Planches formant suite.

1545. Holwerda (J.-H.). Die attischen Gräber der Blüthezeit. *Leyde*, 1899, in-8.

Figures.

1546. Homo (Léon). La Rome antique. Histoire-guide des monuments de Rome. [*Paris*], s. d., in-12.

Planches et plans.

1547. Homolle (Théoph.), **Holleaux** (M.) Exploration archéologique de Délos. *Paris*, 1909-1910, 3 fasc. in-4.

Figures.

1548. Hoppin (Joseph-Clark). A handbook of Greek black-figured vases. *Paris*, 1924, in-8.

Figures et planches.

1549. — A handbook of Attic red-figured vases. *Cambridge* (Mass.), 1919, 2 vol. in-8.

Figures et planches.

1550. Hübner (Paul-Gustav). Römische Forschungen. *Leipzig*, 1912, in-4.

Planches formant suite.

1551. Hulot (Jean), **Fougères** (Gustave). Sélinonte. *Paris*, 1920, in-folio.

Figures et planches.

1552. Jahn (Otto). Römische Alterthümer aus Vindonissa. *Zurich*, 1862, in-4.

Planches formant suite.

1553. Johansen. Phidias. *Londres-Berlin*, 1925, in-8.

Figures.

1554. Joigny (Adrien). Histoire des ordres dans l'architecture. *Paris*, 1892, in-8.

Figures.

1555. Jones (H. Stuart). Select passages from ancient writers illustrative of the history of Greek sculpture. *Londres*, 1895, in-8.

1556. Jorgensen (C.). Kvindefigurer i den archaiske grœske kunst. *Copenhague*, 1888, in-8.

Illustrations hors texte et dans le texte.

1557. Joubin (André). La sculpture grecque entre les guerres médiques et l'époque de Périclès. *Paris*, 1901, in-8.

Figures et planches. Envoi d'auteur signé.
Planches.

1558. — De sarcophagis clazomeniis. *Paris*, 1901. in-8.

1559. Joulin (Léon). Les établissements gallo-romains de la plaine de Martres-Tolosanes. *Paris*, 1901, in-4.

Plans, figures hors texte formant suite.

1560. Kastromenos (P. G.). Τά Μνημεῖα τῶν 'Αθηνῶν. *Athènes*, 1893, in-8.

1561. Kavvadias (P.) et **Kaberaou** (G.). Ἡ Ἀνασκαφή τῆς Ἀκρόπολεως. *Athènes*, 1907, in-folio.

Planches hors texte formant suite.

1562. — Ἱστορία τῆς ἑλληνικῆς καλλιτεχνίας. S.l.n.d. [le titre manque], in-8.

Le tome I seulement.

1563. — Το Ἱερόν τοῦ Ἀσκληπιοῦ ἐν Ἐπίδαυρῳ. *Athènes*, 1900, in-8.

1564. Kayser (S.). Terminologie de l'architecture grecque. *Louvain*, 1909, in-8.

Fascicule 1. Lettre jointe.

1565. Kekule von Stradonitz (Reinhard). Die griechische Skulptur. *Berlin*, 1907, in-8.

Figures et planches.

1566. Kirchner (Johannes). Prosopographia Attica. *Berlin*, 1901, 2 vol. in-8.

1567. Kisa (Anton). Das Glas in Altertume. *Leipzig*, 1908, 3 vol. in-8.

Figures et planches.

1568. Klein (Wilhelm). Praxiteles. *Leipzig*, 1898, in-8.

Planches.

1569. Kondakof (N.), **Tolstoi** (I.) et **Reinach** (S.). Antiquités de la Russie méridionale. Edit. franç. *Paris*, 1891, in-4.

Figures.

1570. La Blanchére (du Coudray). L'aménagement de l'eau et l'installation rurale dans l'Afrique ancienne. *Paris*, 1895, in-8.

1571. Lafaye (Georges), **Blanchet** (A.), **Gauckler** (P.), **Pachtere** (F.-G. de). Inventaire des mosaïques de la Gaule. *Paris*, 1909-1911, 4 vol. in-8.

Plus 5 atlas.

1572. Lanckoronski (Charles), **Niemann** (G.), **Petersen** (E.). Les villes de la Pamphylie et de la Pisidie. *Paris*, 1890-1893, 2 vol. in-4.

Figures, cartes et plans, planches hors texte formant suite.

1573. Lange (Julius). Darstellung des Menschen in der älteren griechischen Kunst. *Strasbourg*, 1899, in-4.

Couverture détachée.

1574. Lange (Konrad). Das Motiv des aufgestützten Fusses. *Leipzig*, 1879, in-8.

1575. Lange (Walther). Das antike griechisch - römische Wohnhaus. *Leipzig*, 1878, in-8.

1576. Le Bas (Philippe) [et **Landron** (E.)]. Voyage en Grèce et en Asie Mineure. *Paris*, 1847, in-folio.

Architecture, planches. Tache d'encre au verso du titre.

1577. — Voyage archéologique en Grèce et en Asie Mineure. *Paris*, 1847, 6 vol. in-4.

Inscriptions grecques et latines, 4 volumes Itinéraire (pl.). Monuments figurés.

1578. Lechat (Henri). Au Musée de l'Acropole d'Athènes. Etudes sur la sculpture en Attique avant la ruine de l'Acropole lors de l'invasion de Xerxès. *Lyon-Paris*, 1903, in-8.

Figures et planches.

1579. — Les sculptures en tuf de l'Acropole d'Athènes. S.l.n.d. [*Paris*, 1891], in-8.

Planches.

1580. — Sculptures grecques antiques. *Paris*, 1925, in-4.

Planches.

1581. Legrand (Ph.-E.). Biographie de Louis-François-Sébastien Fauvel, antiquaire et consul (1753-1838). S.l.n.d. [*Paris*, 1897], in-8.

1582. Lehmann-Hartleben (Karl). Die antiken Hafenanlagen des Mittelmeeres. *Leipzig*, 1923, in-8, broché.

Plans. [Klio].

1583. Lenormant (Ch.) et **Witte** (J.de). Élite des monuments céramographiques. *Paris*, 1844-1861, 4 vol. de texte rel. en 2 et 4 vol. de planches reliés en 2, in-4.

1584. Lenormant (François). Recherches archéologiques à Éleusis. *Paris*, 1862, in-8.

Figures.

1585. Leonardos (B.). 'Η 'Ολυμπία. *Athènes*. 1901, in-8.

Envoi d'auteur signé.

1586. Leroux (Gabriel). Les origines de l'édifice hypostyle. *Paris*, 1913, in-8.

Figures.

1587. — Lagynos. *Paris*, 1913, in-8, broché.

Figures.

1588. Mach (Edmund von). Greek sculpture. *Boston*, 1903, in-8.

Figures.

1589. Magne (Lucien). Le Parthénon. *Paris*, 1895, in-4.

Figures et planches.

1590. Marcellus (M. de). Episodes littéraires en Orient. *Paris*, 1851, 2 vol. in-8.

Brochés; au tome premier, couverture.

1591. Marquand (Allan). Greek architecture. *New-York*, 1909, in-8.

Figures.

1592. Marquardt (Joachim). Le culte chez les Romains, *Paris*, 1889, 2 vol. in-8.

Tomes XII et XIII du Manuel.

1593. Mau (August). Pompeji. *Leipzig*, 1900, in-8.

Figures et planches.

1594. Michaelis (Adolf). Ancient marbles in Great Britain. Trad. angl. Fennell. *Cambridge*. 1882, in-8.

1595. — Ein Jahrhundert kunstarchäologischer Entdeckungen. *Leipzig*, 1908, in-8.

Portrait.

1596. Milliet (Paul). Etude sur les premières périodes de la céramique grecque. *Paris*, 1891, in-8.

Envoi d'auteur signé.

1597. Milliet (Recueil). Textes grecs et latins relatifs à l'histoire de la peinture ancienne publiés... par Adolphe Reinach. (Avant-propos par S. Reinach). *Paris*, 1921, in-8.

Le tome I seulement.

1598. Monumenta (Vetusta). Index to the first three volumes. *Londres*, T. Bansley, 1810, 2 fasc. in-fol.

Volume VI, planches XVIII-XXV.

1599. [Monuments] Μνημεῖα τῆς 'Ελλάδος. *Athènes*, 1906, in-4.

Planches formant suite. Tome I.

1600. Monuments de l'Egypte gréco-romaine publiés par la Société archéologique d'Alexandrie. *Bergame*, 1926, in-4.

Tome premier. Planches en noir et en couleurs formant suite.

1601. Monuments grecs publiés par l'Association pour l'encouragement des études grecques en France. *Paris*, 1872-1897, 2 vol. in-4, fig.

Figures. Planches formant suite.

1602. Morey (Charles-Rufus). The sarcophagus of Claudia Antonia Sabina. *Princeton*, 1924, in-4.

Planches.

1603. Muller (K. O.). Denkmäler der alten Kunst. *Gottingen*, 1854, 1860-1861, 2 vol. in-8.

Planches gravées formant suite.

1604. — Handbuch der Archäologie der Kunst. *Breslau*, 1848, in-8.

1605. Navarre (Octave). Dionysos. Étude sur l'organisation matérielle du théâtre athénien. *Paris*, 1895, in-8.

Figures et planches en noir et en couleurs.

1606. — Le théâtre grec. L'édifice, l'organisation matérielle, les représentations. *Paris*, 1925, in-12.

Figures. Envoi d'auteur signé.

1607. Néroutsos-Bey. L'ancienne Alexandrie. *Paris*, 1888, in-8.

Figures et carte.

1608. Neuburger (Albert). Die Technik des Altertums. *Leipzig*, 1919, in-8.

Figures.

1609. Newton (C. T.). Travels and discoveries in the Levant. *Londres*, 1865, 2 vol. in-8.

Cartes.

1610. Nicole (Georges). La peinture des vases grecs. *Paris-Bruxelles*, 1926, in-8.

Planches. Envoi d'auteur signé.

1611. Noack (Ferdinand). Die Baukunst des Altertums. *Berlin*, s. d., in-4.

Planches.

1612. Odobesco (A.). Le trésor de Pétrossa. *Paris*, 1900, in-4.

372 figures et planches.

1613. Omont (Henri). Missions archéologiques françaises en Orient aux XVIIe et XVIIIe siècles. *Paris*, 1902, 2 vol. in-4.

1614. Oulié (Marthe). Les animaux dans la peinture de la Crète préhellénique. *Paris*, s. d., in-8, broché.

Planches.

1615. Overbeck (J.). Die antiken Schriftquellen zur Geschichte der bildenden Künste bei den Griechen. *Leipzig*, 1868, in-8.

1616. — Le même ouvrage.

1617. — Geschichte der griechischen Plastik. *Leipzig*, 1881-1882, 3 vol. in-8.

Figures et planches. Le dos des volumes manque en partie.

1618. — Griechische Kunstmythologie *Leipzig*, 1871-73-78-1887, 3 vol. in-8.

Figures et planches. Le troisième volume broché dans un carton.

1619. Pagenstecher (Rudolf). Die calenische Reliefkeramik. *Berlin*, 1909, in-8.

Figures et planches.

1620. — Unteritalische Grabdenkmäler. *Strasbourg*, 1912, in-8.

1621. Palma di Cesnola (Louis). Cyprus. *Londres*, 1877, in-8.

Figures et planches.

1622. Paris (Pierre). Élatée. *Paris*, 1892, in-8.

1623. — Essai sur l'art et l'industrie de l'Espagne primitive. *Paris*, 1903-1904, 2 vol. in-8, reliés en 1.

Figures et planches.

1624. Parvan (Vasile). Dacia. *Bucarest*, 1924-1925, 2 vol. in-4, brochés.

Figures.

1625. Perdrizet (Paul). Bronzes grecs d'Égypte de la collection Fouquet. *Paris*, 1911, in-4. broché.

Planches.

1626. Pergame. Altertümer von Pergamon.

— Der grosse Altar, par Jakob Schrammen. *Berlin*, 1906, in-fol.

— Stadt und Landschaft par Al. Conze, Otto Berlet, Alf. Philippson, etc... *Berlin*, 1913, in-fol.

Recueil de planches.

1627. Perrot (G.). Souvenirs d'un voyage en Asie Mineure. *Paris*, 1864, in-8.

1628. Petersen (Eugen) et **Luschan** (Felix von). Reisen in Lykien. Milyas und Kibyratis. *Vienne*, 1889, in-fol.

Figures et planches formant suite. Tome II.

1629. Philadelpheus (Alexandre Th.). ʽΗΓραφικὴ παρὰ τοῖς ἀρχαίοις ʽΕλλῆσι. *Athènes*, 1896, in-8.

1630. Phylakopi (Excavations at) in Melos, *Londres*, 1904, in-8.

Planches formant suite, plan. (Publication de " The Society for the promotion of Hellenic studies ").

1631. Philios (D.). Eleusis. *Athènes*, 1906, in-8.

1632. Piot (Monuments). *Paris*, 1894-1923 26 vol. in-4.

Figures et planches, demi-maroquin bleu, t. dorée (plus un volume de tables, I à XX). Les tomes XXVII et XXVIII en fascicules, plus le premier fascicule du tome XXIX.

1633. Pittakys (K.). L'ancienne Athènes; description des antiquités d'Athènes. *Athènes*, 1835, in-8.

1634. [Planches pour l'étude de l'archéologie]. Wiener Vorlegeblätter. *Vienne*, s. d., 5 vol. in-fol.

1635. —Benndorf (Otto). Wiener Vorlegeblätter für archaeologische Uebungen. *Vienne*, 1889-1891, 3 vol. in-fol.

Recueils de planches.

1636. Pomtow (Dr H.). Beiträge zur Topographie von Delphi. *Berlin*, 1889, in-4.

Planches formant suite.

1637. Pontremoli (E.) et **Haussoullier** (B.). Didymes. *Paris*, 1904, in-4.

Figures et planches.

1638. Pontremoli (Emmanuel) et **Collignon** (Maxime). Pergame. *Paris*, 1900, in-fol.

Figures et planches. Tirage à 500 exemplaires numérotés.

1639. Poralla (Dr Paul). Prosopographie der Lakedaimonier. *Breslau*, 1913, in-8 broché.

1640. Pottier (E.). Les statuettes de terre cuite dans l'antiquité. *Paris*, 1890, in-12.

Figures.

1641. — et **Flot** (Mme Marcelle). Corpus vasorum antiquorum. *Paris*, 3 fasc. in-4.

Figures et planches. [Le 3e double].

1642. — et **Reinach** (Salomon). La nécropole de Myrina. *Paris*, 1887, 2 vol. dont un de planches.

1643. Prinz (Hugo). Funde aus Naucratis. *Leipzig*, 1908, in-8.

Planches. [Klio].

1644. Prosopographia imperii romani. Saec. I.II.III. *Berlin*, 1897-1898, 3 vol. in- 8.

1645. Puchstein (Otto). Die ionische Säule. *Leipzig*, 1907, in-8.

Figures.

1646. Radet (Georges). L'histoire et l'œuvre de l'École française d'Athènes. *Paris*, 1901, in-8.

Figures et planches. Envoi d'auteur signé.

1647. Ransom (Caroline L.). Couches and beds of the Greeks, Etruscans and Romans. *Chicago*, 1905, in-4.

Figures et planches hors texte en noir et en couleurs.

1648. Ravensburg (Dr. Freih. G. von)., Die Venus von Milo. *Heidelberg*, 1879, in-8.

1649. Rayet (Olivier). Etudes d'archéologie et d'art. *Paris*, 1888, in-8.

Portraits, figures et planches.

1650. — et **Collignon** (Maxime). Histoire de la céramique grecque. *Paris*, 1888, in-4.

Figures, planches en couleurs.

1651. — Monuments de l'art antique. *Paris*, 1884, 2 vol. in-fol.

Planches.

1652. Reber (Franz von) und **Bayersdorfer** (Adolf). Klassischer Skulpturenschatz. *Munich*, 1897, in-4.

Planches en feuilles. Carton.

1653. Reinach (Salomon). Antiquités du Bosphore Cimmérien (1854). *Paris*, 1892, in-4.

Planches.

1654. — Chroniques d'Orient. *Paris*, 1891-1896, 2 vol. in-8.

1655. — La colonne Trajane au Musée de Saint-Germain. *Paris*, 1886, in-12.

1656. — Le même ouvrage.

Relié à la suite :

— Conseils aux voyageurs archéologues en Grèce et dans l'Orient hellénique. *Paris*, 1886, in-12.

1657. — Esquisses archéologiques. *Paris*, 1888, in-8.

1658. — Monuments nouveaux de l'art antique. *Paris*, s. d., 2 vol. in-8.

Brochés. Figures et planches.

1659. — Peintures de vases antiques. *Paris*, 1891, in-4.

Planches en noir et en couleurs.

1660. — Pierres gravées. *Paris*, 1895, in-4.

Planches.

1661. — Recueil de têtes antiques. *Paris*, 1903, in-8.

Planches.

1662. — Répertoire de peintures grecques et romaines. *Paris*, 1922, in-8.

2720 figures et planches.

1663. — Répertoire de reliefs grecs et romains. *Paris*, 1909-1912, 3 vol. in-8.

Figures et planches.

1664. — Répertoire de la statuaire grecque et romaine. *Paris*, 1897-1924, 6 vol. in-8.

Suite de reproductions au trait.

1665. — Répertoire des vases peints grecs et étrusques. *Paris*, 1899-1900, 2 vol. in-8.

Nombreuses reproductions au trait.

1666. — Voyage archéologique en Grèce et en Asie-Mineure. *Paris*, 1888, in-4.

Planches de topographie, de sculpture et d'architecture, gravées d'après les dessins de E. Landron, publiées et commentées par Salomon Reinach.

1667. Riezler (Walter). Weissgründige attische Lekythen. *Munich*, in-4.

Plus un carton de planches.

1668. Robert (Carl). Archaeologische Hermeneutik. *Berlin*, 1919, in-8.

300 figures dans le texte.

1669. Rodocanachi (E.). Les monuments de Rome après la chute de l'Empire. *Paris*, 1914, in-4, broché.

Planches.

1670. Salis (Arnold von). Der Altar von Pergamon. *Berlin*, 1912, in-8.

Figures.

1671. Saloman (Geskel). Die Restauration der Venus von Milo. *Stockholm*, 1895, in-4.

Planches. Envoi d'auteur signé.

1672. Sauer (Bruno). Die Anfänge der statuarischen Gruppe. *Leipzig*, 1887, in-8.

1673. Schliemann (Henri). Ilios, ville et pays des Troyens. Trad. de l'anglais par Mme E. Egger. *Paris*, 1885, in-4.

Figures, cartes, plans.

1674. Schrader (Hans). Phidias. *Francfort*, 1924, in-4.

Figures et planches.

1675. Schrammen (Jakob). Altertümer von Pergamon. *Berlin*, 1906, in-4.

Figures.

1676. Schreiber (Theodor). Studien über das Bildniss Alexanders des Grossen. *Leipizg*, 1903, in-8.

Figures.

1677 — Kulturhistorischer Bilderatlas, I. Altertum. *Leipzig*, 1888, oblong.

Recueil de planches.

1678. Seager (Richard B.). Explorations in the island of Mochlos. *Boston-New-York*, 1912, in-4.

Planches.

1679. Springer (Anton). Die Kunst des Altertums. *Leipzig*, 1923, in-8.

Figures et planches.

1680. Studniczka (Franz). Tropaeum Tralani. *Leipzig*, 1904, in-8.

Figures.

1681. Sundwall (J.). Nachträge zur Prosopographia Attica. *Helsingfors*, 1910, in-8, broché.

Dos cassé.

1682. Swoboda (Karl M.). Römische und romanische Paläste. *Vienne*, 1919, in-8, broché.

Figures et planches.

1683. Thédenat (Henry). Le Forum romain et les Forums impériaux. *Paris*, 1908, in-12.

Figures, planches, plan.

1684. Tocilesco (Gr. G.). Fouilles et recherches archéologiques en Roumanie. *Bucarest*, 1900, in-4.

Figures, planches, cartes.

1685. Torr (Cecil). Ancient ships. *Cambridge*, 1894, in-8.

Planches.

1686. Treu (Georg.). Hermes mit dem Dionysosknaben. *Berlin*, 1878, in-fol.

Planches.

1687. Ujfalvy (Charles de). Le type physique d'Alexandre le Grand. *Paris*, 1902, in-4.

86 figures et 22 planches en couleurs.

1688. Verrall (Margaret de G.). Mythology and monuments of ancient Athens. *Londres-New-York*, 1890, in-8.

Figures, planches, plan.

1689. Visconti (Ennio Quirino). Iconographie grecque. *Milan*, 1824-1826, 3 vol. in-4.

Planches formant suite.

1690. Visconti (E. Q.). Iconographie romaine. *Paris*, 1817-1829, 4 vol. in-4.

Avec un atlas de planches.

1691. Warren (H. Langford). The foundations of classic architecture. *New-York*, 1919, in-8.

Figures et planches.

1692. Wickhoff (Franz). Roman art. *Londres*, 1900, in-4.

Figures et planches.

1693-1694. Wiegand (Theodor). Erster (— Sechster, — Siebenter) vorlaüfiger Bericht über die Ausgrabungen in Samos (— Milet und Didyma) *Berlin*, 1908-1911, 3 vol. in-4.

Figures, plan.

1695. Wilamowitz-Moellendorf (U. von). Nordionische Steine. *Berlin*, 1909, in-4.

Figures et planches.

1696. Winnefeld (Hermann). Die Villa des Hadrian bei Tivoli. *Berlin*, 1895, in-8.

Figures, planches, plans.

1697. Wulff (Oskar). Alexander mit der Lanze. *Berlin*, 1898, in-8.

Planches.

1698. Annual of the British School at Athens (The). 1895-1896, 1899-1900, 1901-1904. *Londres*, 6 vol. in-4.

Figures et planches.

1699. Bulletin de Correspondance hellénique [Ecole française d'Athènes]. *Paris*, 1900-1926, 22 vol. in-4, les années 1922-1926 brochées.

Manquent les tomes XL, XLI, XLII, XLIII, XLIV, XLV. Deux fascicules dépareillés de 1893 et de 1895. Figures et planches.

1700. — Table générale des dix premières années (1877-1886). *Paris*, 1889, in-8.

1701. Bulletin de l'École française d'Athènes. [1863-1871] S. l. n. d. in-8.

1702. 'ΕΥΡΕΤΗΡΙΟΝ ΤΗΣ 'ΑΡΧΑΙΟΛΟΓΙΚΗΣ 'ΕΦΕΜΕΡΙΔΟΣ. *Athènes*, 1902, in-4, broché, dos cassé.

— *Athènes*, 1895, 3 fasc. in-4, (incomplet).

Planches.

1703. Jahrbuch des kaiserlich deutschen archaeologischen Instituts. Documents et extraits. 1 carton : 8 brochures in-8.

1704 — 1888-1907.

En fascicules, 2 cartons.

1705. Ministerio delle Colonie. Notiziario archeologico. *Roma*, 1922, in-4, broché.

Planches. Fascicule 3.

1706. Mittheilungen des deutschen archaeologischen Institutes in Athen. *Athènes*, 1876-1913, 38 vol. in-8, plus 3 vol. de tables.

Le tome XXI en fascicules doubles. Figures, cartes, plans.

1707. ΠΡΑΚΤΙΚΑ ΤΗΣ ΕΝ 'ΑΘΗΝΑΙΣ 'ΑΡΧΑΙΟΛΟΓΙΚΗΣ 'ΕΤΑΙΡΕΙΑΣ. *Athènes*, 1901-1905,1912-1914, 9 vol. in-8, brochés.

1708. Revue archéologique. *Paris*, 1897-1927, 53 vol. in-8.

1709. Syllogue de Constantinople. *Constantinople*, 1891, 3 vol. in-4.

Tomes 20, 21, 22.

1710. — Concours, Zographos. *Constantinople*, 1891 in-4.

Tome I.

1711. [Catalogues]. Classification des céramiques antiques [Union académique internationale]. 9 fasc. in-8, cartonnés.

1712. [Exposition]. Burlington Fine Arts Club. Exhibition of ancient Greek art. *Londres*, 1904, in-4.

Planches.

1713. Ventes d'antiques. 5 cartons contenant environ 100 catalogues in-8.

Planches.

BEAUX-ARTS

OUVRAGES GÉNÉRAUX

1714. Alberti (Léon-Battista). De la statue et de la peinture. Trad. Claudius Popelin. *Paris*, 1868, in-8.

Vignettes.

1715. — Le même ouvrage. 1869. In-8.

1716. Albertinus (Franciscus). Opusculum de mirabilibus novae Urbis Romae. Ed. Schmarsow. *Heilbronn*, 1886, in-12.

1717. Amman (Jost). Kartenspielbuch. *Munich*, 1880, in-8.

Fac-similés.

1718. — Frauen Trachtenbuch. *Munich*, 1880, in-8.

Fac-similés.

1719. Ancona (Paolo d'). La miniature italienne du XIe au XVIe siècle. Trad. M. Poirier. *Paris* et *Bruxelles*, 1925, in-4, broché.

126 reproductions de miniatures dont 4 planches en couleurs.

1720. Angoulvent (P.-J.). La Chalcographie du Louvre. *Paris*, 1926, 2 vol. in-12, brochés.

1721. Aubert (Marcel). Notre-Dame de Paris. *Paris*, 1920, in-8, broché.

Planches. Envoi d'auteur signé.

1722. — La sculpture française du Moyen Age et de la Renaissance. *Paris* et *Bruxelles*, 1926, in-8. broché.

Planches. Envoi d'auteur signé.

1723. — Les Trésors d'art de la France meurtrie. Ile-de-France. *Paris*, 1921, in-4.

En feuilles. Planches hors texte. Exemplaire de M. Théodore Reinach.

1724. Avena (Adolfo). Monumenti dell' Italia meridionale. *Rome*, s. d., in-4.

Figures et planches.

1725. Babelon (Ernest). Le tombeau du roi Chilpéric et les origines de l'orfèvrerie cloisonnée. *Paris*, s. d., in-8, broché.

Figures. Envoi d'auteur signé.

1726. — Histoire de la gravure sur gemmes en France. *Paris*, 1902, in-8.

Planches.

1727. — La gravure en pierres fines. camées et intailles. *Paris*, 1894, in-8,

Figures. Envoi d'auteur signé.

1728. — Le même ouvrage.

1729. Babelon (Jean). Choix de bronzes de la collection Caylus, donnée au Roi en 1762. *Paris* et *Bruxelles*, 1928, in-4, broché.

Planches.

1730. — **Bataille** (Georges). **Métraux** (Alfred) et divers. L'art précolombien. *Paris*, s. d., in-12, broché.

Figures et planches.

1731. Bach (Mox). Architectur-Skizzen aus Nürnberg. *Nuremberg*, 1874, in-8.

Suite de planches.

1732. Bacha (Eugène). Les très belles miniatures de la Bibliothèque Royale de Belgique. *Bruxelles* et *Paris*, 1913, in-4 en feuilles.

Recueil de 57 miniatures reproduites en héliotypie.

1733. Bachelin (Léo). Castel-Pelesch, résidence d'été du roi Charles Ier de Roumanie à Sinaïa. *Paris*, 1893, in-4.

27 eaux-fortes et 38 gravures sur bois.

1734. Bailly (Nicolas). Inventaire des tableaux du Roi rédigé en 1709 et 1710,... Ed. Fernand Engerand. *Paris*, 1899, in-8.

1735. Barbet de Jouy (Henry). Musée du Louvre. Les gemmes et joyaux de la Couronne. *Paris*, 1865, 2 parties in-fol. en feuilles.

Dessins et eaux-fortes de Jules Jacquemart. Quelques rousseurs.

1736. Bartsch (Adam). Le Peintre-graveur. *Leipzig*, 1854-1870, 21 vol. in-8.

1737. — Le Peintre-graveur. *Vienne*, 1813, 2 vol. in-8.

Tomes XIV et XV. Exempl. interfol. de papier blanc. Nombreuses notes mss. du comte de Waldeck. Lettre jointe.

1738. [Bartsch] Heller (Joseph). Zusätze zu Adam Bartsch's « Le Peintre-graveur ». *Bamberg*, 1844, in-12.

1739. Basler (Adolphe) et **Brummer** (Ernest). L'art précolombien. *Paris*, 1928, in-4.

Figures et planches.

1740. Bayet (Charles). L'art byzantin. *Paris*, s. d., in-8.

Figures et planches.

1741. — Précis d'histoire de l'art. *Paris*, s. d., in-8.

Figures et planches. Nouvelle édition.

1742. Beaunier (André). Les souvenirs d'un peintre. *Paris*, 1906, in-12.

1743. Becker (Rudolph Zacharias). Holzschnitte alter deutscher Meister. *Gotha*, 1808, 3 vol. in-fol.

Recueil de gravures sur bois.

1744. Becker (Wolfgang). Kunst und Künstler des XVI., XVII. u. XVIII. Jahrhunderts. *Leipzig*, 1863-1865, 3 vol. in-8.

Figures.

1745. Belcher (John). Les principes de l'architecture (Trad. François Monod). *Paris*, 1912, in-8, broché.

Planches. Envoi signé du traducteur.

1746. Beltrami (Luca). La Chartreuse de Pavie. *Milan*, 1899, in-8.

Figures et planches.

1747. Bénédite (Léonce). Notre art, nos maîtres. *Paris*, s. d., 2 vol. in-12, brochés.

Envois d'auteur signés.

1748. — Exposition universelle internationale de 1900. Rapports du Jury international. Introduction générale. Deuxième partie : Beaux-Arts, *Paris*, 1904, in-8,

Figures et planches. Envoi d'auteur signé.

1749. Benoit (Fernand). L'abbaye de Montmajour. *Paris*, 1928, in-8, broché.

Figures.

1750. — Les Baux. *Paris*, 1928, in-8, broché.

Figures.

1751. Bensa (Thomas). La peinture en Basse-Provence, à Nice et en Ligurie. *Cannes*, 1908, in-4.

Planches. Envoi d'auteur signé.

1752. Berenson (Bernhard). The drawings of Florentine painters. *Londres*, 1903, 2 vol. in-4.

Planches.

1753. — The Florentine painters of the Renaissance. *New-York* et *Londres*, 1896, in-8.

Planches.

1754. — The study and criticism of Italian art. *Londres*, 1901-1902, 2 vol. in-8.

Planches.

1755. — The Venetian painters of the Renaissance. *New-York*, 1894, in-12.

Planches.

1756. Bergmans (Paul) et **Steins** (Armand). Album du vieux Gand. *Bruxelles* et *Paris*, 1913, in-4 en feuilles.

Planches en couleurs. Tirage à 465 exemplaires numérotés.

1757. Berger (George). L'école française de peinture depuis les origines jusqu'à la fin du règne de Louis XIV. *Paris*, 1879, in-12.

1758. Bertaux (Emile). L'art dans l'Italie méridionale. *Paris*, 1904, 2 vol. in-4.

38 planches, 404 figures dans le texte, plus un carton : Iconographie comparée des rouleaux de l'Exultet.

1759. Bertaux (Mélanges). Recueil de travaux dédiés à la mémoire d'Emile Bertaux. *Paris*, 1924, in-8, broché.

Planches.

1760. — Le même ouvrage.

1761. Bertolotti (A.). Artisti lombardi a Roma nei secoli XV, XVI e XVII. *Milan*, 1881, 2 vol. in-12, reliés en 1.

1762. Beulé (M.). Causeries sur l'art. *Paris*, 1867, in-8.

1763. Bienné (Maria). Les artistes de la pensée et du sentiment. *Bruxelles*, 1912, in-8. broché.

Planches. Envoi d'auteur signé.

1764. Binyon (Laurence). The court painters of the Grand Moguls. *Oxford*, 1921, in-8.

Planches.

1765. Blake (Vernon). The art and craft of drawing. *Oxford*, 1927, in-8.

Planches.

1766. Blanc (Charles) et divers. Histoire des peintres de toutes les écoles. *Paris*, 1865-1869, 9 vol. in-4.

Nombreuses figures dans le texte.

1767. Blochet (Edgard). Les enluminures des manuscrits orientaux — turcs, arabes, persans — de la Bibliothèque nationale. *Paris*, 1926, in-4. broché, dos cassé.

Planches.

1768. — Les peintures des manuscrits orientaux de la Bibliothèque nationale. *Paris*, 1920, in-4, en feuilles.

Planches. [Imprimé pour les membres de la Société de reproduction des mss. à peintures].

1769. Blondel (S.). Histoire des éventails. *Paris*, 1875, in-8.

Figures.

1770. Blum (André). La caricature révolutionnaire. *Paris*, s. d., in-8, broché.

Planches. Envoi d'auteur signé.

1771. — L'estampe satirique en France pendant les guerres de religion. *Paris*, s. d. in-8, broché.

Illustrations dans le texte. Envoi d'auteur signé.

1772. — Histoire générale de l'art. Préface de M. Paul Léon. *Paris*, s. d. [1922], in-8.

Figures et planches.

1773. — Les origines de la gravure en France. Les estampes sur bois et sur métal. Les incunables xylographiques. *Paris-Bruxelles*, 1927-1928, in-4.

Planches hors texte.

1774. Bode (W.). Geschichte der deutschen Plastik. *Berlin*, 1887, in-8.

Figures et planches.

1775. — Studien für Geschichte der holländischen Malerei. *Brunswick*, 1883, in-8.

1776. — Die italienische Plastik. *Berlin*, 1891, in-12.

Figures.

1777. Bodkin (Thomas). Four Irish landscape painters : George Banet, James O'Connor, Walter Osborne, Nathaniel Hore. *Dublin*, 1920, in-8.

Planches.

1778. Bolton (Théodore). Early American portrait. Painters in miniature. *New-York*, 1921, in-8.

Planches.

1779. Bonnaffé (Edmond). Causeries sur l'art et la curiosité. *Paris*, 1878, in-8.

Frontispice par Jules Jacquemart.

1780. — Inventaire des meubles de Catherine de Médicis en 1589. *Paris*, 1874, in-8.

Tirage à 250 exemplaires numérotés; un des 50 sur papier de Chine. Envoi d'auteur signé à M. Ch. Ephrussi.

1781. Boreux (Charles). L'art égyptien. *Paris-Bruxelles*, 1926, in-8, broché.

Planches. Envoi d'auteur.

1782. Borovka (Gregory). Scythian art. (Trad. V. G. Ghilde). *Londres*, 1928, in-8.

Planches.

1783. Bouchot (Henri). La lithographie. *Paris*, s. d., in-8.

Figures.

1784. — Le livre. L'illustration. La reliure. *Paris*, s. d., in-8.

Figures. Nouvelle édition.

1785. — Les Primitifs français. *Paris*, 1904, in-8.

2e édition.

1786. — Quelques dames du XVIe siècle et leurs peintres. *Paris*, 1888, in-4.

16 planches.

1787. Bourcard (Gustave). Dessins, gouaches, estampes et tableaux du XVIIIe siècle. Guide de l'amateur. *Paris*, 1893, in-8.

Demi-maroquin laval. coins, t. dorée, couverture conservée (David).

1788. — Graveurs et gravures, France et étranger. Essai de bibliographie, 1540-1910. *Paris*, 1910, in-8.

Tirage à 400 exemplaires. Envoi d'auteur signé.

1789. Bouyer (Raymond). L'art et les mœurs en France. *Paris*, 1909, in-8.

Planches.

1790. Bréhier (Louis). L'art chrétien. *Paris*, 1918, in-8.

Broché.
233 figures.

1791. — La cathédrale de Reims. *Paris*, 1916, in-8.

Planches.

1792. No réservé.

1793. Brillant (Maurice). L'art chrétien en France au XXe siècle. *Paris*, s. d., in-8.

Broché.
Envoi d'auteur signé.

1794. Broquelet (A.). L'art appliqué à l'industrie. *Paris*, s. d., in-12.

Broché.
Figures. Envoi d'auteur signé.

1795. Brow (G. Baldwin). The care of ancient monuments. *Cambridge*, 1905, in-8.

1796. — (Percy). Indian painting under the Mughals. A. D. 1550 to A. D. 1750. *Oxford*, 1924, in-4.

Planches.

1797. Brulliot (François). Dictionnaire de monogrammes, chiffres, lettres initiales et marques figurées. *Munich*, 1817-1818, 14 fasc. in-4.

Planches.

1798. — Dictionnaire des monogrammes, marques figurées, lettres initiales, noms abrégés etc. *Munich*, 1832-1834, 3 vol. in-4.

1799. Brune (Paul). Dictionnaire des artistes et ouvriers d'art de la France : Franche-Comté. *Paris*, 1912, in-4, broché.

1800. Bucher (Bruno). Geschichte der technischen Künste. *Stuttgart*, 1875, in-8.

Figures. Tome I.

1801. — Real-Lexikon der Kunstgewerbe. *Vienne*, 1888, in-8.

3 livraisons, carton.

1802. Burckhardt (Jacob). Der Cicerone. *Leipzig*, 1893, 4 vol. in-12.

1803 — Le même ouvrage. *Leipzig*, 1874, in-12.

1804. — Die Cultur der Renaissance in Italien. *Leipzig*, 1869, in-8.

1805. Buscemi (Nicolas). Notizie della Basilica di San Pietro, detta la Cappella Regia. *Palerme*, 1840, in-4.

Planches.

1806. Busuioceanu (Al.). Un ciclo di affreschi del secolo XI. *Rome*, s. d., in-8, broché.

Figures.

1807. Bye (Arthur Edwin). Pots and pans or studies in still-life painting. *Princeton*, 1921, in-8.

Planches.

1808. Carlier de Lantsheere (A.). Trésor de l'art dentellier. Répertoire des dentelles à la main de tous les pays, depuis leur origine. *Paris* et *Bruxelles*, 1922, in-4, broché.

Planches.

1809. Cantinelli (R.) et **Dacier** (Emile). Les Trésors des Bibliothèques de France. *Paris*, 1926, in-4.

T. I-II (fasc. I-VI.). Planches.

1810. Carr (J. Comyns). L'Art en France. Musées et Écoles des Beaux-Arts des départements. Préface de Jules Comte. *Paris*, 1887, in-12.

Envoi signé de Jules Comte à M. Ephrussi.

1811. Casier (Joseph) et **Bergmans** (Paul). L'art ancien dans les Flandres. *Bruxelles* et *Paris*, 1914, 3 vol. in-4, en feuilles.

Planches.

1812. Casimir-Périer (Paul). Propos d'art à l'occasion du Salon de 1869. *Paris*, 1869, in-12.

1813. Castellani (Augusto). Gems. Notes and extracts. Trad. Brogder. *Londres*, 1871, in-8.

1814. Cennini (Cennino). Das Buch von der Kunst oder Tractat der Malerei *Vienne*, 1871, in-8.

1815. Cesareo (Placido). I due simposi in rapporto all'arte moderna. *Palerme*, 1901, in-8.

1815 *bis*. Challamel (Augustin). Histoire de la mode en France. *Paris*, 1881, in-8.

Planches.

1816. Champeaux (Alfred de). Le meuble. *Paris*, s. d., 2 vol. in-8.

Figures. Nouvelle édition.

1817. — Le même ouvrage.

1818. Champier (Victor) et **Sandoz** (Roger). Le Palais-Royal (1629-1900). *Paris*, 1900, 2 vol. in-4, reliés en 1.

Figures et planches. Envois signés d'auteur à M. Ch. Ephrussi.

1819. Champeaux (A. de). L'art décoratif dans le vieux Paris. *Paris*, 1898, in-8.

Figures.

1820. Chase (G .Henry), and **Post** (Ch. Rathfon). A history of sculpture. *New-York-Londres*, s. d., in-8.

Figures.

1821. Chennevières (Ph. de). Essais sur l'histoire de la peinture française. *Paris*, 1894, in-8.

Portraits. Envoi d'auteur signé à M. Ch. Ephrussi.

1822. — Souvenirs d'un directeur des Beaux-Arts. *Paris*, 1883-1889. 4 fasc. in-8.

Tomes I, II, III, V; manque le t. IV. Envois d'auteur signés à M. Ch. Ephrussi.

1823. Chipiez (Charles) et **Perrot** (Georges). Le Temple de Jérusalem et la maison, du Bois-Liban, restitués d'après Ezéchiel et le Livre des Rois. *Paris*, 1889, in-fol. en feuilles.

Figures et planches.

1824. Chesneau (Ernest). Les chefs d'école. *Paris*, 1862, in-12.

1825. — La peinture anglaise. *Paris*, s. d., in-8.

Figures.

1826. Choisy (Auguste). Histoire de l'architecture. *Paris*, 1899, 2 vol. in-8.

Figures.

1827. Christen (Joh. Frieder.). Anzeige und Auslegung der Monogrammatum. *Leipzig*, 1747, in-12.

1828. Claretie (Jules). L'art et les artistes français contemporains. *Paris*, 1876, in-12.

Envoi d'auteur signé.

1829. Clément-Janin. Les estampes, images et affiches de la Guerre. *Paris*, 1919, in-4, broché.

Figures et planches.

1830. Clément de Ris (L.). Les amateurs d'autrefois. *Paris*, 1877, in-8.

Portraits. Envoi d'auteur signé à M. Ephrussi.

1831. Clermont (Raoul de). Rapports à la Société pour la protection des paysages. *Paris*, 1905-1910, 2 vol. in-8, reliés en 1.

1832. Clinchamp (Berthe de). Chantilly (1485-1897). *Paris*, 1903, in-4.

Figures et planches.

1833. Clouzot (Henri). Des Tuileries à Saint-Cloud. L'art décoratif du Second Empire. *Paris*, 1925, in-8, broché.

Planches. Envoi d'auteur signé.

1834. — Dictionnaire des miniaturistes sur émail. *Paris*, s. d., in-8, broché.

Planches. Envoi d'auteur signé.

1835. — Les meubles du XVIIIe siècle. *Paris*, s. d., in-8, broché.

Planches. Envoi d'auteur signé.

1836. — et **Level** (A.). Sculptures africaines et océaniennes. Colonies françaises et Congo belge. *Paris*, s. d., in-4, broché.

Planches. Envoi d'auteur signé.

1837. Cocheris (Hippolyte). Patrons de broderies et de lingerie du XVIe siècle. *Paris*, 1872, in-8.

Planches.

1838. Cohn (William). La sculpture hindoue (Trad. Paul Budry). *Paris*, s. d., in-8.

Figures et planches.

1839. Coindet (J.). Histoire de la peinture en Italie. *Paris*, 1861, in-12.

Rousseurs.

1840. Contenau (Georges). L'art de l'Asie occidentale ancienne. *Paris* et *Bruxelles*, 1928, in-8, broché.

Planches.

1841. Conwentz (H.). The care of natural monuments with special reference to Great Britain and Germany. *Cambridge*, 1909, in-12.

Planches.

1842. Coomaraaswamy (Ananda K.). Geschichte der indischen und indonesischen Kunst. *Berlin*, 1927, in-8, broché.

Planches.

1843. Numéro réservé.

1844. Cordier (Henri). Annales de l'hôtel de Nesles. *Paris*, 1896, in-4, broché.

1845. Corroyer (Edouard). L'architecture gothique. *Paris*, s. d., in-8.

Figures.

1846. — L'architecture romane. *Paris*, 1900, in-8.

Figures. Nouvelle édition.

1847. Couderc (C.). Les enluminures des manuscrits du Moyen Age de la Bibliothèque nationale. *Paris*, 1927, in-4, broché.

Planches.

1848. Courboin (François) L'estampe française. *Bruxelles* et *Paris*, 1914, in-8, broché.

Planches.

1849. Courteault (Paul). La place Royale de Bordeaux. *Paris*, 1922, in-8, broché.

Planches.

1850. Cox (Raymond). Les soieries d'art depuis les origines jusqu'à nos jours. *Paris*, 1914, in-4, broché.

Planches.

1851. Crowe et **Cavalcaselle**. Geschichte der italienichen Malerei, trad. all. Jordan. *Leipzig*, 1869-1872, 4 vol. in-8.

1852. Dacier (Emile). La gravure de genre et de mœurs. *Paris* et *Bruxelles*, 1925, in-4, broché.

133 reproductions en héliotypie.

1853. — et **Ratouis de Limay** (P.). Pastels français des XVIIe et XVIIIe siècles. *Paris* et *Bruxelles*. 1927, in-4, broché.

Planches. Envoi d'auteur signé.

1854. Dalton (O. M.). East Christian art, a survey of the monuments. *Oxford*, 1925, in-4.

Planches.

1855. Dansaert (G.). Les anciennes faïences de Bruxelles. *Bruxelles* et *Paris*, 1922, in-4, broché.

Planches. Tirage à 600 exemplaires numérotés.

1856. Davesiès de Pontès (Lucien). Études sur la peinture vénitienne, *Paris*, 1867, in-12.

Figures.

1857. Dayot (Armand). Histoire générale de la peinture. *Paris*, s. d., in-8, broché.

1858 — Napoléon raconté par l'image, *Paris*, 1895, in-4.

Figures et planches. Envoi d'auteur signé à M. Ch. Ephrussi.

1859. — Le second Empire. *Paris*, s. d., in-4, obl.

Demi-maroquin vert, coins, t. dorée. Recueil de reproductions.

1860. Deck (Théodore). La faïence. *Paris*, s. d., in-8.

Illustrations dans le texte. Nouvelle édition.

1861. Delaborde (Henri). La gravure. *Paris*, s. d., in-8.

Figures. Nouvelle édition.

1862. Delatte (A.). Les manuscrits à miniatures des bibliothèques d'Athènes. *Liége-Paris*, 1926, in-8, broché.

Planches.

1863. Delaunay (L.-A.). Étude sur les anciennes compagnies d'archers, d'arbalétriers et d'arquebusiers. *Paris*, 1879, in-4.

Figures et planches.

1864. Delisle (Léopold). Les grandes heures de la reine Anne de Bretagne et l'atelier de Jean Bourdichon. *Paris*, 1913, in-4, en feuilles.

Planches hors texte. Tirage à 250 exemplaires numérotés.

1865. Demaison (Louis). La cathédrale de Reims. *Paris*, s. d., in-8.

44 gravures et 1 plan.

1866. De-Mauri (L.) [Sarasin (E.).] L'amatore di oggetti d'arte e di curiosità. *Milan*, 1922, in-32.

Figures.

1867. Demotte (G.-J.). La tapisserie gothique. Préface de S. Reinach. *Paris*, 1924, in-fol, en feuilles.

Planches en couleurs.

1868. Denis (Maurice). Nouvelles théories sur l'art moderne, sur l'art sacré, 1914-1921. *Paris*, s. d., in-8, broché.

1869. Denys de Fourna. Manuel d'iconographie chrétienne, Ed. Papadopoulo-Kérameus. *Saint-Pétersbourg*, 1909, in-8, broché.

1870. Desforges (Etienne). Notice historique sur le château de Saint-Germain. *Versailles*, 1883, in-8.

Planches.

1871. Desnoyers (Fernand). Salon des refusés. La peinture en 1863. *Paris*, 1863, in-8.

1872. Diehl (Charles). L'art chrétien primitif et l'art byzantin. *Paris-Bruxelles*, 1928, in-8, broché.

Planches. Envoi d'auteur signé.

1873. — Manuel d'art byzantin. *Paris*, 1925-1926, 2 vol. in-8, brochés.

Figures, 2e éd.

1874. — Ravenne. *Paris*, 1903, in-8, broché.

1875. — , **Le Tourneau** (M.). **Saladin** (H.). Les monuments chrétiens de Salonique. *Paris*. 1918, in-4, broché.

Figures et album de planches.

1876. Dieulafoy (Marcel). La statuaire polychrome en Espagne. *Paris*, 1908, in-4.

83 planches dont 3 en couleurs.

1877. Dilke (Lady). Art in the modern State. *Londres*, 1888, in-8.

Envoi à M. Charles Ephrussi.

1878. — Le même ouvrage.

Envoi d'auteur à M. Ch. Ephrussi.

1879. — French architects sculptors of the XVIIIth century. *Londres*, 1900, in-4.

Planches.

1880. — French Engravers and draughtsmen of the XVIIIth century. *Londres*, 1902, in-4.

Planches. Envoi d'auteur signé à M. Ch. Ephrussi.

1881. — French painters of the XVIIIth century. *Londres*, 1899, in-4.

Planches.

1882. — French furniture and decoration in the XVIIIth century. *Londres*, 1901, in-4.

Planches. Envoi de l'éditeur à M. Ch. Ephrussi.

1883. Dohme (Dr R.). Das englische Haus. *Brunswick*, 1888, in-8.

Figures.

1884. — Geschichte der deutschen Baukunst. *Berlin*, 1885, in-4.

Figures et planches.

1885. — Le même ouvrage. *Berlin*, 1887, in-8.

Demi-chagrin. Envoi d'auteur à M. Ch. Ephrussi.

1886. Drevet (Joanny). En Savoie. *Chambéry*, s. d., in-4.

En feuilles, sous carton, 32 eaux-fortes.

1887. Dubuisson (A.). Les Échos du bois sacré. Souvenirs d'un peintre (De Rome à Barbizon). *Paris* 1924, in-8, broché.

Planches.

1888. Du Camp (Maxime). Le Salon de 1859. *Paris*, 1859, in-12.

« Le Salon de 1861 » est relié à la suite.

1889. Du Cleuziou (Henri). De la poterie gauloise. Etude sur la collection Charvet. *Paris*, 1912, in-8, broché.

Figures.

1890. Duhem (Henri). Impressions d'art contemporain. *Paris*, 1913, in-12, broché.

Envoi d'auteur signé.

1891. Dumas (Alexandre). L'art et les artistes contemporains au Salon de 1859. *Paris*, 1859, in-12.

1892. Dupont-Auberville (M.). L'ornement des tissus. *Paris*, 1895, in-4, en feuilles

Planches en couleurs, or et argent.

1893. Duportal (Mlle Jeanne). La gravure en France au XVIIIe siècle. La gravure de portraits et de paysages. *Paris et Bruxelles*, 1926, in-4, broché.

Planches.

1894. Duret (Th.). Critique d'avant-garde. *Paris*, 1885, in-12.

1895. Durrieu (Cte Paul). La miniature flamande au temps de la Cour de Bourgogne. *Bruxelles* et *Paris*, 1921, in-4, broché.

Planches.

1896. Duval (Mathias). L'anatomie artistique. *Paris*, s. d., in-8.

Figures. Nouvelle édition.

1897. Ebersolt (Jean). Les arts somptuaires de Byzance. Étude sur l'art impérial de Constantinople. *Paris*, 1923, in-4, broché.

67 figures.

1898. Ebhardt (Bodo). Die Burgen des Elsass. *Berlin*, s. d., in-4, broché.

Figures.

1899. Eckl (Dr B.). Die Madonna als Gegenstand christlicher Kunstmalerei und Sculptur. *Brixen*, 1883, in-8.

1900. Effmann (W.). Heiligkreuz und Pfalzel Beiträge zur Baugeschichte Triers. *Fribourg* (Suisse), 1890, in-8.

Figures.

1901. Einstein (Lewis). The Italian Renaissance in England. *Londres*, 1902, in-12.

Planches.

1902. Elwert (U.). Kleines Künstlerlexikon. *Giessen* et *Marbourg*, 1785, in-8.

1903. Ely (Catherine Beach). The modern tendency in American painting. *New-York*, 1925, in-8.

Planches.

1904. Enlart (Camille). 1862-1927. *Paris*, Jean Naert, 1929, in-8, broché.

Portraits.

1905. — Le même ouvrage.

1906. — Manuel d'archéologie française. I. Architecture religieuse. *Paris*, 1919-1924, 3 vol. in-8. III : Le Costume, 1916, in-8.

Illustrations dans le texte.

1907. Ephrussi (Charles). Inventaire de la collection de la Reine Marie-Antoinette. *Paris*, 1880, in-4.

Figures et planches.

1908. Érasme. L'Eloge de la Folie, composé en forme de déclamation, par Érasme, et traduit par M. Gueudeville, avec les notes de Gérard Listre et les belles figures de Holbein. A *Amsterdam*, chez François L'Honoré, 1728, in-12.

Figures et planches gravées.

1909. Errera (Mme Isabelle). Catalogue d'étoffes anciennes et modernes, 2e éd. *Bruxelles*, 1907, in-4.

Figures. Envoi d'auteur signé.

1910. Essling (Prince d') et **Müntz** (Eugène). Pétrarque. Ses études d'art. Son influence sur les artistes. *Paris*, 1902, in-4, broché.

191 figures, 21 planches. Tirage à 260 exemplaires numérotés.

1911. Eye (Dr A. von). Das Reich des Schönen. *Berlin*, 1878, in-8.

1912. Fabre (A.). Trésor de la Chapelle des ducs de Savoie. *Vienne* (Isère), 1868, in-8.

Tiré à 150 exemplaires (hors commerce).

1913. Falke (Jakob von). Geschichte des deutschen Kunstgewerbes. *Berlin*, 1888, in-8.

Figures et planches.

1914. Farcy (Louis de). La broderie du XIe siècle jusqu'à nos jours. *Angers*, 1890, 3 fasc. in-fol., en feuilles.

Suite de planches.

1915. Febvre (F.) et **Johnson** (T.). Album de la Comédie-Française. *Londres*, s. d. in-fol.

Planches.

1916. Fett (Harry). Norges Malerkunsti Middelalderen. *Christiana*, 1917, in-4.

Planches. Envoi d'auteur signé.

1917. Flat (Paul). Les premiers Vénitiens. *Paris*, 1899, in-4.

Figures et planches. Envoi d'auteur signé à M. Ch. Ephrussi.

1918. Focillon (Henri). La peinture au XIXe siècle. Le retour à l'antique. Le romantisme. *Paris*, 1927, in-8, broché.

191 figures. Envoi d'auteur signé.

1919. Fontenay (Eugène) Les bijoux anciens et modernes. *Paris*, 1887, in-8.

700 dessins inédits.

1920. Förster (Ernst). Die deutsche Kunst in Bild und Wort. *Leipzig*, 1879, in-4.

Planches.

1921. — Geschichte der deutschen Kunst. *Leipzig*, 1851-1860, 5 vol. in-12, reliés en 2.

Planches. Rousseurs.

1922. Frank (Paul). Geschichte der Kunst. *Leipzig*, 1864, 2 vol. in-12, reliés en 1.

1923. Fred (W.). Madrid. *Berlin*, 1906, in-16.

Planches.

1924. Frizzoni (Gustavo). Arte italiana del Rinascimento. *Milan*, 1891, in-8.

Planches.

1925. Furcy-Raynaud (Marc). Inventaire des sculptures exécutées au XVIIIe siècle pour la direction des bâtiments du Roi. *Paris*, 1927, in-8, broché.

Planches.

1926. Gabriel (Albert). La Cité de Rhodes, 1310-1522. *Paris*, 1921-1923, 2 vol. in-4, brochés.

Figures et planches.

1927. Galichon (Emile). Études sur l'administration des Beaux-Arts en France de 1860 à 1870. *Paris*, 1871, in-8.

1928. Gandellini (Giovanni, Gori). Notizie degli intagliatori. *Sienne*, 1816, in-8.

Tome XV.

1929. Gaultier (Paul). Le sens de l'art. *Paris*, 1907, in-12.

Planches.

1930. — Reflets d'histoire. *Paris*, 1909, in-12.

Planches.

1931. Gauthier (J.). Petit précis d'histoire de l'ornement. *Paris*, s. d., in-8.

Figures. Tome I : L'antiquité. Les arts orientaux.

1932. Gautier (Théophile). Les Beaux-Arts en Europe. 1855. *Paris*, 1855-1856, 2 vol. in-12, reliés en 1.

1933. — La nature chez elle. *Paris*, 1870, in-fol.

Figures et planches.

1934. Gayet (Al.). L'art arabe. *Paris*, s. d., in-8.

Figures.

1935. — Le même ouvrage.

Lettre d'envoi à Ch. Ephrussi.

1936. — L'art persan. *Paris*, s. d., in-8.

Figures.

1937. — Le même ouvrage.

1938. Germain (Alphonse). L'influence de Saint-François d'Assise sur la civilisation et les arts. *Paris*, 1903, in-12.

Envoi d'auteur signé à M. Ephrussi.

1939. Gerspach L'art de la verrerie. *Paris*, s. d., in-8.

Figures. Nouvelle édition.

1940. — La mosaïque. *Paris*, s. d., in-8.

Figures.

1941. — Répertoire détaillé des tapisseries des Gobelins, exécutées de 1662 à 1892. *Paris*, 1893, in-8.

Demi-maroquin rouge, t. dorée.

1942. Gille (Philippe) et **Lambert** (Marcel). Versailles et les deux Trianons. *Tours*, s. d., in-4, en feuilles.

Planches.

1943. Gillet (Louis). La peinture française. Moyen Age et Renaissance. *Paris* et *Bruxelles*, 1928, in-8, broché.

Planches. Envoi d'auteur signé.

1944. — Histoire des arts. Paris, s. d. in-8, broché.

Illustrations de René Piot. (Hanotaux (G.) Histoire de la Nation française, tome XII). Envoi d'auteur signé.

1945. Girard (Paul). La peinture antique. *Paris*, s. d., in-8.

Figures.

1946. Glück (Heinrich) und **Diez** (Ernst). Die Kunst des Islam. *Berlin*, 1925, in-4, broché.

Planches en noir et en couleurs.

1947. Gobel (Heinrich). Wandteppiche. II. Teil. Die romanischen Länder. *Leipzig*, 1928, 2 vol. in-4.

Planches.

1948. Golberg (Mecislas). La morale des lignes. *Paris*, 1908, in-8.

Dessins de Rouveyre.

1949. Goffin (Arnold). L'art religieux en Belgique. La peinture des origines à la fin du XVIIIe siècle. *Bruxelles* et *Paris*, 1924, in-4, broché.

Planches.

1950. Goncourt (Edmond de). La maison d'un artiste. *Paris*, 1881, 2 vol. in-12.

1951. Gonse (Louis). L'art gothique. *Paris*, s. d., in-fol.

Figures et planches. Envoi d'auteur signé à M. Ch. Ephrussi.

1952. — L'art japonais. *Paris*, s. d., in-8.

Figures.

1953. — Les chefs-d'œuvre de l'art au XIXe siècle. La sculpture et la gravure au XIXe siècle. *Paris*, s. d., in-4.

Planches. Envoi d'auteur signé à M. Ch. Ephrussi.

1954. Gordon (Lina Duff). The story of Assisi. *Londres*, 1900, in-16.

Figures et planches.

1955. Görling (Adolph). Geschichte der Malerei von den frühesten Künstanfängen bis zur Blüte der Künste im XVI. Jahrhundert. *Leipzig*, 1866, 3 vol. in-8.

Figures.

1956. Goulinat (J.-G.). La technique des peintres. *Paris*, 1922, in-12, broché.

Dos décollé. Envoi d'auteur signé.

1957. Gourdon de Genouillac (H.). L'art héraldique. *Paris*, s. d., in-8.

Figures.

1958. Grand-Carteret (John). L'enseigne. *Grenoble-Moutiers*, 1902, in-4.

Figures et planches.

1959. Grifi (E.). Saunterings in Florence. *Florence*, 1898, in-8.

Figures.

1960. Grimm (H.). Zehn ausgewählte Essays zur Einführung in das Studium der modernem Kunst. *Berlin*, 1871, in-8.

1961. — Uber Künstler und Kunstwerke. *Berlin*, 1865, 2 vol. in-8.

Photographies directes.

1962. Grosse (E.). Le lavis en Extrême-Orient. (Trad. Marchand). *Paris*, s. d., in-8.

101 planches.

1963. Gruyer (Gustave). Les illustrations des écrits de Jérôme Savonarole publiés en Italie au XVe ou XVIe siècle. Les paroles de Savonarole sur l'art. *Paris*, 1879, in-4.

33 gravures exécutées d'après les bois originaux.
Envoi d'auteur signé à M. Ch. Ephrussi.

1964. Gsell-Fels (D^r^). Venedig. *Munich* et *Berlin*, s. d., in-4.

Figures et planches.

1965. Guhl (Dr Ernst). Künstlerbriefe. Edit. Adolf Rosenberg. *Berlin*, 1879, in-8.

1966. Guiffrey (Jules). La vie de la Sainte Vierge. Monographie sur les tapisseries de la cathédrale de Strasbourg. *Strasbourg*, s. d., in-fol. obl., broché.

Reproduction en phototypie.

1967. — Comptes des bâtiments du Roi, sous le règne de Louis XIV. *Paris*, 1901, in-4, broché.

Tome V : Jules Hardouin-Mansard et le duc d'Antin.

1968. — Inventaire général du mobilier de la Couronne sous Louis XIV. *Paris*, 1885, 2 vol. in-8, reliés en 1.

Figures.

1969. Guillou (Robert). A la recherche de l'art. *Paris*, 1923, in-12, broché.

1970. Guizot (F.). Etudes sur les Beaux-Arts en général. *Paris*, 1872, in-8.

Nouvelle édition.

1971. Gusman (Pierre). Venise. *Paris*, 1902. in-8, broché.

Envoi d'auteur à M. Ch. Ephrussi.

1972. Hannover (Emil); **Rackham** (Bernard). Pottery and porcelain. A handbook for collectors. *Londres*, 1925, 3 vol. in-8.

Figures et planches.

1973. Harcourt-Smith (Simon). Babylonian art. *Londres*, 1928, in-8.

Planches.

1974. Haug (Hans). Les faïences et porcelaines de Strasbourg. *Strasbourg*, 1922, in-4, carton.

Planches formant suite.

1975. Richesses d'art de la France (Les). La Bourgogne : L'architecture, par Louis Hautecœur (fasc. I à V) ; La sculpture, par Marcel Aubert (fasc. I à IV) ; La peinture et les tapisseries, par Louis Réau (fasc. I et II). *Paris* et *Bruxelles*, 1927, in-4, en feuilles.

Planches.

1976. Havard (Henry). L'art à travers les mœurs. *Paris*, 1882, in-4.

Figures et planches.

1977. — Les arts de l'ameublement. 1. La verrerie ; 2. La tapisserie ; 3. L'horlogerie ; 4. La céramique ; 5: L'orfèvrerie. *Paris*. s. d., 5 vol. in-8.

Figures.

1978. — Dictionnaire de l'ameublement et de la décoration depuis le XIIIe siècle jusqu'à nos jours. *Paris*, s. d., 4 vol. in-8.

Figures et planches.

1979. — Histoire de la peinture hollandaise. *Paris*, 1882, in-8.

Figures.

1980. — Histoire et philosophie des styles. *Paris*, 1899-1900, 2 vol. in-fol, brochés.

Figures et planches.

1981. Heider (Gustav); **Eitelberger** (Rud. V.) ; **Hieser** (J.). Mittelalterliche Kunstdenkmäler des osterreichischen Kaiserstaates. *Stuttgart*, 1858-1860, 2 vol. in-4.

Planches.

1982. Hendschel (Albert). Ernst und Scherz. S. l. n. d.

Recueil de reproduct. photograph. en feuilles.

1983. Heraclius. Von den Farben und Künsten der Römer. [Éd. et trad. all. Albert Ilg]. *Vienne*, 1873, in-8.

1984. Heyer (Dr Karl). Denkmalpflege und Heimatschutz in deutschen Recht. *Berlin*, 1912, in-8, broché.

1985. Hildebrand (M. Traugott Wilhelm). Die Hauptkirche St-Maria zu Zurickau. *Zurickau*, s. d., in-12, broché.

Rousseurs.

1986. Hind (A.-M.). A short history of engraving and etching. *Londres*, 1908, in-8.

Figures et planches.

1987. Hirschfeld (E.-E.-L.). Theorie der Gartenkunst. *Leipzig*, 1779-1785, 5 vol. in-4, reliés en 3.

Demi-maroquin rouge, t. dorée. Figures gravées.

1988. Hirth (Georg). Kunstphysiologie, 2e éd. *Munich-Leipzig*, 1897, in-8.

Figures.

1989. Hoffmann (Walter James). The graphic art of the Eskimos. *Washington*, 1897, in-8.

Figures et planches.

1990. Houbraken (Arnold). Grosse Schouburgh der niederländischen Maler und Malerinnen. Trad. all. A. v. Wurzbech. *Vienne*, 1880, in-8.

Tome I.

1991. Houvet (Et.). Cathédrale de Chartres. Portail Nord (XIIIe siècle). S. l. n. d. 2 vol. in-4,

Recueil de planches en héliotypie en feuilles.

1992. Huber (M.) et **Rost** (E. C. H.). Handbuch für Kunstliebhaber und Sammler über die vornehmsten Kupferstecher und ihre Werke. *Munich*, 1796, 2 vol. in-12, reliés en 1.

1993. — Manuel des curieux et des amateurs de l'art, contenant une notice abrégée des principaux graveurs, et un catalogue raisonné de leurs meilleurs ouvrages, depuis le commencement de la gravure jusqu'à nos jours. *Munich*, 1797-1808, 9 vol. in-8.

1994. N° réservé.

1995. Jacquemart (A.). Les merveilles de la céramique. *Paris*, 1868, in-12.

Figures et planches. 2e partie : Occident.

1996. — Histoire de la céramique. *Paris*, 1873, in-8.

Figures et planches.

1997. — (Jules). Etchings of pictures in the Metropolitan Museum, New-York. *Londres*, 1871, in-fol. en feuilles.

11 eaux-fortes, dont le titre.

1998. Janitschek (H.). Geschichte der deutschen Malerei. *Berlin*, 1890, in-8, en fascicules.

Figures et planches. Incomplet.

1999. Janneau (Guillaume). Au chevet de l'art moderne. *Paris*, 1923, in-8, broché.

Envoi d'auteur signé.

2000. [Jansen]. Essai sur l'origine de la gravure en bois et en taille-douce, et sur la connaissance des estampes des XVe et XVIe siècles. *Paris*, 1808, in-8.

Planches. Tome I.

2001. Japon. Hoku-sai, jin butsu cho. Registre cahier contenant les peintures de l'humanité.

48 planches. Complet. 1er tirage.

2002. — Kyo-ka, go-ju-nin isshou, par Hokkei (1er tirage). Bun-sei-ni-nen, 2e année de Bun-sei.

2003. — Album japonais [moderne].

Registre-cahier.

2004. Jorga (Nicolas) et **Bals** (Georges). Histoire de l'art roumain ancien. *Paris*, 1922, in-4, broché.

Figures et planches. Envoi d'auteur signé.

2005. Jouin (Henry). Maîtres contemporains. *Paris*, 1887, in-12.

Envoi d'auteur signé à M. Ch. Ephrussi.

2006. King (William). Chelsea porcelain. *Londres*, 1922, in-4.

Planches.

2007. Knackfuss (H.). Deutsche Kunstgeschichte. *Bielefeld-Leipzig*, 1888, 2 vol. in-8.

Figures.

2008. Kœchlin (Raymond). [L'art de l'Islam]. La céramique. *Paris*, s. d., in-4.

Planches en feuilles.

2009. — Les ivoires gothiques français. *Paris*, 1924, 2 vol. in-8, brochés.

Un volume de planches en feuilles.

2010. — Mémoires de la mission archéologique de Perse. Les céramiques musulmanes de Suse au Musée du Louvre. *Paris*, 1928, in-4, broché.

Planches.

2011. Kugler (Franz). Handbuch des Kunstgeschichte. *Stuttgart*, 1872, 2 vol. in-8.

Figures.

2012. — Kleine Schriften und Studien zur Kunstgeschichte. *Stuttgart*, 1853-1854, 3 vol. in-8.

Planches.

2013. Kühnel (Ernst). Maurische Kunst. *Berlin*, 1924, in-8.

Planches.

2014. — und **Goetz** (Hermann). Indische Buchmalereien. *Berlin*, s. d., in-4, broché.

Planches en couleurs.

2015. Labande (Louis-Honoré). Le château et la baronnie de Marchais. *Paris*, 1927, in-4, broché.

52 planches. Tirage à 350 exemplaires numérotés.
Planches.

2016. Labo (Mario). Architetti dal XV al XVIII secolo. G. B. Castello. *Rome*, 1925, in-8, broché.

2017. Laborde (Cte A. de). Etude sur la Bible moralisée illustrée. *Paris*, 1911-1927, in-4, en feuilles.

Et 4 cartons in-folio de reproductions.

2018. — Notice sur le fichier Laborde. [Fiches intéressant les artistes des XVIe, XVIIe et XVIIIe siècles]. *Paris*, 1927, in-4, broché.

2019. Lachaise (Dr). Manuel pratique de l'amateur de tableaux. *Paris*, 1866, in-8.

2020. Lacour-Gayet (G.). L'impératrice Eugénie. *Paris*, s. d., in-4.

En feuilles. Envoi d'auteur signé.

2021. Lafenestre (Georges). Artistes et amateurs. *Paris*, s. d., in-8.

Envoi d'auteur signé à M. Ch. Ephrussi.

2022. — La peinture italienne. *Paris*, s. d., in-8.

Figures. Nouvelle édition. 1re partie.

2023. — Les Primitifs à Bruges et à Paris. 1900-1902-1904. *Paris*, 1904, in-8.

2024. — La tradition dans la peinture française. *Paris*, s. d., in-12.

Envoi d'auteur signé à M. Ch. Ephrussi.

2025. Lafond (Paul). La sculpture espagnole. *Paris*, s. d., in-8, broché.

Figures.

2026. La Forge (Anatole de). La peinture contemporaine en France. *Paris*, 1856, in-8.

2027. Laluyaux (Abbé C.). Guide du visiteur à la cathédrale de Reims. *Reims*, 1913, in-12, broché.

Figures et planches.

2028. Lambeau (Lucien). L'Hôtel de Ville de Paris depuis les origines jusqu'en 1871. *Paris*, 1920, in-4, broché.

Figures et planches. Tirage à 400 exemplaires numérotés.

2029. Lami (Stanislas). Dictionnaire des sculpteurs de l'École française au XVIIIe siècle. *Paris*, 1910, in-8.

Tome I. Envoi d'auteur signé.

2030. Lampakis (Georges). Archéologie chrétienne de Dafni. *Athènes*, 1889, in-8.

2031. Laran (Jean). La cathédrale d'Albi. *Paris*, s. d., in-8, broché.

48 figures, plan.

2032. Larroumet (Gustave). L'art et l'État en France. *Paris*, 1895, in-12.

Envoi d'auteur signé à M. Ch. Ephrussi.

2033. La Sizeranne (Robert de). Les masques et les visages à Florence et au Louvre. Portraits célèbres de la Renaissance italienne. *Paris*, s. d., in-8, broché.

Planches.

2034. — Le miroir de la Vie. *Paris*, 1909, in-12.

2e série.

2035. — Les questions esthétiques contemporaines. *Paris*, 1904, in-12.

Envoi d'auteur signé à M. Ch. Ephrussi.

2036. La Tourrasse (L. de). Le Château-Neuf de Saint-Germain-en-Laye, ses terrasses et ses grottes. *Paris,* 1924, in-4, broché.

Figures.

2037. Lauer (Ph.). Les enluminures romanes des manuscrits de la Bibliothèque nationale. *Paris,* 1927, in-4, broché.

Planches.

2038. Lavallée (Théophile). Histoire de Paris, depuis le temps des Gaulois jusqu'en 1850. *Paris,* 1852, in-8.

Vignettes hors texte par Champin.

2039. Le Blanc (Ch.). Manuel de l'amateur d'estampes. *Paris,* 1854, 2 vol. in-8.

2040. Lechevallier-Chevignard. Les styles français. *Paris,* s. d., in-8.

Figures.

2041. Lecoy de la Marche (A.). Les manuscrits et la miniature. *Paris,* s. d., in-8.

Figures. Nouvelle édition.

2042. — Les sceaux. *Paris,* s. d., in-8.

Figures.

2043. Lefébure (Ernest). Broderie et dentelles. *Paris,* s. d., in-8.

Figures. Nouvelle édition.

2044. Lefèvre-Pontalis (Eugène). Le château de Coucy. *Paris,* s. d., in-8.

32 figures et plans.

2045. Lefort (Paul). La peinture espagnole. *Paris,* s. d., in-8.

Figures.

2046. Lemoisne (P.-A.). Les Xylographes du XIVe et du XVe siècles au cabinet des estampes de la Bibliothèque nationale. *Paris* et *Bruxelles,* 1927, in-4, broché.

Planches en noir et en couleurs. Tome Ier.

2047. Lemonnier (Henry). Le collège Mazarin et le palais de l'Institut. *Paris,* 1921, in-4. broché.

Figures et planches.

2048. — Procès-verbaux de l'Académie royale d'architecture, 1671-1793. *Paris,* 1911, 1922, 2 vol. in-8, brochés.

Tomes I et VII.

2049. Lenoir (Alfred). Anthologie d'art Sculpture. Peinture. *Paris,* s. d.

Planches.

2050. Léon (Paul). Art et artistes d'aujourd'hui. *Paris,* 1925, in-12, broché.

Envoi d'auteur signé.

2051. — Les monuments historiques. Conservation, restauration. *Paris,* 1917, in-4, broché.

268 gravures. Envoi d'auteur signé.

2052. — La renaissance des ruines. *Paris,* 1918, in-8, broché.

24 planches hors texte. Envoi d'auteur signé.

2053. Léonard de Vinci. Das Buch von der Malerei. [Ed. Ludwig]. *Vienne,* 1882, 3 vol. in-8, rel. en 1.

Fac-similé et figures.

2054. Lermolieff (Ivan). Die Werke italienischer Meister in den Galerien von München, Dresden, und Berlin *Leipzig,* 1880, in-8.

2055. Lespinasse (P.). La peinture suédoise contemporaine. *Paris,* 1928, in-8, broché.

Planches.

2056. Lieure (J.). L'École française de gravure, des origines à la fin du XVIe siècle. *Paris,* s. d., in-8, broché.

Planches. Envoi d'auteur signé.

2057. Lièvre (Edouard). Musée graphique. S. l. n. d., 4 vol. in-fol. en feuilles.

Suite de planches gravées. N'a pas été collationné. Des planches semblent manquer.

2058. — Le musée universel. *Paris*, 1868-1871, 4 vol. in-4, le dernier vol. en feuilles.

Planches. L'année 1868 en double.

2059. — Musées et collections. *Paris*, s. d., in-fol. en feuilles.

Suite de planches.

2060. — Works of art in the collections of England. *Londres* et *Paris*, s. d., in-fol, en feuilles.

Planches.

2061. — et **Duplessis** (Georges). Eaux-fortes et gravures des maîtres anciens. *Paris*, 1870, in-fol.

Recueil d'épreuves fixées sur bristol.

2062. Linke (Dr Friedrich). Die Malerfarben, Mal - und Bindemittel und ihre Verwendung in der Maltechnik. *Stuttgart*, 1904, in-8.

2063. Lippmann (Friedrich). Der italienische Holzschnitt im XV. Jahrhundert. *Berlin*, 1885, in-4.

Planches. Demi-maroquin rouge, coins, t. dorée.

2064. — Der Kupferstich. *Berlin*, 1893, in-8.

2065. Lochner (G. W. K.). Des Johann Neudörfer Schreid-und Rechenmeisters zu Nürnberg Nachrichten von Künstlern und Werkleuten daselbts aus dem Jahre 1547. *Vienne*, 1875, in-8.

Figures.

2066. Lonchamp (F. C.). L'estampe et le livre à gravures en Suisse, 1730-1830. *Lausanne*, s. d., in-8.

Planches.

2067. Longhurst (M.-H.). English ivories. *Londres*, s. d., in-4.

Figures et planches.

2068. Lostalot (Alfred de). Les procédés de la gravure. *Paris*, s. d., in-8.

Figures. Envoi d'auteur signé à M. Ch. Ephrussi.

2069. Lübke (Wilhelm). Die Baustyle des Alterthums. *Leipzig*, 1867, in-8.

Figures.

2070. — Grundriss der Kunstgeschichte. *Stuttgart*, 1871, 2 vol. in-8, reliés en 1.

2071. — Le même ouvrage.

Figures.

2072. — Geschichte der italienischen Malerei. *Stuttgart*, 1878, in-8.

Figures. Tome I.

2073. — Le même ouvrage.

Couverture détachée.

2074. — et **Lutzow** (C. v.). Denkmäler der Kunst. *Stuttgart*, 1858, in-8.

2 albums de planches.

2075. — Le même ouvrage. *Stuttgart*, 1882, in-8.

Un album de planches. Volksausgabe, édition populaire.

2076. Lützow (Carl von). Geschichte der K. K. Akademie der bildenden Künste. *Vienne*, 1877, in-4.

Figures et planches.

2077. — Geschichte des deutschen Kupferstiches und Holzschnittes. *Berlin*, 1889, 5 fasc. in-8.

Figures et planches.

2078. Maeterlinck (L.). L'énigme des Primitifs français. *Gand*, s. d., in-12, broché.

Planches. Envoi d'auteur signé. Cet exemplaire contient les chapitres VI et VII de la 3e partie destinés à être ajoutés à la 2e édition.

2079. — Une école préeyckienne inconnue. *Paris* et *Bruxelles*, 1925, in-4, broché.

Planches.

2080. Maignan (M.). Économie esthétique. La question sociale sera résolue par l'esthétique. *Paris*, 1912, in-8, broché.

2081. Maillard (Élisa). Les sculptures de la cathédrale Saint-Pierre de Poitiers. *Poitiers*, 1921, in-4, broché.

Planches. Envoi d'auteur signé.

2082. Maindron (Maurice). Les rimes. *Paris*, s. d., in-8.

Figures.

2083. — L'art indien. *Paris*, s. d., in-8.

Figures.

2084. Maizeroy (René). La Mer. Préludes de MM. Paul Arène, Paul Bonnetain, Paul Bourget, Gustave Geffroy, Catulle Mendès, Armand Silvestre. *Paris*, s. d. in-fol., broché.

24 eaux-fortes et 6 héliogravures hors texte. Illustrations de Louise Abbéma et de Georges Clairin. Exemplaire tiré au nom de M. Charles Ephrussi. Envoi signé de Louise Abbéma.

2085. Malaguzzi-Valeri (Francesco). La corte di Lodovico il Moro. 1. Gli artisti lombardi. 2. Le arti industriali. La musica. La letteratura. *Milan*, 1917-1923, 2 vol. in-4, brochés.

Figures et planches.

2086. Malan (A.-H.). Famous homes of Great Britain and their stories. *New-York*, 1900, in-8.

Figures et planches.

2087. Mandach (C. de). Saint Antoine de Padoue et l'art italien. *Paris*, 1899, in-8.

Figures et planches. Tirage à 900 exemplaires numérotés. Envoi d'auteur signé à M. Ch. Ephrussi.

2088. Mantz (Paul). Les chefs-d'œuvre de la peinture italienne. *Paris*, 1870, in-fol.

Figures, planches en noir et en couleurs, lettres ornées, etc, un coin arraché. Demi-maroquin rouge, coins, t. dorée.

2089. — La peinture française du IXe siècle à la fin du XVIe. *Paris*, s. d., in-8°

Figures.

2090. Marçais (William et Georges). Monuments de Tlemcen. *Paris*, 1903, in-8.

Figures et planches.

2091. Marcel (Henry). La peinture française au XIXe siècle. *Paris*, s. d., in-8.

Figures.

2092. Marcel (Pierre). Les industries artistiques. *Paris*, s. d., in-8.

Figures et planches. Envoi d'auteur signé à M. Ch. Ephrussi.

2093. — La peinture française au début du XVIIIe siècle, 1690-1721. *Paris*, Quantin, in-4.

Figures et planches.

2094. Mareschal (A.-A.). Les faïences anciennes et modernes, marques et décors (faïences étrangères). *Paris*, 1873, in-8.

Figures en couleurs. Demi-maroquin rouge, coins, t. dorée.

2095. Marguery (Jean). La protection des objets mobiliers d'intérêt historique ou artistique. Législations française et italienne. *Paris*, 1912, in-8, broché.

2096. Marguillier (Auguste). L'art et les saints : 1. Saint Georges. 2. Saint Nicolas. *Paris*, s. d., 2 vol. in-12, brochés.

Figures. Envoi d'auteur signé.

2097. — La destruction des monuments sur le front occidental. *Paris* et *Bruxelles*, 1919, in-8, broché.

Envoi d'auteur signé.

2098. Mariscal (Federico E.). La patria y la arquitectura nacional. *Mexico*, 1915, in-8, broché, dos cassé.

Envoi d'auteur signé.

2099. Marmottan (Paul). L'école française de peinture (1789-1830). *Paris*, 1886, in-12.

2100. Marquet de Vasselot (J.-J.). Bibliographie de l'orfèvrerie et de l'émaillerie françaises. *Paris*, 1925, in-8, broché.

2101. Martin (Henry). Les joyaux de l'enluminure à la Bibliothèque nationale. *Paris* et *Bruxelles*, 1928, in-4, broché.

Planches.

2102. — La miniature française du XIIIe au XVe siècle. *Paris* et *Bruxelles*, 1923, in-4, broché.

Planches.

2103. Marty (A.). L'architecture pittoresque et moderne. Collection variée des plus jolies maisons de campagne des environs de Paris. *Paris*, 1860, in-fol.

Planches en chromolithographie.

2104. — L'imprimerie et les procédés de gravure au XXe siècle. *Paris*, 1906, in-4.

Planches en noir et en couleurs. Tirage à 100 exemplaires numérotés.

2105. Marx (Roger). L'art social. Préface par Anatole France. *Paris*, 1913, in-12, broché.

Édition originale. Envoi d'auteur signé.

2106. — Essais de rénovation ornementale. Une villa moderne. La salle de billard. Notice... *Paris*, 1902, in-fol, en feuilles.

Dessins et compositions de Bracquemond, Charpentier et Chéret, héliogravures de Chauvet. Tirage à 200 exemplaires.

2107 — Maitres d'hier et d'aujourd'hui. *Paris*, s. d., in-12, broché.

Envoi d'auteur signé.

2108. — Les médailleurs français contemporains. *Paris*, H. Laurens, s. d., in-4, en feuilles.

Notice et recueil de planches. Envoi signé à M. Ch. Ephrussi.

2109. — Les médailleurs modernes à l'Exposition de 1900. *Paris*, 1901, in-4, en feuilles.

Notice et recueil de planches. Envoi signé à M. Ch. Ephrussi.

2110. Massmann (H.-I.). Die baseler Todtentänze. *Stuttgart* et *Leipzig*, 1847, in-16.

2111. Matèjcèk (Antonin). Le Passionnaire de l'abbesse Amégonde. *Prague*, 1922, in-8.

Planches.

2112. Mauclair (Camille). L'impressionisme. *Paris*, 1904, in-8.

Planches. Envoi d'auteur signé à M. Ch. Ephrussi.

2113. Mayeux (Henri). La composition décorative. *Paris*, A. Quantin, s. d., in-8.

Figures.

2114. Mély (F. de). Les Dieux ne sont pas morts. *Paris*, s. d., in-8, broché.

Figures. Envoi d'auteur signé.

2115. — La sainte Couronne d'épines à Notre-Dame de Paris. *Paris*, 1927, in-8, broché.

Vignettes.

2116. Ménard (René). Histoire artistique du métal. *Paris*, 1881, in-4.

Figures et planches.

2117. Merson (Olivier). La peinture française au XVIIe et au XVIIIe siècle. *Paris*, s. d., in-8.

Figures.

2118. —Les vitraux. *Paris*, s. d., in-8.

Figures.

2119. Meurgey (Jacques). Histoire de la paroisse Saint-Jacques de la Boucherie. Préf. de C. Jullian. *Paris*, 1926, in-8, broché.

Planches.

2120. Meyer (Dr Julius). Geschichte der modernen französischen Malerei. *Leipzig*, 1867, in-8.

Planches.

2121. Michel (Édouard). Abbayes et monastères de Belgique. Leur importance et leur rôle dans le développement du pays. *Bruxelles* et *Paris*, 1923, in-12, broché.

Planches. Envoi d'auteur signé.

2122. — Hôtels de ville et beffrois de Belgique. *Bruxelles* et *Paris*, 1920, in-8 broché.

Planches hors texte. Envoi d'auteur signé.

2123. Michel (Robert-André). Avignon les fresques du Palais des Papes. Le procès des Visconti. *Paris*, 1920, in-8, broché.

Planches.

2124. Michiels (Alfred). Histoire de la peinture flamande. *Paris*, 1869, in-8.

Tome VII. École d'Anvers (suite).

2125. Migeon (Gaston). Les arts du tissu. *Paris*, 1909, in-8.

Envoi d'auteur signé.

2126. — Les arts musulmans. *Paris* et *Bruxelles*, 1926, in-8.

Envoi d'auteur signé.

2127. — Manuel d'art musulman. *Paris*, 1927, in-8, broché.

Tome II. 2e édit.

2128. Millar (Eric-G.). La miniature anglaise du Xe au XIIIe siècle. *Paris* et *Bruxelles*, 1926, in-4, broché.

Planches.

2129. — La miniature anglaise aux XIVe et XVe siècles. *Paris* et *Bruxelles*, 1928, in-4, broché.

159 reproduct. de miniatures dont une en couleurs. Un des 35 exempl. numérotés sur papier d'Arches.

2130. Millet (Gabriel). L'ancien art serbe. Les églises. *Paris*, 1919, in-4, broché.

Figures et planches.

2131. — Monuments de l'Athos. *Paris*, 1928, in-8.

En feuilles. Planches. Tome I : les Peintures.

2132. Mirbeau. Hommage des artistes à Picquart. Album de 12 lithographies, par Hermann Paul. Préface d'Octave Mirbeau. Paris, 1899, in-4.

Planches.

2133. — Le même ouvrage.

2134. Mirot (Léon). L'hôtel et les collections du connétable de Montmorency. Paris, 1920, in-8, broché.

2135. Molinier (Emile). Les arts du métal, orfèvrerie, bijouterie, ferronnerie, bronze. *Paris*, s. d. in-8.

200 figures.

2136. — Les bronzes de la Renaissance. Les plaquettes. Catalogue raisonné. *Paris*, 1886, in-8.

Tome I. Figures et planches.

2137. Montaiglon (Anatole de). Diane de Poitiers et son goût dans les arts. *Paris*, 1879, in-4.

Figures et planches.

2138. Moreau-Nélaton (Etienne). Les Trésors d'Art de la France meurtrie. Du Laonnois à La Brie. *Paris*, 1921, in-4.

En feuilles. Planches.

2139. Moreau-Vauthier. Chefs-d'œuvre des grands maîtres. *Paris*, 1904, in-folio.

Recueil de planches hors texte. Notices par Ch. Moreau-Vauthier.

2140. Moreira-Sreire (J.). Un problème d'art. École portugaise, créatrice des grandes écoles. *Lisbonne*, 1898, in-8.

2141. Moretti (Gaetano). La conservavazione dei monumenti della Lombardia. *Milan*, 1908, in-8, broché.

Figures.

2142. Müller (Franz-Hubert). Beiträge zur deutschen Kunst und Geschichtskunde durch Kunstdenkmale. *Leipzig* et *Darmstadt*, 1837, in-4.

Planches. 2e édit.

2143. Müller (C. J.). Verzeichnis von nürnbergischen topographisch - historischen Küpferstichen und Holzschnitten. *Nuremberg*, 1791, in-8.

2144. Müntz (Eugène). Les précurseurs de la Renaissance. *Paris*, 1882, in-4.

Figures et planches. Un des 25 exempl. numérotés sur Hollande.

2145. — La tapisserie. *Paris*, s. d., in-8.

Figures. Nouvelle édition.

2146. Muther (Richard). Geschichte der englischen Malerei. *Berlin*, 1903, in-8.

Figures.

2147. Nagler (Dr G. K.). Die Monogrammisten und diejenigen bekannten und unbekannten Künstler aller Schulen. *Munich* et *Leipzig*, s. d., 5 vol. in-8.

2148. Novarro (José-Gabriel). Contribuciones a la historia del arte en el Ecuador. *Quito*, 1925, in-8, broché.

Planches. Envoi d'auteur signé. Tome I.

2149. Needham (H.-A.). Le développement de l'esthétique physiologique en France et en Angleterre au XIXe siècle. *Paris*, 1926, in-8, broché.

2150. Neuss (Wilhelm). Die Kunst der Alten Christen. *Augsbourg*, 1926, in-4.

Figures et planches.

2151. Nolhac (Pierre de). A series of etchings representing scenes of the War of Independance, engraved by François Godefroy and Nicolas Ponce. *Paris*, 1918, in-4, cartonné illustré.

Recueil de planches, tiré à 500 exempl.

2152. — Histoire du Château de Versailles. *Paris-Versailles*, 1901, 6 fasc. in-4.

Planches et fac-similé.

2153. Nordensvan (Georg). Sveriges Konst. *Stockholm*, 1904, in-8, broché.

Figures.

2154. Oechelhaeuser (A. von). Denkmalpflege. *Leipzig*, 1910, 2 vol. in-8, brochés.

2155. Oeser (Ch.). Briefe an eine Jungfrau über die Hauptgegenstände der Aesthetik. *Leipzig*, 1883, in-8.

Planches. 24e édition.

2156. Oulmont (Charles). Les lunettes de l'amateur d'objets d'art. *Paris*, 1926, in-12, broché.

Planches. Envoi d'auteur signé.

2157. Ovide. De Houtsneden [gravures sur bois] van Mansion. " Ovide moralisé ". (Bruges, 1484). Ed. M. D. Henkel. *Amsterdam*, 1922, in-4, broché.

Fac-similés.

2158. Paléologue (M.). L'art chinois. *Paris*, s. d., in-8.

Figures.

2159. Palustre (Léon). L'architecture de la Renaissance. *Paris*, s. d., in-8.

Figures.

2160. Parkes (Kineton). Sculpture of today. *Londres*, 1921, 2 vol. in-8.

Planches.

2161. Passavant (J.-D.). Le peintre-graveur. *Leipzig*, 1860-1864, 6 vol. in-8.

Portraits. Rousseurs.

2162. Paul-Boncour (J.). Art et démocratie. *Paris*, 1912, in-12, broché.

2163. Peirce (Hayford) and **Royall Tyler.** Byzantine Art. *Londres*, 1926, in-8.

Planches.

2164. Pératé (André). L'archéologie chrétienne. *Paris*, s. d., in-8.

Figures.

2165. — Sienne. *Paris*, 1918, in-4, broché.

Eaux-fortes et dessins de P.-A. Bouroux. Tirage à 320 exempl. numéroté. Envoi d'auteur signé.

2166. Perrot (Georges) et **Chipiez** (Charles. Histoire de l'art dans l'antiquité. *Paris*, 1882-1914, 10 vol. in-8.

Figures et planches. Le dernier volume broché.

2167. Petitot (E.-A.) et **Bossé** (Benoît). Suite de vases. S.l.n.d. [*Parme*, 1764], in-4.

Recueil de planches gravées.

2168. Peyre (Roger). Histoire générale des Beaux-Arts. *Paris*, 1894, in-12.

300 figures.

2169. Pfnor (Rodolphe). Ornementation usuelle de toutes les époques dans les arts industriels et en architecture. *Paris*, 1866-1867, in-4.

Planches en noir et en couleurs.

2170. Pillion (Louise). Les sculpteurs français du XIIIe siècle. *Paris*, s. d., in-8, broché.

Planches. Dos cassé.

2171. Pineau (Léo). Sculpteurs, dessinateurs du Cabinet du Roi. Graveurs, architectes. *Paris*, pour la Société des Bibliophiles français, 1891, in-4.

Figures et planches.

2172. Pinset (Raphaël) et **Auriac** (Jules d'). Histoire du portrait en France. *Paris*, 1884, in-4

Planches.

2173. Planche (Gustave). Etudes sur l'Ecole française (1831-1852). Peinture et sculpture. *Paris*, 1855, 2 vol. in-12, reilé en 1.

2174. Post (Chandler Rathfon). A history of European and American sculpture from the early Christian period to the present day. *Cambridge* (Mass.), 1921, 2 vol. in-8.

Figures et planches.

2175. Pottier (Edmond). L'art hittite. *Paris*, 1926, in-4, broché.

1er fascicule.

2176. Pouvourville (Albert de) [Matgioi]. L'art indo-chinois. *Paris*, s. d., in-8.

Figures.

2177. Pronay (Freiherr Gabriel von). Skizzen aus dem Volksleben in Ungarn. *Budapest*, 1855, in-4.

Illustrat. en couleurs. Dos cassé. Manque le plat supérieur.

2178. Prost (Bernard). Inventaires mobiliers et extraits des comptes des ducs de Bourgogne de la maison de Valois. *Paris*, 1902-1904, in-8.

Planches. Tome I, Philippe le Hardi.

2179. Proust (Antonin). L'art sous la République. *Paris*, 1892, in-12.

Envoi d'auteur signé à M. Ch. Ephrussi.

2180. Puig y Cadafalch, Falguera y Sivila (A. de), **Goday y Casals** (J.). Arquittectura romanica a Catalunya. [Institut d'Estudis Catalans], s.l.n.d., in-8, broché.

Tome III, Siglos XII y XIXI.

2181. Quandt (J. Gottlob von). Verzeichnis meiner Kupferstichsammlung als Leitfaden zur Geschichte der Kupferstichkunst und Malerei. *Leipzig*, 1853, in-8.

Planches.

2182. Quenedey (Raymond). L'habitation rouennaise. *Rouen*, 1926, in-8, broché.

Planches.

2183. Quicherat (Jules). Archéologie du Moyen Age. *Paris*, 1886, in-8.

Figures.

2184. — Histoire du costume en France. *Paris*, 1875, in-8, broché.

Figures. Manque le bas de la couverture du titre et des 6 premières pages. Dos cassé.

2185. Quirin von Leitnor. Die hervorragendsten Kunstwerke der Schatzkammer des Osterreichischen Kaiserhauses. *Vienne*, H. O., Miethke, s. d., in-folio.

1/2 maroq. Laval. clair, coins, tr. dorée (Gruel.) Recueil de planches. Un des 20 exemplaires. numérotés sur japon.

2186. Réau (Louis). Histoire de l'expansion de l'art français. *Paris*, 1928, in-8, broché.

Planches. Envoi d'auteur signé.

2187. — Histoire de l'expansion de l'art français moderne. *Paris*, 1924, in-8, broché.

Planches. Envoi d'auteur signé.

2188. Reber (F. von) et **Beyersdorfer** (A.). Klassischer Skulpturen-Schatz. *Munich*, 1899-1900, in-8, en feuilles.

Recueil de planches. Décembre 1899-avril 1900 (incomplet).

2189. Régamey (Félix). A Gambetta. *Paris*, 1884, in-4, en feuilles.

Planches.

2190. Reimers (Dr Phil. J.). Handbuch für Denkmalpflege. *Hanovre*, 1911, in-8.

Figures.

2191. Reinach (Salomon). L'album de Pierre Jacques, sculpteur de Reims, dessiné à Rome de 1572 à 1577. *Paris*, 1902, in-8, broché.

193 planches de phototypie en feuilles carton.

2192. — Répertoire de peintures du Moyen Age et de la Renaissance, 1280-1580. *Paris*, 1905-1923, 6 vol. in-8.

(Les trois dernièrs brochés); figures.

2193. — Tableaux inédits ou peu connus tirés de collections françaises. *Paris*, 1906, in-4.

56 planches en phototypie.

2194. Renan (Ary). Le costume en France. *Paris*, s. d., in-8.

Figures.

2195. — Paysages historiques. *Paris*, 1898, in-12.

Envoi d'auteur signé à M. Ch. Ephrussi.

2196. Renouvier (Jules). Histoire de l'origine des progrès de la gravure dans les Pays-Bas et en Allemagne jusqu'à la fin du XVe siècle. *Bruxelles*, 1860, in-8.

2197. Rettberg (R. von). Nürnberg's Künstleben in seinen Denkmalen dargestellt. *Stuttgart*, 1854, in-8.

Figures. Rousseurs.

2198. — Nürnberger Briefe (zur Geschichte der Kunst). *Hanovre*, 1846, in-16.

2199. Réveil et **Duchesne** aîné. Musée de peinture et de sculpture ou recueil des principaux tableaux, statues et bas-reliefs des collections publiques et particulières d'Europe. *Bruxelles*, 1828-1830, 96 livraisons in-12.

Planches.

2200. Reymond (Charles - Marcel). La sculpture italienne. *Paris* et *Bruxelles*, 1927, in-8.

Planches. Envoi d'auteur signé.

2201. Reynolds (E.-J.). Impressions of Dutch painters and painting. *Paris*, s. d., 3 fasc., in-8.

Planches.

2202. Rial (Georges). L'art des jardins. *Paris*, s. d., in-8.

Envoi d'auteur signé à M. Ch. Ephrussi.

2203. Richer (Dr Paul). L'art et la médecine. *Paris*, s. d., in-4.

Figures et planches.

2204. Richter (Louise-M.). Chantilly in history and art. *Londres*, 1915, in-8.

Planches.

2205. Riegel (Herman). Abhandlungen und Forschungen zur niederländische Kunstgeschichte. *Berlin*, 1882, 2 vol. in-8.

2206. Rivoli (Duc de). Les missels imprimés à Venise de 1481 à 1600. *Paris*, 1896, in-4.

En fasc. Figures et planches.

2207. Rochet (Charles). Traité d'anatomie, d'anthropologie et d'ethnographie appliquée aux Beaux-Arts. *Paris*, 1886, in-8.

Figures.

2208. Roger-Milès (L.). Comment discerner les styles. *Paris*, 1896, in-8.

Planches. 11e et 12e fasc., plus un carton en feuilles.

2209. Romea (V. Lampérez). Los grandes monasterios espanoles. *Madrid*, 1920, in-16.

Planches.

2210. Romero de Ferreros (D. Manuel). Acte colonial-Apuntes reunidos. *Mexico*, 1916, in-32.

Plat sup. de la couvert. détaché.

2211. Rosen (Félix). Die Natur in der Kunst. *Leipzig*, 1903, in-8.

Figures.

2212. Rosenberg (Adolf). Geschichte der modernen Kunst. *Leipzig*, 1882, 10 fasc. in-8.

Incomplet, fasc. 4, 5, 6, 10, 15 et suivants.

2213. Rosenberg (Dr Marc). Quellen zur Geschichte des Heidelberger Schlosses. *Heidelberg*, 1882, in-4, broché.

Figures. Le premier plat dela couverture détaché.

2214. Rosenthal (Léon). Notre musée. L'art expliqué par les œuvres. *Paris*, 1928, in-4.

Figures.

2215. Rouchès (Gabriel). L'architecture italienne. *Paris* et *Bruxelles*, 1928, in-8, broché.

Planches.

2216. Roujon (Henry). Artistes et amis des artistes. *Paris*, in-12, broché.

2217. Roussel (J.-J.). Catalogue illustré des clichés photographiques des archives de la Commission des Monuments historiques. Préface de C. Enlart. *Paris*, s. d., in-8.

Planches.

2218. Roy (Maurice). Artistes et monuments de la Renaissance en France. *Paris*, 1929, in-4.

Exemplaire d'épreuves.

2219. Rücker (Frédéric). Les origines de la conservation des monuments historiques en France. *Paris*, 1913, in-8, broché.

2220. Ruskin (John). Le repos de Saint-Marc. Trad. Johnston. *Paris*, 1908, in-12.

Planches.

2221. — Pages choisies. Introd. de R. de La Sizeranne. *Paris*, 1908, in-12.

Portrait.

2222. — La Bible d'Amiens. Trad. Marcel Proust. *Paris*, 1904, in-12.

Envoi signé de Marcel Proust à M. Ch. Ephrussi

2223. Rylands (W. Harry). The Ars moriendi. (Editio princeps, circa 1450). *Londres*, 1881, in-4.

Planches et fac-similé.

2224. Saitschick (Robert). Menschen und Kunst der italienischen Renaissance. *Berlin*, 1903-1904, 2 vol. in-12, reliés en 1.

2225. Sambon (Arthur). Images populaires de l'Avesta en Perse, aux XIIe et XIIIe siècles. Description d'une collection de faïences persanes à sujets nationalistes et d'une série orviétane de style sassanide. *Paris*, 1928, in-8.

8 vignettes et planches en couleurs.

2226. Sansovini (Francesco). Venetia, Città nobilissima e singolare ; descritta in XIIII libri. *Venise*, Stefano Curti, 1663, in-4.

Frontispice gravé.

2227. Saugrain (C.-M.). Les curiositez de Paris, réimprimées d'après l'édition originale de 1716. [Préface d'Anatole de Montaiglon]. *Paris*, 1883, in-8.

Vignettes.

2228. Saunier (Charles). Les conquêtes artistiques de la Révolution et de l'Empire. Reprises et abandons des alliés en 1815. *Paris*, 1902, in-8.

2229. Schäfer (Heinrich) et **Andrea** (Walter). Die Kunst des Alten Orients. *Berlin*, 1925, in-4.

Planches.

2230. Schasler (Dr Max). Das System der Künste. *Leipzig*, 1882, in-8.

2231. Schlosser (Julius). Die Kunstliteratur. Ein Handbuch zur Quellenkunde der neueren Kunstgeschichte. *Vienne*, 1924, in-8, broché.

2232. Schlumberger (Gustave). Mélanges d'archéologie byzantine. 1re série, *Paris*, 1895, in-8.

Planches et vignettes. Envoi d'auteur signé.

2233. Schnaase (Dr Carl). Geschichte der bildenden Künste im 15. Jahrhundert. *Stuttgart*, 1879, in-8.

Portrait et figures.

2234. Schnorr (J.). Bibel in Bildern. *Leipzig*, Wiegand, s. d., in-4.

Recueil de gravures sur bois.

2235. Schultz (Robert Weir) et **Barnsley** (Sidney Howard). The monastery of St Luke of Stirris, in Phocis. *Londres*, 1901, in-4.

Planches en noir et en couleurs.

2236. Schultze (D. Victor). Archäologie der altchristlichen Kunst. *Munich*, 1895, in-8.

Figures.

2237. Schulz (Johannes). Der byzantinische Zellenschmelz. *Francfort*, 1890, in-8.

Planches. Exempl. de M. Charles Ephrussi.

2238. Schwind (Moritz V.). Die schöne Melusine. S.l.n.d., in-folio.

En feuilles, suite de planches.

2239. Seidel (Dr Paul). Friedrich der Grosse und die französische Malerei seiner Zeit. *Berlin*, s. d., in-folio.

Figures et planches.

2240. Silvestre (Théophile). Histoire des artistes vivants, français et étrangers. *Paris*, s. d., in-4.

Portrait.

2241. Sjöblom (Alex). Konsthistoriska sällskapets Publikation, 1920. *Stockholm*, in-8.

Planches.

2242. Smith (A. Freeman). English church architecture of the Middle Ages. *Londres*, 1922, in-12.

Planches.

2243. Soldi (Emile). Les arts méconnus. Les nouveaux musées du Trocadéro. *Paris*, 1881, in-4.

Envoi d'auteur signé à M. C. Ephrussi.

2244. — L'art et les procédés depuis l'antiquité. La sculpture égyptienne. *Paris*, 1876, in-8, broché.

Envoi d'auteur signé à M. Ephrussi.

2245. Soubies (Albert). Les membres de l'Académie des Beaux-Arts depuis la fondation de l'Institut. *Paris*, 1906, 1917, 2 vol. in-8, brochés.

Envois d'auteurs signés, 2e et 4e séries.

2246. Soulier (Gustave). Les influences orientales dans la peinture toscane. *Paris*, 1924, in-8, broché.

48 planches, 132 figures.

2247. Soullié (Louis). Les ventes de tableaux, dessins et objets d'art au XIXe siècle, 1800-1895. *Paris*, 1896, in-8 broché.

Dos cassé.

2248. Sparrow (W. Shaw). Flats, urban houses and cottage homes. *Londres*, s. d., in-4.

Planches.

2249. Springer (Anton). Handbuch der Kunstgeschichte. *Leipzig*, 1901, in-4.

Planches. 1. Das Altertum. 6e édit. par Adolf Michaëlis.

2250. Stein (Aurel). The Thousand Buddhas. Ancient Buddhist paintings from the Cave. — Temples of Tun. — Huang on the western frontier of China. *Londres*. 1921, in-4.

Carton de planches in-folio en feuilles en noir et en couleurs.

2251. Stern (Adolf) und **Oppermann** (Andreas). Das Leben der Maler. *Leipzig*, 1862-1864, 2 vol. in-8.

Portrait.

2252. Stettiner (Richard). Die illustrierten Prudentiushandschriften. *Berlin*, 1895, in-8.

2253. Stillfried (R.-G.). Kloster Heilsbronn. *Berlin*, 1877, in-8.

Planches.

2254. Strzygowski (Josef). Ursprung und Sieg der altbyzantinischen Kunst. *Vienne*, 1903, in-4.

Planches.

2255. Supino (Benvenuto). Gli labori dell' arte Fiorentina. *Florence*, 1906, in-8.

Planches.

2256. Sutter (D.). Philosophie des Beaux-Arts appliquée à la peinture. *Paris*, 1858, in-8.

2257. Taine (Hippolyte). Philosophie de l'art. *Paris*, 1881, 2 vol. in-12.

2258. — Philosophie de l'art en Italie. *Paris*, 1866, in-12.

2259. Tegner (Esaias). Frithjofs - Sage. Trad. all. Mahnike. *Berlin*, 1884.

Figures et planches.

2260. Terrasse (Charles). Le Château de Chenonceau. *Paris*, 1928, in-8, broché.

Figures et planches.

2261. Tétreau (Louis). Législation relative aux monuments et objets d'art. *Paris*, 1896, in-8 broché.

Broché, dos cassé.

2262. Thoré (H.). Le Salon de 1845, précédé d'une lettre à Béranger. *Paris*, 1845, in-12.

Relié à la suite : Le Salon de 1846, précédé d'une lettre à George Sand.

2263. Tider-Toutant (Louis). L'art et la politique. Préface de Gaston Deschamps. *Paris*, s. d., in-12, broché.

2264. Töpffer (R.). Réflexions et menus propos d'un peintre genevois, ou Essai sur le Beau dans les arts. *Paris*, 1883, in-12, broché.

2265. Traeger (Albert). Deutsche Kunst in Bild und Lied. *Leipzig*, 1868, in-8.

Planches. Dos cassé. pages déchirées.

2266. Truffaut (Fernand). Les pierres qui espèrent. De la Marne à l'Alsace. *Paris*, Léon Marotte, s. d., in-4, en feuilles.

Vingt-cinq reproductions en couleurs facsimilé des aquarelles. Préf. du général Malleterre. Tirage à 300 exemplaires numérotés.

2267. Ulrici (Hermann). Abhandlungen zur Kunstgeschichte. *Leipzig*, 1876, in-8.

2268. Upin (Sigmund Jacob). Anleitung wie man die Bildnisse berühmter und gelehrter Männer... *Nuremberg*, Adam Jonathan Felszesker, 1728, in-12.

Le titre détaché.

2269. Vachon (Marius). La femme dans l'art. *Paris*, 1893, in-4.

Figures.

2270. — L'Hôtel de Ville de Paris, 1535-1905. *Paris*, 1905, in-4.

Figures et planches.

2271. — Le Louvre et les Tuileries. Histoire monumentale nouvelle. " Le grand dessein " de Pierre Lescot. *Lyon*, 1926, in-8, broché.

2272. Vallery-Radot (Jean). Loches. *Paris*, 1926, in-8, broché.

Envoi d'auteur signé.

2273. Van Berchem (Marguerite) et **Clouzot** (Etienne). Mosaïques chrétiennes du IVe au Xe siècle. *Genève*, 1924, in-8, broché.

Dessins de Marcelle van Berchem.

2274. Van Dongen raconte ici la vie de Rembrandt et parle à ce propos de la Hollande, des femmes et de l'art. [*Paris*], s. d., in-16, broché.

2275. Van Marle (Raimond). The development of the Italian schools of painting. *La Haye*, 1923-1925, 4 vol. in-8.

Tomes I, II, III et V.

2276. Vanzype (Gustave). L'art belge au XIXe siècle à l'Exposition jubilaire du Cercle artistique et littéraire à Bruxelles, en 1922. *Bruxelles* et *Paris*, 1923, in-4, broché.

102 planches.

2277. — L'art belge du XIXe siècle, à l'Exposition de Paris en 1923. *Bruxelles* et *Paris*, 1924, in-4, broché.

32 planches.

2278. Vasari (Giorgio). Opere (Ed. G. Milanesi). *Florence*, 1878-1885, 9 vol. in-8.

Dont 1 de tables.

2279. — Le Vite de più eccelenti. pittori, scultori e architetti. [Vol. XIV. Tables]. *Florence*, 1870, in-12.

2280. Venturi (A.). L'architettura del Quattrocento. *Milan*, 1923-1924, 2 vol. in-8, broché.

Figures en phototypographie.

2281. — Storia dell'arte italiana. *Milan*, 1901-1925, 11 vol. in-8.

Les 4 derniers brochés. Figures.

2282. Verlant (Ernest). La peinture ancienne à l'Exposition de l'art belge à Paris, en 1923. *Bruxelles* et *Paris*, 1924, in-4, broché.

Planches.

2283. Vernon (Yvonne). Chine, Japon, Stamboul. *Paris*, s. d., in-8.

Planches. Tirage à 500 exemplaires numérotés.

2284. Vibert (J.-G.). La science de la peinture. *Paris*, 1891, in-12.

4e édit.

2285. Villes meurtries de France et de Belgique. Bocquet : Villes du Nord ; Dumont-Wilden : Bruxelles et Louvain ; Malo : Villes de Picardie ; Merki : Reims ; Pilon : Villes du Laonnais et de l'Ile de France ; Potez : Arras : Verhaeren : Anvers, Malines et Lierre. *Bruxelles* et *Paris*, 1916-1920, 7 vol. in-8.

2286. Viollet-le-Duc (E.). Dictionnaire raisonné de l'architecture française du XIe au XVIe siècle. *Paris*, 1875, 10 vol. in-8.

Figures et portraits.

2287. Vischer (Robert). Studien zur Kunstgeschichte. *Stuttgart*, 1886, in-8.

2288. Viterbo (Sonsa) et **Vicente d'Almeida.** A Capella de S. Joao Baptista erecta na egreja de S. Roque. *Lisbonne*, 1902, in-8, broché.

Planches.

2289. Vitet (L.). Etudes sur l'histoire de l'art. *Paris*, 1868, in-12, broché.

3e série : Temps modernes. La peinture en Italie, en France et aux Pays-Bas.

2290. Voga (Georges). La porcelaine. *Paris*, s. d., in-8.

Figures.

2291. Voss (Hermann). Die Malerei des Barock in Rom. *Berlin*, s. d., in-8, broché.

Planches.

2292. Waagen (Dr G. J.) Kunstwerke in Deutschland. *Leipzig*, 1843-1845, 2 vol. in-12.

Relié en 1.

2293. Wald (Lilian D.). The house on Henry Street. *New-York*, 1915, in-8..

Figures et planches.

2294. Walters (H.-B.). Church bells of England. *Oxford*, 1912, in-8.

Figures et planches.

2295. Walther (Philipp). Das Nürnberger Gesellenstechen von Jahre 1446. *Nuremberg*, 1853, in-8, obl.

Planche dépliante.

2296. Ward (James). History and methods of ancient and modern painting. *Londres*, 1913-1921, 4 vol. in-8.

Planches.

2297. Watelet. Dictionnaire de peinture, sculpture et gravure. *Paris*, 1792, 5 vol. in-8.

Les planches détachées.

2298. Wauters (A.-J.). La peinture flamande. *Paris*, s. d., in-8.

Figures. 3e édition.

2299. Veigel (Rudolph). Holzschnitte berühmter Meister. *Leipzig*, 1854, 12 fasc. in-4.

Planches hors texte. Rousseurs

2300. Wessely (J. - E.). Anleitung zur Kenntniss und zum Sammeln der Werke des Kunstdruckes. *Leipzig*, 1876, in-8.

2301. — Das Ornament und die Kunstindustrie... auf dem Gebiete des Kunstdruckes. *Berlin*, 1877, 3 vol. in-folio.

En 8 fascicules et en feuilles. Recueil de planches.

2302. Wildenstein (Georges). Rapports d'experts, 1712-1791. Procès-verbaux d'expertises d'œuvres d'art extraits du fonds du Châtelet, aux Archives Nationales. *Paris*, 1921, in-4, broché.

Envoi d'auteur signé.

2303. Winkler (Friedrich). Die altniederländische Malerei (1400-1600). *Berlin*, 1924, in-8.

Figures.

2304. Winter (Franz). Kunstgeschichte in Bildern. *Leipzig-Berlin*, 1900, 5 vol. in-folio.

Recueil de planches.

2305. Wirth (Antoine Matêjcêk et Zdenêk). L'art tchèque contemporain. *Prague*, 1920, in-4, broché.

Planches.

2306. Woermann (Karl). Kunst ünd Natur-Skizzen. *Düsseldorf*, 1880, 2 vol. in-8 reliés en 1.

2307. Woltmann (Alfred). Aus vier Jahrhunderten niederländisch - deutscher Kunstgeschichte. *Berlin*, 1878, in-8.

2308. — Geschichte der deutschen Kunst im Elsass. *Leipzig*, 1876, in-8.

74 figures.

2309. Woltmann (Alfred) und **Worrmann** (Karl). Geschichte der Malerei. *Leipzig*, 1882, 10 fasc. in-8.

Figures. Incomplet.

2310. Wussow (A. von). Die Erhaltung der Denkmäler in den Kulturstaaten der Gegenwart. *Berlin*, 1885, 2 vol. in-8.

2311. Zenker (Joseph). Pantheon. Adressbuch der Kunst - und Antiquitäten - Sammler und Händler, Bibliotheken, Archive, Museen, etc. *Esslingen*, 1914, in-8.

2312. Zoubaloff (Jacques). La donation Jacques Zoubaloff aux Musées de France. *Paris*, s. d., in-8, broché.

Planches.

2313. Opuscules d'art moderne. Environ 18 brochures in-4 : Kunstgewerbe Museum zu Berlin, etc.

2314. Art appliqué [Ensembles, argenterie, art liturgique, armes, bronzes, céramique, meubles, poupées, tapisseries, etc.], 3 cartons contenant environ 269 pièces. Épreuves photographiques directes sauf de rares exceptions.

2315. Beaux-Arts, divers. Environ 18 brochures in-4, par : P. Anthony-Thouret, W. Bode, Edmond Bonnaffé, Jules Claretie, Paul Deschamps, Jules Guiffrey, Edmond Rocher, Reynaldo de Santos, etc.

2316. Beaux-Arts, mélanges. Environ 240 brochures in-4 et in-8, par : E. Armstrong, E. Babelon, E. Bertaux, A. Blanchet, André Blum, E. Bonnaffé, J.-A. Brutails, J. Burckardt, Champeaux, Ph. de Chennevières, L. Courajod, J. Deschamps, Duranty, P. Durrieu, Camille Enlart, Ch. Ephrussi, Fiérens-Gevaert, J.-H. Hyde, H. Hymans, Paul Léon, Roger Marx, F. de Mély, A. de Montaiglon, E. Muntz, E. Pottier, J. Reinach, etc.

2317. Monuments historiques. Contenant environ 29 brochures et dossiers, par : Paul Parsy, Paul Léon, Théodore Reinach, Maspero, J. Paul-Boncour, etc.

2318. Album der Gesellschaft für vervielfältigende Kunst in Wien. *Vienne*, s. d., alb. obl.

Recueil de planches. 1er vol.

2319. Album in Bild und Schrift. *Vienne*, R. Lechner, 1885, in-folio, en feuilles

Planches et fac-similés.

2320. Architecture. Architektonisches Skizzen-Buch. *Berlin*, Ernst und Korn, s. d., 9 vol. in-folio.

Reliure portefeuille. Recueil de planches.

2321. Art décoratif. Innen Dekoration. *Darmstadt* (1901-1014,)in-4 en fascicules.

Figures.

2322. — Dessins et peintures décoratives des XVIe, XVIIe, XVIIIe et XIXe siècles. Collections de l'Union Centrale des Arts décoratifs, du Musée du Louvre, de l'École nationale des Beaux-Arts, etc. in-4, en feuilles.

2323. — Les Charpentiers de Paris, société anonyme ouvrière. S.l.n.d., in-4.

Planches. Album offert à M. Théodore Reinach, député de la Savoie.

2324. — Monuments inédits ou peu connus faisant partie du Cabinet de Guillaume Libri et qui se rapportent à l'histoire de l'ornementation chez les différents peuples. *Londres*, 1864, in-folio, en feuilles.

Planches en couleurs. 2e édition.

2325. Art studies. Medieval, Renaissance and modern. Edited by members of the departments of the Fine Arts at Harward and Princeton Universities, 1923, in-4, broché.

Figures et planches.

2326. Collections de reproductions photographiques d'œuvres d'art. Première liste. *Paris*, Presses Universitaires, 1927, in-8, broché.

Publicat. de l'Institut internat. de Coopération intellectuelle.

2327. Dampierre. Le château de Dampierre en Champagne. *Paris*, 1922, in-8, broché.

Figures et planches.

2328. Dürrenberg (Der) im Herzogthume Salzburg und seine Gruben-Fahrt. [*Munich*, 1847], texte et recueil de planches in-8, reliés ensemble.

2329. Enseignement. Report of the "American E.F. Art training Center". *Bellevue*, 1919, in-4, broché.

Planches.

2330. — New York school of fine and applied art in Paris. 8 brochures in-8.

Fig. en noir et en couleurs.

2331. — L'histoire de l'art en tableaux à l'usage des établissements d'instruction publique, des universités, écoles supérieures, lycées, etc. *Leipzig*, E.-A. Seemann, 1879-1884, 3 vol. in-4, obl.

Recueil d'illustrations.

2332. Finlande. L'art religieux finlandais au Moyen Age. *Helsingfors*, Söderström, s. d., broché.

Planches. Envoi signé.

2333. Florence. Il centro di Firenze. Studi storici e ricordi artistici. *Florence*, 1900, in-4.

Figures et planches.

2334. France. Les Richesses d'art de la France. I. La France du Moyen Age [2 exempl.]. II. La France de la Renaissance, Ed. Vitry. *Paris*, D.-A. Longuet, s. d., 2 vol. in-12.

Envoi d'auteur à [M. P. Vitry], signé.

2335. Gravure. Notices sur les graveurs qui nous ont laissé des estampes marquées de monogrammes, chiffres, rébus, lettres, etc, avec une description de leurs plus beaux ouvrages... *Besançon*, de l'impr. de Taulin-Dessirier, 1808 (correction ms : 1818), in-8.

Tome II.

2336. — Société internationale chalcographique, 1886, 1887, 1889, 1890, 4 fascicules.

Suite de planches.

2337. Japon. Histoire de l'art du Japon, publiée par la Commission impériale du Japon à l'Exposition de 1900. *Paris*, M. de Brunoff, s. d., in-4.

Figures et planches.

2338. Joaillerie. L'émeraude dans la joaillerie. [*Paris*, impr. Tolmer, s. d.], in-8, broché.

Planches.

2339. Kupfer für Geschichte und Mythe. S. l. n. d., in-8, broché.

Emboîtage. maroq. rouge à grain long; Recueil de planches gravées.

2340. Manuel des artistes (Nouveau), ou le Guide des peintres, sculpteurs, dessinateurs, etc., dans le choix des sujets allégoriques ou emblématiques. *Paris*, A. Costes, 1830, in-16, broché.

Planches. Tome III.

2341. Meisterwerke der Holzschneidekunst aus dem Gebiete der Architektur, Sculptur und Malerei. *Leipzig*, J.-J. Weber, 1879, in-folio, en fascicules.

Planches. Tome IV, 1882.

2342. Mexico. La Catedral y el Sagrario de Mexico. *Mexico*, 1917, in-16, broché.

Planches.

2343. Monuments historiques. Objets mobiliers. Liste de classement. *Paris*, Impr. Nat., 1904, in-4, placards.

2 cartons.

2344. — Mittheilungen der K.K. Central Commission zur Erforschung und Erhaltung der Kunst-und historischen Denkmale. *Vienne-Leipzig*, 1895-1913, in-4, en fascicules.

2345. Nuremberg. Deutsche Academie der Bau-Bildhauer und Maler-Kunst... *Nürnberg*, Johann Andreas Endter, 1768-1775, 8 vol. in-folio.

Planches gravées.

2346. — Nürnbergischer Künstler (Die) geschildert nach ihrem Leben nnd Werken. *Nürberg*, Leonh. Schrag, 1822, in-4.

Planches gravées. Fasc. d'Adam Kraft.

2347. Paris. La Montagne Sainte-Geneviève à travers les âges. *Paris*, Albert Morancé, s. d., in-12, broché.

Planches.

2348. Paris. Printemps (Les nouveaux magasins du). [*Paris*, Impr. Draeger, 1924], in-4.

Planches.

2349. Peinture. Anleitung zur Beurtheilung der Kunstwerke der Malerei für Kunstliebhaber... *Altenburg*, 1804, in-8.

2350. — Grands peintres français et étrangers. *Paris*, H. Launette, Goupil et Cie, 1884, 7 fasc. in-4, en feuilles.

Figures et planches.

2351. — Les maîtres du dessin, 1899-1902. *Paris*, Impr. Chaix, 1899-1902.

36 livr. in-4, composées de planches hors texte.

2352. — Reproduction de peintures des maîtres célèbres, in-folio.

Demi-maroq. rouge, dos et coins, tr. dorées. Recueil de photographies; épreuves directes, collées sur bristol.

2353. Tableaux modernes reproduits en héliogravure. [*Vienne*, J. Blechinger, s. d.].

11 planches in-folio.

2354. Rome. Roma. Recueil artistique international publié par le Comité " Carita e Lavoro ". S. l. 1897, in-folio.

Figures, planches et fac-similés.

2355. Urbana. The buildings and grounds of the University of Illinois. *Urbana*, 1916-1917.

Album in-folio oblong. Photographies et plans.

2356. Vienne. Das Schiller-Denkmal in Wien. *Vienne*, A. Hölder, 1876, in-8.

Photograph.

2357. — Die Votivkirche in Wien. *Vienne*, R.-V. Waldheim, 1879, in-4.

Figures et planches.

2358. Congrès des Arts décoratifs (Le), 1894. Comptes rendus sténographiques. *Paris*, s.d., in-8.

Plus deux fasc. brochés.

2359. Congrès de Paris, 1900. Histoire des arts du dessin. *Paris*, 1902, in-8.

Planches.

2360. Congrès d'Histoire de l'Art, Paris, 1921. Compte rendu analytique. *Paris*, 1922 à 1924, 4 vol. in-8, brochés et 1 carton.

PÉRIODIQUES

2361. Amis des Arts (Société française des), 1886, 1887, 1888. *Paris*, 3 vol. in-folio, en feuilles.

Planches.

2362. Ami (L') des Monuments, des arts et de la curiosité. *Paris*, 1889-1920, 21 vol. in-8.

2363. Anzeiger des germanischen Nationalmuseums. *Nürnberg*, 1901-1910, in-8 en fascicules.

Incomplet.

2364. Archives de l'Art francais. *Paris*, 1851-1852 à 1859-1860, 12 vol. in-8.

Plus un volume dépareillé des *Nouvelles Archives* et quelques nos endommagés du *Bulletin de la Société de l'Histoire de l'Art français.*

2365. Archives de Basse-Saxe. *Nürnberg*, 7 fasc. in-folio, par H. Wilh, H. Mithoff et Édouard His.

Planches.

2366. Art (L') (1875, 1881). *Paris*, 2 vol. in-folio, dont un broché.

2367. Art (L') décoratif. *Paris,* 1899-1913, in-4, en fascicules.
Manquent quelques numéros.

2368. Art et Décoration, revue mensuelle d'art moderne. *Paris,* 1897-1914, in-8, en fascicules.

2369. Art (L') flamand et hollandais. Revue mensuelle. *Anvers-Paris,* 1904-1914, in-4, en fascicules.
Incomplet.

2370. Art, Goût, Beauté. Feuillets de l'élégance féminine, 1921-1922, 1923, 1924 (incomplet), 1925, 1926 (complets), 1927, 1928 (incomplets.)

2371. Beaux-Arts, revue d'information artistique, 1923-1927, 5 vol. in-4, 1928 broché.
Figures.

2372. British Museum Quarterly. *Londres,* 1928, in-4, broché.
Planches, vol. II, n° 4.

2373. Bulletin de l'École française d'Extrême-Orient. *Hanoï,* 1899-1926, in-4 en fascicules.

2374. Bulletin des Musées, 1 carton.

2375. Bulletin of the Metropolitan Museum of Art. Smithsonian Institution : Annual Report. 7 cartons et 12 vol. in-8, plus quelques brochures.

2376. Burlington Magazine (The). *Londres,* 1903-1922, in-4.
En fascicules.

2377. Chronique des Arts (La) et de la curiosité, 1863-1922, in-8.
Collection incomplète.

2378. Connoisseur (The). *Londres,* 1901-1907. (Incomplet).

2379. Figaro (Le), supplément artistique, 1923-1928, 3 vol. in-8, plus deux années en fascicules.

2380. Figaro-Modes (Le). Années 1904 complète (nombr. doubles) ; 1903 et 1905 incomplètes.
Carton.

2381. Gazette du Bon Ton, art, modes et frivolités. *Paris,* 1913-1923, in-4 en fascicules.
Figures et planches.

2382. Jahrbuch der königlich preussischen Kunstsammlungen. *Berlin,* 1894-1917, in-4.
En fasc., plus quelques fasc. antér. dépareillés.

2383. Kunst (Die). *Munich,* 1900-1914, in-4.

2384. Kunst und Kunsthandwerk. *Vienne,* 1898-1914, in-4, en fascicules.

2385. Kunst und Künstler. *Berlin,* 1906-1913, in-4, en fascicules.
Figures et planches.

2386. Kunstchronik, 1894-1913, in-4, en fascicules.

2387. Miscellaneen artistischen Inhalts. *Erfurt,* 1779, 1781, 1782, 1784, 1785, 5 vol. in-8.

2388. Monatshefte für Kunstwissenschaft. *Leipzig,* 1908-1909, in-4, en fascicules.

2389. Museum für Künstler und für Kunstliebhaber. *Mannheim,* 1787, 1789, 1791, 3 vol. in-8, plus 1794 en fascicules.

2390. Onze Kunst, 1915-1920, in-4. en fascicules.

2391. Répertoire d'Art et d'archéologie. Dépouillement des périodiques français et étrangers, 1910-1913. *Paris,* 1910-1913, 4 vol. in-4.
Plus le 1er fasc. de 1914.

2392. Revue de l'Art chrétien, 1895 à juin 1914, in-4, en fascicules.

2393. Société française de reproductions de manuscrits à peintures. Bulletin, Ve année. *Paris*, 1921, in-4, broché et une suite de planches.

2394. Théâtre (Le) et Comœdia illustré, janvier 1924-mai 1926, in-4, en fascicules.

2395. Walpole Society (1920-1921). Ed. A.-J. Finberg. *Oxford*, 1921, in-4.

2396. Zeitschrift für christliche Kunst. *Dusseldorf*, 1898-1913.

2397. Studio (The), 1896, 1897, 1898, 1899 (incomplets) ; 1908-juillet 1914, plus quelques numéros dépareillés de 1919, in-4, en fascicules.

2398. Vie Parisienne (La), 1878, in-4.

2399. Revues d'art françaises et étrangères. Un lot *varia*.

MONOGRAPHIES D'ARTISTES

2400. Thirion (H.). Les Adam et Clodion. *Paris*, 1885, in-4.

Planches.

2401. Pichon (Alfred). Fra Angelico. *Paris*, s. d., in-8, broché.

Planches.

2402. Wiese (Erich). Alexandre Archipenko. *Leipzig*, 1923, in-8.

Planches.

2403. Hevesey (André de). Jacopo de Barbari. *Paris* et *Bruxelles*, 1925, in-4, broché.

Planches.

2404. Amic (Henri). Jules Bastien-Lepage. *Paris*, 1896, in-8.

Planches.

2405. Bergerat (Émile). Peintures décoratives de Paul Baudry au foyer de l'Opéra. Préf. de Théophile Gautier. *Paris*, 1875, in-12.

2406. Le même ouvrage.

Demi-maroq. rouge, dos et coins, t. dorée. Ex. de Paul Baudry contenant des notes de sa main.

2407. Ephrussi (Charles). Paul Baudry, sa vie et son œuvre. *Paris*, 1887, in-4, broché.

Figures et planches. Ex. sur papier vergé à la cuve.

2408. Le même ouvrage.

2409. Le même ouvrage.

Exempl. d'épreuves en pages.

2410. Le même ouvrage. Trad. all. Cramer-Klett. *Munich*, 1890, in-8.

Planches.

2411. Guillaume (Eug.). Catalogue des œuvres de Paul Baudry, avec une étude. *Paris*, 1886, in-12.

Portrait.

2412. Baudry (Paul). Comptes rendus sur la mort et les obsèques de Paul Baudry ; recueil de coupures de journaux formant 1 vol. in-4.

Demi-maroq. rouge, coins.

2413. Baudry (Paul). Les monuments élevés à la mémoire de Paul Baudry au musée de La Roche-sur-Yon et au cimetière du Père-Lachaise. *Paris*, Gazette des Beaux-Arts, s. d., in-4.

Planches.

2414. Rosenberg (Adolf). Sebald und Barthel Beham. *Leipzig*, 1875, in-8.

Portrait, figures.

2415. Thuasne (L.). Gentile Bellini et Mahomet II. *Paris*, 1888, in-4.

Planches.

2416. Chantelou (M. de). Journal de voyage du cavalier Bernin en France. *Paris*, Gazette des Beaux-Arts, 1885, in-4.

Demi-maroq. grenat, coins, tr. dorée. Planches. Un des 50 exempl. sur hollande. Mouillures.

2417. Reymond (Marcel). Le Bernin. *Paris*, s. d., in-8.

Planches.

2418. Mendelsohn (Henri). Böcklin. *Berlin*, 1901, in-12, broché.

Planches, fac-similé.

2419. Bode (Wilhelm von). Sandro Botticelli. *Berlin*, s. d., in-8.

Figures.

2420. Rusconi (Art. John). Sandro Botticelli. *Bergame*, 1907, in-8.

Planches.

2421. Steinmann (Ernst). Botticelli. *Leipzig*, 1903, in-8.

Figures et planches.

2422. Streeter (A.). Botticelli. *Londres*, 1903, in-8.

Planches.

2423. Botticelli. Zeichnungen von Sandro Botticelli zu Dante's Goettlicher Komœdie nach den Originalen im K. Kupferstichkabinett zu Berlin. *Berlin*, 1884, in-folio, en feuilles.

Recueil de planches.

2424. Fenaille (Maurice). François Boucher. *Paris*, s. d., in-12, broché.

Planches. (Maîtres anciens et modernes.)

2425. Cahen (Gustave). Eugène Boudin. *Paris*, 1900, in-4.

Planches.

2426. Viguié (Pierre). L'essor pathétique de Bourdelle. *Paris*, 1924, in-8, broché.

Planches.

2427. Brosamer's (Hans). Kunstbüchlein nach dem Exemplaire des Kgl. Kupferstich-Cabinets in Berlin im Lichtdruck nachgebildet von A. Frisch. *Berlin*, 1878, in-8.

Planches.

2428. Scott (Seader). Filippo di ser Brunellesco. *Londres*, 1901, in-8.

Planches.

2429. Marquand (Allan). Benedetto and Santi Buglioni. *Princeton*, 1921, in-4.

2430. Bell (Malcolm). Eduard Burne-Jones. *Londres* et *New-York*, 1893, in-4.

Planches.

2431. Lieure (J.). Jacques Callot. Catalogue de l'œuvre gravé. *Paris*, Gazette des Beaux-Arts, 1921-1927, 3 vol. in-4.

Volume I en feuilles, tomes II et III brochés. Planches.

2432. Thausing (Moriz). Livre d'esquisses de Jacques Callot dans la collection Albertine à Vienne. *Vienne*, 1880, in-4.

50 héliogravures en fac-similé et 8 vignettes.

2433. Cappiello. Nos actrices. *Paris*, Murcie (3 exempl.).

Prospectus et spécimens.

2434. Rouchès (Gabriel). Le Caravage *Paris*, 1920, in-8, broché.

Planches. Envoi d'auteur signé.

2435. Mabille de Poncheville (André). Carpeaux inconnu. *Bruxelles-Paris*, 1921, in-4, broché.

Planches.

2436. Busuioceanu (Al.). Pietro Cavallini e la pittura romana del Duecento e del Trecento. *Rome*, s. d., in-8, broché,

Figures. Envoi d'auteur signé.

2437. Rocheblave (Samuel). Essai sur le comte de Caylus. *Paris*, 1889, in-8.

2438. Malo (Henri). Souvenirs sur les Cazin et sur Albert Lechat. *Paris*, 1922, in-8, broché.

Planches, Envoi d'auteur signé.

2439. Harlor (Th.). Benvenuto Cellini. *Paris*, s. d., in-12, broché.

Planches. Envoi d'auteur signé.

2440. With (Karl). Marc Chagal. *Leipzig*, 1923, in-8.

Planches.

2441. Fidière (Cl.). Chapu, sa vie et son œuvre. *Paris*, 1894, in-8.

Figures et planches,

2442. Pilon (Edmond). Chardin. *Paris*, s. d., in-8.

Planches.

2443. Dayot (Armand). Charlet et son œuvre. *Paris*, s. d., in-4.

Figures et planches.

2444. Chevillard (Valbert). Théodore Chassériau. *Paris*, 1893, in-8.

Portraits.

2445. Houdoy (Jules). Études artistiques. Charles-Louis Corbet, sculpteur. *Paris*, 1877, in-8.

Planches.

2446. Dumesnil (Henri). Corot, souvenirs intimes. *Paris*, 1875, in-8.

Portrait.

2447. Brinton (Selwyn). Correggio. *Londres*, 1900, in-8.

Planches.

2448. Stœcklin (Paul de). Le Corrège. *Paris*, 1928, in-8, broché.

Planches.

2449. Marcel (Pierre). Inventaire des papiers manuscrits du cabinet de Robert de Cotte et de Jules-Robert de Cotte. *Paris*, 1906, in-8.

2450. Biermann (Georg). Othon Coubine. *Leipzig*, 1923, in-8.

Planches.

2451. Borel (Pierre). Le roman de Gustave Courbet. *Paris*, 1922, in-8, broché.

Portrait et fac-similés.

2452. Léger, (Charles). Courbet. *Paris*, s. d., in-12, broché.

Planches.

2453. Cousin (Jean). Le livre de fortune, recueil de deux cents dessins inédits, publié par Ludovic Lalanne. *Paris* et *Londres*, 1883, in-4.

Planches.

2454. Keller-Dorian (Georges). Antoine Coysevox. Catalogue raisonné de son œuvre. *Paris*, 1920, 2 vol. in-4, brochés.

162 planches en héliotypie.

2455. Cranach (Lucas). Verzeichnis sämtlicher Kupferstiche u. Holzschnitte von und nach Lucas Cranach dem Aelteren. *Bamberg*, 1821, in-12.

Portrait gravé. Tirage à 25 exempl.

2456. Rushforth (G. M'Neil). Carlo Crivelli. *Londres*, 1900, in-8.

Planches.

2457. David. Les loges du Vatican, gravées par David et Mlle Sibrie, son élève. *Paris*, 1808, in-4.

Planches en sanguine.

2458. Vanzype (Gustave). Henri de Braekeleer. *Bruxelles* et *Paris*, 1923, in-4, broché.

Planches.

2459. Moau (Adolphe). Decamps et son œuvre. *Paris*, 1869, in-8.

Planches. Tirage à 300 exempl. Exempl. de N. Roqueplan. Rousseurs.

2460. Hertz (Henri). Degas. *Paris*, 1920, in-8, broché.

Planches.

2461. Vollard (Ambroise). Degas. *Paris,* 1924, in-12, broché.

32 planches en phototypie. Envoi d'auteur signé.

2462. Séailles (Gabriel). Alfred Dehodencq. *Paris,* 1910, in-4, broché.

Eaux-fortes d'Edmond Dehodencq reproduites en héliotypie.

2463. Burty (Philippe). Lettres de Eugène Delacroix. *Paris,* 1878, in-8.

Portrait et fac-similés.

2464. Piron. Eugène Delacroix. *Paris,* 1865, in-8.

Envoi de la famille de l'auteur à M. Bonnat.

2465. Barbet de Jouy (Henry). Les Della Robbia. *Paris,* 1855, in-12.

Envoi d'auteur signé à M. Ch. Ephrussi.

2466. Marquand (Allan). Andrea della Robbia and his atelier. *Princeton,* 1922, in-4.

Figures.

2467. — Giovanni della Robbia. *Princeton,* 1920, in-4.

Figures.

2468. — The brothers of Giovanni della Robbia. *Princeton,* 1928, in-4.

Figures.

2469. Burlamacchi (Marchesa). Luca della Robbia. *Londres,* 1900, in-8.

Planches.

2470. Cruttwell (Maud). Luca et Andrea Della Robbia and their successors. *Londres-New-York,* 1902, in-4.

150 illustrations hors texte.

2471. Clouzot (Henri). Philibert de l'Orme. *Paris,* s. d., in-8, broché.

Planches.

2472. Descamps, Fiquet, Eisen, etc. [Les Peintres].

Recueil de portraits gravés. In-4°.

2473. Huebner (F.-M.). Gustaaf de Smet. *Leipzig,* 1923, in-8.

Planches.

2474. Bertaux (E.). Donatello. *Paris,* s. d., in-8, broché.

Planches.

2475. Rea (Hope). Donatello. *Londres,* 1900, in-8.

Planches.

2476. Müntz (Eugène). Donatello. *Paris,* 1885, in-8.

Figures.

2477. Semper (Hans). Donatello. *Vienne,* 1875, in-8.

2478. Doré (Gustave). Retour de l'arche, vignettes en nombre ; Jéhu fait précipiter Jézabel ; Abraham se rend à Chanaan ; Abraham ensevelit Sara.

4 paquets en feuilles.

2479. Mendelsohn (Henriette). Das Werk der Dossi. *Munich,* 1914, in-8, broché.

Figures et planches.

2480. Martin (W.). Gerard Dou. Trad. angl. Bell. *Londres,* 1902, in-8.

Planches.

2481. Saunier (Charles). Augustin Dupré. *Paris,* 1894, in-8.

Planches. Envoi d'auteur signé à M. Ch. Ephrussi.

2482. Allihn (Max). Dürer-Studien. *Leipzig,* 1871, in-8.

2483. Arend (Henrich Conrad). Das Gedechtniss der Ehren eines derer vollkomenesten Künstler seiner und aller nach folgenden Zeiten Albrecht Dürers. *Goslar,* 1728, in-12.

Portrait gravé.

2484. Burckardt (Dr Daniel). Albrecht Dürer Aufenthalt in Basel, 1492-1494 *Munich* et *Leipzig,* 1892, in-4.

Figures et planches.

2485. Canditto (A.-E. de). Jacob de Barbari et Albert Dürer. *Bruxelles*, 1881, in-8.

Portrait.

2486. Conway (William Martin). Literary remains of Albrecht Dürer. *Cambridge*, 1889, in-8.

Planches et fac-similé.

2487. Cornill (Otto). Jacob Heller und Albrecht Dürer. *Francfort-sur-le-Mein*, 1871, in-4.

2488. Dürer (Albrecht). Album. *Nuremberg*, s. d., in-folio.

Recueil de reproductions. N'a pu être collationné.

2489. — Christliche - mythologische Handzeichnungen. S.l.n.d., in-folio.

Recueil de planches tirées en diverses couleurs. Préface en fac-similé (1808).

2490. — Catalogue de l'œuvre d'Albert Dürer, par un amateur. *Dessau*, 1805, in-16.

Ex. sur pl. interfolié de papier blanc.

2491. — Dessins à la main. Christlich-mythologische Handzeichnungen enthaltenen Blätter. S.l.n.d., in-4.

Planches.

2492. — Passion de Jésus-Christ, suite de seize estampes. *Bruxelles*, 1871, in-8.

En feuilles.

2493. — Les Quatre livres d'Albert Dürer, peintre et géométrien très excellent. De la proportion des parties et pourtraits des corps humains. Trad. Loys Meigret, lyonnois. *Arnhem*, 1613, in-4.

Figures.

2494. — Raisonnirendes Verzeichnis aller Kupfer-und Eisenstiche... Albrecht Dürers... von einem Freund der Schönen Wissenchaften. *Francfort-Leipzig*, 1778, in-16.

2495. Ephrussi (Ch.). Albert Dürer et ses dessins. *Paris*, 1882, in-4, broché.

2496. — Durer's Allerheiligenbild. S.l. n.d., in-4, broché.

Figures et planches.

2497. — Les Bains de femmes d'Albert Dürer. *Paris*, 1881, in-4.

Demi-maroq. rouge, coins, tr.dorée. 5 pl.

2498. Le même ouvrage.

2499. — Étude sur le triptyque d'Albert Dürer dit le tableau d'autel de Heller. *Paris*, 1876, in-4.

Demi-maroq. laval., 25 planches. Envoi d'auteur signé. Un article de Moriz Thausing est joint au volume.

2500. — Le tableau d'autel de Heller. Nicolas de Barbarj et le professeur Thausing. [Dürer]. *Paris*, s. d., in-4.

Planches.

2501. — Un voyage inédit d'Albert Dürer. *Paris*, 1881, in-4.

Figures.

2502. Eye (A. von). Leben und Wirken Albrecht Dürer's. *Nordlingen*, 1869, in-8.

2503. Galichon (Emile). Albert Dürer, sa vie et ses œuvres. *Paris*, 1861, in-4.

Figures et planches. Envoi d'auteur signé.

2504. Hausmann (B.). Albrecht Dürer's Kupferstiche, Radierungen und Zeichnungen. *Hanovre*, 1861, in-4.

Planches.

2505. — Le même ouvrage. *Londres*, 1881, in-8.

Figures et planches.

2506. Heath (Richard Ford). Albrecht Dürer. *Londres*, 1881, in-12.

Figures et planches.

2507. Heaton (Mrs. Charles). The history of the life of Albrecht Dürer of Nuremberg. *Londres*, 1870, in-8.

Figures.

2508. Heller (Joseph). Das Leben und die Werke Albrecht Dürer's. *Leipzig*, 1831, 3 vol. in-8 reliés en 1.

Planches.

2509. Hotho (H.-G.). Dürer Album. *Berlin*, s. d., in-4.

Planches. Dos cassé.

2510. Lange (K.) et **Juhse** (F.). Dürer's schriftlicher Nachlass. *Halle*, 1893, in-8.

Fac-similés.

2511. Leitschuh (Friedrich). Albrecht Dürer's Tagebuch : die Reise in die Niederlande. *Leipzig*, 1884, in-8.

2512. Lippmann (Frédéric). Dessins d'Albert Dürer en fac-similé. *Berlin*, 1883, in-folio (t. I, seul).

Planches en noir et en couleurs.

2513. Lochner (Georg Wolfgang Karl). Die Personen-Namen in Albrecht Dürer's Briefen aus Venedig. *Nuremberg*, 1870, in-8.

2514. Lübke (Dr Wilhelm). Albrecht Dürers sämtliche Kupferstiche. *Nuremberg*, s. d., 2 séries.

N'a pas été collationné.

2515. Lützow (Carl von). Albrecht Dürer's Holzschnitt-Werk. *Nuremberg*, s.d., in-folio, en feuilles.

Recueil de reproduct. collées sur bristol.

2516. Narrey (Charles). Albert Dürer à Venise et dans les Pays-Bas. *Paris*, 1864, in-8.

27 fig. sur Chine

2517. Retberg (R. von). Dürer's Kupferstiche und Holzschnitte. *Munich*, 1871, in-8.

Planches.

2518. Riehl (Berthold). Die Gemälde von Dürer und Wolgemut. *Nuremberg*, s. d., in-folio.,

En feuilles, emboîtage en peau de truie. Reproduct. photograph. collées sur bristol.

2519. Le même ouvrage.

1er fasc. seulement.

2520. Sallet (Alfred von). Untersuchungen über Albrecht Dürer. *Berlin*, 1874, in-8.

Relié à la suite : Die Medaillen Albrecht Dürers (s. d.). In-8. Pl. hors texte.

2521. Schmidt (Wilhelm). Albrecht Dürer. S.l.n.d., in-4.

Figures.

2522. Schöber (David Gottfried). Albrecht Dürers Leben, Schriften und Kunstwerke. *Leipzig* et *Schleiz*, 1769, in-12.

2523. — Le même, anonyme.

2524. Schöbert (Franz). Das Oberammergauer Passions-Spiel mit den Passionsbildern von A. Dürer. *Eichstätt* et *Stuttgart*, 1870, in-16.

Planches. 4e édition.

2525. Scott (William B). Albert Dürer : his life and works. *Londres*, 1869, in-8.

Figures et planches.

2526. Thausing (Moriz). Dürer. *Leipzig*, 1876, in-8.

Notes mss dans les marges; dos avarié.

2527. — Le même ouvrage. *Paris*, 1878, in-4.

Envoi signé du traducteur à M. Ch. Ephrussi.

2528. — Dürers Briefe, Tagebücher und Reime. *Vienne*, 1872, in-8.

2529. Vasconcellos (Joaquim de). Albrecht Dürer e a sua influencia na Peninsula. *Porto*, 1877, in-4.

Tirage à 200 exemplaires.

2530. Wagner (Simon). Scenen aus dem Leben Albrecht Dürer's. *Dresden*, 1829, in-folio.

Planches.

2531. Zahn (Albert von). Dürers Kunstlehre und sein Verhaltniss zur Renaissance. *Leipzig*, 1866, in-8.

2532. Duvaux (Lazare). Livre-Journal de Lazare Duvaux, marchand bijoutier ordinaire du Roi (1748-1758). *Paris*, 1873, 2 vol. in-4.

2533. Delaborde (Henri). Gérard Edelinck. *Paris*, 1886, in-8.

34 gravures.

2534. Lessing (Julius). Die Silberarbeiten von Anton Eisenhout aus Warnburg. *Berlin*, s. d., in-folio.

En feuilles. Planches.

2535. Réau (Louis). Étienne-Maurice Falconet. *Paris*, 1922, 2 vol. in-4, brochés.

Planches.

2536. Halsey (Ethel). Gaudenzio Ferrari. *Londres*, 1904, in-8.

Planches.

2537. Flaxman. Œuvre complet. Recueil de ses compositions gravées au trait, par Réveil. — L'Odyssée. *Paris*, 1835, in-8 obl. broché.

Recueil de planches.

2538. Davillier (Baron). Fortuny. *Paris*, 1875, in-4.

Portr. et eaux-fortes en double état. Exemplaire de M. Charles Ephrussi.

2539. Durrieu (Paul). Les Antiquités judaïques et le peintre Jean Fouquet. *Paris*, 1908, in-folio, broché.

Planches en héliogravure et en phototypie.

2540. Williamson (George-C.) Francia. *Londres*, 1901, in-8.

Planches.

2541. Burty (Ph.). Vingt-cinq dessins de Eugène Fromentin. *Paris-Londres*, in-folio, en feuilles.

Eaux-fortes de E.-L. Montefiore. dans le texte Fac-similés de dessins.

2542. Gonse (Louis). Eugène Fromentin. *Paris*, 1881, in-8.

Planches et figures. Envoi d'auteur signé à M. Charles Ephrussi.

2543. Guibert (Joseph). Les dessins d'archéologie de Roger de Gaignières. *Paris*, s. d., in-4, en feuilles.

1re série : Tombeaux (planches 1 à 100).

2544. Armstrong (Sir W.). Gainsborough et sa place dans l'École anglaise. [Trad. B.-H. Gausseron]. *Paris*, 1899, in-folio.

62 héliogravures et 10 lithographies en couleurs.

2545. Wiese (Erich). Paul Gauguin. *Leipzig*, 1923, in-8.

Planches.

2546. Gavarni. Masques et visages. Notice par Sainte-Beuve. *Paris*, s. d., in-4.

Suite de planches.

2547. — Œuvres choisies. Notices par Théophile Gauthier (*sic*) et Laurent-Pan. *Paris*, 1846, in-8.

2548. Gay (Walter). Paintings of French interiors, éd, Gallatin. *New-York*, 1920, in-4.

Planches.

2549. Gérard (François). Lettres adressées au baron François Gérard. *Paris*, 1886, in-8.

Portrait. 2e édition.

2550. Lenormant (Ch.). François Gérard. *Paris*, 1846, in-8.

2551. Steinmann (Ernst). Ghirlandajo. *Leipzig*, 1897, in-8.

Figures et planches.

2552. Cook (Herbert). Giorgione. *Londres*, 1900, in-8.
Planches.

2553. Giotto. Des Meisters Gemälde. *Stuttgart, Berlin* et *Leipzig*, s. d., in-8.
293 figures.

2554. Perkins (J. Mason). Giotto. *Londres*, 1902, in-8.
Planches.

2555. Figueiredo (José de). O pintor Nuno Gonçalves. [*Lisbonne*, 1910], in-8, broché.
Planches. Envoi d'auteur signé.

2556. Muther (Richard). Francesco Goya. *Berlin*, s. d., in-16.
Planches.

2557. Ors (Eugenio d'). L'art de Goya. (Trad. Jean Sarrailh). *Paris*, 1928, in-16, broché.
50 reproductions.Envoi signé des traducteurs.

2558. Hautecœur (Louis). Greuze. *Paris*, 1913, in-8, broché.
Planches.

2559. Fiocco (Giuseppe). Francesco Guardi. *Florence*, s. d., in-8.
Planches.

2560. Davies (Gérald S.) Franz Hals. *Londres*, 1904, in-8.
Planches.

2561. Knackfuss (H.) Franz Hals. *Leipzig*, 1896, in-8.
Figures et planches.

2562. Hendschell (A.) Blätter aus A. Hendschel's Skizzenbuch. *Francfort*, s. d. in-4.
Reproduct. photograph. en feuilles.

2563. Durand-Gréville (Émile). Entretiens de Henner. (1878-1888). *Paris*, 1925, in-12, broché.

2564. Blum (André). Hogarth. *Paris*, 1922, in-8, broché.
Planches. Envoi d'auteur signé.

2565. Hogarth. Anecdotes of Mr. Hogarth and explanatory descriptions of the plates of Hogarth restored. *Londres*, 1803, in-8.
Les plats détachés.

2566. Woltmann (Dr Alfred). Hans Holbein des Alteren Silberstift-Zeichnungen. *Nuremberg*, s. d. in-fol.
Recueil de planches.

2567. Douce (Francis). Holbein's Dance of Death., *London*, 1872, in-12.
Figures et planches.

2568. Fillon (Benjamin).Pour qui fut peint le portrait d'Érasme par Hans Holbein. *Paris*. 1880, in-4.
Planches. Tirage à 150 exemplaires.

2569. Knackfuss (H.). Holbein der Jungere. *Leipzig*, 1897, in-8.
Figures et planches.

2570. Mantz (Paul). Hans Holbein, dessins et gravures sous la direction de Édouard Lièvre. *Paris*, 1879, in-fol.
Fgures et planches.

2571. Woltmann (Alfred). Holbein und seine Zeit. *Leipzig*. 1866, 2 vol. in-8.
Planches. Rousseurs.

2572. Ibels (H. G.). Allons-y ! *Paris*, 1898, in-8.

2573. Babelon (Jean). Jacopo da Trezzo et la construction de l'Escurial. *Bordeaux*, 1922. in-8. broché.
Planches. Envoi d'auteur signé.

2574. Desjardins (Abel). La vie et l'œuvre de Jean Bologne. *Paris*, 1883, in-fol.
Figures et planches.

2575. Buschmann Jr. (P.). Jacques Jordaens et son œuvre. *Bruxelles*, 1905, in-4.

Planches.

2576. Kaulbach. Album. *Francfort-sur-le Main*, H. Keller, s. d., in-fol.

Reproduct. photograph. en feuilles.

2577. Kaulbach (Wilhelm von). Goethe's Frauengestalten. *Munich*, s. d., in-fol.

Planches hors texte.

2578. Spielhagen (Friedrich). Goethe's Frauengestalten, nach Originalzeichnungen von Wilhelm von Kaulbach. *Munich*, s. d., in-12.

Reproduct. photographiques.

2579. Schmid. Max Klinger. *Leipzig*, 1899, in-8.

Illustrat. dans le texte.

2580. Meissner (Franz Hermann). Max Klinger. — Franz Stuck. — Hans Thoma. — Fritz von Uhde. *Berlin-Leipzig*, 1899-1900, 4 vol. in-8.

2581. Wildenstein (Georges). Lancret. *Paris* s. d., in-4 broché.

Planches. Envoi d'auteur signé.

2582. Marcel (Pierre). Charles Le Brun. *Paris*, s. d., in-8.

Planches. Envoi d'auteur signé.

2583. Ramiro (E.). Louis Legrand, peintre-graveur. Catalogue de son œuvre gravé et lithographié. *Paris*, 1896, in-4.

Tirage à 250 ex. Envoi d'auteur signé à M.Ch. Ephrussi.

2584. Rhys (Ernest). Frederic, Lord Leighton. *Londres*, 1900, in-12.

Planches. Dérelié en partie.

2585. Courajod (Louis). Alexandre Lenoir. Son journal et le Musée des Monuments Français. *Paris*, 1878, in-8.

Portr. Tome I.

2586. Herzfeld (Marie). Leonardo da Vinci. *Leipzig*, 1904, in-8.

Portrait.

2587. Leonardo da Vinci. Disegni di Leonardo da Vinci incisi sugli originali da Carlo Giuseppe Gerli. *Milan*, 1830, in-fol.

Pl. cuir de Russie, fers à froid. Pl. formant suite. Légère mouillure dans la marge des derniers feuillets.

2588. — I manoscritti di Leonardo da Vinci. Codice sul volo degli uccelli e varie altre materie. [Traduct. Ch. Ravaisson-Mollien]. *Paris*, 1893, in-fol.

Planches.

2589. Mac Curdy (Edward). Leonardo da Vinci. *Londres*, 1904, in-8.

Planches.

2590. Rosenberg (Adolp.). Leonardo da Vinci. *Leipzig*, 1898, in-8.

Figures et planches.

2591. Schiaparelli (Attilio). Leonardo ritrattista. *Milan*. 1921, in-8.

Planches.

2592. Carotti (Giulio). Le Opere di Leonardo, Bramante e Raffaello. *Milan*, 1905, in-8.

Figures et planches.

2593. Rouchès (Gabriel). Eustache Le Sueur. *Paris*, 1923, in-8, broché.

Planches. Envoi d'auteur signé.

2594. Goethe (Wolfgang von). Faust. *Munich*, s.d., in-fol.

Illustrations d'Alexandre Liezen Mayer, ornements de Rudolf Seitz. 1re partie.

2595. Zakavec (François). L'Œuvre de Joseph Manes. *Prague*, 1923, in-4, broché

Figures et planches. Tome II : Le Peuple tchéco-slovaque.

2596. Rosenthal (Léon). Manet aquafortiste et lithographe, *Paris*, 1925, in-4.

Planches. Envoi d'auteur signé.

2597. Vitry (Paul). Paul Manship, sculpteur américain. *Paris*, 1927, in-8.
80 planches.

2598. Cruttwell (Maud). Andrea Mantegna. *Londres*, 1901, in-8.
Planches.

2599. Dodgson (Campbell). A book of drawings formerly ascribed to Mantegna presented to the British Museum in 1920 by the Earl of Rosebery. *Londres*, 1923, in-4.
Planches.

2600. Masaccio. Ricordo delle onoranze rese à Masaccio in San Giovanni di Valdarno nel di 26 ottobre 1903. S. l. n. d. in-8.
Figures, planches en noir et en couleurs.

2601. Yriarte (Charles). Livre de Souvenirs de Maso di Bartolommeo dit Masaccio. *Paris*, 1894, 4 vol.
Planches.

2602. Toesca (Pietro). Masolino da Panicale. *Bergame*, 1908, in-8.
Figures et planches.

2603. Mollett (John W.). Meissonier. *Londres*, 1882, in-12. (The Great Artists),
Planches.

2604. Huisman (Georges). Memling. *Paris*, 1923, in-8, broché.
Planches. Envoi d'auteur signé.

2605. Ménard (René). Peintures et pastels de René Ménard. Préface de André Michel. *Paris*, s. d., in-4, broché.
Planches.

2606. Fontaine (André). Constantin Meunier. *Paris*, 1923, in-8, broché.
Planches.

2607. Blanc (Ch.), **Guillaume** (Eug.) etc... L'œuvre et la vie de Michel-Ange. *Paris*, 1876, in-8.
Figures, portrait.

2608. Gower (Ronald Sutherland). Michael Angelo Buonarroti. *Londres*, 1903, in-8.
Planches.

2609. Grimm (Hermann). Leben Michel Angelos. *Hanovre*, 1868, 3 vol. in-8, rel.

2610. Roger-Milès (L.). Michel-Ange. Sa vie, son œuvre, catalogue des principales œuvres. *Paris*, 1893, in-8, broché.
Figures.

2611. Rolland (Romain). Michel-Ange. *Paris*, s. d., in-8.
Planches.

2612. Clément (Charles). Michel-Ange, Léonard de Vinci, Raphaël. *Paris*, 1878, in-12.
4e édition.

2613. Robinson (J. C.). The drawings by Michel Angelo and Raffaello, in the University Galleries, Oxford. *Oxford*. 1870, in-8.

2614. Monet (Claude), 1840-1926. Galerien Thannhauser. *Berlin*, s. d. in-8. broché.
Planches.

2615. Arnaud d'Agnel (G.). et **Isnard** (E.). Monticelli. *Paris*, 1926, in-4, broché
Planches.

2616. Vidalenc (S.). William Morris. *Paris*, 1920, in-8, broché.
Planches.

2617. Justi (Carl). Murillo. *Leipzig*, 1904, in-4.
Planches.

2618. Knackfuss (H.). Murillo. *Leipzig*, 1901, in-8.
Figures et planches.

2619. Minor (Ellen E.). Murillo. *Londres*, 1882, in-12. (The Great Artists),
Planches.

2620. Pannini (Gian Paolo), pittore. Introduction de Leandro Ozzola. *Turin*, 1921, in-8, broché.

Planches.

2621. Jamot (Paul). A.-G. Perret et l'architecture du béton armé. *Paris-Bruxelles*, 1927, in-4.

Planches.

2622. Williamson (George C.). Pietro Vannucci called Perugino. *Londres*, 1900, in-8.

Planches.

2623. Weisbach (Werner). Francesco Pesellino und die Romantik der Renaissance. *Berlin*, 1901, in-4.

Figures et planches.

2624. Stroehlin (Ernest). Petitot et Bordier. *Genève*, 1905, in-8.

Planches.

2625. Ursule (Sainte). Dessins et gravures de Giovanni de Pian. Album in-fol. obl.

Suite de planches gravées. Ex-dono ms. à M. Charles Ephrussi.

2626. Waters (W. Y.). Piero della Francesca. *Londres*, 1901, in-8.

Planches.

2627. Babelon (Jean). Germain Pilon. *Paris*, Les Beaux-Arts, s. d., [1927], in-4, broché.

Planches.

2628. Hind (Arthur M.). Giovanni Battista Piranesi. *Londres*, 1922, in-8.

Planches.

2629. Dimier (L.). Le Primatice, peintre, sculpteur et architecte. *Paris*, 1900, in-8.

Planches.

2630. Bricon (Étienne). Prud'hon. *Paris*, s. d., in-8.

Planches. Envoi d'auteur signé.

2631. Clément (Charles). Prud'hon. *Paris*, 1872, in-8.

2e édition.

2632. Goncourt (Édmond de). Catalogue raisonné de l'Œuvre, peint, dessiné et gravé de P. P. Prud'hon. *Paris*, 1876, in-8.

Portrait.

2633. Guiffrey (Jean). L'œuvre de Pierre-Paul Prud'hon. *Paris*, 1924, in-8. broché.

Planches.

2634. Vachon (Marius). Puvis de Chavannes. *Paris*, 1895, in-4, en feuilles.

Planches. Exempl. de M. Charles Ephrussi.

2635. Lhomme (F.). Raffet. *Paris*, s. d., in-8. broché.

Figures.

2636. Fillon (Benjamin). Nouveaux documents sur Marc-Antoine Raimondi. *Paris* 1880, in-4.

2637. Dryhurst (A. R.). Raphaël. *Londres*, s. d., in-16.

Planches.

2638. Knackfuss (H.). Raffael. *Leipzig*, 1905, in-8.

Figures et planches. 9e édition.

2639. Lavery (Felix). Raphaël. *Londres*, 1920, in-8.

Planches.

2640. Lübke (Wilhelm). Rafael-Werk. Sämmtliche Tafelbilder und Fresken des Meisters. *Dresde*, s. d., in-4.

Et 1 carton de pl. en feuilles.

2641. Müntz (Eugène). Raphael. *Paris*, 1900, in-4.

187 figures.

2642. Strochey (Henry). Raphael. *Londres*, 1900, in-8.

Planches.

2643. Vasari. Leben Raphaels trad. Hermann Grimm. *Berlin*, 1872, in-8.

Portrait. 1re partie.

2644. Perkins (Charles C.). Raphael, Michel Angelo. *Boston*, 1878, in-8.

Figures et planches.

2645. Coppier (André-Charles). L'énigme de la "Segnatura ". Raphael et le Sodoma. *Paris*, 1928, in-4, broché.

Planches. Envoi d'auteur signé.

2646. Jamot (Paul). Auguste Ravier. *Lyon*, 1921, in-8, broché.

Figures et planches en noir et en couleurs.

2647. Marx (Roger). Henri Regnault. Paris, 1886, in-8, broché.

Figures.

2648. Bell (Malcolm). Rembrandt van Rijn. *Londres*, 1901, in-8.

Planches.

2649. Blanc (Charles). L'œuvre de Rembrandt. *Paris*, 1873, in-4.

Planches. Tome I.

2650. Coppier (A. C.). Rembrandt. *Paris*, 1920, in-8. broché.

Planches.

2651. Hind (Arthur M.). A catalogue of Rembrandt's etchings. *Londres*, 1923, 2 vol. in-8.

Dont un de planches.

2652. Knackfuss (H.). Rembrandt. *Leipzig*, 1904, in-8.

Figures et planches.

2653. Rembrandt. Des Meisters Gemälde [Biographie par Adolph Rosenberg]. *Stuttgart-Leipzig*, 1904-1906, 2 vol. in-8.

807 gravures.

2654. Sharp (Elizabeth A.). Rembrandt. *Londres*, 1904, in-16.

Planches.

2655. Van Dyke (John C.). Rembrandt and his School. *New-York*, 1923, in-4.

Planches.

2656. — The Rembrandt drawings and etchings, *New-York-Londres*, 1927, in-4.

Planches.

2657. Renouard (Paul). L'Affaire Dreyfus.

40 planches. Tirage à 150 exempl. numérotés : n° 29.

2658. Armstrong (Sir Walter). Sir Joshua Reynolds (trad. Gausseron). *Paris*, 1901, in-fol.

78 photogravures et 6 fac-similés lithographiques en couleurs.

2659. Richter (Ludwig). Lebenserinnerungen eines deutschen Malers. *Francfort sur-le-Main*. 1886, in-8.

Portrait.

2660. — Richter-Album. *Leipzig*, 1875, 2 vol. in-8.

Portrait (détaché). 6e édition.

2661. Tirel (Marcelle). Rodin intime ou l'envers d'une gloire. *Paris*, 1923, in-8, broché.

Planches et fac-similés.

2662. Uphoff (Carl Emil). Christian Rohlfs. *Leipzig*, 1923, in-8.

Planches.

2663. Hérold (A. Ferdinand). Roll. *Paris*, 1924, in-8, broché.

Planches.

2664. Roll. L'œuvre de Alfred-Philippe Roll. *Paris*, A. Guérinet. s. d., in-fol.

Planches. Envoi de l'éditeur à M. Ch. Ephrussi.

2665. Rouveyre (André). Visages des contemporains [1908-1913]. *Paris*, 1913, in-12, broché.

Envoi d'auteur signé. Édition originale contenant le portrait de Mme Jane Catulle-Mendès, dont la suppression a été ordonnée par les tribunaux.

2666. Kess (Charles W.). Rubens. *Londres,* 1880, in-12.

Planches.

2667. Knackfuss (H.). Rubens. *Leipzig,* 1903, in-8.

Figures. 7e édition.

2668. Michel (Émile). Rubens, sa vie, son œuvre et son temps. *Paris,* 1900, in-4.

354 figures et planches.

2669. Oldenbourg (Rudolf). Peter Paul Rubens. *Münich-Berlin,* 1922, in-8.

132 figures.

2670. Rea (Hope). Peter Paul Rubens. *Londres,* 1905, in-8.

Planches.

2671. Rosenberg (Adolf). Rubens Briefe. *Leipzig,* 1881, in-8.

2672. Rubens. The Spinola Rubens. An appreciation by W. H. Crowdy, Henri Frantz, Oliver M. Hueffer etc. *Edimbourg,* 1911, in-4.

Planches.

2673. Bunsen (Marie von). John Ruskin. *Leipzig,* 1903, in-8.

2674. Mather (Marshall). John Ruskin. *Londres,* 1897, in-12.

Portrait.

2675. Williamson (George C.). John Russell. *Londres,* 1893, in-4.

Figures et planches.

2676. Shermann (Frederic Fairchild). Albert Pinkham Ryder. *New-York,* 1920, in-8.

Planches.

2677. Clausse (Gustave). Les San Gallo. *Paris,* 1900, in-8.

Planches. Tome I.

2678. Sargent (John Singer). A catalogue of the memorial exhibition of Sargent. *Boston,* 1925, in-8.

Planches.

2679. Graf (Oscar Maria). Georg Schimpf. *Leipzig,* 1923, in-8.

Planches.

2680. Bauer (Ant.). Wilhelm Schmid. *Leipzig,* 1923, in-8.

Planches.

2681. Simon (Lucien). Peintures et aquarelles de Lucien Simon. Préf. de L. F. Aubert. *Paris,* s. d., in-4, broché.

Planches.

2682. Gielly (L.). Giovan Antonio Bazzi, dit le Sodoma. *Paris,* s. d., in-8.

Planches.

2683. Priuli-Bon (Contessa). Sodoma. *Londres,* 1900, in-8.

Planches.

2684. Terrasse (Charles). Sodoma. *Paris* 1925, in-8, broché.

Planches.

2685. Alazard (Jean). L'abbé Luigi Strozzi, correspondant artistique de Mazarin, de Colbert, de Louvois et de Le Tellier. *Paris,* 1924, in-8.

Envoi d'auteur signé.

2686. Ostini (Fritz von). Thoma. *Leipzig,* 1900, in-8.

Figures.

2687. Thorwaldsen (Bertel). Alexanders des Grossen Einzug in Babylon. *Munich,* 1835, in-fol. obl. broché.

Suite de planches gravées.

2688. Holborn (J. B. Stoughton). Jacopo Robusti called Tintoretto. *Londres,* 1903, in-8.

Planches.

2689. Thode (Henry). Tintoretto. *Leipzig*, 1901, in-8.

Figures.

2690. Basch (Victor). Titien. *Paris*, s. d., in-8, broché.

24 planches. Envoi d'auteur signé.

2691. Hadeln (Detlev von). Zeichnungen des Tizian. *Berlin*, 1924, in-4, broché.

Planches.

2692. Knackfuss (H.). Tizian. *Leipzig*, 1903, in-8.

Figures. 4e édition.

2693. Philips (Claude). Titian. *Londres*, 1898, in-8.

Figures et planches.

2694. Dumesnil (Henri). Troyon. Souvenirs intimes. *Paris*, 1888, in-8.

Portrait.

2695. Clark (Eliot). John Twachtman *New-York*, 1924, in-8.

Planches.

2696. Esdouhard d'Anisy (Paul). Le Polyptique de l'Hôtel-Dieu de Beaune [Van der Weyden]. *Bruxelles-Paris*, 1916, in-4.

Tirage à 200 exempl. numérotés. Envoi d'auteur signé.

2697. Cust (Lionel). Van Dyck. *Londres*, 1906, in-8.

Planches.

2698. Knackfuss (H.). A. van Dyck. *Bielefeld-Leipzig*, 1896, in-8.

Figures et planches.

2699. Wibiral (Dr de). L'iconographie d'Antoine van Dyck. *Leipzig*, 1877, in-8.

Planches.

2700. Kaemmerer (Ludwig). Hubert und Jan van Eyck. *Leipzig*. 1898, in-8.

Figures.

2701. Weale (W.H.James) et **Brockwell** (Maurice). The van Eycks and their art. *Londres*, 1912, in-8.

Planches.

2702. Versnaeyen (Karel). Jacob van Maerlant. *Gand*, 1861, in-8.

Envoi d'auteur signé à M. Charles Ephrussi.

2703. Villa (J. Moreno). Velasquez. *Madrid*, 1920, in-32, broché.

Planches.

2704. Lübke (Wilhelm). Peter Vischers Werke. *Nuremberg*, s. d., in-fol. en feuilles.

Recueil de planches. Le titre manque.

2705. Réau (Louis). Peter Vischer et la sculpture franconienne du XIVe au XVIe siècle. *Paris*, s. d., in-8.

Planches.

2706. Champion (Pierre). Notes critiques sur les Vies anciennes d'Antoine Watteau. *Paris*, 1921, in-8, broché.

Envoi d'auteur signé.

2707. Gillet (Louis). Watteau. *Paris*, s. d., in-12, broché.

Planches. Envoi d'auteur signé.

2708. Hildebrandt (Edmond). Antoine Watteau. *Berlin*, 1922, in-8o.

Figures.

2709. Maurel (André). L'enseigne de Gersaint. Étude sur le tableau de Watteau. *Paris*, 1913, in-8, broché.

Planches. Envoi d'auteur signé.

2710. Staley (Edgcumbe). Watteau and his School. *Londres*, 1902, in-8.

Planches.

2711. Gower (Ronald Sutherland). Sir David Wilkie. *Londres*, 1902, in-8.

Planches.

2712. Justi (Carl). Winckelmann in Deutschland. *Leipzig*, 1866, 2 vol. in-8.

2713. Quandt. Die Gemälde des Michel Wohlgemuth in der Frauenkirche zu Zwickau. *Dresde-Leipzig*, s. d., in-4.

Planches.

2714. Collection Hachette. (Les grands graveurs, Recueils de planches). Dürer, Goya, Hogarth, Holbein le jeune, Rembrandt, Smith (John Raphaël) et les graveurs à la manière noire du temps de Reynolds, van Dyck, Watteau et Boucher. *Paris*, 1913-1914, 7 vol. in-8.

2715. Collection Hachette. (Reproduction des œuvres de maîtres). Angelico (Fra), Dürer, Holbein, Mantegna, Michel-Ange, Raphael, Rubens, Titien, Velasquez. *Paris*, 1908-1914, 9 vol. in-8.

2716. Artistes : biographies, catalogues, essais, mélanges; environ 166 brochures. in-4 et in-8 : Barye, Paul Baudry, Boucher, Benvenuto Cellini, Charodeau, Corot, Cousin, Coysevox, E. Degas, Donatello, Alb. Dürer, Jean Holbein, Lawrence, A. Lepère, Manet, Claude Monet, Gustave Moreau, Raphaël, Rembrandt, A. Stevens, van Dyck, van Eyck, Watteau etc.

2717. Artistes : biographies; environ 50 brochures in-4° : Aved, Jacopo de Barbarj, Chardin, Clouet, Lucas Cranach, L. David, Albert Dürer, Eisen, Fragonard, etc.

MUSÉES ET COLLECTIONS

Allemagne

2718. Berlin. Zur Geschichte der königlichen Museen in Berlin. Berlin, 1880, in-4, broché.

2719. Schubring (Paul). Berlin. Das Kaiser Friedrich Museum. *Stuttgart, Berlin, Leipzig*, 1890, in-16.

Figures.

2720. Berlin. Galeries (Les) et monuments d'art de Berlin. *Leipzig-Dresde*, A. H. Payne, s. d., in-4.

Planches gravées sur acier. Fortes rousseurs.

2721. — Königliche Museen zu Berlin. Beschreibung der antiken Skulpturen mit Ausschluss der pergamenischen Fundstücke. *Berlin*, 1891, in-8.

Demi-maroq. rouge, coins, tr. dorée. fig.

2722. — Allemagne. *Berlin* (Musée). 1 brochure (Gigantomachie).

2723. — Königliche Museen zu Berlin. Beschreibendes Verzeichnis der Gemälde im Kaiser Friedrich Museum. *Berlin*, 1906, in-8.

Figures et planches.

2724. Bode (Wilhelm). Die Sammlung Oscar Hainauer. Berlin 1897, in-4.

1/2 maroq. Laval. tr. dorée.

2725. Hilte (G.). Die Waffensammlung seiner Königlichen Hoheit des Prinzen Carl von Preussen. Lichtdruck ausgeführt von A. Frisch in Berlin. *Nuremberg*. in-folio.

En feuilles. Planches.

2726. Niessen (J.). Katalog der Gemälde Sammlung des Museums Wallraf-Richarz in Köln. *Cologne*, 1875, in-8, broché.

2727. Hofmann (Rudolf). Die Gemälde-Sammlung des Museums zu *Darmstadt*, 1875, in-12.

2728. Göling (Adolf). Sammlung der Gemälde der Dresdener Gallerie. *Leipzig-Dresde*, s. d. 2 vol. in-4.

Planches gravées des feuillets et des planches détachés. Rousseurs

2729. — Le même ouvrage. *Leipzig-Dresde*, s. d., in-4.

Planches sur acier. Rousseurs.

2730. Goldschmidt (Collection Max). *Francfort*.

Recueil de photograph. collées sur bristol. Carton in-folio.

2731. Hamburgische Museum (Das). *Hambourg*, 1902, in-8.

2732. Meissen. Kœniglich saechsische Porzellan-Manufaktur *Meissen*. S. l. n. d., in-12, obl.

Planches.

2733. Banck (Otto Alexandre). Les galeries de Munich. *Leipzig-Dresde*, s. d., in-4.

Planches sur acier, rousseurs.

2734. Brunn (Henri). Description de la glyptothèque fondée par le roi Louis Ier à Munich. *Munich*, 1870, in-16.

2735. Wolters (Paul). Illustrierter Katalog der K. Glyptothek in München. *Munich*, 1912, in-18.

Planches.

2736. Hirth (Georg) und **Muther** (Rich) Cicerone (Der) in der Königl. Alteren Pinakothek zu München.

Figures et planches.

2737. Munich. Katalog der Gemälde Sammlung der Kgl. Alteren Pinakothek in Munchen. *Munich*, 1893, in-12.

2738. Jahn (Otto). Kurze Beschreibung der Vasensammlung König Ludwigs I in der Pinakothek zu München. *Munich*, 1887, in-16.

2739. — Galerie (Die) Thomas Knorr in München. *Munich*, 1904, in-12.

2740. — 4 brochures, par Otto Johan, Rudolph Margraff, etc.

2741. Nuremberg. 6 brochures.

2742. Wolff (P. G.). et **Lochner.** (Karl). Vollständige Sammlung aller Baudenkmaler, Monumente und anderer Merkwurdigkeiten Nürnbergs. *Nuremberg*, 2 vol. in-8.

Planches.

2743. Nuremberg. Die Germanische Nationalmuseum, Organismus und Sammlungen. *Nuremberg*, 1856, 2 vol. in-8., rel. en 1 vol.

2744. — Holzschnitte (Die) des 14. und 15. Jahrhunderts im germanischen Museum zu Nürnberg. *Nuremberg*, G. Soldau, 1875, in-4.

Recueil de planches.

2745. Divers. 7 brochures, par Rud. Ballheimer, R. Margraff, et brochures anonymes.

AUSTRALIE

2746. Australie. 2 brochures.

2747. Sydney. National Gallery of N S W. Sydney, John Sands, s. d.

6 planches, carton.

AUTRICHE

2748. Autriche. 5 brochures.

2749. Bartsch(Friedrich von). Die Kupfersammlung der K. K. Hofbibliothek in Wien. *Vienne*, 1854, in-8.

2750. Engerth (Eduard r. v.). Kunsthistorische Sammlungen des Kaïserhauses. Gemälde. *Vienne*, 1882-1886, 2 vol. in-8.

Envoi d'auteur signé à M. Ephrussi. Tome I, Écoles italienne, espagnole et française.

2751. Görling (Adolf). Belvedere oder die Galerien von Wien. *Leipzig-Dresde*, A. H. Payne, in-4.

Planches gravées.

2752. Masner (Karl). Die Sammlung antiker Vasen und Terracotten im K. K. Oesterreich. Museum, *Vienne*, 1892, in-4.

2753. Perger (A. R. von). Die Kunstschätze Wien's in Stahlstich nebst erlaüterndem Text. *Trieste*, 1854, in-4.

Planches.

2754. Waagen. (G. J.). Die vornehmsten Kunstdenkmäler in Wien. *Vienne*, 1866-1867, 2 vol. in-8. rel. en 1 vol.

2755. Braun (Edmund Wilhelm). Die Bronzen der Sammlung Guido von Rho in Wien. *Vienne*, 1908, in-4.

Planches.

2756. Schiller-Denkmal für Wien. 4 photographies collées sur bristol.

BELGIQUE

2757. Belgique. 4 brochures par F. Cumont, Marg. Devigne, Fierens-Gevaert, etc.

2758. Cumont (Franz). Musées royaux du Cinquantenaire. Catalogue des sculptures et inscriptions antiques (monuments lapidaires) [Bruxelles]. *Bruxelles*, 1913, in-8.

Broché, dos cassé. Figures.

2759. Devigne (Marguerite). Musée royal des Beaux-Arts de Belgique. Catalogue de la sculpture. [Bruxelles]. *Bruxelles*, 1922, in-12.

Planches.

2760. Watteau (Dr. L.). Catalogue raisonné du Musée Wiertz [Bruxelles]. Bruxelles, 1865, in-12. broché.

2e édition.

DANEMARK.

2761. Beckett (Francis). Frederiksborg adgevet af det nationalhistorisk Museum. II. Slottets Historie. *Copenhague*, 1914, in-4. broché.

Figures.

2762. Jacobsen (Carl). Ny Carlsberg Glyptotek [Copenhague]. Fortegnelse over de antike Kunstvoerker. S. l. 1907, in-8, broché.

2763. Copenhague. Ny Carlsberg Glyptotek. Billedtavler til kataloget over antike Kunstvoerker. *Copenhague*, W. Trydes, 1907, in-4, broché.

Planches.

2764. Schmidt (Valdemar). Ny Carlsber Glyptotek den Aegyptiske Samlung. *Copenhague*, 1908, in-8.

Figures. Envoi d'auteur signé.

2765. Rumohr (C. F. von) und **Thiele**. (J. M.) Geschichte der königlichen Kupfersammlung zu Copenhagen. Ein Beitrag zur Geschichte der Kunst und Ergänzung der Werke von Bartsch und Builliot. *Leipzig*, 1835, in-8.

2766. Danemark. 4 brochures.

ÉGYPTE.

2767. Botti (Giuseppe). Catalogue des monuments exposés au Musée gréco-romain d'Alexandrie. *Alexandrie*, 1900, in-8.

Planches.

2768. Breccia (Ev.). Le Musée gréco-romain au cours de l'année 1922-1923. [Alexandrie]. *Alexandrie*, 1924, in-4, broché.

Planches.

2769. Alexandrie (Musée d'). Rapports sur la marche du service, 1892-1920. 11 brochures in-4 et in-8, carton.

2770. Maspero (G.). Guide to the Cairo Museum. Trad. angl. *Le Caire*, 1908, in-8.

Figures.

2771. Herz (Max). Catalogue sommaire des monuments exposés dans le Musée national de l'art arabe [Le Caire]. *Le Caire*, 1895, in-12.

Planches.

2772. Égypte. 1 carton : 1 brochure par Alfred Osborne.

ESPAGNE

2773. Folch y Torres (Joaquin). Museo de la Ciudadela. Catalogo de la Sección de arte romanico. [Barcelone]. *Barcelone*, s. d., in-8.

Figures et planches.

2774. Hübner (Emil). Die antiken Bildwerke in Madrid. *Berlin*, 1862, in-8.

Rousseurs.

2775. Leroux (G.). Vases grecs et italo-grecs du musée archéologique de Madrid. *Bordeaux*, 1912, in-8, broché.

Planches. Envoi d'auteur signé.

2776. Madrazo (Pedro de). Catalogo de los cuadros del Museo del Prado de Madrid. *Madrid*, 1872, in-12.

2777. — Catalogo de los cuadros del museo del Prado de Madrid. *Madrid*, 1889, in-12.

2778. Madrid. Museo del Prado. *Madrid*, Hauser y Menet.

Phototypies en feuilles, carton.

2779. Valencia de don Juan (Cte de). Catalogue de la Real Armeria de Madrid, *Madrid*, 1898, in-4.

Figures et planches. Envoi d'auteur signé.

2780. Ruck, Berenson et autres. La collection Lazaro de Madrid. *Madrid*, 1926, 1927, 2 vol. in-8.

Figures et planches.

2781. Espagne. 1 carton : 2 brochures.

ÉTATS-UNIS

2782. Caskey (L. D.). Museum of Fine Arts, Boston. Catalogue of Greek and Roman Sculpture. *Cambridge* (Mass.), 1925, in-4.

Figures.

2783. Boston. Handbook of the Museum of fine Arts. *Boston*. 1916, in-12.

Figures.

2784. — Trustees of the Museum of Fine Arts. Annual Report, 1899, [1900, 1901, 1902, 1905, 1906, 1907]. *Boston*, 1900-1902, Cambridge (Mass,). 1902-1908, 7 vol. in-8, brochés.

2785. Chase (George H.). Museum of Fine Arts, Boston. Catalogue of Arretine Pottery. *Boston-New-York* 1916, in-4.

Planches.

2786. Coomaraswamy (Ananda K.). Catalogue of the Indians collections in the Museum of Fine Arts, Boston. *Cambridge*, (Mass.), 1924, in-4.

Planches.

2787. Chicago. The Art Institute of Chicago. Catalogue, s. l., 1917, in-12.

2788. Howe (Winifred E.). A history of the Metropolitan Museum of Art. *New-York*, The Metropolitan Museum of Art, 1913, in-8.

Figures et planches.

2789. — [New-York.] Metropolitan Museum of Art. Catalogues. Breck et Rogers : Pierpont Morgan Wing, 1925; Burroughs : Paintings, 1917; Mac Clees: The daily life of the Greeks et Romans, 1924; Richter : Handbook of the classical collection, 1917, Engraved gems of the classical style 1920; Greek, Etruscan and Roman bronzes. Greek athletics, 1925. *New-York*, 7 vol. in-8, brochés.

2790. Chase (George H.). Ph. D. The Loeb Collection of Arretine pottery. *New-York*, 1908, in-4.

Planches.

2791. Ricci (Seymour de). A catalogue of early Italian majolica in the collection of Mortimer L. Schiff. *New-York*, 1927, in-4.

Planches. Tirage à 205 exempl. numérotés.

2792. Laurvik (J. Nilson). Catalogue Mrs. Phoebe A. Hearst Loan collection. *San-Francisco*, 1917, in-12, broché.

Planches.

2793. Report on the Progress. and condition of the United States national Museum [Wash,] for the year ending June 30, 1920. *Washington*, 1920, in-8.
Planches.

2794. New-York. 1 brochure.

FRANCE

PARIS

2795. Arts décoratifs. (Guide illustré du Musée des). *Paris*, 1922, in-12, broché.

2796. — Catalogue de la collection Moreau, offerte à l'État français. *Paris*, impr. Frazier-Soye, 1907, in-8, broché.
Planches.

2797. Babelon (Ernest). Catalogue des camées antiques et modernes de la Bibliothèque nationale publié sous les auspices de l'Académie des Inscriptions et Belles-Lettres. *Paris*, 1897, in-4.
Album de planches.

2798. — Le cabinet des Médailles et antiques de la Bibliothèque nationale. Notice historique et guide du visiteur. *Paris*, 1924, in-8, broché.
Figures. (I. Les Antiques et les objets d'art).

2798 bis. — Guide illustré au cabinet des Médailles et antiques de la Bibliothèque nationale. *Paris*, 1900, in-12.
Figures.

2799. Babelon (Jean). Les Trésors du cabinet des Antiques. Le cabinet du roi ou le Salon Louis XV de la Bibliothèque Nationale. *Paris-Bruxelles*, 1927, in-4, broché.
Planches.

2800. Chabouillet (M.). Catalogue général et raisonné des camées et pierres gravées de la Bibliothèque Impériale, suivi de la description des autres monuments exposés dans le cabinet des médailles et antiques. *Paris*, [1858], in-12.

2801. Delaborde (Henri). Le département des estampes à la Bibliothèque nationale. *Paris*, 1876, in-12, broché.

2802. Delaporte (Louis). Catalogue des cylindres orientaux et des cachets assyro-babyloniens et syro-cappadociens de la Bibliothèque nationale. *Paris*, 1910, in-4.
Album de planches.

2803. Guibert (Joseph). Le cabinet des Estampes de la Bibliothèque nationale. *Paris*, 1926, in-4, broché.
Planches. Tirage à 425 exemplaires.

2804. Ridder (A. de). Catalogue des vases peints de la Bibliothèque nationale. *Paris*, 1902, in-4.
Figures et planches.

2805. Du Sommerard (E.). Catalogue et description des objets d'art de l'Antiquité, du Moyen Age et de la Renaissance exposés au Musée [de Cluny]. *Paris*, 1883, in-8, broché.

2806. Milloué (L. de). Petit guide illustré du Musée Guimet. *Paris*, 1890, in-12.
Figures.

2807. Guimet (Bulletin archéologique du Musée). *Paris-Bruxelles*, 1921, in-8.
Planches. Fascicules 1 et 2.

2808. Jacquemart-André (Musée). Catalogue itinéraire. *Paris*, s. d., in-12, broché.
Planches.

2809. Ricci (Seymour de). Institut de France. Musée Jacquemart-André. N° spécial de la revue « Les Arts » (1914), in-4, broché.
Figures et planches.

2810. Both de Tauzia. Notice des tableaux exposés dans les galeries du Musée national du Louvre. I. Ecoles d'Italie et d'Espagne. *Paris*, 1877, in-8.
Envoi d'auteur signé à M. Ch. Ephrussi.

2811. — Notice des tableaux exposés dans les galeries du Musée national du Louvre. *Paris*, s. d., 3 vol. in-12, cartonnés en 1 vol.

2812. Clément de Ris (L.). Musée du Louvre. Notice des faïences françaises. *Paris*, 1871, in-12, broché.

2813. Contenau (Georges). Musée du Louvre. Les Antiquités orientales. Sumer, Babylonie, Elam. *Paris*, s. d., in-8.

Planches. En feuilles. Envoi d'auteur signé.

2814. Darcel (Alfred). Musée du Moyen Age et de la Renaissance [Louvre]. Notice des émaux et de l'orfèvrerie. *Paris*, 1867, in-8.

2815. Delaporte (Louis). Musée du Louvre. Catalogue des cylindres, cachets et pierres gravées de style oriental. *Paris*, 1923, in-4, en feuilles, carton.

Planches. formant suite. II. Acquisitions.

2816. Demonts (Louis). Musée du Louvre. Catalogue de la collection Félix Doistau. Miniatures des XVIIIe et XIXe siècles. *Paris*, 1922, in-12, broché.

Planches.

2817. — Musée du Louvre. Les dessins de Michel-Ange. *Paris*, s. d., in-8, en feuilles, carton.

Fac-similés.

2818. Dreyfus (Carle). Musée du Louvre, Le mobilier français, époques de Louis XIV et de Louis XV. *Paris*, [1921], in-8.

Planches en feuilles, Envoi d'auteur signé.

2819. — Musée du Louvre. Le mobilier français. Époque de Louis XVI. *Paris*, [1921], in-8.

Planches en feuilles carton. Envoi d'auteur signé.

2820. — Musée national du Louvre. Catalogue sommaire du mobilier et des objets d'art du XVIIe et du XVIIIe siècles. *Paris*, s. d., in-8, broché.

Planches. Envoi d'auteur signé.

2820 bis. Le même ouvrage; 1922 (2e édit.) (broché).

2821. Guiffrey (Jean) et **Marcel** (Pierre). Inventaire général illustré des dessins du Musée du Louvre et du Musée de Versailles. *Paris*, 1907-1909, 3 vol. in-4.

Planches. Envoi d'auteurs signé (tomes I-3).

2822. Heuzey (Léon). Catalogues des figurines antiques de terre cuite du Musée du Louvre. *Paris*, 1882, in-12.

Tome Ier.

2823. — Musée national du Louvre Catalogue des antiquités chaldéennes (Sculpture et gravure à la pointe). *Paris*. 1902, in-8.

Planches.

2824. Hourticq (Louis). Les tableaux du Louvre. *Paris*, s. d. in-12, broché.

Figures. Envoi d'auteur signé.

2825. Ledrain (E.). Notice sommaire des monuments phéniciens du Musée du Louvre. *Paris*, 1889, in-12.

2826. Lemoisne (P.-A.) et autres. La peinture au Musée du Louvre. *Paris*, L'Illustration, s. d., 11 vol. in-8.

Planches hors texte. Envois d'auteurs signés.

2827. Louvre. Catalogue de la collection Isaac de Camondo. *Paris*. 1922, in-8, broché.

Planches.

2828. — Extrait du catalogue illustré de la Chalcographie du Louvre. *Paris*, 1922, in-12, broché.

Planches.

2829. — Catalogue des dessins de Claude Gellée dit le Lorrain (1600-1682). *Paris*, 1923, in-8.

2830. — Catalogue sommaire des marbres antiques. *Paris*, s. d., in-12.

Planches.

2831. — (Catalogue illustré des moulages des ateliers du). *Paris*, 1925, in-12, broché.

Planches.

2832. — Catalogue sommaire des peintures, 1909, *Paris*, s. d., in-12, broché.

2833. — Catalogue de la collection Timbal. *Paris*, 1882, in-12, broché.

2834. — Le Musée du Louvre depuis, 1914. Dons, legs et acquisitions. *Paris*. 1919-1921 3 vol. in-fol. en feuilles; cart.

Planches.

2835. — Société des Amis du Louvre (La). Ses dons au Musée. *Paris*, s. d., in-4, carton.

Recueil de planches, Exempl. imprim. pour M. Th. Reinach.

2836. Marquet de Vasselot (J.-J.). Répertoire des catalogues du Musée du Louvre (1793-1926). *Paris*, 1927, in-12, broché.

2837. Michel (André) et **Migeon** (Gaston). Le Musée du Louvre, sculptures et objets d'art du Moyen Age, de la Renaissance et des temps modernes. *Paris*, 1912, in-8, broché.

Figures. Envoi d'auteurs signé.

2838. Migeon (Gaston) et autres. La collection Isaac de Camondo au Musée du Louvre. *Paris*, 1914, in-4, broché.

Figures et planches. en noir et en couleurs.

2839. — La collection Schlichting au Musée du Louvre. *Paris*, 1921, in-8, broché.

Planches.

2840. Pottier (E.). Les antiquités assyriennes au Musée du Louvre. *Paris*, 1917, in-8, broché.

Planches.

2841. — Les vases antiques du Louvre. Paris, 1897-1922, 3 vol. in-4, rel. en 2 vol.

Planches.

2842. Musée national du Louvre. Catalogue des vases antiques de terre cuite. *Paris*, 1896-1906, 3 vol. in-12.

Envoi d'auteur.

2843. Ricci (Seymour de). Description raisonnée des peintures du Louvre. *Paris*, 1913, in-8, broché.

I. Écoles étrangères, Italie et Espagne. Envoi d'auteur signé.

2844. Ridder (A. de). Les bronzes antiques au Louvre. *Paris*, 1913, in-4. (broché)

Planches en phototypie. I. Les Figurines.

2845. — Collection de Clercq. Louvre. Tome VI. Les terres cuites et les verres. Tomes VII. Les bijoux et les pierres gravées. Tables générale des Tomes I à VII *Paris*, 1909-1912, 4 vol. in-4, brochés.

Planches.

2846. Rouchès (Gabriel). Musée du Louvre. Dessins italiens du XVIIe siècle. *Paris*, s. d., in-8, en feuilles.

Planches. Envoi d'auteur signé.

2847. Rougé (Emmanuel de). Notice des monuments exposés dans la galerie d'antiquités égyptiennes, au Musée du Louvre. *Paris*, s. d., in-12.

2848. Vitry (Paul). Le Musée du Louvre. Guide sommaire à travers les collections. *Paris*, 1913, in-8. broché.

Planches. Envoi d'auteur signé.

2849. Louvre. Généralités. 3 brochures : Pierre Marcy, F. Trawinski et Ch. Galbrun.

2850. — Antiques. 4 brochures.

2851. — Peinture. 2 brochures.

2852. Luxembourg (Musée du). Notice des peintures, sculptures et dessins. *Paris*, 1872, in-12, broché.

2852 bis. Le même ouvrage, 1886, in-12, broché.

2853. — La sculpture moderne au Musée national du Luxembourg. *Paris*, s. d., in-8.

Planches.

2854. Moreau (Musée Gustave). Catalogue sommaire. *Paris*, 1904, in-8.

Planches.

2855. Lapauze (Henry). Le Palais des Beaux-Arts de la Ville de Paris (Petit Palais). *Paris*, 1910, in-4.

Planches. Envoi d'auteur signé.

2856. Enlart (Camille) et **Roussel** (Jules). Catalogue général du Musée de sculpture comparée au Palais du Trocadéro. *Paris*, 1910, in-8, broché.

Planches.

2857. Paris. Les *Heures* à l'usage d'Angers de la collection Martin Le Roy. Notice par le Cte Paul Durrieu. *Paris*, Société française de reproductions de manuscrits. 1912, in-4, en feuilles.

Planches. Exemplaire de M. Jules Ephrussi.

2858. — Migeon (Gaston) et autres, Collection Paul Mallon. *Paris*, s. d., 3 vol. in-4.

Planches en feuilles, cartons.

2859. — Carton. Musée de l'Armée, Musée d'Artillerie ; Musées Carnavalet, Grévin, J.-J. Henner, Rodin. — École des Beaux-Arts.

Province

2860. Jalabert (Denise). Répertoire des catalogues des Musées de province. *Paris*, 1924, in-8, broché.

2861. Gibert (Honoré). Musée d'Aix (Bouches-du-Rhône) *Aix*, 1882, in-12.

2862. La Ville de Mirmont (H. de). Histoire du Musée de Bordeaux. *Bordeaux*, 1899, in-8.

Figures et plans. Envoi d'auteur signé. Le tome I seulement.

2863. Vallet (Emile). Catalogue des tableaux, sculptures, gravures, dessins exposés dans les galeries du Musée de Bordeaux. *Bordeaux*, 1881, in-16.

2864. Chennevières (Henry de). Notice des tableaux appartenant à la collection du Louvre exposés dans les salles du palais de Fontainebleau. *Paris*, 1881, in-12.

Envoi d'auteur signé à M. Ephrussi.

2865. Grenoble (Musée de). Catalogue des tableaux, statues, bas-reliefs et objets d'art. *Grenoble*, 1901, in-12.

Planches.

2866. Gonse (Louis). Musée de Lille. Le Musée Wicar. *Paris*, 1878, in-4.

Figures et planches. Envoi d'auteur signé à M. Ephrussi.

2867. Lille. Catalogues du Musée Wicar. *Lille*, 1856, in-8.

2868. Reynart (Ed.). Catalogue des tableaux, bas-reliefs et statues exposés dans les galeries du Musée des tableaux de Lille. *Lille*, 1872, in-8.

Planches en photoglyptie. Broché, dos cassé.

2869. Gasnault (Paul). Musée céramique Adrien Dubouché. Catalogue de la collection Jacquemart. *Paris*, 1879, in-8, broché.

Portrait. Envoi d'auteur signé à M. Ch. Ephrussi.

2870. Montcabrier (Ctesse de). Le Musée national Adrien Dubouché. Un Musée de France : notes sur Adrien Dubouché et son œuvre. *Paris*, 1927, in-4, broché.

Planches.

2871. Lyon. Catalogue sommaire des Musées de la ville de Lyon. *Lyon*, s. d., in-8.

Planches.

2872. Cox (Raymond). Le Musée historique des tissus de la chambre de commerce de Lyon. *Lyon*, 1902, in-8, broché.

Dos décollé.

2873. Lechat (Henri). Université de Lyon. Faculté des Lettres. Catalogue de moulages pour l'histoire de l'art antique. *Lyon*, 1911, in-8, broché.

2874. Lyon. 1 carton : environ 10 brochures par Claudius Cote, Henri Focillon, Marcel Hervier, Henri Lechat, Adolphe Reinach, etc.

2875. Froehner (W.). Musée de Marseille. Catalogue des antiquités grecques et romaines. *Paris*, 1897, in-8.

2876. Le Blant (Edmond). Catalogue des monuments chrétiens du musée de Marseille, *Paris*, 1894, in-8.

2877. Montpellier. Catalogue des peintures et sculptures exposées dans les galeries du Musée Fabre. *Montpellier*, 1914, in-8. broché.

Planches. 2e édition. On y joint : Guide au Musée des moulages de la Faculté des lettres.

2878. Berthomieu (Louis). Musée de Narbonne. Catalogue descriptif et annoté des peintures et sculptures. *Toulouse*, 1923, in-8.

Planches formant suite.

2879. Reinach (Salomon). Antiquités nationales, description raisonnée du Musée de Saint-Germain-en-Laye. *Paris*, s. d. [1889-1894]. 2 vol. in-8.

Figures et planches.

2880. — Catalogue illustré du Musée des antiquités nationales au château de Saint-Germain-en-Laye. *Paris*, 1921-1927, 2 vol. in-8, brochés.

Figures et planches.

2881. Fleury (Élie). Catalogue raisonné de la collection M. Q. de la Tour à Saint-Quentin. *Paris*, 1919, in-8, broché.

Planches.

2882. Papillon (Georges) et **Savreux.** (Maurice). Musée céramique de Sèvres, Guidé illustré. *Paris*, 1921, in-8, broché.

Planches. Envoi d'auteur signé.

2883. Toulouse. Catalogue des collections de sculpture et d'épigraphie du Musée de Toulouse. *Toulouse*, 1912, in-8, broché.

Grande-Bretagne

2884. Beazley (J. D.). The Lewes House Collection of ancient gems. *Oxford*, 1920, in-4.

Planches.

2885. British Museum. A guide to the Egyptian collections to the early Christian and Byzantine antiquities, to the medieval Room, to the Babylonian and Assyrian antiquities, to the antiquities of Roman Britain, to the Exhibition illustrating Greek and Roman life, to the Department of Greek and Roman antiquities. *Londres*, 1908-1912, 7 vol. in-8, brochés.

Figures.

2886. British Museum. Catalogue (A) of engraved gems in the British Museum. *Londres*, 1888, in-12.

2887. British Museum. The Waddesdon Bequest. The collection of jewels, plate and other works of art, bequeathed to the British Museum by baron Ferdinand de Rothschild. *Londres*, 1899, in-8, broché.

Portrait.

2888. Smith (A. H). A catalogue of sculpture in the department of Greek and Roman antiquities, British Museum. *Londres*, 1892-1904, 3 vol. in-8.

2889. National Gallery Pictures. Pall-Mall Gazette, nº spécial, octobre 1892, in-8.

Recueil d'illustrations.

2890. — Catalogue of the pictures. *Londres*, 1921, in-8.

2891. Wallace Collection. Pictures and drawings. *Londres*, 1928, in-8, broché.

Figures.

2892. Robinson (J. C.). Descriptive catalogue of drawings by the old masters, forming the collection of John Malcolm of Poltalloch. *Londres*, 1876, in-8.

2893. Grande-Bretagne. 1 carton : 8 brochures.

GRÈCE

2894. Cavvadias (P.). Catalogue des Musées d'Athènes : Musée National, antiquités mycéniennes et égyptiennes, sculptures, vases, terres cuites, bronzes. Musée de l'Acropole. *Athènes*, 1895, in-8.

2895. — Sculptures du Musée d'Athènes. *Athènes*, 1890-1892, in-8.

1re partie.

2895 bis. Collignon (Maxime) et **Couve** (Louis). Catalogue des vases peints du Musée national d'Athènes. *Paris*, 1902, in-8.

Plus planches et index brochés.

2896. Svoronos (J. N.). Das Athener Nationalmuseum. [Édit. W. Barth]. *Athènes*, s. d., 4 fasc. in-4.

Figures et suite de planches hors texte.

2897. Thalasso (Adolphe). Les trésors du Musée national d'Athènes. *Paris*, 1912, in-4.

Figures et planches. Envoi d'auteur signé.

2898. Collignon (Maxime). Catalogue des vases peints du Musée de la société d'archéologie d'Athènes. *Paris*, 1877, in-8.

2899. Ridder (A. de). Catalogue des bronzes de la société archéologique d'Athènes. *Paris*. 1894, in-8.

2900. Fod (M. N.). and **Wace** (A. J. B.) Catalogue (A) of the Sparta Museum. *Oxford*, 1906, in-8.

2901. Grèce. 1 carton : brochures. Sculptures du Musée de l'Acropole, d'Olympie, etc.

ITALIE

2902. Italie. Le Gallerie nazionali italiane. Notizie e documenti. *Roma*, 1894-1897, 3 vol. in-4.

Planches.

2903. Florence. Galerie de l'Académie, Galerie Buonarroti, Horne Museum, Institut des Beaux-Arts, Galerie Palatine; 5 brochures in-12.

2904. Malte. 1 carton, 1 brochure et 2 placards relatifs au Musée.

2905. Milan. Fondazione artistica Poldi-Pezzoli, Museo artistico municipale, R. Academia di Belli Arte, Les Monuments antiques figurés au Musée archéologique de Milan; 5 brochures in-8 et in-12.

2906. Venturi (Adolfo). La R. Galleria Estense in Modena. *Modena*, 1882, in-4.

Figures et planches.

2907. Monaco (Domenico). A complete handbook of the Napoli Museum. *Naples* 1900, in-12, broché.

2908. Heydemann (H.) Die Vasensammlungen des Museo nazionale zu Neapel. *Berlin*, 1872, in-8.

2909. Moschetti (Andrea), Il Museo civico di Padova. *Padoue*, 1903, in-4.

Figures et planches.

2910. Helbig (Wolfgang). Guide to the public collections of classical antiquities in Rome, *Leipzig*, 1895, in-12.

Figures.

2911. Holtzinger. (Heinr.) et **Amelung** (Walter). Die Ruinen Roms. Die antiken Sammlungen. *Stuttgart-Berlin-Leipzig*, 1890, in-12.

2912. Lafenestre (Georges) et **Richtenberger** (Eugène). Rome, les Musées, les collections particulières, les palais. *Paris*, 1905, in-8.

Planches. Envoi d'auteur à M. Ephrussi.

2913. Matz (Friedrich). et **Duhn** (F. von). Antike Bildwerke in Rom. *Leipzig*, 1881, 3 vol. in-8.

2914. Benndorf (Otto) et **Schöne** (Richard). Die antiken Bildwerke des Lateranensischen Museums [Rome]. *Leipzig*, 1876, in-8.

2915. Rome. Catalogue des sculptures antiques du Musée Ludovisi. *Foligno*, 1891, in-8, broché.

2916. Amelung (Walter). Die Sculpturen des Vaticanischen Museums [Rome]. *Berlin*, 1903-1908, 2 vol. in-8.

Planches du tome II.

2917. Turin. Gualino (La Collezione). *Turin-Rome*, 1926, in-4.

Planches en couleurs. Tome I. Exempl. tiré au nom de M. Théodore Reinach.

2918. Pecht (Friedrich). Venedigs Kunstschätze. *Trieste*, 1860, in-4.

Planches gravées.

2919. Venise. Académie des Beaux-Arts, Académie de Venise, etc. 5 brochures in-8.

2920. Italie (divers). Bologne, Brescia. Parme, Rome, Sienne, Turin; 6 brochures in-8 et in-12.

Norvège

2921. Fett (Harry) et autres. Chr. Langaards Samlinger av Malerkunst og Kunsthaandverck fra fortiden. *Christiania*, 1913, 2 vol. in-4, pl. vélin.

Planches.

Pays-Bas

2922. Bredius (Abr.). Catalogue des peintures du Musée de l'État à Amsterdam. *Amsterdam*, 1898, in-12.

Planches.

2923. Burger (W.). Musées de La Haye, *Paris*, 1860, in-12.

2924. La Haye (Musée royal de). Catalogue raisonné des tableaux et des sculptures. *La Haye*, 1895, in-8.

Planches.

2925. — Notice historique et descriptive des tableaux et des sculptures exposés dans le Musée royal. *La Haye*, 1874, in-12, broché.

2926. Hollande. 1 carton : 3 brochures, J.-J. de Gelder, Musées d'Amsterdam,

Portugal

2927. Lisbonne. Notice sommaire sur le Musée ethnologique portugais. *Lisbonne*, in-8.

2928-2937. Nos réservés.

Roumanie

2938. Bachelin (L.). Tableaux anciens de la galerie Charles Ier, roi de Roumanie. *Paris-New-York*, 1898, in-4.

Planches.

Russie

2939. Clément de Ris (L.). Le Musée impérial de l'Ermitage à Saint-Pétersbourg. *Paris*, 1880, in-8.

Figures et planches. Envoi d'auteur signé à M. Ephrussi.

2940. Kieseritzky (D. de). Imperatorskii Ermitaj Mouseï Drevneï skoultouri. *Saint-Pétersbourg*, 1896, in-8.

Suède

2941. Brising (Harald). Antik Konst i National Museum. *Stockholm*, 1911, in-4.

60 planches.

2942. Nillsonn (Axel). Die Kulturhistorische Abteilung von Skansen. *Stockholm*, s. d., in-8, broché.

Figures, planches, cartes.

Suisse

2943. Dunant (Emile). Guide illustré du Musée d'Avenches. *Genève*, 1900, in-8, broché.

Planches.

2944. Secrétan (Eugène). Aventicum, son passé et ses ruines. *Lausanne*, 1905. in-12, broché.

Plan.

2945. Bernouilli (J.-J.). Museum in Basel, Catalog für die antiquarische Abtheilung. *Basel*, 1880, in-12.

2946. Genava. Bulletin du Musée d'Art et d'histoire. *Genève*, in-4 broché.

T I, 1923 — Figures et planches.

2947. Genève (Société auxiliaire du Musée de). Mélanges publiés à l'occasion du 25e anniversaire de la société. *Genève*, 1922, in-8, broché.

Figures et planches.

2948. Deonna (W.). Choix de monuments de l'art antique (Genève, musée d'art et d'histoire). *Genève*, 1923, in-8, broché.

Recueil de planches.

2949. — Catalogue des bronzes figurés antiques (Genève, musée d'art et d'histoire). *Zurich*, 1916, in-8, broché.

Figures et planches.

2950. Genève. Musée Fol. Études d'art et d'archéologie sur l'antiquité et la Renaissance, *Genève-Bâle-Lyon*, 1874-1878, 4 vol. in-4.

Figures et planches.

2951. Fol (Walther). Catalogue du Musée Fol. [Genève]. *Genève*, 1874-1879, 4 vol. in-12.

Figures.

2952. Blümner (H.). Die archaeologische Sammlung im eidgenössischen Polytechnikum zu Zürich. *Zurich*, 1881, in-8.

2953. Suisse. 1 carton. Musée de Berne, Musée d'art et d'histoire de Genève, Musée de Bâle, Musée national suisse, etc. 7 brochures, in-8 et in-12.

Tchécoslovaquie

2954. Singer (Dr Hans Wolfgang). Lanner Sammlung [Prague]. Das Kupferstichkabinet. *Prague*, 1895, 2 vol. in-8.

Portrait.

Tunisie

2955. Merlin (Alfred). Guide du Musée Alaoui. *Tunis*, s. d., in-16, broché.

Planches.

Turquie

2956. Mendel (Gustave). Catalogue des figurines grecques de terre cuite [des Musées impériaux ottomans]. *Constantinople*, 1908, in-4, broché.

2957. — Catalogue des sculptures grecques, romaines et byzantines [des Musées impériaux ottomans]. *Constantinople*, 1912, in-8, broché.

T. I. Figures.

2958. Constantinople. Catalogues du Musée impérial ottoman. Vases cypriotes, etc., 9 brochures in-8.

EXPOSITIONS

2959. Bénédite (L.), **Cornély**, **Clément-Janin**, etc. Les Beaux-Arts et les Arts

Décoratifs. [Exposition universelle de 1900]. *Paris,* Gazette des Beaux-Arts, s. d., in-4.

Figures et planches.

2960. Blanc (Charles). Les Beaux-Arts à l'Exposition universelle de 1878. *Paris,* 1878, in-12.

Envoi d'auteur signé.

2961. Bode (W.) und **Dohme** (D.). Die Ausstellung von Gemälden alterer Meister im berliner Privatbesitz. *Berlin,* 1883, in-4, broché.

Planches. Envoi d'auteur signé à M. Ch. Ephrussi.

2962. Bouyer (Raymond). L'Art aux Salons de 1896 (-1897). *Paris,* L'Artiste, s. d., 2 vol. in-8.

Planches. Envoi d'auteur signé à M. Ch. Ephrussi.

2963. Buisson (J.). Salon de peinture et de sculpture. Expositions en dehors du Salon en 1881. *Paris,* 1881, in-8.

Planches. Envoi d'auteur signé à M. Ch. Ephrussi.

2964. Chennevières (Marquis de). Les dessins de maîtres anciens exposés à l'École des Beaux-Arts en 1879. *Paris,* 1880, in-8.

2965. — Le Salon de peinture en 1880. *Paris,* 1880, in-4.

Planches (Papier de Hollande).

2966. — Le même ouvrage. *Paris,* 1880, in-8, broché.

2967. Falize (L.). Exposition universelle internationale de 1889. Classe 24 : Orfèvrerie. Rapport. *Paris,* 1891, in-8.

Envoi d'auteur signé à M. Ch. Ephrussi.

2968. Gonse (Louis). Les Beaux-Arts et les Arts Décoratifs. [Exposition universelle de 1878]. *Paris,* 1879, 2 vol. in-4.

Figures et planches.

2969. Gonse (Louis) et **Lostalot** (Alfred de). Exposition universelle de 1889. Les Beaux-Arts et les Arts Décoratifs. L'Art français rétrospectif au Trocadéro. *Paris,* journal " Le Temps ", s. d., in-4.

Planches.

2970. Halphen (Edmond). La Chine et le Japon à l'Exposition d'Amsterdam. *Paris,* 1883, in-8.

Envoi d'auteur signé.

2971. Hymans (Henri). L'Exposition des Primitifs flamands à Bruges. *Paris,* 1902, in-8.

Figures et planches.

2972. Lafenestre (Georges). L'Exposition des Primitifs français. *Paris,* 1904, in-8.

Planches.

2973. Marx (Roger). La décoration et les industries d'art à l'Exposition universelle de 1900. *Paris,* s. d., in-4, broché.

Figures et planches. Envoi d'auteur signé à M. Ch. Ephrussi.

2974. Montaiglon (Anatole de) et **Gonse** (Louis). Salon de 1875. Peinture et sculpture. *Paris,* 1875, in-4.

Planches. (Papier de Hollande).

2975. Ricci (Seymour de). Exposition d'objets d'art du Moyen Age et de la Renaissance... organisée par la marquise de Ganay. *Paris,* s. d., in-folio en feuilles.

Planches. Tirage à 210 exempl. numérotés.

2976. Seidel (Paul). Die Kunstsammlung Friedrich des Grossen auf der pariser Weltausstellung 1900. *Berlin-Leipzig,* 1900, in-16.

Figures et planches.

2977. Seidlitz (W.-V.). Die Kunst auf der pariser Weltausstellung. *Leipzig,* 1901, in-12.

2978. Exposition (L') de Paris, 1889. *Paris,* 1889, 4 vol. in-4, reliés en 2.

Figures et planches.

2979. Architecture ancienne et moderne. (Exposition anglo-française d'), *Paris,* 1914, in-4, broché.

Planches.

2980. Art (L') danois, depuis la fin du XVIIIe siècle jusqu'en 1900. [Catalogue d'exposition]. S.l.n.d., in-4, broché.

Planches.

2981. Art français sous Louis XIV et sous Louis XV (Catalogue de l'Exposition de l'). *Paris,* 1888, in-8.

2982. Art japonais. Catalogue de l'Exposition rétrospective de l'Art japonais, organisée par M. Louis Gonse. *Paris,* 1883, in-8.

2983. Goût (Le) **chinois en Europe** au XVIIIe siècle. Catalogue. *Paris,* 1910, in-8.

Planches.

2984. Maréchaux de France (Exposition rétrospective des). S.l.n.d., broché.

Figures et planches.

2985. Berlin. Galerie Thannhauser. Erste Sonderausstellung in Berlin. S. d., [1927], in-8, broché.

Planches.

2986. Dusseldorf. Kunsthistorische Ausstellung, 1904. *Dusseldorf,* s. d., in-8.

2987. Bruxelles (Revue de l'Exposition générale de). *Bruxelles,* imp. et lith. des Beaux-Arts, 1851, in-4.

20 planches gravées ou lithographiées.

2988. Arts décoratifs. Catalogue descriptif des dessins de décoration et d'ornement de maîtres anciens exposés au Musée des Arts décoratifs. *Paris,* 1880, in-8.

2989. — Le Livre français, des origines à la fin du Second Empire. Exposition au Pavillon de Marsan. [1923]. *Paris,* s. d., in-12, broché.

Planches.

2990. — **Arts décoratifs,** (L'Exposition des), *Paris,* 1925, in-4 broché.

Figures.

2991. Bibliothèque nationale. Catalogue. Miniatures, gouaches, estampes en couleurs ; médailles et pierres gravées ; biscuits de Sèvres. *Paris,* 1906, in-8, broché.

2992. — Exposition de portraits peints et dessinés du XIIIe au XVIIe siècle. *Paris,* 1907, in-8.

Planches.

2993. — Catalogue de l'Exposition orientale. *Paris,* [1925], in-8, broché.

Planches.

2994. — Catalogue de l'Exposition du Moyen Age. *Paris,* 1926, in-8, broché.

Planches.

2995. Couderc (Camille). Les enluminures des Manuscrits du Moyen Age (du VIe au XVe siècle) à la Bibliothèque nationale. *Paris,* 1927, in-4, broché.

Planches.

2996. Bibliothèque nationale. Exposition du Livre italien. Catalogue des manuscrits, livres imprimés, reliures. *Bois-Colombes,* 1926, in-8, broché.

Planches. Exempl. sur grand papier.

2997. — Le Siècle de Louis XIV. Catalogue de l'Exposition. [*Paris,* 1927], in-8, broché.

Planches.

2998. — La Révolution française. [Catalogue d'exposition]. *Paris,* 1928, in-8 broché.

Planches.

2999. — La Révolution française, catalogue. [*Paris,* 1928], in-8, broché.

Planches hors texte et fac-similés.

3000. — Enseignes et réclames d'autrefois. Arts et métiers graphiques de Paris. 2 vol. in-4.

Figures et planches.

3001. Cercle de la Librairie. Exposition de gravures, 1881. Texte et gravures composés et tirés par divers, in-4.

Planches.

3002. Ecole des Beaux-Arts. Catalogue descriptif des dessins de maîtres anciens exposés à l'École des Beaux-Arts. *Paris*, 1879, in-8.

Exempl. interfolié, notes mss.

3003. [**Louvre**]. Exposition des Primitifs français. *Paris*, 1904, in-8.

3004. Grosvenor Gallery (The). Illustrated Catalogue. Winter Exhibition (1877-1878). *Londres*, s. d., in-4.

Planches.

3005. Mostra della Pittura italiana del Seicento e del Settecento. *Roma-Milano-Firenze*, s. d. [1922], in-12, broché.

3006. Les Français à Turin en 1911. *Paris*, 1912, in-8, broché.

Planches. Exemplaire numéroté.

3007. Exposition de l'Art suisse du XVe au XIXe siècle. *Paris-Genève*, Boissonnas, s. d., in-8, broché.

Planches.

3008. Expositions diverses. 18 cartons : environ 64 brochures.

Figures et planches.

3009. Salons divers, 1883-1926, 75 vol. in-12 et in-8.

3010. Salon de Charles Nodier (Le) et les Romantiques [à la Bibliothèque de l'Arsenal]. Exposition d'art autrichien au Jeu de Paume des Tuileries, 1927, 2 vol. in-4, brochés.

Planches.

3011. Etats-Unis, 5 brochures.

VENTES

3012. Borelli Bey (Ancienne collection). Catalogue de vente, 1913. [*Paris*], in-4.

Planches.

3013. Bourguignon (Collection). Antiquités. Catalogue de vente, 1901. [*Mâcon*], s. d., in-4.

Planches.

3014. Gréau (Collection J.). Catalogue des terres cuites grecques, vases peints et marbres antiques. *Paris*, 1891, in-12.

3015. Gruneisen (Collection). Art classique. Sculpture grecque, romaine, étrusque. Catalogue de vente, 1925. [*Mâcon*], in-4, broché.

Planches.

3016. Hoffmann (Collection F.). Antiquités. [Catalogue de vente]. *Paris*, 1899, in-4.

Planches. Demi-mar. vert, t. dorée.

3017. Lambros (Collections Jean-P.) et **Dattari** (Giovanni) Catalogue de vente, 1912. S.l., in-4.

Suite de planches.

3018. Nelidow (Collection de M. de). Catalogue de vente, 1911. S.l., in-4.

Suite de planches.

3019. Sambon (Collection théâtrale Jules). [Catalogue de vente, 1911] *Paris*, 2 vol. in-4, brochés.

Planches.

3020. Froehner (W.). Collection d'antiquités du comte Michel Tyszkiewicz. *Paris*, 1898, in-4.

Planches. Relié à la suite : Collection de feu M. Joly de Bammeville.

3021. Collection Spitzer. Planches. S.l.n. d., in-folio.

Demi-mar. olive, coins, t. dorée.

3022. Van Branteghem (Collection). Vases peints et terres cuites antiques. Catalogue de vente. *Paris*, 1892, in-12.

3023. Mexique (Arts du) précolombien [Catalogue de vente, 1928], in-4.

Planches. On y joint sept autres catalogues de ventes.

HISTOIRE MÉDIÉVALE ET MODERNE

FRANCE

3024. Ampère (André-Marie et Jean-Jacques). Correspondance et souvenirs. *Paris*, 1875, in-12.

Demi-chagr. bleu poli, tr. dorée. Exempl. sur papier de Hollande.

3025. Apponyi (Rodolphe). Vingt-cinq ans à Paris (1826-1850). *Paris*, 1913-1914, 3 vol. in-8 brochés.

Portrait. Manque le tome IV, publié postérieurement.

3026. Aubry (Octave). Le Roi perdu. (Louis XVII retrouvé). *Paris*, 1924, in-12, broché.

3027. Aulard (A.). Histoire politique de la Révolution française. *Paris*, 1901, in-8.

Demi-maroq. Laval. t. dorées.

3028. Assistance publique (L') sous la Révolution. Recueil de textes et de notes. *Paris*, Imp. Nat., 1909, in-8.

3029. Avenel (G. d'). La noblesse française sous Richelieu. *Paris*, 1901, in-12.

3030. Bainville (Jacques). Histoire de France. *Paris*, 1924, in-12, broché.

3031. Barante (M. de). Histoire des ducs de Bourgogne. *Paris*, 1839, in-8.

3032. Barthou (Louis). Mirabeau. *Paris*, 1913, in-8.

Planches.

3033. Bastard d'Estaing (De). Les Parlements de France. *Paris*, 1858, 2 vol. in-8.

3034. Bémont (Mélanges). Mélanges d'histoire offerts à M. Charles Bémont par ses amis et ses élèves. *Paris*, 1913, in-8.

Portrait.

3035. Benoit (Fernand). Recueil des actes des comtes de Provence appartenant à la maison de Barcelone. *Paris*, 1925, 2 vol. in-8.

Planches.

3036. Berwick (Maréchal de). Mémoires. *Paris*, 1780, 2 vol. in-12.

Portrait et carte. Manque un des coins de la reliure du tome II.

3037. Beugnot (A.). Mémoires. *Paris*, 1889, in-8.

3038. Blanc (Louis). Histoire de la Révolution française. *Paris*, 1847, 12 vol. in-8.

3039. Bloch (Camille). Études sur l'histoire économique de la France. *Paris*, 1900, in-8.

Envoi d'auteur signé.

3040. — L'Assistance et l'État en France, à la veille de la Révolution. *Paris*, 1908, in-8.

Envoi d'auteur signé.

3041. — Cahiers de doléances du bailliage d'Orléans. *Orléans*, 1906, 2 vol. in-8.

Envoi d'auteur signé.

3042. Boigne (Comtesse de). Mémoires, Éd. Nicoullaud. *Paris*, 1908, 4 vol. in-8.

Portrait.

3043. Bourdon (Georges). Ce que j'ai vu au Maroc. Les journées de Casablanca. *Paris*, 1908, in-12.

Couvert. illustrée. Envoi d'auteur signé.

3044. Bourrienne. Mémoires sur Napoléon. *Turin*, 1830, 26 vol. in-24, reliés en 9.

Reliure fatiguée.

3045. Boutaric (Edgar). La France sous Philippe le Bel. *Paris*, 1861, in-8.

3046. Carné (Louis de). Les fondateurs de l'unité française. *Paris*, 1856, 2 vol. in-8.

3047. — Les États de Bretagne. *Paris*, 1868, 2 vol. in-8.

3048. Castellane (Comte de). Maroc, 1904-1907. *Paris*, 1907, in-12, broché.

3049. Castillon [Louis de Perreau?]. Correspondance politique de MM. de Castillon et de Marillac, ambassadeurs de France en Angleterre (1537-1542). Ed. Jean Kaulek, Louis Farges et Germain Lefèvre-Pontalis. *Paris*, 1885, in-8.

3050. Chantelauze (R.). Le cardinal de Retz et l'affaire du chapeau. *Paris*, 1878, 2 vol. in-8.

3051. — Le cardinal de Retz et ses missions diplomatiques à Rome. *Paris*, 1879, in-8.

3052. Cherbourg, Paris, Châlons. *Paris*, s. d., in-4.

Double, broché, sur japon. Figures.

3053. Cherrier (G. de). Histoire de Charles VIII. *Paris*, 1870, 2 vol. in-12.

3054. Chéruel (A.). Dictionnaire historique des institutions de la France. *Paris*, 1865, 2 vol. in-12.

3055. Chevalier (Ulysse). Gallia Christiana novissima. *Valence*, 1912, in-4.

Le tome v seulement (Toulon), double.

3056. Chuquet (Arthur). La première invasion prussienne. *Paris*, 1886, in-12.

Envoi d'auteur signé.

3057. — La retraite de Brunswick. *Paris*, 1887, in-12.

Envoi d'auteur signé.

3058. — Valmy. *Paris*, 1887, in-12.

Envoi d'auteur signé.

3059. Clément (Pierre). Histoire de Colbert. *Paris*, 1874, 2 vol. in-8.

3060. Cochin (Denys). Affaires marocaines. *Paris*, 1912, in-12.

Envoi d'auteur signé.

3061. Collignon (Albert). Le mécénat du cardinal Jean de Lorraine (1498-1550). *Paris*, 1910, in-8.

3062. Commines (Philippe de), **Villeneuve** (G. de), **La Marche** (Olivier de), **Chastelain** (G.), **Bouchet** (J.). Chroniques et mémoires. *Paris*, 1876, in-8.

3063. Crue (Francis de). Le parti des politiques au lendemain de la Saint-Barthélemy. *Paris*, 1892, in-8.

Planches. Envoi d'auteur signé.

3064. Cussy (Chevalier de). Souvenirs. *Paris*, 1909, in-8.

2e éd. Portrait. Demi-mar. rouge, coins, t. dorée, couv. conservée (Gruel).

3065. Damas (Roger de). Mémoires (1787-1806). Ed. Jacq. Rambaud. *Paris*, 1912, in-8.

Tome 1er.

3066. Daniel (André). L'année politique. *Paris*, 1876-1906, 31 vol. in-12.

Manque la première année (1874).

3067. Dareste (M.-C.). Histoire de France. *Paris*, 1865, 8 vol. in-8.

3068. Delaborde (H.-François). Recueil des actes de Philippe-Auguste. *Paris*, 1916, in-4.

Tome I.

3069. Delisle (Léopold). Recueil des actes de Henri II. *Paris*. 1909, in-4.

Introduction.

3070. Dellard (Gén.). Mémoires militaires. *Paris*, s. d., in-8.

Demi-maroq. rouge, t. dorée. (Gruel). Portr.

3071. Delord (Taxile). Histoire du Second Empire. *Paris*, 6 vol. in-4.

Nombreuses gravures sur bois.

3072. Denfert - Rochereau (Col.), **Thiers** (Edouard) et **La Laurencie** (S. de). La défense de Belfort. *Paris*, s. d., in-8.

Cartes et plans.

3073. Des Écherolles (Alex.). Une famille noble sous la Terreur. *Paris*, 1881, in-12.

3074. Dessaint (Ernest). Histoire de Coulommiers. *Paris*, s. d., in-8.

3075. Dieudonné (A.). Hildebert de Lavardin. *Paris*, 1898, in-8.

3076. Dillay (Madeleine). Les chartes de franchise du Poitou. *Paris*, 1927, in-8.

3077. Dino (Duchesse de). Souvenirs. *Paris*, s. d., in-8.

Portrait.

3078. Douin (Georges). La flotte de Bonaparte sur les côtes d'Égypte. *Le Caire*, 1922, in-4.

3079. Dreyfus (Robert). Quarante-huit. *Paris*, Cahiers de la Quinzaine, s. d., in-12.

Envoi d'auteur signé.

3080. — La Révolution de 1848. [*Paris*], Pages libres, s. d., in-8.

3081. Dreyss (Ch.). Chronologie universelle. *Paris*, 1853, in-12.

3082. — Mémoires de Louis XIV pour l'instruction du Dauphin. *Paris*, 1860, 2 vol. in-8.

3083. Driault (J.-E.). Napoléon en Italie. *Paris*, 1906, in-8.

3084. Droz (Joseph). Histoire de Louis XVI. *Paris*, 1860, 3 vol. in-12.

3085. Du Barail (Général). Mes souvenirs (1820-1879). *Paris*, 1896, 3 vol. in-8.

Portrait.

3086. Du Bled (Victor). La société française du XVIe au XXe siècle. *Paris*, 1911, in-12. VIIIe série. XVIIIe et XIXe siècles.

3087. Dubois de Saint-Gelais. Histoire journalière de Paris (1716-1717). *Paris*, 1885, in-8, broché.

Frontispice gravé.

3088. Dufeuille (Eugène). Réflexions d'un monarchiste (1789-1900). *Paris*, 1900, in-8.

Envoi d'auteur signé.

3089. Dufort de Cheverny (J.-N.). Mémoires sur les règnes de Louis XV et Louis XVI et sur la Révolution (1731-1802). Ed. R. de Crèvecœur. *Paris*, 1886, 2 vol. in-8.

Demi-maroq. vert. coins, t. dorée, portrait.

3090. Duruy (Victor). Histoire de France. *Paris*, 1882, in-12.

3091. École des Chartes. Positions des thèses, 1890. *Mâcon*, 1890, in-8.

3092. Émily (Dr J.). Mission Marchand, journal de route. *Paris*, s. d., in-8.

Maroq. laval, pl. mosaïques, tr. dorée, couvert. conservée. 117 planches.

3093. Espérandieu (C.). Deux sièges de Belfort. *Paris*, 1902, in-12.

Trou à la partie inférieure du volume.

3094. Historiens français du XIXe siècle. (Extraits des). Ed. Camille Jullian. *Paris*, 1913, in-16.

3095. Fabre (Joseph). Les bourreaux de Jeanne d'Arc et sa fête nationale. *Paris*, 1915, in-8.

Broché.

3096. Faure (J.-A.-Félix). Histoire de saint Louis. *Paris*, 1866, 2 vol. in-8.

3097. Faverot de Kerbrech (Gén.). La guerre contre l'Allemagne (1870-1871). *Paris*, 1905, in-16.

3098. Feillet (Alphonse). La misère au temps de la Fronde. *Paris*, 1868, in-12.

3099. Ferdinand-Dreyfus. Misères sociales et études historiques. *Paris*, 1901, in-12.

3100. Forneron (H.). Histoire générale des émigrés. *Paris*, 1884, in-12.

Broché, dos cassé. Le tome II seulement.

3101. Français (Les) peints par eux-mêmes. Encyclopédie morale du XIXe siècle. *Paris*, 1841, 2 vol. in-4, brochés.

Province, tomes I et II. Rousseurs.

3102. Freycinet (Ch. de). Souvenirs (1848-1878). *Paris*, 1912, in-8.

3103. Fustel de Coulanges. Histoire des institutions politiques de l'ancienne France. *Paris*, 1891, 6 vol. in-8.

3104. Gachot (Édouard). Marie-Louise intime. *Paris*, s. d., 2 vol. in-8.

Planches.

3105. Gailly de Taurines (Ch.). La reine Hortense en exil. *Paris*, 1914, in-12, broché.

Portrait.

3106. Galli (Henri). Gambetta et l'Alsace-Lorraine. *Paris*, 1911, in-12.

3107. Gambetta. *Paris*, Publications de la Société Gambetta (1re série), 1905, in-12.

Portrait.

3108. Gambetta (Léon). Dépêches, circulaires, décrets, proclamations et discours. Éd. J. Reinach. *Paris*, 1886, in-8.

Tome Ier. Envoi d'éditeur signé.

3109. Garnier (Mme Charles). Une famille parisienne universitaire au XIXe siècle. *Paris*, 1911, in-12.

3110. Guichen (Vicomte de). Crépuscule d'ancien régime. *Paris*, 1909, in-8.

3111. Guizot. Essais sur l'histoire de France. *Paris*, 1868, in-8.

3112. — Grégoire de Tours et Frédégaire. *Paris*, 1861, 2 vol. in-8.

3113. — Histoire de la civilisation en France. *Paris*, 1876, 4 vol. in-8.

3114. — Histoire de France depuis les temps les plus reculés jusqu'en 1789. *Paris*, 1872, 5 vol. in-8.

Figures.

3115. — Histoire de France depuis 1789 jusqu'en 1848. *Paris*, 1878, 2 vol. in-8.

Figures.

3116. — Histoire des origines du gouvernement représentatif. *Paris*, 1855, 2 vol. in-8.

Nouvelle édition.

3117. — Mémoires. *Paris*, 1872, 8 vol. in-12.

3118. Halévy (Daniel). Apologie pour notre passé. *Paris*, Cahiers de la Quinzaine, 1910, in-12.

3119. Hamy (E. - T.). François Panetié (1903). Le corsaire Jean Doublet. La charte de la commune d'Ambleteuse, etc., 1 vol. et 8 broch. in-8.

3120. Hanotaux (Gabriel). Histoire de la France contemporaine (1871-1900). *Paris*, 1903, 2 vol. in-8.

Les tomes I et II seulement.

3121. Hauréau (B.). Charlemagne et sa cour (742-814). *Paris*, 1854, in-12.

3122. Havet. (Mélanges Julien). Recueil de travaux d'érudition dédiés à la mémoire de Julien Havet. *Paris*, 1895, in-8.

Portrait.

3123. Hillebrand (Karl). Frankreich und die Franzosen in der zweiten Hälfte des XIX. Jahrhunderts. *Berlin*, 1879, in-8.

3124. — Geschichte Frankreichs von der Thronbesteigung Louis-Philipps bis zum Falle Napoleons III. *Gotha*, 1877, 2 vol. in-8.

3125. Histoire de France. *Paris*, Larousse, 2 vol. in-4.

Cartes, figures et planches.

3126. Histoire de France contemporaine de 1871 à 1913, illustrée. *Paris*, Larousse, in-4.

Cartes, figures et plans.

3127. Hoym. Vie de Charles - Henry, comte de Hoym, ambassadeur de Saxe-Pologne en France. *Paris*, 1880, 2 vol. in-8, reliés en 1.

3128. Jeannin (Président). Négociations diplomatiques et politiques. Éd. Buchon. *Paris*, 1875, in-8.

3129. Lacour-Gayet (G.). Napoléon. *Paris* [1921], in-4.

Planches en chromolithographie.

3130. Lacroix (Paul). XVIIIe siècle. *Paris*, 1878, in-4.

21 chromolitthogr. et 350 gravures sur bois.

3131. — Directoire, Consulat et Empire. *Paris*, 1884, in-4.

10 chromolith. et 410 gravures sur bois.

3132. La Ferrière (De). Henri IV. *Paris*, 1890, in-12.

Demi-maroq. laval., coins, t. dorée.

3133. Lafond (Paul). Garat. *Paris*, s. d., in-8.

Demi-maroq., rouge, coins, t. dorée (Gruel), portrait.

3134. La Gorce (Pierre de). Histoire de la seconde République française. *Paris*, 1909, 2 vol. in-8.

3135. Lair (Jules). Matériaux pour l'édition de Guillaume de Jumièges. *Paris*, 1910, in-8.

Fac-similés en phototypie.

3136. Laloy (L.). Énigmes du Grand siècle. *Paris*, 1913, in-12 broché.

Envoi d'auteur signé.

3137. Landry (Adolphe). Essai économique sur les mutations des monnaies dans l'ancienne France. *Paris*, 1910, in-8, broché.

Envoi d'auteur signé.

3138. Langlois (Ch.-V.). Registres perdus des Archives de la Chambre des Comptes de Paris. *Paris*, 1917, in-4.

3139. Laplace (Mme de). Lettres à Élisa Napoléon. Éd. Marmottan. *Paris*, 1897, in-8, broché.

Portrait.

3140. Las Cases (Comte de). Mémorial de Sainte-Hélène. *Paris*, 1842, 2 vol. in-8.

Figures et planches. Rousseurs.

3141. Laurent de l'Ardèche. Histoire de l'empereur Napoléon. *Paris*, 1840, in-8, cartonné.

Figures d'Horace Vernet.

3142. Lauzun (Duc de). Mémoires (1747-1783). Éd. Louis Lacour. *Paris*, 1858, in-12.

3143. Lavallée (Théophile). Histoire des Français. *Paris*, 1876-1901, 7 vol. in-12.

3144. Le Blond (Maurice). La crise du Midi. *Paris*, 1907, in-12.

3145. Legouvé (Ernest). Soixante ans de souvenirs. *Paris*, s. d., 4 vol. in-12, reliés en 2.

3146. L'Estoile (Pierre de). Mémoires-journaux. Éd. Brunet, etc. *Paris*, 1889-1896, 12 vol. in-8, brochés.

3147. Lévy (Arthur). Napoléon intime. *Paris*, s. d., in-16.

3148. Linguet. Mémoires sur la Bastille. *Londres*, 1783, in-8.

Frontispice gravé court de marges.

3149. Lister. Voyage de Lister à Paris en 1698. *Paris*, 1873, in-8.

3150. Loliée (Frédéric). Frère d'empereur. Le duc de Morny et la société du Second Empire. *Paris*, 1909, in-8.

Planches. Broché, dos cassé, la couvert. manque.

3151. Louvet de Couvrai. Mémoires sur la Révolution française. Éd. Aulard. *Paris*, 1889, 2 vol. in-12 reliés en 1.

Demi-maroq. Laval. coins, t. dorée. Édit. originale.

3152. Luce (Siméon). Histoire de Bertrand du Guesclin et de son époque. *Paris*, 1876, in-8.

3153. Madame, duchesse d'Orléans. Correspondance. Extraits des lettres publiées par M. de Ranke et M. Holland. Trad. Ernest Jaeglé. *Paris*, 1880, 2 vol. in-12.

3154. Martin (Henri). Histoire de France. *Paris*, 1865, 16 vol. in-8.

3155. Maze (Hippolyte). Le général Marceau. *Paris*, 1889, in-8.

Envoi d'auteur signé.

3156. Meaux (Vicomte de). Souvenirs politiques (1871-1877). *Paris*, 1905, in-8.

3157. Meyer (Alfred). Le baillon en 1766. Lally-Tolendal. *Paris*, 1898, in-12.

Envoi d'auteur signé.

3158. Michelet (J.). Ma jeunesse. *Paris*, 1884, in-12.

3159. Mignet. Eloges historiques. *Paris*, 1864, in-8.

3160. — Histoire de la Révolution française. *Paris*, 1865, 2 vol. in-12.

3161. — Mémoires historiques. *Paris*, 1854, in-12.

3162. — Notices et portraits historiques et littéraires. *Paris*, 1854, 2 vol. in-12.

3163. Milliet. Les Milliet. Une famille de républicains fouriéristes. *Paris*, 1910-1911, 11 fasc. in-12.

3164. Mismer (Ch.). Souvenirs d'un dragon de l'armée de Crimée. *Paris*, 1887, in-12.

Envoi d'auteur signé.

3165. Molinier (Auguste). Correspondance administrative d'Alfonse de Poitiers. *Paris*, 1894, 2 vol. in-4.

3166. Monod (Bernard). Le moine Guibert et son temps (1053-1124). *Paris*, 1905, in-12.

Envoi d'auteur signé.

3167. Monod (Gabriel). Allemands et Français. *Paris*, s. d., in-12.

3168. — Portraits et souvenirs. *Paris*, 1897, in-12.

3169. Montluc (Blaise de). Commentaires. Éd. Buchon. *Paris*, 1875, in-8.

3170. Normand (Charles). La bourgeoisie française au XVIIe siècle. *Paris*, 1908, in-8.

Planches. Envoi d'auteur signé.

3171. Nouvion (Victor de). Histoire du règne de Louis-Philippe. *Paris*, 1857, 4 vol. in-8.

Portrait.

3172. Paroy (Comte de). Mémoires-souvenirs d'un défenseur de la famille royale pendant la Révolution. Éd. Ét. Charavay. *Paris*, 1895, in-8.

3173. Pasquier (Chancelier). Mémoires. Ed. d'Audiffret-Pasquier. *Paris*, 1893, 6 vol. in-8.

3174. Pasquier (Estienne). Œuvres d'Estienne Pasquier et lettres de son fils Nicolas. *Amsterdam*, 1723, 2 vol. in-4.

3175. Pène (H. de). Henri de France. *Paris*, 1884, in-4.

Figures et planches. Un des 200 exemplaires numérotés sur japon. Demi-mar. laval. couv. conservées.

3176. Perdiguier (Agricol). Mémoires d'un compagnon. *Moulins*, 1914, in-8, broché.

3177. Perrens (F.-T.). Les mariages espagnols sous le règne de Henri IV. *Paris*, s. d., in-8.

3178. Petot (Pierre). Registre des Parlements de Beaune et de Saint-Laurent-lès-Chalon (1357-1380). *Paris*, 1927, in-8, broché.

3179. Pingaud (Léonce). Un agent secret sous la Révolution et l'Empire. Le comte d'Antraigues. *Paris*, 1893, in-8.

Demi-maroq. rouge, t. dorée, portrait.

3180. Plaisance (Emile). Histoire des Savoyens. *Chambéry*, 1910, 2 vol. in-8.

3181. Poirson (Auguste). Hist. du règne de Henri IV. *Paris*, 1865, 4 vol. in-12.

3182. Pulitzer (Albert). Le roman du Prince Eugène. *Paris*, 1895, in-8.

Demi-maroq. vert. coins, tr. dorée, portrait.

3183. Rambaud (Alfred). Histoire de la civilisation française. *Paris*, 1888, 2 vol. in-12.

3184. — Histoire de la civilisation contemporaine en France. *Paris*, 1888, in-12.

3185. Ranc (O.). De Bordeaux à Versailles. *Paris*, s. d., in-8.

3186. Ranke (Leopold von). Französische Geschichte. *Leipzig*, 1868, 6 vol. in-8, reliés en 3,

3187. Rappoport (Charles). Jean Jaurès. *Paris*, 1915, in-8.

Portrait et fac-similés.

3188. Reilhac (Jean de). Secrétaire, maître des comptes, général des finances et ambassadeur des rois Charles VII, Louis XII et Charles VIII. *Paris*, 1886, in-4.

3189. Reinach (Joseph). Démagogues et socialistes. *Paris*, 1896, in-12.

Demi-maroq. bleu, coins, t. dorée. Envoi d'auteur signé.

3190. — Histoire d'un idéal. *Paris*, 1896, in-8.

Demi-mar. bleu, coins, tr. dorée.

3191. — Le ministère Gambetta. *Paris*, 1884, in-8.

3192. — Mon compte rendu, discours, propositions et rapports (1889-1893). *Digne*, 1893, in-12.

Demi-maroq. bleu, coins, t. dorée, couvert. conservée.

3193. — La politique opportuniste (1880-1889). *Paris*, 1890, in-12.

Envoi d'auteur en vers.

3194. Reinach (Théodore). Au Parlement (1906-1914) *Paris*, 1914-1915, 2 vol. in-12.

3195. Reuss (Rod.). Histoire d'Alsace. *Paris*, 1912, in-8.

Planches.

3196. Richelieu (Le duc de). Correspondance et documents. Éd. Polovtsoff. *Saint-Pétersbourg*, 1887, in-8.

Demi-maroq. rouge, coins, t. dorée (Gruel). Un coin éraflé.

3197. Rochechouart (Gén. de). Souvenirs sur la Révolution, l'Empire et la Restauration. *Paris*, 1889, in-8.

Demi-maroq. rouge, coins, tr. dorée (Gruel). Portrait.

3198. Roman (M.-J.). Histoire de Bayart. *Paris*, 1878, in-8.

Demi-maroq. Laval., coins, t. dorée.

3199. Rosebery (Lord). Napoleon. The last phase. *Londres*, 1900, in-8.

3200. Rousset (Camille). Correspondance de Louis XV et du maréchal de Noailles. *Paris*, 1869, 2 vol. in-8.

3201. — Le comte de Gisors (1732-1758). *Paris*, 1868, in-8.

3202. — La Grande Armée de 1813. *Paris*, 1871, in-12.

3203. — Histoire de Louvois. *Paris*, 1873, 4 vol. in-8.

3204. Scheurer-Kestner (A.). Souvenirs de jeunesse. *Paris*, 1905, in-12.

Portrait.

3205. Sée (Henri). Histoire de la Ligue des Droits de l'homme (1918-1926). *Paris*, 1927, in-12, broché.

Envoi d'auteur signé.

3206. Ségur (Comte de). La campagne de Russie. Ed. de Voguë. *Paris*, s. d., in-16.

3207. — Histoire de Napoléon et de la Grande Armée en 1812. *Paris*, 1842, in-8.

Planches.

3208. — Histoire et mémoires. *Paris*, 1873, 7 vol. in-8.

3209. — Mélanges. *Paris*, 1873, in-8.

3210. Ségur (Marquis de). Au couchant de la monarchie. Louis XVI et Turgot. *Paris*, s. d., in-8.

Demi-maroq. bleu, coins, t. dorée (Gruel). couvert. conservée, portrait.

3211. Spiard (Charles). Les coulisses du Fort-Chabrol. *Paris*, s. d., in-12.

3212. Tardieu (André). Le mystère d'Agadir. *Paris*, s. d., in-8.

3213. Tchernoff (J.). Associations et sociétés secrètes sous la deuxième République. *Paris*, 1905, in-8.

3214. — Le parti républicain au coup d'État et sous le Second Empire. *Paris*, 1906, in-8.

3215. Thiébault (Général). Mémoires. Éd. Calmettes. *Paris*, 1894, 5 vol. in-8.

3216. Thiers (A.). Histoire de la Révolution française. *Paris-Turin*, s. d., 2 vol. in-4 et atlas.

Gravures sur bois.

3217. — Histoire du Consulat. *Paris*, 1865, in-4.

Gravures sur bois.

3218. — Histoire de l'Empire. *Paris*, 1865, 4 vol. in-4.

Gravures sur bois.

3219. Thierry (Amédée). Histoire d'Attila et de ses successeurs. *Paris*, 1865, 2 vol. in-12.

3220. Thierry (Augustin). Lettres sur l'histoire de France. *Paris*, 1866, in-8.

3221. — Récits des temps mérovingiens. *Paris*, Garnier, s. d., in-8.

3221 bis. Tilley (Arthur). Médieval France, *Cambridge*, 1922, in-8.

3222. — Modern France. *Cambridge*, 1922, in-8.

3223. Tissot (J.). Turgot. *Paris*, 1862. in-8.

3224. Topin (Marius). Louis XIII et Richelieu. *Paris*, 1876, in-8.

3225. Valframbert (Charles). Répertoire politique, historique et littéraire (1876-1880). *Paris*, 1877-1881, 5 vol. in-8.

3226. Vallery-Radot (René). Mme Pasteur. *Besançon*, 1913, in-12.

3227. Vallet de Viriville. Mémoire sur les institutions de Charles VII. *Paris*, 1872, in-8.

3228. Vandal (Albert). L'avènement de Bonaparte. *Paris*, 1903, in-8.

Demi-maroq. vert, coins, t. dorée (David). Tome Ier.

3229. Vaudreuil (Comte de). Correspondance intime du comte de Vaudreuil et du comte d'Artois, pendant l'émigration (1789-1825). Éd. Pingaud. *Paris*, 1889, 2 vol. in-8.

Portrait.

3230. Vaulabelle (Achille de). Histoire des deux Restaurations. *Paris*, 1855, 8 vol. in-8.

3231. Viel-Castel (Louis de). Histoire de la Restauration. *Paris*, 1860, 20 vol. in-8.

3232. — Mémoires. *Paris*, 1883, 4 vol. en 3 tomes in-8.

3233. Viollet (Paul). Les établissements de saint Louis. *Paris*, 1881, 2 vol. in-8.

3234. Vitrac (Maurice). La France. Histoire et géographie économiques. [*Paris*, s. d.], in-8.

Tome I. Les frontières méridionales.

3235. Vogüé (Le marquis de). Une famille vivaroise. *Paris*, 1912, 3 vol. in-8.

3236. Vuillaume (Maxime). Mes cahiers rouges. *Paris*, 1908-1914, 10 fasc. in-12.

Les 8 premiers reliés en 3, les 2 derniers brochés.

3237. Wallier (René). Le XXe siècle politique (1901-1907). *Paris*, 1902-1908, 7 vol. in-12.

3238. Wendell (Barrett). La France d'aujourd'hui. Trad. Georges Grappe. *Paris*, s. d., in-16.

3239. Archives biographiques contemporaines. Revue mensuelle. *Paris*, s. d., 2 vol. in-8, brochés, et fasc. in-8.

3240. Obituaires de la province de Sens. *Paris*, 1909, in-4.

Le tome III seulement. (Diocèses d'Orléans, d'Auxerre et de Nevers.)

3241. Pouillés de la province de Reims. Éd. A. Longnon. *Paris*, 1908, 2 vol. in-4.

3242. Cercle Saint-Simon (Société historique du). Bulletin, 1883-1884, Publications (I), Annuaires (1885-1891). *Paris*, 1883-1891, 3 vol. in-8.

Recueil factices.

3243. La Vie politique dans les deux mondes, 1906-1910. *Paris*, 1908-1913, 6 vol. in-8.

3244. Histoire de France. 63 brochures, par E. Babelon, C. Bloch, Brutails, L. Caillet, L. Delisle, V. Giraud, J. Havet, A. Mousset, etc.

3245. Madagascar (Histoire). 5 brochures, par F. Mury, J. Peyrand, etc., et extraits du " Journal Officiel ".

ÉTRANGER

Allemagne

3246. Babelon (Ernest). Au pays de la Sarre. *Paris*, 1918, in-8, broché.

Planches.

3247. Baudin (Pierre). L'Empire allemand et l'empereur. *Paris*, in-12.

Envoi d'auteur signé.

3248. Bismarck. Ausgewählte Reden [1862-1876]. *Berlin*, 1877, 2 vol. in-12.

3249. Bourdon (Georges). L'énigme allemande. *Paris*, 1913, in-12, broché.

Envoi d'auteur signé.

3250. Braunschweig-Lünebourg (Herzog E.A zu). Briefe an Johann Diedrich von Wendt [1703-1726]. *Hanovre, Leipzig*, 1902, in-8.

Portrait.

3251. Caemmerer (V.). Die Befreiungskriege (1813-1815). *Berlin*, 1907, in-8.

3252. Delaisi (Francis). La force allemande. *Paris*, 1905, in-12, broché.

Envoi d'auteur signé.

3253. Fournol (Étienne). Aux marches du germanisme. [*Paris*], 1915, in-12, broché.

Envoi d'auteur signé.

3254. Friedjung (Heinrich). Der Kampf um die Vorherrschaft in Deutschland, 1859 bis 1866. *Stuttgart*, 1898, 2 vol. in-8.

3255. Gentz (P. von). Tagebücher von Friedrich von Gentz. *Leipzig*, 1861, in-8.

Fortes rousseurs.

3256. Hanslick (Eduard). Aus meinem Leben. *Berlin*, 1894, 2 vol. in-8, brochés.

Portrait. Dos cassés.

3257. Henne am Rhyn (Dr Otto). Kulturgeschichte des deutschen Volkes. *Berlin*, 1886, in-8.

Figures et planches.

3258. Hohenlohe (Le prince de). Denkwürdigkeiten des Fürsten Chlodowig zu Hohenlohe - Schillingsfürst. *Stuttgart, Leipzig*, 1907, 2 vol. in-8.

Portrait.

3259. Leixner (Otto von). Soziale Briefe aus Berlin. *Berlin*, 1894, in-12.

3260. Loehner (Georg Wolfgang Karl). Das deutsche Mittelalter. *Nuremberg*, 1851, in-8.

3261. Lübeck. Lübeckische Zustände zu Anfang des vierzehnten Jahrhunderts. *Lubeck*, 1847, in-12.

3262. Marbeau (Édouard). Slaves et Teutons. *Paris*, 1882, in-8.

3263. Morell-Mackenzie (Dr). La dernière maladie de Frédéric III. *Paris*, 1888, in-12.

3264. Putlitz (Elisabeth zu). Zur Erinnerung an Elisabeth zu Putlitz, geb. Gräfin Königsmarck. *Perleberg*, s. d., in-8, broché.

3265. Rothan (G.). La Prusse et son roi pendant la guerre de Crimée. *Paris*, 1888, in-8.

3266. Ruge (Arnold). Geschichte unserer Zeit von den Freiheitskriegen bis zum Ausbruche des deutsch-französischen Krieges. *Leipzig*, 1886, in-8.

3267. Saint-René Taillandier. Dix ans de l'histoire d'Allemagne. *Paris*, 1875, in-8.

Portrait.

3268. Schack (Adolf Friedrich). Ein halbes Jahrhundert. Erinnerungen und Aufzeichnungen. *Stuttgart-Leipzig*, 1888, 3 vol. in-8, brochés.

Portraits.

3269. Scherr (Johannes). Deutsche Kultur und Sittengeschichte. *Leipzig*, 1879, in-8.

3270. Schultz (Alwin). Das höfische Leben zur Zeit der Minnesinger. *Leipzig*, 1879-1880, 2 vol. in-8 reliés en 1.

Figures et planches.

3271. Stacke (L.). Deutsche Geschichte. *Leipzig*, 1882, 2 vol. in-8.

Planches, vignettes, fac-similé en couleurs.

3272. Steinhaüsen (Georg). Geschichte der deutschen Kultur. *Leipzig-Vienne*, 1904, in-8.

Figures et planches en couleurs.

3273. Vehse (Dr Eduard). Geschichte der Häuser Baiern, Höfe Würtemberg, Baden und Hessen. *Hambourg*, 1853, 4 vol. in-12.

3274. Wertheimer (Eduard). Der Herzog von Reichstadt. Ein Lebenbild. *Stuttgart-Berlin*, 1902, in-8, broché.

Portrait et fac-similés. Dos cassé.

3275. Zeller (Jules). Histoire d'Allemagne. Fondation de l'Empire germanique. *Paris*, 1873, in-8.

3276. — Histoire d'Allemagne. L'Empire germanique et l'Église au Moyen Age. *Paris*, 1876, in-8.

3277. Allemagne (Histoire). 4 brochures, dont une de J. Reinach [double].

Allemagne : Nuremberg

3278. Chronique. Registrum hujus operis Libri Cronicarum cum figuris et imaginibus ab initio mundi. *Nuremberg*, 1493. in-fol. (Hain, v° Schedel n° 14508)

3279. Ghillany (Dr J. W). Nürnberg historisch und topographisch. *Munich*, 1863, in-8.

Planches gravées.

3280. Gugel (Ch.-T.). Norischer Christen Friedhöfe Bedächtnis. *Nuremberg*, 1682, in-4.

Frontispice gravé.

3281. Lochner (Georg Wolfgang Karl). Nürnberger Jahrbücher aus den bis jetz bekannten ältesten Monumenten der deutschen Geschichte. *Nuremberg*, 1833, in-4.

3282. — Nürnberg's Vorzeit und Gegenwart. *Nuremberg*, 1845, in-12.

Plan.

3283. — Beschreibung der vornehmsten Merkwürdigkeiten in der H. R. Stadt Nürnberg... *Nuremberg*, 1778, in-12.

3284. Murr (Christoph Gottlieb von). Beschreibung der vornehmsten Merkwürdigkeiten in der Reichstadt Nürnberg... *Nuremberg*, 1801, in-8.

3285. Nettberg (R. V.). Nürnberg Briefe. *Hanovre*, 1846,in-12.

Plan.

3286. Panzer (Georg Wolfgang). Aelteste Buchdruckergeschichte Nürnberg. *Nuremberg*, 1789, in-4.

3287. Priem (Johann). Nürnberger Sagen und Geschichten. *Nuremberg*, 1877, in-12.

3288. Will (G.-A.). Herrn Georg Andreas Will ältestem Lehrer der Altorfschen Akademie... *Nuremberg*, n.d., in-12.

3289. Roth (Johann Ferdinand). Lebensbeschriebungen und Nachrichten von merkwürdigen Nürnbergen... *Nuremberg*, 1796, in-16.

3290. N° réservé.

Autriche

3291. Marse (Max). L'Autriche à l'aube du xxe siècle. *Paris*, 1904, in-12.

3292. Radetzky. Briefe des Feldmarschalls Radetzky an seine Tochter Friederike, 1847-1857. *Vienne*, 1892, in-8.

(Broché, dos cassé.) Portrait et fac-similés.

3293. Scherer. Geographie und Geschichte von Tirol und Vorarlberg. *Innsbruck*, 1895, in-12.

3294. Weil (Georges). Le pangermanisme en Autriche. *Paris*, 1904, in-8.

3295. Weisz (Karl). Geschichte der Stadt Wien. *Vienne*, 1872, 2 vol. in-8, reliés en 1.

3296. Autriche (Histoire). 2 brochures.

BALKANS : ISLAM

3297. About (Edmond). La Grèce contemporaine. *Paris*, 1907, in-12.

3298. Albin (Célestin). L'île de Crète. Histoire et souvenirs. *Paris*, 1898, in-8.

Figures et planches.

3299. Aslan (Dr T.). Trait d'union. Arménie-France. *Vannes*, 1917, in-12, broché.

3300. Balcanicus. La Bulgarie. *Paris*, 1915, in-12, broché.

3301. Bérard (Victor). La Turquie et l'hellénisme contemporain. *Paris*, 1893, in-12.

3302. Bianconi (F.). La vérité sur la Turquie. *Paris*, 1876, in-8.

3303. Bikelas (Demetrios). Seven Essays on Christian Greece. Trad. angl. *Londres*, 1890, in-8.

3304. — La Grèce byzantine et moderne. *Paris*, 1893, in-8.

3305. — Les Grecs au Moyen Age. Trad. Émile Legrand. *Paris*, 1878, in-12.

3306. Blancard (Théodore). Les Mavroyeni. *Paris*, in-8.

Portrait, fac-similés, cartes.

3307. Booth (C.-D.) et **Bridge Booth.** Isabelle Italy's Ægeans possessions. *Londres*, s. d., in-8.

Planches.

3308. Bousquet (Georges). Histoire du peuple bulgare. *Paris*, 1909, in-12.

3309. Colocotronis (V.). La Macédoine et l'hellénisme. *Paris*, 1929, in-8.

3310. — The Klepht and the warrior. An autobiography. Trad. angl. Edmonds... *Londres*, 1892, in-8.

Portrait.

3311. Constantinidis (Georges). Ἔκθεσις τῶν κατά τό ἔτος 1890-1891 πεπραγμένων. *Athènes* 1891, in-8.

3312. — Ἱστορια τῶν Ἀθῆνων. *Athènes*, 1894, in-8.

Envoi d'auteur signé.

3313. Corpus scriptorum historiæ byzantinæ.. Éd. Niebuhr. *Bonn*, 1838, 50 vol. in-8, dont 3 brochés.

3314. Crue (Francis de). Notes de voyage. La Grèce et la Sicile. Villes romaines et byzantines. Constantinople et Smyrne. *Paris*, 1895, in-12.

3315. Deschamps (Gaston). La Grèce d'aujourd'hui. *Paris*, 1892, in-12.

3316. Devas (Georges-Y.). La nouvelle Serbie. *Paris-Nancy*, 1918, in-8, broché.

Cartes. Envoi d'auteur signé.

3317. Diehl (Charles). Justinien et la civilisation byzantine au VIe siècle. *Paris*, 1901, in-8.

Figures et planches.

3318. Draganof. La Macédoine et les réformes. *Paris*, 1906, in-8, broché.

Carte.

3319. Driault (Édouard) et **Lhéritier** (Michel). Histoire diplomatique de la Grèce, de 1821 à nos jours. *Paris*, 1925-1926, 5 vol. in-8, brochés.

3320. Finlay (George). History of the Byzantine Empire from DCCXVI to MLVII. *Edimbourg* et *Londres*, 1853, in-8.

3321. — The History of Greece (1204-1461). *Edimbourg* et *Londres*, 1851, in-8.

3322. **Frilley** (G.) et **Wlahovitj** (Jonas). Le Monténégro contemporain. *Paris*, 1876, in-12.

Figures et planches. Cartes.

3323. **Gasquet** (A.). L'Empire byzantin et la monarchie franque. *Paris*, 1888, in-8°, broché.

3324. **Georgiadès** (Démétrius). La Turquie actuelle. *Paris*, 1892, in-8.

3325. **Gibert** (Frédéric). Les pays d'Albanie et leur histoire. *Paris*, 1914, in-8, broché.

Cartes.

3326. **Gomez-Carrillo** (E.). La Grèce éternelle. Trad. Ch. Barthez. *Paris*, 1909, in-12.

3327. **Hammer** (M. de). Histoire de l'Empire ottoman. Trad. Dochez. *Paris*, 1844, 3 vol. in-8.

3328. **Hartmann** (Ludo Moritz). Untersuchungen zur Geschichte der byzantinischen Verwaltung in Italien (540-750). *Leipzig*, 1889, in-8.

3329. **Homolle** (Th.), **Houssaye** (Henry), **Reinach** (Th.), etc. La Grèce. *Paris*, 1908, in-8.

Exemplaires sur papier de Hollande.

3330. **Hopf** (Karl). Les Giustiniani dynastes de Chios. Trad. Vlasto. *Paris*, 1888, in-16.

3331. **Ibn al-Tigtaga.** Al-Fakhrî. Histoire des dynasties musulmanes depuis la mort de Mahomet jusqu'à la chute du khalifat Abbaside de Baghdâdz. Trad. E. Amar. *Paris*, 1910, in-8.

Envoi signé du traducteur.

3332. **Kiazim** (Omer). Angora et Berlin. Le complot germanokémaliste contre le traité de Versailles. *Paris*, 1922, in-12, broché.

3333. **Kuhne** (Victor). Les Bulgares peints par eux-mêmes. *Lausanne-Paris*, 1917, in-8, broché.

3334. **La Jonquière** (Vic. A. de). Histoire de l'Empire ottoman. *Paris*, 1881, in-12.

Cartes.

3335. **Lamartine** (A. de). Histoire de la Turquie. *Paris*, Hachette, 1855, 8 vol. in-8.

3336. **Laroche** (Charles). La Crète ancienne et moderne. *Paris*, s. d., in-12.

3337. **Larroumet.** (Gustave). Vers Athènes et Jérusalem. *Paris*, 1898, in-12.

Envoi d'auteur signé.

3338. **Lasturel** (Pierre). L'affaire gréco-italienne de 1923. *Paris*, 1925, in-12, broché.

3339. **Lavallée** (Théophile). Histoire de l'Empire ottoman. *Paris*, 1855, in-4.

Planches gravées, rousseurs.

3340. **Lenormant** (F.). Turcs et Monténégrins. *Paris*, 1866, in-12.

3341. **Lombard** (Alfred). Constantin V, empereur des Romains (740-775). *Paris*, 1902, in-8.

3342. **Maccas** (Léon). Hellénisme de l'Asie Mineure. *Paris-Nancy*, 1919, in-8, broché.

Envoi d'auteur signé. Manque le 2e pl. de la couverture.

3343. **Marc** (Paul). Byzantinische Zeitschrift. Generalregister zu Band 1-12 1892-1903. *Leipzig*, 1909, in-8, broché.

3344. **Maximilien Ier**. Mein erster Ausflug. Wanderungen im Griechenland. *Leipzig*, 1868, in-8.

Portrait.

3345. **Mismer** (Ch.). Soirées de Constantinople. *Paris-Constantinople*, S. H., 1870, in-8.

3346. — Souvenirs du monde musulman. *Paris*, 1892, in-12.

Envoi d'auteur signé.

3347. Néroutsos (Tacsas Démétrios). Χριστιαναὶ 'Αθῆναι. *Athènes*, 1889, in-8.

3348. Nicol (E.). Les Alliés et la crise orientale. *Paris*, 1922, in-12, broché.

3349. Nonnenberg-Chun (Marie). Der französische Philhellenismus. *Berlin*, 1909, in-8, broché.

3350. Œconomos (Lysimachos). The martyrdom of Smyrna and Eastern christendom. *Londres*, s. d., in-8, broché.

3351. Osman-Bey (Major Vladimir Andrejevich). Les femmes en Turquie. *Paris*, 1878, in-12.

3352. Paparrigopoulo (C.). Ἱστορικαὶ Πραγματεῖαι. *Athènes*, 1889, in-8.

3353. — Histoire de la civilisation hellénique. *Paris*, 1878, in-8.

3354. Pittard (Eugène). La Roumanie. *Paris*, 1917, in-8, broché.

Planches.

3355. Psichari (Jean). Autour de la Grèce. *Paris*, 1895, in-12.

Envoi d'auteur signé.

3356. Rambaud (Alfred). L'Empire grec au xe siècle. Constantin Porphyrogénète. *Paris*, 1870, in-8.

3357. Roches (Léon). Trente-deux ans à travers l'Islam (1832-1864). *Paris*, 1884, in-8.

Le tome I seulement.

3358. Sarrou (A.). La Jeune-Turquie et la Révolution. *Paris-Nancy*, 1912, in-12.

3359. Schlumberger (Gustave). Renaud de Châtillon, prince d'Antioche. *Paris*, 1898, in-8.

Demi-maroq. vert, t. dorée (David). Envoi d'auteur signé à Mme J. Ephrussi.

3360. — Expédition des Almugavares ou routiers catalans en Orient, de l'an 1302 à l'an 1311. *Paris*, 1902, in-8.

Demi-maroq. Laval. coins, tr. dorée.

3361. — Récits de Byzance et des croisades. *Paris*, 1916-1922, 2 vol. in-12, brochés.

Envois d'auteur signés.

3362. — Les Iles des Princes. *Paris*, 1884, in-12.

Envoi d'auteur signé.

3363. — (Mélanges). offerts à M. Gustave Schlumberger à l'occasion du 80e anniversaire de sa naissance. *Paris*, 1924, 2 vol. in-4.

Planches.

3364. Stanoyévitch (St). Histoire nationale des Serbes, des Croates et des Slovènes. *Paris*, s. d., in-12, broché.

3365. Stein (Ernst). Studien zur Geschichte des byzantinischen Reiches vornehmlich unter den Kaisern Justinus II u. Tiberus Constantinus. *Stuttgart*, 1919, in-8. broché.

3366. Stéphanopoli (Jeanne L.). Les îles de l'Egée. Leurs privilèges. *Athènes*, 1912, in-8. broché.

3367. Stöckle (Albert). Spätrömische und byzantinische Zünfte. *Leipzig*, 1911, in-8.

(Klio).

3368. Streit (Georges). L'affaire Zappa. Conflit gréco-roumain. *Paris*, 1894, in-8.

3369. Théry (Edmond). La Grèce actuelle, économique et financière. *Paris*, 1905, in-12.

3370. Tsacalakis (Antoine). Le Dodécanèse. Étude de droit international. *Alexandrie*, 1928, in-8, broché.

3371. Vahbi Bey (Ali). Pensées et souvenirs de l'ex-sultan Abdul-Hamid. *Paris-Neuchâtel*, s. d., in-8, broché.

3372. Vast (Henri). Le cardinal Bessarion, 1403-1472. *Paris*, 1878, in-8.

3373. Vénizélos (É.)., **Politis**, (N.) etc... Cinq ans d'histoire grecque 1912-1917. Discours prononcés à la chambre des députés. *Paris-Nancy*, 1917, in-8.

3374. Voïnovitch (Cte Louis de). La monarchie française dans l'Adriatique. *Paris*, 1928, in-12, broché.

3375. Conflit gréco-turc. [Documents diplomatiques publiés par le Ministère des Affaires étrangères]. *Athènes*, 1897, in-4.

3376. Balkans (Histoire). Environ 18 brochures, par A. Chaboseau, B. Vosnjak, H. Hinkovic, A. Belitch, L. Savadjian, etc.

3377. Byzantina. Environ 70 brochures, par Adamantios, A. Andréadès, J. Krumbacher, Ch. Diehl, G. Lamgakè, H. Lieberich, A. Mentz, H. Omont, J. Psichari, G. Schlumberger, etc.

3378. Byzantion. Revue internationale des études byzantines publiée par Paul Graindor et Henri Grégoire 1925-1926. *Paris, Liège*, 2 vol. in-8, et le 1er semestre 1926.

3379. Geschichte Griechenlands [6 février 1833-1er juin 1835]. *Stuttgart*, 1839, in-12.

3380. Grèce moderne. Histoire. Environ 75 brochures, par P. Arabantinos, D. Békélas, R. David, Dosios, Dem. Georgiadès, Gianopoulos, N. Kasakis, A. Le Glay, L. Maccas, R. Puaux, A. J. Reinach, Albert Vandal, H. Dehérain, Ch. Vellay, K. Dietrich, J. Psichari, etc.

3381. Islam et Asie antérieure. 2 brochures.

3382. Roumanie (Histoire). 8 brochures, par J. Z. Stephanopoli, K. N. Padros, N. Kasakis, J. C. Pelivan, etc.

3383. Turquie (Histoire). environ 25 brochures, par René Puaux, A. Upward, N. Rizoff, E. Nicol, Muçafir, H. Mitsak, etc.

Belgique, Pays-Bas

3384. Goldschmidt (Ferdinand) Histoire politique de Guillaume III. *Paris*, 1847, in-8.

3385. Perey (Lucien). Charles de Lorraine et la cour de Bruxelles. *Paris*, s. d., in-8.

Demi-maroq. bleu, coins tr. dorée. Portrait.

3386. Rogers (James E. Thorold). Holland. *Londres*, 1893, in-8.

Figures et planches. Cartes.

3387. Hollande. 1 brochure par Paul Errera.

Espagne et Portugal

3388. Amicis (Edmondo de). L'Espagne. *Paris*, 1878, in-12.

3389. Bouchet (Ev.). Souvenirs d'Espagne. *Paris*. 1886, in-12.

Papier vergé. Envoi d'auteur signé à M. Ephrussi.

3390. Bouchot (Auguste). Histoire du Portugal. *Paris*, 1854, in-12.

3391. Levi (Cesare Augusto). Iberia. *Venise*, 1883, 4 vol.

Frontispice de P. Orefice. Envoi d'auteur a M. Ephrussi.

3392. Mignet (M.). Antonio Perez et Philippe II. *Paris*, 1874, in-8.

3393. — Charles-Quint. Son abdication... *Paris*, 1862, in-8.

3394. Mouy (Charles de). Don Carlos et Philippe II. *Paris*, 1863, in-12.

3395. Muro (Gaspar). La princesse d'Eboli. Traduct. Alfred Weil. *Paris*, 1878, in-8.

Portrait.

3396. Portugal. 2 brochures.

Grande-Bretagne

3397. O' Brien (R. Barry), The life of lord Russel of Killowen. *Londres*, 1901, in-8.

Portrait et fac-similés.

3398. Chasles (Philarète). Charles Ier. *Paris*, s. d., in-8.

Figures sur acier.

3399. Doubleday (Thomas). A financial, monetary and statistical history of England. *Londres*, 1847, 4 vol. in-8.

3400. Evelyn (John). Diary of John Evelyn, Esq. *Londres*, 1879, in-8.

Veau aubergine, dos ornés, filets sur les plats, tr. peigne. (Bickers and Son.) Pl. hors texte.

3401. Fleury (J.-A.). Histoire d'Angleterre. *Paris*, 1852, 2 vol. in-12.

3402. Frye (Major W. E.). After Waterloo. *Londres*, 1908, in-8.

3403. Gardiner (S. Rawson L. L. D.). What Gunpowder Plot was. *Londres* 1897, in-12.

3404. Glasson (Ernest). Histoire du Droit et des institutions de l'Angleterre. *Paris*, 1882, 6 vol. in-8.

3405. Gronow (Captain). The reminiscences and recollections of Captain Gronow. 1810-1860. *Londres*, 1889, 2 vol. in-8.

Portrait et planches.

3406. Guizot. Histoire d'Angleterre. *Paris* 1877-1878, 2 vol. in-4.

Figures et planches.

3407. — Histoire de Charles Ier, *Paris*, 1862, 2 vol. in-8.

3408. — Histoire de la République d'Angleterre. (1649-1658). *Paris*, 1864, 2 vol. in-8.

3409. — Monk. *Paris*, 1862, in-8.

Portrait.

3410. La Ferrière (Hector de). Deux drames d'amour. Anne Boleyn, Elisabeth. *Paris*, 1914, in-8.

Demi-maroq. bleu, coins, t. dorée (David).

3411. Lingard (John). Histoire d'Angleterre. Traduct. de Wailly. *Paris*, 1843, 6 vol. in-12.

3412. Macaulay. History of England from the accession of James the Second. *Lepzig*, 1849-1861, 10 vol. in-16.

3413. — Biographical Essays. *Leipzig*, 1857, in-16.

3414. — William Pitt. Francis Atterbury. *Leipzig*, 1860, in-12.

3415. Monypenny (W. Flavelle). The life of Benjamin Disraeli. *Londres*, 1910, in-8.

Planches. Le tome I seulement (1804-1837).

3416. Pierquin (Hubert). Histoire politique de la monarchie anglo-saxonne. (449-1066). *Paris*, 1912, in-8, broché.

Envoi d'auteur signé.

3417. — Recueil général des chartes anglo-saxonnes (604-1061). *Paris*, 1912, in-8, broché.

3418. Ranke (Leopold). Englische Geschichte vornehmlich im sechzehnten und siebzehnten Jahrhundert. *Berlin*, 1859-1866, 6 vol. in-8.

Plus un volume de supplément.

3419. Rémusat (Charles de). L'Angleterre au XVIIIe siècle. *Paris*, 1865, 2 vol. in-12.

Nouvelle édition.

3420. Scott (Walter). The tales of a grandfather being the history of Scotland. *Londres*, 1898, in-8.

3421. Stanley (Sir H. Morton). The autobiography of Sir Henry Morton Stanley, G.C.B. edited by his wife D. Stanley. *Londres*, 1909, in-8.

Planches.

3422. Wallon (H.). Richard II. *Paris,* 1864, 2 vol. in-8.

3423. Grande-Bretagne. 5 brochures.

ITALIE

3424. Amicis (Edmondo de). Alle porte d'Italia. *Milan,* s. d., in-12 broché.

3425. Burckhardt (Jacob). Die Kultur der Renaissance in Italien. *Leipzig,* 1869, 2 vol. in-8.

Brochés, dos cassés, pl. détachées.

3426. Cali (Alpio). Taormina a traverso i tempi. *Catane,* 1887, in-12.

2 vol. reliés en 1.

3427. Casali (Carlo). Treviglio di Ghiara d'Adda. *Milan,* 1877, in-8.

Figures.

3428. Castelnau (Albert). Les Médicis. *Paris,* 1879, 2 vol. in-8, rel. en 1 vol.

3429. N° réservé.

3430. Diplomatarium italicum. Documenti... *Rome,* 1925, 2 vol. in-8, brochés.

Tomes I et III.

3431. Gauthiez (Pierre). Jean des Bandes Noires. *Paris,* 1901, in-8.

Envoi d'auteur signé à M. Ephrussi.

3432. Gregorovius (Ferdinand). Figuren Geschichte, Leben und Scenerie aus Italien. *Leipzig,* 1870-1871, 4 vol. in-8, rel. en 2 vol.

3433. Geiger (Ludwig). Alexander VI und sein Hof. *Stuttgart,* s. d., in-8.

3434. Guichardin. Storia d'Italia. *Paris,* 1837, 6 vol. in-8.

Portrait.

3435. La Sizeranne (Robert de). Les masques et les visages... César Borgia et le duc d'Urbino. *Paris,* s. d., in-8, broché.

Planches.

3436. Perrens (F.-I.). Histoire de Florence. *Paris,* 1877-1883, 6 vol. in-8.

Cartes. Rousseurs.

3437. Petit (Edouard). André Doria. *Paris,* 1887, in-8, broché.

3438. Pierallini (Dottor Alberto). Dissertazioni sulla storia civile di Taormina. *Palerme,* 1869, in-12.

3439. Sismondi (J.-C.-L. Sismonde de). Histoire des Républiques italiennes du Moyen Age. *Paris,* 1809-1818, 16 vol. in-8.

3440. Wiel (Alathea). Venice. *Londres-New-York,* 1894, in-8.

Figures et planches.

3441. Woodward (W. Harrison). Cesare Borgia. *Londres,* 1913, in-8.

Planches, plan, cartes.

3442. Zeller (J.). Italie et Renaissance. *Paris,* 1869, in-8.

3443. — Abrégé de l'histoire d'Italie. *Paris,* 1865, in-12.

2e édition.

3444. Italie. 7 brochures, par H. Weil, E. Rodocanachi, M. Chevalier, H. Byrne, H. Omont.

SUISSE

3445. Clerget (Pierre). La Suisse au XXe siècle. *Paris,* 1908, in-12.

3446. Van Muyden. (Berthold). La Suisse sous le pacte de 1815. *Lausanne-Paris,* 1890, 2 vol. in-8.

3447. Suisse. 2 brochures.

Europe septentrionale et orientale

3448. Allen (C. J.). Histoire de Danemark. *Copenhague*, 1878, 2 vol. in-8.

3449. Bourgeois (Léon). La Hongrie. **Caesany de Mazet** (Fernand), La Pologne. *Paris*, s. d., 2 vol. in-8, rel. en 1 vol.

3450. Brandes (Georg). Polen. Trad. all. Neustädter. *Paris-Leipzig*, 1898, in-8.

Demi-mar. olive, coins, tr. dorée (David)., Portrait.

3451. Chodzko (Léonard). La Pologne *Paris*, 1835-36. 2 vol in-4.

Planches. Légères rousseurs.

3452. Combes (François). Histoire de la diplomatie slave et scandinave. *Paris*, 1856, in-8.

3453. Czartoryski (Adam). Mémoires du Prince Adam Czartoryski et correspondance avec Alexandre Ier. Préface de M. de Mazade. *Paris*, 1887, 2 vol. in-8.

Demi-maroq. bleu, coins, tr. dorée.

3454. Geffroy (A.). Histoire des États scandinaves. *Paris*, 1851, in-12.

Rousseurs.

3455. Grammez de Wardes (Mis de). La guerre russo-turque. 1877-1878. *Paris*, s. d., in-12.

3456. Kovalesvky (W. de). La Russie à la fin du XIXe siècle. *Paris*, 1900, in-8, broché.

Cartes.

3457. Lehmann (E.). et **Parvus.** Das hungernde Russland. *Stuttgart*, 1900, in-8.

3458. Leroy-Beaulieu (Anatole). Études russes et européennes *Paris*, 1897, in-12.

3459. Rambaud (Alfred). Histoire de la Russie depuis les origines jusqu'à l'année 1877. *Paris*, 1878, in-12.

Cartes. Exempl. fatigué; des pages détachées.

3460. Finlande (Histoire). 7 brochures par P. A. Stolypine, J.-J. Caspar, N.-.N. Koréwo, E. Fiodorow, W. Churberg, etc.

3461. Pologne et **Lithuanie** (Histoire). 9 brochures par S. Aubac, J. de Bartoszewicz, A. Choloniewski, H. Grappin, etc.

3462. Russie (Histoire). 1 carton : environ 15 brochures, par J. Bourguignon, O. de Lebédeff, S. Cheloukine, A. Choulguine, Kouchnine, K. Helfferich, baron Suyematsu, etc.

3463. Scandinavie (Histoire). 2 brochures, par Paul Verrier.

Extrême-Orient

3464. Devéria (G.). Histoire des relations de la Chine avec l'Annam-Veêtnam du XVIe au XIXe siècle. *Paris*, 1880, in-8.

Envoi d'auteur signé.

3465. Lanoye (F. de). L'Inde contemporaine. *Paris*, 1858, in-12.

3466. Naudeau (Ludovic). Le Japon moderne. *Paris*, s. d., in-12.

Broché, couvert. défraîchie.

3467. Théry (Edmond). La situation économique et financière du Japon après la guerre de 1904-1905. *Paris*, 1907, in-12.

3468. Asie orientale (Inde, Chine, Japon.) 1 carton : 6 brochures, par F. Farjenel, Maurice Courant, etc.

3469. Russo-Japanese war (The). Tokyo, K. Ogawa, s. d., albums obl. brochés, carton.

Amérique

3470. Beuchat (H.). Manuel d'archéolgie américaine. *Paris*, 1912, in-4.

Figures.

3471. Bryce (James). The American Commonwealth. *Londres*, 1903, 2 vol. in-8.

3472. Du Bois (W. E. Burghardt). The souls of Black folk. *Chicago*, 1918, in-8.
Portrait.

3473. Garzon (Eugenio). L'Amérique latine. République Argentine. *Paris*, 1913, in-8.
Cartes.

3474. Mac Laughlein (Andrew). History of the American nation. *New-York*, 1910, in-8,
Cartes. Illustrations.

3475. Spinden (Herbert). Ancient civilization of Mexico and Central America. *New-York*, 1917. in-8.
Figures et planches.

3476. Tower (Charlemagne). Le marquis de la Fayette et la Révolution d'Amérique (trad. de Mme Gaston Paris). *Paris*, 1902, 2 vol, in-8.
Demi-maroq. Laval., tr. dorée (David). Portr.

3477. Whitney (Orson F.). Popular history of Utah. *Utah*, 1916, in-8.
Figures.

3478. Wilson (Woodrow). The new freedom. *New-York*, 1914, in-8.
Envoi d'auteur signé.

3479. Witt (Cornélis de). Histoire de Washington. *Paris*, 1869, in-8.
Portrait.

3480. — Thomas Jefferson. *Paris*, 1861, in-8.
Portrait.

3481. Wolf (Simon). The présidents I have known from 1860 to 1918. *Washington*, 1919, in-8.
Envoi d'auteur signé.

3482. Archéologie américaine. Environ 20 brochures par E. T. Hamy, Walter Lehmann, Ph. Ainsworth Means, Dr Capitan, Ruth Putnam, etc.

3483. Etats-Unis (Histoire). 7 brochures, par O. H. Kahn, G. Hanotaux, J. H. Hyde, etc.

3484. Amérique latine (Histoire). 5 brochures et 1 journal.

Guerre de 1914

3485. Adam (Paul). Reims dévastée. *Paris*, 1920, in-16, broché.

3486. Alphaud (Gabriel). Les Etats-Unis contre l'Allemagne. *Paris*, 1917, in-8, broché.

3487. Andler (Ch.). Le pangermanisme. *Paris*, 1915, in-8, broché.
Double.

3488. Antony-Thouret (P.). Pour qui n'a pas vu Reims au sortir de l'étreinte allemande (octobre 1918). *Paris*, s. d., in-8, obl.
Broché. Recueil de photographies. Envoi d'auteur signé.

3489. Archer (J.). Vaincre c'est prévoir. Méditations d'un ingénieur sur la guerre actuelle. *Paris*, 1915, in-8, broché.
Exempl. confidentiel d'épreuves. Planches.

3490. Barac (François). Les Croates et les Slovènes ont été les amis de l'Entente pendant la guerre. *Paris*, 1919, in-8, broché.

3491. Barby (Henry). Avec l'armée serbe. De l'ultimatum autrichien à l'invasion de la Serbie. *Paris*, s. d., in-12, broché.

3492. Basilesco (Nocolas). La Roumanie dans la guerre et dans la paix. *Paris*, 1919, 2 vol. in-12.

3493. Baud-Bovy (D.). L'évasion. *Paris Nancy*, 1917, in-12, broché.
Portrait. Envoi d'auteur signé.

3494. Baudrillart (A.). Une campagne française. *Paris*, 1917, in-12, broché.

3495. Bédier (Joseph). Les crimes allemands d'après des témoignages allemands. *Paris*, 1915, in-8, broché.
Double.

3496. — Comment l'Allemagne essaie de justifier ses crimes. *Paris*, 1915, in-8, broché.

3497. Berthaut (général). L' « erreur » de 1914. Préface de J. Reinach. *Paris-Bruxelles*, 1919, in-12, broché.

3498. — De la Marne à la mer du Nord. *Paris-Bruxelles*, 1919, in-12, broché.

3499. Blücher (Evelyn, princesse). An English wife in Berlin. [1914-1918]. *Londres*, 1920, in-8.
Portrait.

3500. Bogitchevich. Causes of the War. *Amsterdam-Rotterdam*, 1919, in-8, broché.

3501. Boret (Victor). Rapport fait au nom de la commission chargée d'examiner les marchés conclus par l'État depuis le début de la guerre. *Paris*, s. d., in-8. broché.

3502. Boucher (Général Arthur). Les doctrines dans la préparation de la Grande Guerre. *Paris*, 1925, in-12.
Envoi d'auteur signé.

3503. Boudon (Victor). Avec Charles Péguy. De la Lorraine à la Marne. *Paris*, 1916, in-12, broché.
Portrait.

3504. Boutroux (Émile), **Buffet** (Jean), **Bureau** (Paul), etc. Les réparations nécessaires. *Paris*, 1916, in-12, broché.

3505. Buchan (John). History of the war. *Edimbourg*. s. d., in-12.

3506. Butler (Nicolas Murray). L'esprit international. *Paris*, 1914, in-12.

3507. Carrasco (José). La Bolivie devant la société des Nations. *Nancy-Paris-Strasbourg*, 1921, in-12.

3508. Carton de Wiart (H.). La politique de l'honneur. *Paris-Barcelone*, 1917, in-12, broché.

3509. Chéradame (André). La crise française. *Paris*, 1912, in-12.

3510. Civrieux (Cdant de). L'offensive de 1917 et le commandement du général Nivelle. *Paris-Bruxelles*, 1919, in-12, broché.
Cartes.

3511. Clermont (Émile). Le passage de l'Aisne. *Paris*, 1921, in-12, broché.

3512. Cosmos. Les bases d'une paix durable. *New-York*, 1917, in-12.

3513. Dauzet (Pierre). Gloria, histoire de la guerre. *Paris*, 1919, in-12.
Vignettes.

3514. Debrit (Jean). La guerre de 1914. Notes par un neutre. *Genève*, s. d., 2 vol. in-12, broché.

3515. Del Vecchio (G.), P. **Fedozzi**, et autres. L'Italie et la guerre actuelle. *Florence*, 1916, in-12, broché.

3516. Deschanel (Paul). Politique intérieure et étrangère. *Paris*, s. d., in-12.
Envoi d'auteur signé.

3517. — Hors des frontières. *Paris*, 1910, in-12.
Envoi d'auteur signé.

3518. — Paroles françaises. *Paris*, 1911, in-12.
Envoi d'auteur signé.

3519. Dillon (E. J.). A scrap of paper. *Londres-New-York-Toronto*, 1914, in-12.
Portrait.

3520. Draghicesco (D.). Les Roumains. *Paris*, 1918, in-16, broché.
Carte.

3521. Dubois (Jean). et **Appuhn**. (Ch.) Catalogue méthodique du fonds allemand de la Bibliothèque [et Musée de la Guerre]. *Paris,* 1921-1922, 3 vol. in-8, brochés.

3522. Duffour (Colonel). La guerre de 1914-1918. Cours professé à l'école de guerre. 2 vol. in-4 et 2 fascicules de croquis.

3523. Dugard (Henry). La bataille de Verdun. *Paris,* 1916, in-12, broché.
2e édition.

3524. Duplan. Lettres d'un vieil Américain à un Français. *Paris,* 1918, in-12 broché.

3525. Durkheim (E.). L'Allemagne au-dessus de tout. *Paris,* 1915, in-8, broché.

3526. — et **Denis**. (E.) Qui a voulu la guerre ? *Paris,* 1915, in-8, broché.
Double.

3527. Egidy (Cel Moritz von). [et capit. **Moch** (Gaston).] L'ère sans violence. Revision du traité de Francfort. *Paris,* 1899, in-12.

3528. Ehrhard (Auguste). Les œuvres de l'Hôtel de Ville pendant la guerre. *Lyon,* 1917, in-8, broché.
Planches.

3529. Eichthal (Eugène d'). Guerre et paix internationales. *Paris,* 1909, in-12.

3530. Finley (John H.). Report of a visit to schools of France in war time. *New York,* 1917, in-8, broché.
Planches. Envoi d'auteur signé.

3531. Fournol (Étienne). Les volets du diptyque. *Paris-Nancy,* 1920, in-12, broché.

3532. French (Sir John). Quatre rapports, trad. Th. Reinach. *Paris-Nancy,* s. d., in-8, broché.

3533. Gascoin (Eugène). L'aube de la revanche : victoires serbes, 1916. *Paris,* 1919, in-8, broché.
Planches.

3534. Gauchez (Maurice). De la Meuse à l'Yser : ce que j'ai vu. *Paris,* s. d., in-12, broché.

3535. Ginisty (Mgr Ch.). Verdun ! *Paris-Barcelone,* 1917, in-12, broché.

3536. Grasset (Commandant A.). Le maréchal Foch. *Paris-Nancy-Strasbourg,* 1919, in-12, broché.
Portrait.

3537. Helfferich (Karl). Die Vorgeschichte des Weltkrieges. *Berlin,* 1919, in-8.

3538. — Vom Kriegsausbruch bis zum uneingeschränkten U-Bootkrieg. *Berlin,* 1919, in-8.

3539. Henry (René), **Martel** (E. A.), et autres. Les rêves d'hégémonie mondiale. *Paris,* 1918, in-12, broché.

3540. Hourticq (Louis). Récits et réflexions d'un combattant. *Paris,* 1918, in-12.

3541. Hubert (Lucien). Politique extérieure. *Paris,* 1911, in-12.

3542. Jagow (G. von). Ursachen und Ausbruch des Weltkrieges. *Berlin,* 1919, in-8.

3543. Isaac (Jules). Contribution à l'histoire de Charleroi. *Paris,* 1922, in-8, broché.

3544. Kahn (Otto H.). Le droit au-dessus de la race. Trad. Louis Thomas. *Paris,* 1919, in-12, broché.
Cartes.

3545. Kann (Reginald). Le plan de campagne allemand de 1914 et son exécution. *Paris,* 1923, in-8.

3546. Kervyn de Lettenhove (Baron H.). La guerre et les œuvres d'art en Belgique. *Bruxelles-Paris*, 1917, in-8, broché.

Figures.

3547. Kluck (Colonel-général A. von). La marche sur Paris. Trad. Delestraint. *Paris*, 1922, in-8, broché.

Cartes.

3548. Laguerre (Odette) et **Carlier** (Madeleine). Pour la paix. Lectures historiques. *Paris*, s. d., in-12, broché.

3549. Lanux (Pierre de). Young France and new America. *New-York*, 1917, in-12.

3550. Larnaude, Barthélemy. etc... La réparation des dommages de guerre. *Paris*, 1917, in-12, broché.

3551. Laudet (Fernand) et divers. La force brutale et la force morale. *Paris*, 1915, in-12, broché.

3552. Launay (L. de). France-Allemagne. *Paris*, 1917, in-12, broché.

Envoi d'auteur signé.

3553. Lavisse (E.) et Ch. **Andler**. Politique et doctrine allemande de la guerre. *Paris*, 1915, in-8, broché.

Double.

3554. Lévy (Raphaël-Georges). La juste paix ou la vérité sur le traité de Versailles. *Paris*, 1920, in-12, broché.

Envoi d'auteur signé.

3555. Lisbonne (René). Journal de guerre. S. l. n. d., in-4, broché.

Envoi d'auteur signé.

3556. Ludendorff (Erich). Meine Kriegserinnerungen, 1914-1918. *Berlin*, 1919, in-8.

Cartes.

3557. Mac Carthy (T. H.). Le Président Wilson. *Paris*, 1918, in-8, broché.

3558. Malleterre (Gal), **Reinach** (Joseph) et autres. La Grèce devant le Congrès. *Paris*, 1919, in-12.

3559. Marvaud (A.). **Peyerimhoff** (H. de). Intérêts économiques et rapports internationaux à la veille de la guerre. *Paris*, 1915, in-12, broché.

3560. Meyer (Hermann H.-B.). A Check List of the Literature and other material in the Library of Congress on the European War. *Washington*, 1918, in-8, broché.

3561. Olivier (Capitaine). Onze mois de captivité dans les hôpitaux allemands. *Paris*, 1916, in-12, broché.

3562. Pfeilschefter (Georg). La culture allemande, le catholicisme et la guerre. *Amsterdam-Rotterdam*, 1926, in-8, broché.

3563. Pic (Paul). Syrie et Palestine. Mandats français et anglais dans le Proche-Orient. *Paris*, 1924, in-12, broché.

Planches.

3564. Poincaré (Raymond). Les origines de la guerre. *Paris*, 1921, in-12, broché.

3565. Radonitch (Yovan). Les Serbes de Hongrie. *Paris*, 1919, 2 vol. in-8, brochés.

3566. Reinach (Joseph). L'année de la paix. *Paris-Bruxelles*, 1920, in-12, broché.

3567. — Les Commentaires de Polybe. *Paris*, 1915-1918, 14 vol. in-12.

Les cinq premiers reliés, les autres brochés. Envoi d'auteur signé.

3568. — La guerre sur le front occidental. Étude stratégique, 1914-1915. *Paris*, 1916, in-12, broché.

Envoi d'auteur signé.

3569. — Histoire de douze jours. 23 juillet-3 août 1914. *Paris*, 1917, in-8, broché.

3570. Reiss (R. A.). Les infractions aux règles et lois de la guerre. *Paris*, 1918, in-8, broché.
Planches.

3571. — Comment les Austro-Hongrois ont fait la guerre en Serbie. *Paris*, 1915, in-8, broché.
Figures.

3572. — Les infractions aux lois et conventions de la guerre commises par les ennemis de la Serbie depuis la retraite serbe de 1915. *Paris*, 1918, in-8, broché.

3573. Riou (Gaston). Journal d'un simple soldat. *Paris*, 1916, in-12, broché.
Dessins de Jean Helès.

3574. Roché (H. P.). Deux semaines à la Conciergerie pendant la bataille de la Marne. *Paris*, s. d., in-8, broché.
Illustrat. de Robert Bonfils. Envoi d'auteur signé.

3575. Rousset (Lt Col.). Bataille de l'Aisne (avril-mai 1917). *Paris-Bruxelles*, 1920, in-12.
Carte.

3576. Sabini (C.). Le fond d'une querelle. Documents inédits sur les relations franco-italiennes, 1914-1921. *Paris*, 1921, in-12, broché.
Envoi d'auteur signé.

3577. Sayous (André E.). Les effets du blocus économique de l'Allemagne. *Paris*, 1915, in-12, broché.
1er pl. de la couvert. en partie détaché.

3578. Seignobos (Ch.), **Chaumet** (Ch.), **Legonez**, etc, La réorganisation de la France. *Paris*, 1917, in-12, broché.

3579. — 1815-1915. Du congrès de Vienne à la guerre de 1914. *Paris*, 1915, in-8, broché.

3580. Seyda (Maryan). Territoires polonais sous la domination prussienne. *Paris*, 1919, in-4.

3581. Seymour (Charles). Papiers intimes du Colonel House. Traduct. B. Mayra et de Fonlongue. *Paris*, 1927, 2 vol. in-8, brochés.

3582. Sintenis (Gustav). Finanz-und wirtschafts politischen Kriegsgesetze 1914-16. *Mannheim-Berlin-Leipzig*, 1916, in-12.

3583. Sviétisa (Frano). Les Yougoslaves. *Paris*, 1918, in-12, broché.

3584. Van Tiershoven (A.). Avec les Serbes en Serbie et en Albanie, 1914-1916. *Paris*, s. d. in-8, broché.
Figures.

3585. Veritas. Le Monténégro. Pages d'histoire diplomatique. *Paris*, 1917, in-12, broché.

3586. Voinovitch (L. de). La Dalmatie, l'Italie et l'unité yougoslave. *Genève-Bâle-Lyon*, 1917, in-12, broché.

3587. Vosnjak (Bogumil). Un rempart contre l'Allemagne. Les Slovènes. *Paris*, 1918, in-8, broché.

3588. Weiss (André). La violation de la neutralité belge et luxembourgeoise par l'Allemagne. *Paris*, 1915, in-8, broché.
Double.

3589. Zervos (Dr Skeves). Le Dodécanèse. S. l. n. d., in-4.
Figures, carte. Envoi d'auteur signé.

3590. Zolla (Daniel), **Flandin** (Pierre-Etienne) et autres. La guerre et la vie économique. *Paris*, 1916, in-12, broché.

3591. Armées françaises (Les) dans la grande guerre. *Paris*, 1922-1924, 4 vol. in-4, et cartes dans un carton.

3592. Bulgares. Rapports et enquêtes de la commission interalliée sur les violations du droit des gens commises en Macédoine orientale par les armées bulgares. *Nancy*, s. d., 2 vol. in-8.

3593. Denver public Schools. From the Letter of Odette Gastinel, a school girl of France, age twelve.

3594. Documents diplomatiques, 1914. La guerre européenne. *Paris*, 1914, in-8, broché.

3595. Groupe parlementaire français de l'Arbitrage. La visite aux trois parlements scandinaves. Notre visite au parlement russe. *Paris*, 1909-1910, 2 vol. in-12.

3596. Guerre de 1914. Conditions de paix. Traité de paix. 10 vol. in-8.

3597. Guerre de 1914. Documents diplomatiques. *Paris*, 1914, in-8.

3598. Haute-Silésie (La Question de la). Numéro spécial des Archives de la Grande Guerre. *Paris*, E. Thiron, s. d., in-8, broché.

Planches.

3599. History of the war. *Londres*, The Times, 1914-1920, 21 vol. in-8.

En livraisons, plus 1 vol. d'index et 2 recueils de cartes en feuilles. Planches.

3600. The Times History of the War. *Londres*, 1917-1920, 11 vol. in-8.

3601. Kriegs-Notgesetze Juli 1914-31 Oktober 1916. *Berlin*, in-16.

3602. Pages d'histoire. Voix américaines sur la guerre de 1914-1915. Le livre rouge austro-hongrois. Histoire de la révolution russe. *Paris-Nancy*, Berger-Levrault, 1914-1929, 15 vol, in-16, brochés.

3603. Paris charitable pendant la guerre. *Paris*, 1915, in-12, broché.

3604. Souvenir de la fête de la Reconnaissance française. *Etampes*, Rameau, alb. obl. phot. directes.

3605. Bulletin des armées de la République, 13 décembre 1914 au 17 avril 1915 (nos 54-89), en fascicules.

3606. Bulletin mensuel de documentation internationale des Bibliothèques et Musée de la Guerre, 1922, en fascicules.

Carton.

3607. Conciliation internationale. Groupe parlementaire français de l'Arbitrage. *Paris*, 1909-1912, 31 fascicules in-12.

3608. Guerre mondiale (La). Bulletin quotidien illustré. *Genève*, 1914-19 novembre 1917, 958 numéros en feuilles.

3609. International Conciliation published monthly by the American association for international conciliation. New-York, juillet 1919 [n. 140] à décembre 1928, 105 fascicules, in-12, moins le n° 216.

3610. Revue d'histoire de la guerre mondiale, 1923-1928. 6 vol. in-8, la dernière année en livraisons.

3611. Carte du théâtre des opérations (front oriental) à l'échelle de 1000000. *Paris*, service géographique de l'Armée, s. d. 20 cartes, plus répertoire alphabétique et carte d'Odessa à la même échelle.

3612. Affaires étrangères. Environ 15 brochures par Ivy L. Lee, E. Hayem, H. Pognon, Outis, Paix-Séailles, etc,

3613. Droit international. Pacifisme. 28 brochures, par J. Gennadius, A. Blanchet, F. Buisson, D. D. Field, E. d'Eichthal, d'Estournelles de Constant, etc.

3614. Guerre 1914-1919. Brochures, cartes rapports, informations diverses, cartes illustrées par Raemakers, photos, etc.

3615. Guerre de 1914-1919. Opérations 5 brochures. « Le martyre de Reims », copie ms.

DROIT, ÉCONOMIE POLITIQUE

Généralités

3616. Accarias. Précis de droit romain. *Paris*, 1882, 7 vol. in-8,

3617. Achilles (Alexander). Die preussischen Gesetze über Grundeigenthum und Hypothekenrecht. *Berlin*, 1873, in-8.

3618. Allard (A.). Dépréciation des richesses. *Bruxelles*, 1889, in-8.

3619. Antoniados (Démétrios). Τό δίκαιον τῶν μέλισσων. *Athènes*, 1907, in-12.

3620. Appleton (C.). Histoire de la propriété prétorienne et de l'action publicienne. *Paris*, 1889, 2 vol. in-8.

3621. Astorri (A. Cristoforo). Il diritto delle Sorgenti. *Rome*, 1903, in-8.

3622. Auburtin (J.). J. Le Play, Economie sociale. *Paris*, s. d., in-16.
Portrait.

3623. Avril de Sainte-Croix (Mme). Œuvres des institutions féminines. x[e] congrès. Compte rendu des travaux. *Paris*, 1914, in-8, broché.

3624. Bachofen (J.-J.). Das Mutterrecht. *Stuttgart*, 1861, in-4.

3625. — Antiquarische Briefe vornemlich zur Kenntniss der ältesten Verwandtschaftsbegriffe. *Strasbourg*, 1886, in-8. (tome II.)

3626. Bagehot (W.). Lombard Street ou le marché financier en Angleterre. *Paris*, 1874, in-12.

3627. Baudrillart (H.). Histoire du luxe. *Paris*, 1880, 4 vol. in-8.

3628. Beauchet (Ludovic). Histoire de l'organisation judiciaire en France. Epoque franque. *Paris*, 1886, in-8.

3629. Benoist (Charles). La crise de l'État moderne. *Paris*, 1895, in-8.

3630. Beseler (Georg.). System des gemeinen deutschen Privatrechts. *Berlin*, 1866, in-8.

3631. Block (Maurice). Petit manuel d'économie pratique. *Paris*, s. d., in-12.

3632. Blum (Eugène). La déclaration des Droits de l'homme et du citoyen. Texte avec commentaire. *Paris*, 1902, in-8,

3633. Bonjean (Georges). Tableaux synoptiques de droit romain. *Paris*, 1873, in-fol.
Nombr. notes margin. de la main de M. Théodore Reinach.

3634. Bourdeau (J.). Le socialisme allemand et le nihilisme russe. *Paris*, 1892, in-12.

3635. Bressolles (Paul). Théorie et pratique des dons manuels. *Paris*, 1885, in-8.

3636. Brisson (Barnabé). De formulis et solennibus populi romani verbis libri VIII. *Halle-Leipzig*, 1731, pet. in-fol.
Rel. vél. blanc.

3637. Broda (R.). La fixation légale des salaires. Expériences de l'Angleterre, de l'Australie et du Canada. *Paris*, 1912, in-8.

3638. Bruns (C. F.). Fontes juris romani antiqui. *Tübingen*, 1879, in-8.

3639. — Fontes juris romani antiqui. *Fribourg*, 1887, in-8, broché.

Dos cassé.

3640. — Fontes juris romani antiqui. Simulacra. *Tübingen*, 1912, in-4.

Planches en phototypie.

3641. Bryce (James). Modern Democracies. *Londres*, 1921, 2 vol. in-8.

3642. Buisson (Etienne). Le parti socialiste et les syndicats. *Paris*, 1907, in-12,

3643. Calvo (Charles). Le droit international. *Paris*, 1880, 4 vol. in-8.

3644. Cauwès (Paul). Précis du cours d'économie politique professé à la faculté de droit de Paris. *Paris*, 1879, 2 vol. in-8.

3645. Cernuschi (Henri). Bimetallische Münze. *Paris*, 1876, in-8.

3646. — Illusions des sociétés coopératives. *Paris*, 1866, in-12.

Demi-maroq. Laval., coins, tr. dorée.

3647. — Mécanique de l'échange. *Paris*, 1865, in-8.

Maroq. Laval., coins, tr. dorée.

3648. — M. Michel Chevalier et le bimétallisme. *Paris*, 1876, in-8.

Demi-maroq. Laval., coins, tr. dorée.

3649. Clunet (Édouard). Les Associations. *Paris*. 1909, in-8.

Le tome I seulement.

3650. Colin (M.). Des mesures à prendre pour défendre l'épargne dans les sociétés par actions. *Paris*, 1911, in-12.

3651. Collinet (Paul). Études historiques sur le droit de Justinien. Histoire de l'École de Droit de Beyrouth. *Paris*, 1913-1925, 2 vol. in-8, brochés.

3652. Colombani (M.). Solution du problème des retraites ouvrières paysannes et citadines.

Statuts de la société mutuelle et philanthropique de Chambéry.

Commentaires et idées diverses. *Chambéry*, s.d., in-12, broché.

3653. Cossé (Émile). Du principe de souveraineté. Essai sur les causes de l'instabilité des institutions politiques de la France depuis 1789. *Paris*, 1882, in-12.

3654. Couhin (Claude). La propriété industrielle, artistique et littéraire. *Paris*, 1894, 3 vol. in-8.

3655. Coulern (Edmond). Au pays de l'absinthe : y est-on plus criminel qu'ailleurs, ou moins sain de corps et d'esprit? Un peu de statistique, S. V. P. *Montbéliard*, 1908, in-8, broché.

3656. Dagan (H.). De la condition du peuple au XXe siècle. *Paris*, 1904, in-12.

3657. — Superstitions politiques et phénomènes sociaux. *Paris*, 1901, in-12.

3658. Dareste (Rodolphe). Études d'histoire du droit. *Paris*, 1889-1906, 3 vol. in-8.

3659. Dareste (F. R. et P.). Les constitutions modernes. *Paris*, 1910, 2 vol. in-8.

3660. Deck (Jean) et **Von Wendt** (G.). La représentation proportionnelle et la récente loi électorale du grand-duché de Finlande. Texte et commentaires. *Paris*, Cahiers de la Quinzaine, 1907, in-12.

3661. Delachenal (R.). Histoire des avocats au Parlement de Paris (1300-1600). *Paris*, 1885, in-8.

3662. Del Mar (Alexandre). A history of the precious metals from the earliest times to the present. *Londres*, 1880, in-8.

3663. Demartial (G.). Le statut des fonctionnaires. *Paris*, 1909, in-12.

3664. Demolins (Edmond). Classification sociale, 1882-1905. S. l. n. d., in-8.

3665. Demolombe (C.). Cours de Code Napoléon. *Paris*, 1874 et suiv., 31 vol. in-8.

3666. Dirksen (H. E.). Manuale latinitatis fontium juris civilis Romanorum. *Berlin*, 1837, in-4.

3667. Dramard (E.). Bibliographie raisonnée du droit civil. *Paris*, 1879, in-8.

3668. Ducrocq (Th.). Cours de droit administratif et de législation française des finances. *Paris*, 1897, 7 vol. in-8.

3669. Du Petit-Thouars (A.). Toujours la guerre au cadastre français. *Paris*, 1822, in-8.

3670. Eichthal (Ed. d'). Liberté (La) du travail et les menaces du législateur. *Paris*, 1908, in-12.

3671. — Pages sociales. *Paris*, 1909, in-12.

3672. — Socialisme, communisme et collectivisme. *Paris*, 1901, in-12.

3673. — Socialisme et problèmes sociaux. *Paris*, 1899, in-12.

3674. Eleutheriadis (N. P.). La propriété foncière en Turquie. *Athènes*, 1903, in-8.

3675. Enfance. Protection de l'enfance en Grèce. [imp. Taroussohoulov, s. d.]. album obl.

Planches.

3676. Errera (Paul). Les Masuirs. Recherches historiques et juridiques sur quelques vestiges des formes anciennes de la propriété en Belgique. *Bruxelles*, 1891, in-8.

3677. — Traité de droit public belge. *Paris*, 1909, in-8.

3678. Esmein (A.). Mélanges d'histoire du droit et de critique. — Droit romain. *Paris*, 1886, in-8.

3679. Funck-Brentano (Th.). et **Sorel** (Albert). Précis du droit des gens. *Paris*, 1877, in-8.

3680. Furgole. Traité de la seigneurie féodale et du franc-alleu naturel. *Paris*, 1767, in-12.

3681. Gairal (Eugène). Les œuvres d'art et le droit. *Paris*, 1900, in-8.

3682. Garnier (Joseph). Traité de finances. *Paris*, 1883, in-8.

3683. Garraud (R.). Traité historique et pratique du droit pénal français. *Paris*, 1902, 6 vol. in-8.

3684. Gautier (Alfred). Précis de l'histoire du droit français. *Paris*, 1882, in-8.

3685. Gérin (Victor). Essai sur la décentralisation et la voirie. II, Les services de voirie. *Marseille*, 1906, in-8.

3686. Gide (Paul). Étude sur la condition privée de la femme. *Paris*, 1885, in-8.

3687. Girard (Paul-Frédéric). Manuel élémentaire de droit romain. *Paris*, 1897, in-8.

3688. — Textes de droit romain. *Paris*, 1903, in-12.

3689. — (Mélanges). Études d'histoire juridique offertes à P. F. Girard. *Paris*, 1913, 2 vol. in-8.

3690. Girardet (Philippe). Les affaires et les hommes. *Paris*, 1927, in-12.

3691. Giraud (Ch.). Essai sur l'histoire du droit français au Moyen Age. *Paris-Leipzig*, 1846, 2 vol. in-8.

3692. — Précis de l'ancien droit coutumier français. *Paris*, 1875, in-12.

3693. Glasson (E.). Histoire du droit et des institutions de la France. *Paris*, 1887, 2 vol. in-8.

3694. Grejff (Francisque). De l'origine du testament romain. *Paris*, 1888, in-8.

Relié à la suite : Les droits de l'État en matière de succession.

3695. Guilmard (Emile). Evasion fiscale. Comptes de dépôts et comptes joints. *Paris*, 1907, in-12.

3696. Guyot (Yves). La comédie protectionniste. *Paris*, 1905, in-12.

3697. — La gestion par l'État et les municipalités. *Paris*, 1913, in-12.

3698. Halévy (Daniel). Essais sur le mouvement ouvrier en France. *Paris*, 1901, in-12.

3699. Harmenopoulos. Manuale édit. G. E. Heimbach. *Leipzig*, 1851, in-8.

3700. Hermitte (Jean). Que notre règne arrive : une campagne électorale pour une idée. *Paris*, s.d ., in-12.

3701. Holtzendorf (Franz von). Encyklo, pädie der Rechtswissenschaft. *Leipzig* 1890, in-8.

Reliure fatiguée.

3702. Huschke (Ed.).. Jurisprudentiæ antejustinianæ quæ supersunt. *Leipzig*, 1867, in-12.

3703. Imbert (Paul). Les retraites des travailleurs. *Paris*, 1905, in-12.

3704. Janet (Paul). Histoire de la science politique. dans ses rapports avec la morale. *Paris*, 1887, 2 vol. in-8.

3705. Jeanvrot (Victor). La magistrature. I. L'inamovibilité. *Paris*, 1882, in-12.

3706. Jevons (W. Stanley). La monnaie et le mécanisme de l'échange. *Paris*, 1881, in-8.

Rousseurs.

3707. Karlowa (Otto). Römische Rechtsgeschichte. *Leipzig*, 1885-1901, 4 vol. in-8, (dont 3 brochés).

3708. Klimrath (L. A.). Travaux sur l'histoire du droit français. *Paris-Strasbourg*, 1843, 2 vol. in-8.

3709. Kovalewsky (Maxime). Coutume contemporaine et loi ancienne, droit coutumier ossétien éclairé par l'histoire comparée. *Paris*, 1893, in-8.

3710. Kübler (Bernhard). Geschichte des römischen Rechts. *Leipzig*, 1925, in-8.

3711. Laferrière (F.). Histoire du droit civil de Rome et du droit français. *Paris*, 1847, 6 vol. in-8. (2e édit.).

3712. Lagrèze (G.-B. de). Histoire du droit dans les Pyrénées (comté de Bigorre). *Paris*, 1867, in-8.

3713. Lailler (Maurice) et **Vonoven** (Henri). Les erreurs judicaires et leurs causes. *Paris*, s. d., in-8.

3714. Lallier (J. A.). De la propriété des noms et des titres. *Paris*, 1890, in-8.

3715. Lamarzelle (Gustave de) et **Taudière** (Henry). Commentaire théorique et pratique de la loi du 9 décembre 1905 [loi de séparation]. *Paris*, 1906, in-8.

3716. Launay (L. de)., L'or dans le monde. *Paris*, 1907, in-12.

3717. Laurent-Bailly. Le divorce et la séparation de corps en France et à l'étranger Causes. Procédures. Effets. *Paris*, s. d., in-8.

3718. Laveleye (Émile de). Le socialisme contemporain. *Paris*. 1894, in-12, (9e édit.).

3719. Lecomte (Jules). La charité à Paris. *Paris*, 1861, in-12.

3720. Lecour (C.-J.). La prostitution à Paris et à Londres. 1789-1871. *Paris*, 1872, in-12, (2e édit.).

3721. Lepage (Édouard). Une conquête féministe. Mme Léon Berteaux. *Paris*, 1911, in-12.

Planches.

3722. Lépine (F.). La mutualité. *Paris*, 1909, in-12, (2e édit.).

3723. Leroy (Maxime). La loi. Essai sur la théorie de l'autorité dans la démocratie. *Paris*, 1908, in-8.

3724. — Syndicats et services publics. *Paris*, 1909, in-12.

3725. Leroy-Beaulieu (Paul). Précis d'économie politique. *Paris*, 1891, in-12,

3726. — La question de la population. *Paris*, 1913, in-12.

3727. — Traité de la science des finances. *Paris*, 1906, 2 vol. in-8.

3728. Lesigne (Ernest). Les droits du travail. I, L'homme ne veut pas du salariat. *Paris*, 1911, in-12.

3729. Levasseur (E.). Histoire des classes ouvrières et de l'industrie en France avant 1789. *Paris*, 1900, 2 vol. in-8.

2e édit.

3730. — Questions ouvrières et industrielles en France sous la troisième République. *Paris*, 1907, in-8.

3731. Lhopiteau et **Thibault**. Les Églises et l'Etat. *Paris*, 1906, in-8,

2e édition.

3732. Liouville (Albert). Abrégé des règles de la profession d'avocat. *Paris*, 1883, in-12.

3733. — De la profession d'avocat. *Paris*, 1868, in-12, (4e édit.).

3734. Louis (Paul). L'ouvrier devant l'État. *Paris*, 1904, in-8.

3735. Lubbock (Sir John). Les villes et l'État contre l'industrie privée. *Paris*, 1908, in-8.

3736. Luçay (Le comte de). La décentralisation. Étude pour servir à son histoire en France. *Paris*, 1875, in-8.

3737. Maine (Sir Henry Summer). Ancient law. *Londres*, 1883, in-8.

3738. — Dissertations on early law and custom. *Londres*, 1883, in-8.

3739. Malécot et Blin. Précis de droit féodal et coutumier. *Paris*, s. d., in-12.

3740. Marcy (Henri). Code de procédure pénale du royaume d'Italie. *Paris*, 1881, 2 vol. in-8.

3741. Michel (Henry). L'idée de l'État. *Paris*, 1896, in-8.

3742. Mitteis (Ludwig). Römisches Privatrecht bis auf die Zeit Diokletians. *Leipzig*, 1908, in-8.

Tome I.

3743. Mollot (M.). Règles de la profession d'avocat. *Paris*, 1866, in-8, 2e édit.

3744. Momferratos. Droit successoral des clercs. *Athènes*, 1890, in-8.

3745. — Obligations des Romains et des Byzantins. *Athènes*, s. d., in-8. (Texte grec, le tome 1 seulement).

3746. Mommsen (Theodor). Römisches Strafrecht. *Leipzig*, 1899, in-8.

3747. Mongredien (Augustus). History of the free trade movement in England. *Londres-Paris-New-York*, 1881, in-16.

3748. Marcono (Dom Blaise de). De differentiis inter jus Longobardorum et jus Romanorum tractatus. *Naples*, 1912, in-4, broché.

Dos cassé.

3749. Mourlon (M. Fr.). Répétitions écrites sur le code de procédure civile. *Paris*, 1872, in-8.

Exempl. de travail, notes mss. marginales.

3750. — Répétitions écrites sur le premier examen du code Napoléon. *Paris*, 1873, 3 vol. in-8.

9e édition.

3751. Mühlbrecht (Otto). Wegweiser durch die neuere Literatur der Staats und Rechtswissenschaften. *Berlin*, 1886, in-8.

3752. Noailles (Pierre). Les collections de Novelles de l'empereur Justinien. *Paris*, 1912-1914, 2 vol. in-8, brochés.

3753. Ortolan. Explication historique des Institutes de l'empereur Justinien. *Paris*, 1870, 3 vol. in-8.

8e édition.

3754. Ostrogorski. La démocratie et les partis politiques. *Paris*, 1912, in-8.

3755. Outillage (L') national. Les habitations ouvrières. L'organisation du crédit. [Congrès du comité Mascuraud]. *Paris*, 1912, in-8, broché.

3756. Paris charitable et prévoyant. Tableau des œuvres et institutions du département de la Seine. *Paris*, 1897, in-8, (2e édit.).

3757. Paturet (G.). La condition juridique de la femme dans l'ancienne Égypte avec une lettre de M. Revillout. *Paris*, 1886, in-8.

3758. Pellat (C. A.). Manuale juris synopticum. *Paris*, 1882, in-12.

3759. Pereire (Alfred). Autour de Saint-Simon. *Paris*, 1912, in-12.

3760. Petite bibliothèque économique. *Paris*, Guillaumin, s. d., 14 vol. in-16.

3761. Peyrat. Quelques lettres à Alphonse Peyrat. *Paris*, 1903, in-12.

3762. Pierre (Eugène). Traité de droit politique, électoral et parlementaire. *Paris*, 1902, 3 vol. in-8.

3763. — Organisation des pouvoirs publics. *Paris*, 1910, in-12.

3764. Poinsard (Léon). La propriété artistique et littéraire. *Paris*, 1910, in-8.

3765. Pouillet (Eugène). Traité de la propriété littéraire et artistique et du droit de représentation. *Paris*, 1908, in-8.

3766. Pourézy (Émile). La gangrène pornographique. *Saint-Blaise et Roubaix*, 1908, in-12.

3767. Puaux (Franck). Vers la Justice. Préface de Gabriel Monod. *Paris*, 1906, in-12.

3768. Raffalovich (Arthur). Le marché financier, 1913-1915. *Paris*, 1915, in-8.

3769. Raffalovich (Sophie). John Bright and Henry Fawcett, *Paris*, 1886, in-16.

3770. Rais (Jules). La représentation des aristocraties dans les chambres hautes en France (1789-1815). *Paris*, 1900, in-8.

3771. Reinach (Joseph). La réforme électorale. *Paris*, 1912, in-12,

Demi-mar. bleu, coins, t. dor., couv. conservée. Envoi d'auteur.

3772. Rodière (A.). et **Pont** (Paul). Traité du contrat de mariage et des droits respectifs des époux. *Paris*, 1869, 3 vol. in-8.

2e édition.

3773. Rossignol (Georges). Un pays de célibataires et de fils uniques. *Paris*, 1913, in-12.

3774. Rudorff (Adolf Fiedrich). Römische Rechtsgeschichte. *Leipzig*, 1857, 2 vol. in-8.

3775. Sawas Pacha. Etude sur la théorie du droit musulman. *Paris*, 1892, in-12.

1re partie.

3776. Say (J.-B.). Traité d'économie politique. *Paris*, 1826, 2 vol. in-8.

Rousseurs. Reliure fatiguée.

3777. Simonet (J.-B.). Traité élémentaire de droit public et administratif. *Paris*, 1902, in-8. (4e édit.).

3778. Smith (Adam.) An inquiry into the nature of the wealth of nations. *Edimbourg*, 1881, in-8.

3779. Sudre (Alfred). Histoire du communisme. *Paris*, 1856, in-12 (5e édit.).

3780. Testis. Le rôle des établissements de crédit en France. *Paris*, 1907, in-12.

3781. Théotokis. Droit canon grec. *Constantinople*, 1897, in-8.

3782. Turot (Henri). La régie du café. *Paris*, 1908, in-12, broché.

3783. Typaldo-Bassia. La récidive et la détention préventive. *Paris*, 1896, in-8.

3784. Valette (A.). De la propriété et de la distinction des biens. *Paris*, 1879, in-8.

3785. Vangerow (Karl Adolph von). Lehrbuch der Pandekten. *Marbourg-Leipzig*, 1863, 3 vol. in-8.

3786. Vaunois (Albert). De la notion du droit naturel chez les Romains. De la propriété artistique en droit français. *Paris* 1884, in-8.

3787. Vasilescu (C.). Despre simulatie in dreptul positiv. *Pitesti*, 1907, in-12.

3788. Viaud (Dr L.) et **Vasnier**. (H.-A.) La lutte contre l'alcoolisme. *Paris*, 1907, in-8.

3789. Walter (Ferdinand). Histoire de la procédure civile chez les Romains. *Paris*, 1841, in-8, broché.

3790. Weber (A.). A travers la mutualité. *Paris*, 1908, in-8.

3791. Wetzel (Oscar). Systematisches Verzeichniss der Hauptwerke der deutschen Literatur aus dem Gebiete der Rechts- und Staatswissenschaften. *Leipzig*, 1886, in-4.

Les plats de la reliure détachés.

3792. Witt (Emmanuel de). Saint-Simon et le système industriel. *Paris*, 1902, in-8.

3793. Wohnungsnoth (Die) der ärmeren Klassen in deutschen Grosstädten. Berichte des Vereins für Socialpolitik. *Leipzig*, 1886, in-8.

3794. Worms (M.). Recherches sur la constitution de la propriété territoriale dans les pays musulmans... *Paris*, 1846, in-8.

3795. Zachariæ von Lingenthal. (E.). Geschichte des griechisch-römischen Rechts. *Berlin*, 1892, in-8. (3e édit.)

3796. — Jus graeco-romanum. *Leipzig*, 1856-1865, 4 vol. in-8.

3797. XXX. L'exportation française et les établissements de crédit. *Paris*, 1909, in-12, broché.

3798. Barreau de Paris. Discours d'ouverture prononcés à la Conférence des avocats, 1860-1882. In-8°.

Recueil factice.

3799. — Discours d'ouverture divers prononcés à la Conférence des avocats. *Paris,* Alcan Lévy, Cotillon, 1877-1882,

Recueil factice, in-8.

3800. — Discours d'ouverture divers prononcés à la Conférence des avocats, 1884-1885. *Paris,* Mouillot, Alcan Lévy. recueil factice, in-8.

3801. Codes. Bürgerliches Gesetzbuch nebst Einführungsgesetzt. *Berlin,* 1896, in-32.

3802. — Griolet et autres. Code civil. *Paris,* 1928-1929, in-12.

3803. — La monnaie et le papier-monnaie. Instruction. Recueil de textes et de notes. *Paris,* 1912, in-8, broché.

3804. — Code général des biens pour la principauté de Monténégro, de 1888 Trad. R. Dareste et Rivière. *Paris,* Impr. Nationale, 1892, in-8.

3805. — Basilicorum Libri LX. Édit. C. G. E. Heimbach. *Leipzig,* 1833-1870, 6 vol. in-4.

3806. — Codices Gregorianus, Hermogenianus, Theodosianus Édit. G. Haenel. *Bonn,* 1842, in-4.

Relié à la suite : *Novellæ constitutiones imperatorum Theodosi* II, *Valentini* III, etc. (1844)

3807. — Codex Justinianus. Édit. P. Krueger. *Berlin,* 1880, in-8.

3808. — Codex Theodosianus. *Lyon,* Faber, 1593, in-8.

Rel. parchemin, aux armes de Christophe Schultz, syndic de Magdebourg.

3809. — Le même ouvrage Édit. P. Krueger. *Berlin,* 1923-1926, 2 fasc. in-8.

3810. — Collectio librorum juris antejustiniani. *Berlin,* 1891, in-8.

Le tome I seulement : Institutes.

3811. — Corpus juris civilis. Édit. E. C. M. Galisset. *Paris,* 1878, in-8.

3812. — Institutes. Edit. P. Krueger. Digeste. Edit. Th. Mommsen. *Berlin,* 1877, in-8.

3813. — Notitia dignitatum et administrationum omnium tam civilium quam militarium. Edit. Eduardus Böcking. S. l. n. d. *Bonn,* 1840, 2 vol. in-8.

3814. — Novelles. Edit. R. Schoell. *Berlin,* 1895, in-8.

3815. — Pandectae Justinianæ in novum ordinem digestæ. *Paris,* 1748-1752, 3 vol. in-fol.

Veau marbré, dos orné, tr. rouges.

3816. Congrès de Paris 1900. Histoire comparée des institutions et du droit. *Paris,* 1902, in-8.

3817. — Le premier congrès de l'enseignement des sciences sociales. Compte rendu des séances et textes des mémoires publiés par la commission de l'enseignement social. *Paris,* 1901, in-8.

3818. Annuaire de législation française publié par la société de législation comparée, 1881-1926. 8 vol. in-8, plus 7 fascicules, broché.

3819. Annuaire de législation étrangère publié par la société de législation comparée, 1872-1924, 48 vol., plus 1 vol. de table et les années 1921-1924, en livraisons.

3820. Bulletin de la société de législation comparée. 1869-1900. *Paris,* 1872-1927, 50 vol. in-8. plus un vol. de table broché.

3821. Bulletin officiel de la ligue des droits de l'homme, 1901-1919, 20 vol. in-12.

Le tome XVI en fascicules.

3822. Droit d'auteur (Le). (Organe du bureau de l'Union internationale). *Berne,* 1908-1925, 6 vol. in-4.

Les années 1926, 1927 et 1928 en fasc.

3823. L'Économiste français, journal hebdomadaire, 1900-1927. *Paris*, [1900-1927]. 56 vol. in-4.

Plus l'année 1928 en fascicules.

3824. L'Égypte contemporaine. Revue de la société khédiviale d'Économie politique, de statistique et de législation. *Le Caire*, 1910, in-8, broché.

Tableaux. Tome 1er.

3825. Revue historique de droit français et étranger. 1893-1926, 23 vol. in-8.

On y joint des numéros dépareillés de 1857 à 1892.

3826. Revue internationale de sociologie. 1893, S. l. n. d., in-8.

Plus le 1er fasc. de 1984.

3827. Société pour l'Étude des questions d'enseignement supérieur [puis à partir de 1878], Revue internationale de l'enseignement. *Paris*, 1878-1928, 84 vol. in-8.

L'année 1928 en fascicules.

3828. Bibliothèque de propagande. 21 brochures in-16, par divers.

3829. Administration générale. 1 carton : 5 brochures et note mss. de M. Th. Reinach.

3830. Bibliothèque du comité de législation comparée. Catalogue. *Paris*, 1879, in-8.

3831. Assistance publique. Environ 8 brochures par L. Singer, F. Boyer, L. Bruyère, l'abbé Roussel, etc.

3832. No réservé.

3833. Beaux-Arts : **Législation**. 2 brochures (H.-A. Vasnier, A. Vannois), coupures, journal.

3834. Boissons, alcool, vin. 1 carton : 7 brochures de J. Reinach et autres.

3835. Commerce : environ 20 brochures.

3836. Droit. 1 carton : environ 80 brochures (par R. Dareste, P. Errera, P. Fournier, Paul Viollet, etc.)

3837. Droit romain : environ 19 brochures par Ch. Appleton, Paul Collinet, P. F. Girard, J. Partsch, C. Bernstein, D'Arbois de Jubainville, etc.

3838. Droit civil et procédure civile : environ 7 brochures par A. Dubreuil, A. Menger, Paul Margueritte, R. Saleilles, R. Dareste etc.

3839. Assurances. 1 carton : environ 5 brochures et journal.

3839 bis. **Droit pénal** : environ 16 brochures, par Jean Cruppi, Henri Couton, E. Villod, E. Colajanni, etc.

3840. Droit constitutionnel et électoral : environ 30 brochures par M. Lazard, G. Séailles, H. Bérenger, Ch. Janet, F. Buisson, J. Reinach, J.-P. Laffitte, F.-J. Helbé, E. Dufeuille, L. Lafferre, etc.

3841. Droit public. 1 carton : environ 20 brochures par M. Leroy, P. Errera, E. Baudoux, H. Lambert, G. Demartial, Léon Bourgeois, Albert Métin, etc.

3842. Économie politique. 26 brochures, par J. de Bloch, Georges Blondel, E. d'Eichthal, P. Errera, Irving Fisher, Otto H. Kahn, Vilfredo Paredo, Isaac Pereire, etc. et dossier sur la « vie chère ».

3843. Économie sociale. environ 30 brochures par Binet-Sanglé, E. d'Eichthal, L. Hautecœur, l'abbé Roussel, etc.

3844. Économie sociale. **Mutualité**. 8 brochures par Yves Guyot, E. Labarthe, Vittorio Levi, etc., et un journal.

3845. Économie sociale, population. 15 brochures par F. Auburtin, P. Haury, A. Gautier, P. Aubry, etc., plus journaux et placards.

3846. Féminisme : environ 7 brochures par Aurel, J. Pinot, H. Schmahl, etc., journaux.

3847. Finances. 1 carton : environ 20 brochures par M. Bokanowski, O. Homberg, M. Mollard, Cte de Fels, Dubois de L'Estang, etc. Notes mss. de M. Théodore Reinach.

3848. Histoire du droit. 1 carton : 14 brochures, par Ch. Appleton, Sauvas-Pacha, E. Amar, A. Typaldo-Bassia, Marcel Cruppi, E. Cordier, A. Giffard, etc.

3849. Hygiène sociale. 1 carton : 12 brochures par J. Hayaux, S. Arnoulin, A. Craissac, Yves Guyot, J. Reinach, etc.

3850. Impôts : environ 30 brochures par R. Delombre, A. Lalande, E. Rolland, Ch. de Lasteyrie, E. d'Eichtal, etc.

3851. Justice, organisation judiciaire, 4 brochures par J. Levilion, H. de Villers. etc, et journaux.

3852. Prévoyance sociale : environ 47 brochures par Léon Bourgeois. A. Weber, Yves Guyot, J. Hayem, E. d'Eichtal, E. Cheysson, H. Chéron, et dosier personnel.

3853. Propriété artistique et littéraire : environ 10 brochures par E. Röthlisberger, Th. Reinach [rapport], A. Siché, J. Bertaut, Horace Vernet (1841), etc.

3854. Propriété industrielle. 4 brochures par Armengaud, E. Bonnaffé, A. Vaunois.

3855. Socialisme : environ 20 brochures, par Sarraz-Bournet, P. Deschanel, L. Duparc. E. d'Eichtal, Yves Guyot, A. Leroy-Beaulieu, etc.

3856. Statistique. 3 brochures et placards.

AFFAIRE DREYFUS

3857. Allier (Raoul). Le bordereau annoté. *Paris*, 1903, in-12.

3858. Clé de l'Affaire Dreyfus (La). Facsimilé du bordereau, des écritures d'Esterhazy et du Cne Dreyfus.

Placard, en nombre.

3859. Cornély (J.). Notes sur l'affaire Dreyfus. *Paris*, s. d., in-12.

Nouvelle édition. brad. demi-chagr. Laval, poli, tr. dorée. Envoi d'auteur signé.

3860 — Notes sur l'Affaire Dreyfus. *Paris*, s. d., in-12.

Envoi d'auteur à M. J. Éphrussi.

3861. Dreyfus (Alfred). Cinq années de ma vie, 1894-1900. *Paris*, 1901, in-8.

Un des 550 exemplaires tirés dans le format in-8, avec imposition spéciale.

3862. — Lettres d'un Innocent. *Paris*, 1898, in-12.

3863. Dubois (Ch.). Dreyfus. *Rome*, s. d., in-8.

3864. Dubreuil (René). L'Affaire Dreyfus devant la Cour de Cassation. *Paris*, 1899, in-8.

Illustrat. de H.-G. Ibels, Couturier et Léon Ruffe.

3865. Duruy (George). Pour la justice et pour l'armée. *Paris*, 1901, in-12.

Envoi d'auteur signé à M. Ch. Éphrussi.

3866. Guyot (Yves). La révision au procès Dreyfus. *Paris*, 1898, in-8.

3867. Jaurés (Jean). Les preuves. *Paris*, s. d., in-12.

3868. Leyret (Henry). L'Affaire Dreyfus. Lettres d'un coupable. *Paris*, 1898, in-12.

Portrait d'Esterhazy.

3869. Marie (Paul). Le Général Roget et Dreyfus. *Paris*, 1899, in-12.

3870. Marin (Capitaine Paul). Dreyfus? *Paris*, s. d., in-12.

3871. — Histoire populaire de l'Affaire Dreyfus. *Paris*, 1898, in-12.

3872. Pressensé (Francis de). L'Affaire Dreyfus. Un héros. Le colonel Picquart. *Paris*, 1898, in-12.

3873. Quillard (Pierre). Le monument Henry. Liste des souscripteurs. *Paris*, 1899, in-12.

3874. Reinach (Joseph). Mélanges. [A l'Ile du Diable. — Les faits nouveaux. — Rapport sur les cinq détenus des Iles du Salut. — Le curé de Fréjus ou les preuves morales]. *Paris*, 1898-1899, 4 vol, in-8, reliés en 1.

1/2 maroq. t. de nègre, coins, t. dorée, couvert. conservées.

3875. — L'Affaire Dreyfus. Le crépuscule des traîtres. *Paris*, 1899, in-12.

1/2 maroq. bleu, coins, tr. dorée. Envoi d'auteur signé.

3876. — L'Affaire Dreyfus. Tout le crime. *Paris*, 1900, in-12.

1/2 maroq. bleu, coins, tr. dorée. Un des 10 ex. sur papier de Hollande. Envoi d'auteur signé.

3877. — Les Blés d'hiver. *Paris*, 1901, in-12.

1/2 maroq. bleu, coins, tr. dorée.
Un des 10 exempl. sur papier de Hollande. Envoi d'auteur signé.

3878. — Geschichte der Affaire Dreyfus (trad. all.). *Berlin* et *Leipzig*, 1901, in-8 tome I.

3879. — Vers la justice par la vérité. *Paris*, 1898, in-12.

Maroq. bleu, coins, tr. dorée. Un des 10 exempl. sur papier de Hollande. Envoi d'auteur signé.

3880. N° réservé.

3881. R. L. M. (Théodore Reinach). Histoire sommaire de l'Affaire Dreyfus. *Paris*, 1904, 1 vol. in-12.

3882. — Le même ouvrage (sous le nom de Th. Reinach). *Paris*, 1924, in-12, broché.

3883. Histoire des variations de l'État-Major. *Paris*, 1899, in-8 (6e édit.).

Fac-similé du bordereau en héliogravure.

3884. Le procès Zola. *Paris*, 1898, 2 vol. in-8, reliés en 1.

3885. L'Instruction Fabre et les décisions judiciaires ultérieures. *Paris*, s. d., in-8.

3886. Cinq semaines à Rennes. 200 photographies. *Paris*, s. d., in-8, en feuilles, dans un carton.

Exempl. numéroté sur grand papier.

3887. Le Procès devant le conseil de guerre de Rennes. *Paris*, 1900, 3 vol. in-8.

3888. [Revision du procès de 1894]. 1. La Révision à la Cour de Cassation. C.-R. sténographique. — 2. Enquête de la Cour de Cassation. — 3. Rapport Ballot-Beaupré et conclusions Manau. *Paris*, 1898-1899, 4 vol. in-8.

3889. — [Revision du procès de Rennes]. 1. Débats de la Cour de Cassation. (3-5 mars 1904). — Mémoire pour M. Dreyfus. — 3. Débats de la Cour de Cassation (juin-juillet 1906). — 4. Répertoire Baudoin. — 5. Enquête de la Chambre criminelle. *Paris*, 1904-1908, 8 vol. in-8.

3890. — Le procès Dautriche. Compte rendu sténographique, in extenso. *Paris*, 1905, in-8.

3891. — Mélanges. environ 28 brochures par Joseph Reinach, Duclaux, Bernard Lazare, Louis Havet, Jean Psichari, etc.

3892. — Journaux et documents divers. Carton.

AUTRES CAUSES CÉLÈBRES

3893. Arnim'sche Prozess). *Berlin*, 1874, in-8.

3894. — Pro nihilo. *Zurich*, 1876, 2 vol. in-8, reliés en 1.

3895. Ernest-Charles (J.). La passion criminelle. Drames d'amour et de jalousie. *Paris*, s. d., in-12, broché.

3896. Faits des causes célèbres et intéressantes, augmentés de quelques causes. *Amsterdam*, 1757, in-12, v. tacheté.

3897. Hubert-Frézouls (L'affaire) en Cour d'Assises. *Paris*, 1908, in-12, broché.

3898. Lebaudy (Affaire). Lettre ouverte à Sa Majesté Jacques Ier, empereur du Sahara et déserts circonvoisins. *Paris*, 1913, in-16, broché.

3899. Murri (Linda). Memorie. *Rome*, 1906, in-8.

3900. Zamoyski (Mémoire et suite du mémoire du Comte Jean), au sujet de sa demande en cassation de mariage. *Vienne*, 1886, 2 vol. in-12.

3901. Causes célèbres. Environ 15 brochures par G. Téry, R. de Marmande, E. Turpin, H. Rochette, etc. et journaux.

3902. Barreau de Paris (et autres). Plaidoiries diverses. 6 brochés, in-8 [carton].

3903. Cahiers des droits de l'homme (Les), 1920-1927. *Paris*, 8 vol. in-8.

L'année 1928 en fasc.

3904. Ligue des droits de l'homme. Publications diverses.

SCIENCES MORALES

ENSEIGNEMENT

3905. Ajam (Maurice). La parole en public. *Paris*, s. d., in-12.

3906. Albalat (Antoine). L'art d'écrire enseigné en 20 leçons. *Paris*, 1911, in-12 broché.

3907. Basch (V.), **Blum** (E.), **Croiset** (A.), etc... Neutralité et monopole de l'enseignement suivi de l'état actuel de l'enseignement du latin. *Paris*, 1912, in-8.

3908. Bastien (Paul). Les carrières des jeunes gens. *Paris*, s. d., in-12, (3e édition).

3909. Bigot (Charles). Questions d'enseignement secondaire. *Paris*, 1886, in-12.

3910. Bloch (Maurice). Trois éducateurs alsaciens. *Paris*, 1911, in-12.

Envoi d'auteur signé.

3911. Blum (Eugène). Aperçu général sur l'enseignement secondaire des jeunes filles en Allemagne. *Paris*, 1889, in-8, broché.

Dos cassé.

3912. Bourgeois (Émile). La liberté d'enseignement. Histoire et doctrine. *Paris*, 1902, in-12.

Envoi d'auteur signé.

3913. Bourne (Randolph). Education and living. *New-York*, 1917, in-12.

3914. Buisson (Ferdinand). La religion, la morale et la science. Leur conflit dans l'éducation contemporaine. *Paris*, 1901, in-12.

3915. Buley (W.) und **Vogt** (Karl). Das Turnen in der Volks-und Bürgerschule. *Vienne*, 1888, in-8.

Fig, 1re partie.

3916. Caullery (Maurice). Les universités et la vie scientifiques aux Etats-Unis. *Paris*, 1917, in-12, broché.

Dos cassé.

3917. Coubertin (Pierre de). Pédagogie sportive. *Paris*, 1922, in-8.

3918. Croiset (A.), **Lévy-Bruhl**, etc... L'éducation morale dans l'Université (conférences et discussions). *Paris*, 1901, in-8.

3919. — Enseignement et démocratie. *Paris*, 1905, in-8.

3920. Dessoye (A.). Défense laïque. *Paris*, 1913, in-12, broché.

3921. Dewey (John). Democracy and education, an introduction to the philosophy of education. *New-York*, 1917, in-8.

3922. — Schools of to-morrow. *New-York*, 1915, in-12.

Illustrat. en phototypie.

3923. Duruy (Albert). L'instruction publique et la démocratie (1879-1886). *Paris*, 1886, in-12.

3924. Errera (Léo). Pédagogie. Biographies. *Bruxelles-Londres-Milan-Paris*, 1922, in-8.

Portrait.

3925. Ferneuil (Th.). La réforme de l'enseignement public en France. *Paris,* 1879, in-12.

3926. Frary (Raoul). La question du latin. *Paris,* 1885, in-12.

Relié à la suite :

Vessiot (A.). La « question du latin » de M. Frary et les professions libérales. *Paris,* 1886, in-12.

3927. Friedel (V.-H.). Traitements des instituteurs et des institutrices à l'étranger. *Paris,* 1903, in-12.

3928. Guébin (L.), **Keller** (A.), etc... L'enseignement du dessin. *Paris,* 1908, in-8.

3929. Gyoux (Ph.). Éducation de l'enfant au point de vue physique et moral. *Paris,* 1870, in-12.

3930. Issaurat (C.). La pédagogie. Son évolution et son histoire. *Paris,* 1886, in-12.

3931. Laprade (Victor de). L'éducation homicide. Plaidoyer pour l'enfance. *Paris,* 1868, in-12.

3932. Lavisse (Ernest), **Croiset** (Alfred), **Seignobos** (Ch.) etc... L'éducation de la démocratie ; leçons professées à l'École des Hautes Études sociales. *Paris,* 1903, in-8.

3933. Le Dantec, Mangin, etc... L'enseignement des sciences naturelles et de la géographie. *Paris,* 1905, in-8. broché.

3934. Leroy (L. Modeste). Vers l'éducation nouvelle. *Paris,* 1906, in-12.

3935. Lévi-Alvarès (D.), fondateur des cours d'éducation maternelle. *Paris,* 1909, in-8, broché.

Portrait. Envoi d'auteur signé.

3936. Lot (Ferdinand). De la situation faite à l'enseignement supérieur en France. *Paris,* 1905, in-12.

3937. Maneuvrier (Edouard). L'éducation de la bourgeoisie sous la République. *Paris,* 1888, in-12.

3938. Michel (Henry). La loi Falloux. *Paris,* 1906, in-8.

3939. Ohlinger (Gustavus). The German conspiracy in American education. *New-York,* 1919, in-12.

3940. Poincaré (H.), **Lippmann** (G.), etc... L'enseignement des sciences mathématiques et des sciences physiques. *Paris,* 1904, in-8.

3941. Rendu. Code universitaire ou statuts et règlements de l'Université royale de France. *Paris,* 1846, in-8.

3942. Roudès (Silvain). L'orateur moderne. *Paris,* s. d., in-12.

3943. Royet (Capitaine). Le livre de l'éclaireur. *Paris,* 1913, in-8, broché.

Figures.

3944. Sée (Camille). Lycées et collèges de jeunes filles. *Paris,* 1900, in-8.

3945. Steyn Parvé (D.-J.). Organisation de l'instruction dans le royaume des Pays-Bas. *Leyde,* 1878, in-8.

3946. Veblen (Thorstein). The higher learning in America. *New-York,* 1918, in-12.

3947. Vessiot (A.). De l'enseignement à l'école et dans les classes élémentaires des lycées et collèges. *Paris,* 1886, in-12.

3948. Vizanti (André). La réforme de l'enseignement public en Roumanie. *Bucarest,* s. d., in-8.

3949. Wissemans (A.). Code de l'enseignement secondaire. *Paris,* 1906, in-12, broché.

3950. — Nouveau code de l'enseignement primaire. *Paris,* 1909, in-12.

Dos décollé.

3951. École des Hautes Études sociales. (L') *Paris*, 1911, in-8, broché.

3952. Science and learning in France, with a survey of opportunities for American Students in French Universities. [*Chicago*], 1917, in-8.

3953. Universités et Écoles françaises (Les). Enseignement supérieur, Enseignements techniques. Renseignements généraux. *Paris*, 1914, in-12.

3954. Ligue de l'Enseignement (La). — 1. Pendant la guerre. — 2. Depuis la guerre. *Paris*, s. d., in-8, broché.

Broché. Le 1er volume, dos cassé, couvert. déchirée.

3955. Congrès international d'enseignement supérieur (3e). (Paris, 1900). *Paris*, 1902, in-8.

3956. Congrès international d'éducation morale (IVe). *Rome*, 1926, 4 vol. in-8, brochés.

3957. Congrès des U. P. [Universités populaires]. Mai 1904. *Paris*, Cahiers de la Quinzaine, 1904, in-12, broché.

3958. Enseignement secondaire (L'). Organe de la Société pour l'étude des questions d'enseignement secondaire, 1904-1918, 13 vol. in-4, plus les 2 fascicules de 1919.

3959. Manuel général de l'Instruction primaire, 1910-1913, 3 vol. in-8, plus quelques nos en fascicules.

3960. Pour l'École laïque. 1 registre, coupures.

3961. Concours général. Devoirs donnés au Concours général. *Paris*, J. Delalain, 1865-1875, in-8.

Manquent faux-titre, titre et les 2 premières pages.

3962. Enseignement en général. Environ 10 brochures.

3963. Enseignement primaire. Environ 32 brochures, par J. Jaurès, F. Buisson, H. Hauser, Maurice Emmanuel, etc., journaux et extraits.

3964. Enseignement secondaire. Environ 90 brochures, par A. Cail, Dr Grasset, G. A. Heinrich, E. Hovelaque, Léon Blum, H. Astrié, etc.

3965. Enseignement supérieur. Environ 20 brochures, par E. d'Eichtal, Maurice Prou, Abel Lefranc, Gaston Paris, MauriceCroiset, etc.

3966. Enseignement français à l'étranger. 7 brochures, par H. Hauvette, J. Luchaire, etc.

3967. Enseignement des filles. 3 brochures et prospectus.

3968. Enseignement libre. 8 brochures.

3969. Écoles d'art. 2 brochures et prospectus.

3970. Enseignement technique. 21 brochures.

PHILOSOPHIE

3971. Allier (R.), **Belot** (G.), et autres. Morales et religions (Leçons professées à l'École des Hautes Études sociales). *Paris*, 1909, in-8.

3972. [**André** (Le Père)]. Essai sur le Beau. *Paris*, 1763, in-12.

V. brun.

3973. Arréat (Lucien). Mémoire et imagination. *Paris*, 1895, in-12.

3974. Arrhenius (Svante). Das Werden der Welten. *Leipzig*, 1913, in-8.

Figures.

3975. Bénard (Ch.). Précis de philosophie. *Paris*, 1872, in-8.

3976. Berkeley. Abhandlungen uber die Principien der menschlichen Erkenntniss. *Leipzig*, 1879, in-12.

Chagr. rouge, dos et coins, tr. dorée.

3977. Bersot (Ernest). Essais de philosophie et de morale. *Paris*, 1864, 2 vol. in-8.

3978. — Libre philosophie. *Paris*, 1868, in-12.

3979. — Morale et politique. *Paris*, 1868, in-8.

3980. Bertauld (Pierre-Auguste). Introduction à la recherche des causes premières : de la méthode. *Paris*, 1876-1883, 3 vol. in-12.

3981. Bouillier (Francisque). Histoire de la philosophie cartésienne. *Paris*, 1868, 2 vol. in-8 (3e édit.).

Portrait.

3982. Büchner (Ludwig). Kraft und Stoff. *Leipzig*, 1876, in-12.

3983. Carrau (Ludovic). La morale utilitaire. *Paris*, s. d., in-8.

3984. Challemel-Lacour. Études et réflexions d'un pessimiste. *Paris*, 1901, in-12.

3985. Charlés (Émile). Lectures de philosophie. *Paris*, 1873, 2 vol. in-12 et in-8.

3986. Clay (Edmund R.). L'alternative. Trad. A. Bordeau. *Paris*, 1886, in-8.

3987. Cochin (Denys). Descartes. *Paris*, 1913, in-8, broché.

3988. Comte (Auguste). Pages choisies. *Paris*, 1912, in-12.

3989. Cossoles (Henri de). Du doute. *Paris*, 1867, in-12.

3990. Cousin (Victor). Du vrai, du beau et du bien. *Paris*, 1873, in-12.

3991 — Fragments philosophiques pour servir à l'histoire de la philosophie. *Paris*, 1865-1866, 5 vol. in-8.

3992. Crépieux-Jamin. L'écriture et le caractère. *Paris*, 1895, in-8.

Fac-similés.

3993. — Traité de graphologie. *Paris*, s. d. in-12.

Ex dono, signé de Paul Bourget.

3994. Damiron (Ph.). Essai sur l'histoire de la philosophie en France au XIXe siècle. *Paris*, 1834, 2 vol. in-8.

3995. Delbœuf (J.). Matière brute et matière vivante. *Paris*, 1887, in-12.

3996. Denis (Léon). Après la mort. *Paris*, 1893, in-12.

3997. Desdouits (Théophile). La philosophie de Kant. *Paris*, 1876, in-8.

3998. — La responsabilité morale. *Paris*, 1896, in-8.

3999. Droz (Édouard). Étude sur le scepticisme de Pascal. *Paris*, 1886, in-8.

4000. Dugald-Stewart. Esquisse de la philosophie morale. Trad. Mabire. *Paris* et *Lyon*, 1841, in-12.

4001. Ferraz (M.). Étude sur la philosophie en France au XIXe siècle. *Paris*, 1877, in-12.

4002. — Philosophie du devoir. *Paris*, 1869, in-12.

4003. Fonsegrive (George L.). Essai sur le libre arbitre, sa théorie et son histoire. *Paris*, 1887, in-8.

4004. Fouillée (Alfred). L'idée moderne du droit. *Paris*, 1878, in-12.

Envoi d'auteur signé.

4005. — La science sociale contemporaine. *Paris*, 1880, in-12.

Envoi d'auteur signé.

4006. Franck (Ad.). Dictionnaire des sciences philosophiques. *Paris*, 1875, in-8.

4007. Guyau. La morale anglaise contemporaine. *Paris*, 1879, in-8.

Envoi d'auteur signé.

4008. Haeckel (Ernest). Les énigmes de l'Univers. *Paris*, s. d., in-8.

Broché.

4009. Haldane (J.-B.-S.). Science and ethics. *Londres*, s. d., in-16.

4010. Hartmann (Édouard de). Philosophie de l'inconscient. Traduct. D. Nolen. *Paris*, 1877, 2 vol. in-8.

4011. — Phänomenologie des sittlichen Bewusstseins. *Berlin*, 1879, in-8.

4012. — **Dühring, Berg, Strauss, Marty.** Philosophie. Recueil factice. *Berlin*, 1875-1879, in-8.

Recueil factice.

4013. Hayem (Armand). L'Etre social. *Paris*, 1881, in-12.

Envoi d'auteur signé.

4014. Horwicz (Adolf). Analyse des Denkens. Grundlinien der Erkenntnisstheorie. *Halle*, 1875, in-8.

Relié à la suite :

— Analyse der qualitativen Gefühle. *Magdebourg*, 1878, in-8.

4015. Hume. Traité de la nature humaine. Trad. Renouvier et Pillon. *Paris*, 1878, in-12.

4016. Janet (Paul). La morale. *Paris*, 1874, in-8.

4017. — Les causes finales. *Paris*, 1876, in-8.

4018. Jayet (André). La théorie du succès. *Paris*, s. d., in-12, broché.

Envoi d'auteur signé.

4019. Jouffroy (Th.). Cours de droit naturel. *Paris*, 1866, 2 vol. in-12.

4e édition.

4020. Jourdain (Charles). Logique de Port-Royal précédée d'une notice sur les travaux philosophiques d'Antoine Arnauld. *Paris*, 1869, in-12.

4021. Keller (Helen). Optimismus. *Stuttgart*, 1906, in-12.

Portrait.

4022. Lanfrey (P.). L'Église et les Philosophes au dix-huitième siècle. *Paris*, 1879, in-12.

7e édition.

4023. Laromiguière (P.). Leçons de philosophie. *Paris*, 1858, 2 vol. in-8.

4024. Lecoultre (Henri). La psychologie des actions humaines d'après les systèmes d'Aristote et de saint Thomas d'Aquin. *Paris*, 1883, in-8.

Figures.

4025. Le Dantec (Félix). Les lois naturelles. *Paris*, 1904, in-8.

4026. Leibnitz. Extraits de la Théodicée. [Ed. Paul Janet]. *Paris*, 1874, in-12.

4027. — Nouveaux essais sur l'entendement humain. Ed. Henri Lachelier. *Paris*, 1886, in-12.

4028. — La Monadologie. [Ed. Henri Lachelier]. *Paris*, 1881, in-12.

4029. Lévêque (Charles). La science du Beau. *Paris*, 1861, 2 vol. in-8.

4030. Locke et Leibnitz. Œuvres. Ed. Thurot. *Paris*, 1862, in-8.

4031. Lotze (Hermann). Geschichte der Aesthetik in Deutschland. *Munich*, 1868, in-8.

4032. Mabilleau (Léopold). Étude historique sur la philosophie de la Renaissance en Italie (Cesare Cremonini). *Paris,* 1881, in-8.

4033. Macé (Jean). Philosophie de poche, suivi de : Le Grand Savant. *Paris,* s. d., in-32, broché.

Envoi d'auteur signé. Manque le plat supérieur de la couverture.

4034. Maeterlinck (Maurice). La mort. *Paris,* 1913, in-12, broché.

Dos cassé.

4035. — Le Temple enseveli. *Paris,* 1902, in-12.

4036. Malebranche. Recherche de la Vérité. *Paris,* 1871, 2 vol. in-12.

Notes au crayon.

4037. Marguery (E.). L'œuvre d'art et l'évolution. *Paris,* 1904, in-12.

4038. Mendelssohn (Moses). Phédon, ou Entretiens sur l'immortalité de l'âme. Trad. Junker. *Paris* et *Bayeux,* 1772, in-8.

Piqûre.

4039. Mill (John Stuart). Correspondance avec Gustave d'Eichthal. *Paris,* 1898, in-12.

4040. — Mes Mémoires. Trad. Cazelles. *Paris,* 1875, in-8.

4041. — On Liberty. *Londres,* 1867, in-8.

4042. — La philosophie de Hamilton. Trad. Cazelles. *Paris,* 1869, in-8.

4043. — Système de logique. Trad. Peisse. *Paris,* 1866, 2 vol. in-8.

4044. Mismer (Ch.). Principes sociologiques. *Paris,* 1882, in-12.

4045. Mustoxidi (T.-M.). Histoire de l'esthétique française, 1700-1900. *Paris,* 1920, in-8, broché.

4046. Nietzsche (Friedrich). Also sprach Zarathustra. *Leipzig,* 1897, in-8.

4847. — Gesammelte Briefe. (3. Band). *Berlin* et *Leipzig,* 1905, in-12.

4048. — Jenseits von Gut und Böse zur Genealogie der Moral. Aus dem Nachlasz, 1885-1886. *Leipzig,* 1906, in-12.

4049. — Le même ouvrage. Trad. Weiscopf et G. Art. *Paris,* 1898, in-8.

Nombreux passages soulignés au crayon.

4050. Nolen (Désiré). La critique de Kant et la métaphysique de Leibniz. *Paris,* 1875, in-8.

4051. Ollé-Laprune (Léon). De la certitude morale. *Paris,* 1880, in-8.

4052. Payot (Jules). Cours de morale. *Paris,* 1904, in-12.

4053. Picavet (François). Esquisse d'une histoire générale et comparée des philosophies médiévales. *Paris,* 1905, in-8.

4054. Pilo (Mario). La psychologie du Beau et de l'art. Trad. Dietrich. *Paris,* 1895, in-12.

4055. Poincaré (H.). La valeur de la Science. *Paris,* s. d., in-12.

2e édition.

4056. Preyer (W.). L'âme de l'enfant. Trad. H, deVarigny. *Paris,* 1887, in-8 (2e édit.).

4057. Ravaisson (Félix). La philosophie en France au XIXe siècle. *Paris,* 1885, in-8.

4058. Rémusat (Charles de). Bacon, sa vie, son temps. *Paris,* 1858, in-12.

4 59. — Histoire de la philosophie en Angleterre depuis Bacon jusqu'à Locke. *Paris,* 1875, 2 vol. in-8.

4060. Rey (A.). Leçons élémentaires de psychologie et de philosophie. *Paris,* 1903, in-8.

4061. — Retour éternel et la philosophie de la physique. *Paris*, 1927, in-12, broché.
Envoi d'auteur signé.

4062. Ribot (Th.). La psychologie allemande contemporaine. *Paris*, 1879, in-8.

4063. — La psychologie anglaise. *Paris*, 1875, in-8.

4064. — La philosophie de Schopenhauer. *Paris*, 1874. in-12.
Relié à la suite :
Schopenhauer (Arthur). Pensées et fragments, trad. Bourdeau, *Paris*, 1881, in-12.

4065. Richet (Charles). Essai d'une psychologie générale. *Paris*, 1887, in-12.

4066. Roberty (E. de). L'ancienne et la nouvelle philosophie. *Paris*, 1887, in-8.

4067. Romundt (Heinrich). Vollendung des Sokrates. *Berlin*, 1885, in-8.

4068. Saisset (Émile). Le scepticisme. Ænésidème-Pascal-Kant. *Paris*, 1865, in-8.

4069. Schopenhauer (Arthur). Sämmtliche Werke. *Leipzig*, 1873, 6 vol. in-8.

4070. Séailles (Gabriel). Les affirmations de la conscience moderne. *Paris*, 1903, in-12.

4071. — Essai sur le génie dans l'art. *Paris*, 1897, in-8.

4072. Sergi (G.). La psychologie physiologique. Trad. Monton. *Paris*, 1888, in-8.

4073. Simon (Jules). Le devoir. *Paris*, 1874, in-12.

4074. Spencer (Herbert). Classification des sciences. Trad. Réthoré. *Paris*, 1881, in-12.

4075. — De l'éducation intellectuelle, morale et physique. *Paris*, 1881, in-8.

4076. — Essais de morale, de science et d'esthétique. Trad. Burdeau. *Paris*, 1879, 3 vol. in-8.

4077. — Introduction à la science sociale. *Paris*, 1880, in-8.

4078. — La morale évolutionniste. *Paris*, 1881, in-8.

4079. — Les premiers principes. Trad. Cazelles. *Paris*, s. d., in-8.

4080. — Principes de biologie. Trad. Cazelles. *Paris*, 1880, 2 vol. in-8.

4081. — Principes de psychologie. Trad. Ribot et Espinas, *Paris*, 1875, 2 vol. in-8.

4082. — Principes de sociologie. Trad. Cazelles. *Paris*, 1880, 2 vol. in-8.

4083. Spinoza. Œuvres, trad. Émile Saisset *Paris*, 1872, 4 vol. in-12.

4084. — Opera posthuma *S. l.*, 1677, in-4.
Vélin blanc.

4085. Stein (Heinrich von). Die Entstehung der neueren Æsthetik. *Stuttgart*, 1886, in-8.

4086. Steinthal (Dr H.). Allgemeine Ethik. *Berlin*, 1885, in-8.

4087. Sturt (Henry). Moral expérience. *Londres*, s. d., in-8.

4088. Sully (James). Les illusions des sens et de l'esprit. *Paris*, 1883, in-8.

4089. — Fragments sur l'art et la philosophie. 2e éd. *Paris*, 1860, in-8.

4090. Tonnellé (Alfred). Fragments sur l'art et la philosophie. 3e éd. *Paris*, 1874, in-12.

4091. Ueberweg (Fried.), et **Heinze** (Max). Geschichte der Philosophie. *Berlin*, 1880-1920, 3 vol. in-8.
Long envoi d'auteur signé.

4092. Valabrègue (Albin). La philosophie du vingtième siècle. *Paris*, 1895, in-12.

4093. Vallier (C.-A.). De l'intention morale. *Paris*, 1883, in-8.
Relié à la suite :
Bréton (Guillaume). Essai sur la poésie philosophique en Grèce (1882).

4094. Véra (A.). Essais de philosophie hégélienne. *Paris*, 1864, in-12.
Envoi d'auteur signé.

4095. Worms (René). Organisme et société. *Paris*, 1896, in-8.
Plus les tables.

4096. Revue philosophique de la France et de l'étranger,... dirigée par Th. Ribot. De l'origine (1876) à fin 1928. *Paris*, Germer-Baillière, 1876, Félix Alcan, 1928, 104 vol. in-8, reliés en 101. L'année 1928 en fascicules. Plus les tables.

4097. Philosophie. 1 carton : environ 20 brochures, par G. Belot, Camille Bloch, Bouglé, E. d'Eichthal, L. Errera, R. Encken, Ch. Lalo, etc. Copie dactylographiée, correct. mss. d'une étude (De la nature de l'homme).

RELIGION

4098. Ballagny, Bouglé et autres. Pour la liberté de conscience. (Conférences populaires). *Paris*, s. d., in-12.

4099. Chantepie de la Saussaye (P.-D.). Manuel d'histoire des religions. Trad. Hubert et Lévy. *Paris*, 1904, in-8.

4100. Charbonnel (Victor). Congrès universel des religions en 1900. *Paris*, 1897, in-12.
Envoi d'auteur signé.

4101. Draper (J.-W.). La science et la religion. *Paris*, 1903, in-8.

4102. Frazer (J.-G.). The golden bough. *Londres*, 1890, 2 vol. in-8.

4103. Goblet d'Alviella (Cte). Croyances, rites, institutions. *Paris*, 1911, 3 vol. in-8.

4104. Jarnell (L.-A.). The evolution of religion. An anthropological study. *Londres, New-York*, 1905, in-12.
Notes marginales au crayon.

4105. Jevons (Frank Byron). An introduction to the history of religion. *Londres*, 1902, in-8, (2e édit.).

4106. La Grasserie (Raoul de). Des religions comparées au point de vue sociologique. *Paris*, 1899, in-8. (Bibliothèque sociologique internationale. XVII).

4107. Lehmann (D. Edv.) und **Haas** (D. Hans). Textbuch zur Religionsgeschichte. *Leipzig*, 1922, in-8, broché.

4108. Loisy (Alfred). La religion. *Paris*, 1917, in-8.

4109. Maury (L.-F. Alfred). La magie et l'astrologie dans l'antiquité et au Moyen Age. *Paris*, 1864, in-12, (3e édit.).

4110. Muller (Max). Nouvelles études de mythologie. Trad. Job. *Paris*, 1898. in-8.

4111. Reinach (Salomon). Orpheus. Trad. anglaise Simmonds. *Londres, New-York*, 1909, in-8.
Envoi d'auteur signé.

4112. — Cultes, mythes et religions. *Paris*, 1905-1913, 5 vol. in-8.
Les deux derniers brochés.

4113. — Le même ouvrage. T. IV, broché.
Envoi d'auteur.

4114. Reinach (Théodore), **Puech** (A.), etc. Religions et sociétés (Leçons professées à l'École des Hautes Études sociales). *Paris*, 1905, in-8.

4115. Renan (Ernest). Mélanges religieux et historiques. *Paris*, 1904, in-8.

4116. — Etudes d'histoire religieuse. *Paris*, 1863, in-8.

4117. Rusillon (Henry). Un culte dynastique avec évocation des morts chez les Sakalaves de Madagascar : le « Tromba ». *Paris*, 1912, in-12.

4118. Sabatier (Auguste). Esquisse d'une philosophie de la religion. *Paris*, 1903, in-8.

4119 — Les religions d'autorité et la religion de l'esprit. *Paris*, 1904, in-8, (2e édit.).

4120. Schleiermacher (Friedrich). Ueber die Religion. *Leipzig*, 1868, in-12, broché.

4121. Schuré (Édouard). Les grandes légendes de France. *Paris*, 1924, in-12.

Envoi d'auteur signé.

4122 — Les grands initiés. *Paris*, 1925, in-12.

Envoi d'auteur signé.

4123. Sellars (Roy Wood). The next step in religion. *New-York*, 1918, in-12.

4124. Tiele. Kompendium der Religionsgeschichte. Trad. all. Weber. (3e édit. revue par Nathan Söderblom). *Breslau*, 1903, in-12.

4125. Van Ende (U.). Histoire naturelle de la croyance. *Paris*, 1887, in-8.

4126. Van Gennep (A.). La formation des légendes. *Paris*, 1910, in-12.

4127. — Religions, mœurs et légendes. 3e et 4e séries. *Paris*, 1911, 2 vol. in-12.

Envoi d'auteur signé.

4128. Vernes (Maurice). L'histoire des religions. *Paris*, 1887, in-12.

4129. Wendorff (Franz). Erklärung aller Mythologie aus der Annahme der Erringung des Sprechvermögens. *Berlin*, 1889, in-8.

4130. Congrès international d'histoire des religions (Actes). 1. Paris 1900. Paris, 1901-1902, 4 vol. in-8, reliés en 2. — 2. Bâle 1904 Bâle, 1906, in-8. — 3. Leyde 1912. Leyde, 1912, in-8.

4131. Archiv für Religionswissenschaft unter Mitredaktion von H. Usener, H. Oldenberg, C. Bezold, K. Th. Preuss (1904-1914). *Leipzig*, 1904-1914, 11 vol. in-8.

4132. Revue de l'histoire des religions. T. XLIII et suiv. *Paris*, 1901-1924, 24 vol. in-8.

4133. Bulletin de la Société Ernest Renan, 1920-1927. 14 fasc. in-8.

4134. Religion. Environ 30 brochures, par Sal. Reinach, Camille Jullian, Adolphe Reinach, J.-G. Lévy, Jean Réal, J.-H. Barrows, Maurice Vernes, R. de Tangey, etc...

4135. Religions primitives. folklore, magie, sorcellerie. 1 carton : environ 20 brochures, par le Dr Axenfeld, E. Cosquin, L. Marillier, P. Perdrizet, A. Van Gennep, etc...

JUDAISME

4136. Aptowitzer (V.). Das Schriftwort in der rabbinischen Literatur. *Wien*, 1911, in-8, broché.

4137. Aronius (Julius). Regesten zür Geschichte der Juden im fränkischen und deutschen Reiche bis zum Jahre 1273. *Berlin*, 1902, in-4.

4138. Askowith (Dora). The toleration of the Jews under Julius Caesar and Augustus. *New-York*, 1915, in-8.

4139. Bäck (S.). Geschichte des jüdischen Volkes und seiner Litteratur, vom babylonischen Exile bis auf die Gegenwart. *Francfort*, 1894, 2 vol. in-8, reliés en 1.

4140. Bédarride (I.). Les Juifs en France, en Italie et en Espagne. *Paris*, 1867, in-8.

4141. [Benjamin]. Itinerarium D. Beniaminis cum versione et notis Constantini L'Empereur. *Leyde*, Elzévir, 1633, in-12.

4142. Bentwich (Norman). Josephus. *Philadelphia*, 1914, in-12.

Planches.

4143. — Philo, Judæus of Alexandria. *Philadelphia*, 1910, in-12.

4144. Benzabat Amzalac (Moses). A Tipografia hebraica em Portugal no seculo XV. *Coimbre*, 1922, in-4, broché.

Fac-similés. Tirage à 150 exempl. numérot.

4145. Benzinger (J.). Hebräische Archäologie. *Fribourg, Leipzig*, 1894, in-8.

Figures.

4146. Berliner (A.). Aus dem Leben der deutschen Juden im Mittelalter. *Berlin*, 1900, in-8.

4147. — Geschichte der Juden in Rom. *Francfort*, 1893, 3 vol. in-8, reliés en 1.

4148. Bertholet (Alfred). Die Bücher Esra und Nehemia. *Tubingen, Leipzig*, 1902, in-8.

4149. — (Alfred). Die Stellung der Israeliten und der Juden zu den Fremden. *Fribourg-Leipzig*, 1896, in-8.

4150. — (Alfred). Biblische Theologie des Alten Testaments (begonnen von B. Stade). *Tubingen*, 1911, 2 vol. in-8.

4151. Beugnot (Arthur). Les Juifs d'Occident ou recherches sur l'état civil, le commerce et la littérature des Juifs, en France, en Espagne, et en Italie, pendant la durée du Moyen Age. *Paris*, 1824, in-8.

4152. Bevan (Edwyn R.) and **Singer** (Charles). The Legacy of Israel. I. Abraham. *Oxford*, 1927, in-12.

Planches.

4153. Bloch (Heinrich). Die Quellen des Flavius Josephus in seiner Archäologie. *Leipzig*, 1879, in-8.

4154. Bloch (Isaac). Inscriptions tumulaires des anciens cimetières israélites d'Alger. *Paris*, 1888, in-8.

4155. Bloch (Maurice). Quatre conférences sur les Juifs. *Paris*, 1901, in-12.

Envoi d'auteur signé.

4156. Blondheim (D.-S.). Les parlers judéo-romains et la Vetus Latina. *Paris*, 1925, in-8, broché.

4157. Bousset (Wilhelm). Die Religion des Judentums im neutestamentlichen Zeitalter. *Berlin*, 1903, in-8.

Planches. Envoi d'auteur signé.

4158. Brann (M.). Geschichte der Juden und ihrer Litteratur. *Breslau*, 1896-1899, 2 vol. in-8.

Feuillet de notes mss. joint.

4159. Branson-Salvador (M.). A travers les moissons. *Paris*, 1903, in-12.

4160. Büchler (Adolf). Die Tobiaden und die Oniaden im II. Makkabäerbuche und in der verwandten jüdisch-hellenistischen Litteratur. *Vienne*, 1899, in-8.

4161. — Die Priester und der Cultus in lezten Jahrzehnt des jerusalemischen Tempels. *Vienne*, 1895, in-8.

Reliés à la suite :

Friedmann (Lektor M.). Onkelos und Akylas. *Vienne*, 1896.

Schwarz (Adolf). Die hermeneutische Analogie in der talmudischen Literatur. *Vienne*, 1897.

4162. — Der galilaïsche Am-ha'Ares des zweiten Jahrhunderts... *Vienne*, 1906, in-8, broché.

4163. — Das Synedrion in Jerusalem und das grosse Beth-Din in der Quaderkammer, des jerusalemischen Tempels. *Vienne*, 1902, in-8, broché.

4164. Budde (Karl). Die Religion des Volkes Israel bis zur Verbannung. *Giessen*, 1900, in-8.

4165. Caro (Joseph). Yoré Déa. Rituel du judaïsme, traduit... sur l'original chaldéo-rabbinique... par Jean de Pavly et M. A. Neviasky. *Orléans*, 1898, 2 vol. in-8, reliés en 1.

4166. Castelli (David). Storia degl'Israeliti dalle origini fino alla monarchia. *Milano*, 1887-1888, 2 vol. in-8.

4167. Causse (A.). Israël et la vision de l'humanité. *Strasbourg-Paris*, 1924, in-8, broché.

4168. Chabot (Mgr Alphonse). Grammaire hébraïque élémentaire. *Fribourg-en-Brisgau*, 1895, in-8.

4169. Chaikin (Avigdor). The celebrities of the Jews. *Sheffield*, 1899, in-8.
1re partie.

4170. — Apologie des Juifs. *Paris*, 1887, in-8.

4171. Cheyne (T.-K.). Jewish religious life after the exile. *New-York* et *Londres*, 1898, in-8.

4172. Chwolson (D.). Corpus inscriptionum hebraicarum enthaltend Grabschriften aus der Krim. *Saint-Pétersbourg* et *Leipzig*, 1882, in-4.

4173. Clément (Roger). La condition des juifs de Metz sous l'ancien régime. *Paris*... 1903, in-8.
Exempl. sur pap. vergé. Envoi d'auteur signé.

4174. Conybeare (F.-C.), **Rendel Harris** (J.) et **Smith Lewis** (Agnes). The story of Ahikar. *Londres* et *Cambridge*, 1898, in-8.

4175. Curtiss (Samuel Ives). Ursemitische Religion im Volksleben des heutigen Orients. *Leipzig*, 1903, in-8.
Figures. Cartes.

4176. Derenbourg (J.). Essai sur l'histoire et la géographie de la Palestine. 1re partie : Histoire de la Palestine depuis Cyrus jusqu'à Adrien. *Paris*, 1867, in-8.

4177. Deutsch (Gotthard). Philosophy of Jewish history. *Cincinnati*, Bloch, s. d., in-8.
Envoi d'auteur.

4178. Dreyfus (Robert). Alexandre Weill ou le prophète du faubourg Saint-Honoré. *Paris*, 1907, in-8.
Envoi d'auteur signé.

4179. — Le même ouvrage. *Paris*. Cahiers de la quinzaine (1908).

4180. Driver (S.-R.). An introduction to the literature of the old Testament. *Edimbourg*, 1898, in-8.

4181. Dujardin (Edouard). La source du fleuve chrétien (Le judaïsme). *Paris*, 1906, in-12.

4182. Eichthal (Gustave d'). Mélanges de critique biblique. Le texte primitif du premier récit de la création. Le Deutéronome. Le nom et le caractère du Dieu d'Israël Iahveh. *Paris*, 1886, in-8.

4183. Eisenmenger (Johann Andreas). Entdecktes Judenthum. *Konigsberg*, 1711, 2 vol. in-4, reliés en 1.
Vélin blanc.

4184. Errera (Léo). Les Juifs russes. (Préface de Mommsen). *Bruxelles*, 1903, in-8.

4185. Faye (Eugène de). Les Apocalypses juives. *Paris*, 1892, in-8.

4186. Fleg (Edmond). Pourquoi je suis juif. *Paris*, 1928, broché.
Envoi d'auteur signé.

4187. — Anthologie juive. *Paris*, 1923, 2 vol. in-12.

4188. Frégier (C.). Les Juifs algériens. *Paris*, 1865, in-8.

4189. Freudenthal (Dr J.). Jahresbericht des Jüdisch-theologischen Seminars. Fraenkelscher Stiftung. *Breslau*, 1874, in-8.

Tome I, interfolié de pages blanches contenant des notes mss.

4190. Friedmann (Lektor M.). Pseudo-Seder Eliahuzuta. (Derech Erec und Pirkè R. Eliezer). *Vienne*, 1904, in-8, broché.

4191. — Baraitha di-Mlecheth ha-Mischkan... *Vienne*, 1908, in-8, broché.

4192. Fuchs (Leo). Die Juden Aegyptens in ptolemaïscher und römischer Zeit. *Vienne*, 1924, in-8.

4193. Garrucci (Raffaele). Cimitero degli antichi Ebrei scoperto in Vigna Randanini. *Roma*, 1862, in-8.

Planches. Notes sur les gardes.

4194. Gaster (Dr M.). The Ketubah. *Berlin*, 1923, in-8.

Envoi d'auteur signé.

4195. Geiger (Raymond). Histoires juives. *Paris*, 1923, in-12, broché.

Envoi d'auteur signé.

4196. Ginsburg (Michel S.). Rome et la Judée. Contribution à l'histoire de leurs relations politiques. *Paris*, 1928, in-8, broché.

Figures et planches.

4197. Gottheil (Gustave). Hymns and anthems adapted for Jewish worship. *New-York*, 1893, in-12.

4198. Gottheil (Richard) and **Worrell** (William H.). Fragments from the Cairo Gemzah in the Freer collection. *New-York*, 1927, in-4.

4199. Gradis (Henri). Le peuple d'Israël. *Paris*, 1891, in-8.

Envoi d'auteur signé.

4200. Graetz (H.). Geschichte der Juden. *Leipzig*, 1866-1882, 11 vol. in-8.

4201. — Le même ouvrage. *Paris*, 1882, 5 vol. in-8.

4202. Sinaï et Golgotha. (Trad. Hess). *Paris*, 1867, in-8.

Rousseurs.

4203. Hastings (James). A dictionary of the Bible, *Edimbourg*, 1900-1904, 5 vol. in-8.

4204. Havet (Ernest). La modernité des prophètes. *Paris*, 1891, in-8.

4205. Herder. Histoire de la poésie des Hébreux. Trad. de Mme de Carlowitz. *Paris*, 1854, in-12.

Rousseurs.

4206. Herriot (Édouard). Philon le Juif. *Paris*, 1898, in-8.

4207. Hirsch (Marcus). Kulturdefizit am Ende des 19. Jahrhunderts. *Francfort*, 1893, in-8.

4208. Izoulet (Jean). Paris, capitale des religions, ou la mission d'Israël. *Paris*, s. d., [1925], in-12.

4209. Jacobs (Joseph). An inquiry into the sources of the history of the Jews in Spain. *Londres*, 1894, in-8.

4210. — Jewish contributions to civilization. *Philadelphie*, 1919, in-8.

4211. — The Jews of Angevin England. *Londres*, 1893, in-16.

Planches.

4212. Jewish Encyclopedia (The). *New-York*, *Londres*, 1901-1906, 12 vol. in-8.

Planches en noir et en couleurs.

4213. — Le même ouvrage, tome IV (Chazan-Dreyfus). *New-York*, 1903, in-4.

4214. Juifs de Russie (Les). Recueil d'articles et d'études sur leur situation légale, sociale et économique. *Paris*, Léopold Cerf, 1891, in-12.

4215. Juster (Jean). Les Juifs dans l'empire romain. *Paris*, 1914, 2 vol. in-8, brochés.

4216. Kahn (Léon). Histoire des écoles communales et consistoriales israélites de Paris (1809-1884).

Reliés à la suite :

Les professions manuelles et les institutions de patronage. Le comité de bienfaisance. L'hôpital. L'orphelinat. Les cimetières. Les Sociétés de secours mutuels philanthropiques et de prévoyance. Les Juifs à Paris depuis le VIe siècle. *Paris*, 1884-1889, 5 vol. in-12, reliés en 2.

4217. — Histoire de la communauté israélite de Paris. Les Juifs de Paris sous Louis XV. *Paris*, 1892.

Envoi d'auteur signé.

Reliés à la suite :

Les Juifs de Paris au XVIIIe siècle. *Paris*, 1894, 2 vol. in-12, reliés en 1.

4218. — Les Juifs de Paris pendant la Révolution. *Paris*, 1898, in-8, 2e édit.

4219. Kahn (Zadoc). Sermons et allocations. *Paris*, 1893-1894, 3 vol. in-12 (le premier broché).

4220. — Souvenirs et regrets. *Paris*, 1898, in-12, broché.

4221. — Die Sclaverei nach Bibel ünd Talmud. Tred. all. Singer. *Prague*, 1888, in-12.

4222. Kaplun-Kogan (Wlad. W.). Die Wanderbewegungen der Juden. *Bonn*, 1913, in-8, broché.

4223. [Kaufmann (Mélanges)]. Gedenkbuch zur Erinnerung an David Kaufmann. Ed. Brann et Rosenthal. *Breslau*, 1900, in-8.

4224. Kautzsch (Emil). Abriss der Geschichte des alttestamentlichen Schrifttums. *Fribourg* et *Leipzig*, 1897, in-8.

4225. — Die heilige Schrift des Alten Testaments. *Fribourg* et *Leipzig*, 1896, in-8.

4226. — Die Apokryphen und Pseudepigraphen des Alten Testaments. *Tubingue*, *Fribourg* et *Leipzig*, 1900, 2 vol. in-8, reliés en 1.

4227. Kayserling (M.). Moses Mendelssohn (avec des lettres inédites). *Leipzig*, 1862, in-12.

4228. Kœnig (X.). Histoire sainte d'après les résultats acquis de la critique historique (Ancien Testament). *Paris*, 1903, in-12.

4229. Kohler (Dr K.). Jewish theology. *New-York*, 1918, in-8.

4230. [Kohut (Mélanges)]. Semitic studies éd. George Alexander Kohut. *Berlin*, 1897, in-8.

Portrait.

4231. Krauss (Samuel). Antoninus und Rabbi. *Vienne*, 1910, in-8, broché.

4232. — Studien zur byzantinisch-jüdischen Geschichte. *Vienne*, 1914, in-8, broché.

4233. Lambert (Mayer) et **Brandin** (Louis). Glossaire hébreu-français. Recueil de mots hébreux bibliques avec traduction française. *Paris*, 1905, in-4, broché.

4234. Langlois (E.). La Palestine. *Paris*, s. d., in-4.

Recueil de planches.

4235. Lauer (Bernard). La question polono-juive. *Paris*, 1916, in-8.

Brochure en nombre.

4236. Lazare (Bernard). L'antisémitisme. *Paris*, 1894, in-12.

Envoi d'auteur signé.

4237. Lémann (L'abbé Joseph). La prépondérance juive. Ses origines. — Napoléon Ier et les Israélites (1806-1815). *Paris*, 1889-1894, 2 vol. in-8, reliés en 1.

4238. — L'entrée des Israélites dans la société française et les états chrétiens. *Paris*, 1886, in-8.

4239. Léon (Henry). Histoire des Juifs de Bayonne. *Paris*, 1893, in-4.

4240. Léon (de Modève). Cérémonies et coutumes qui s'observent aujourd'huy parmy les Juifs... 3e édit... augmentée d'une seconde partie : Comparaison des cérémonies des Juifs et de la discipline de l'Église, par le sieur de Simonville. *Paris*, 1710, 2 vol. in-12, reliés en 1.

4241. Leroy-Beaulieu (Anatole). Israël chez les nations. *Paris*, 1893, in-12.

4242. Leven (N.). L'Alliance israélite universelle (1860-1910). *Paris*, 1911-1920, 2 vol. in-8, brochés.

Envoi d'auteur signé.

4243. Lévy (Louis-Germain). La famille dans l'antiquité israélite. *Paris*, 1905, in-8.

4244. — Maïmonide. *Paris*, 1911, in-8.

Envoi d'auteur signé.

4245. — La métaphysique de Maïmonide. *Dijon*, 1905, in-8.

4246. — Une religion rationelle et laïque. *Paris*, 1908, in-12.

4247. Lévy (Raphaël). Un Tanah. *Paris*, 1883, in-8.

Envoi d'auteur signé.

4248. Liber (Maurice). Rashi. Trad. angl. Szold. *Philadelphie*, 1906, in-12.

Planches.

4249. Lods (Adolphe). Jean Astruc et la critique biblique au XVIIIe siècle. *Paris-Strasbourg*, 1924, in-8, broché.

4250. — Le livre d'Hénoch. Fragments grecs découverts à Akhmin (Haute-Égypte). *Paris*, 1892, in-8.

4251. [Lœb[. Juifs. (Extrait du Dictionnaire Universel de géographie de Vivien de Saint-Martin). *Paris*, 1884, in-32.

Tirage à 100 exempl.

4252. Lœb (Isidore). La littérature des pauvres dans la Bible (Préface de Th. Reinach). *Paris*, 1892, in-8.

4253. — Réflexions sur les Juifs. *Paris*, 1894, in-8.

4254. — La situation des Israélites en Turquie, en Serbie et en Roumanie. *Paris*, 1877, in-8.

4255. — Tables du calendrier juif depuis l'ère chrétienne jusqu'au XXe siècle avec la concordance des dates juives et des dates chrétiennes. *Paris*, 1886, in-fol.

4256. Magnus (Lady), et **Friedlander**. Outlines of Jewish history, from B. C. 586 to C. E. 1890. *Philadelphie*, 1890, in-12.

Cartes.

4257. Maïmonide. Le Guide des égarés. Trad. Munk. *Paris*, 1856-1866, 3 vol. in-8.

4258. Margoliouth (D.-S.). The relations between Arabs and Israelites prior to the rise of Islam. *Londres*, 1924, in-8.

4259. Manfrin (P.). Gli Ebrei sotto la dominazione Romana. *Rome*, 1892-1897, 4 vol. in-8, reliés en 1.

4260. Marti (Karl). Geschichte der israelitischen Religion. *Strasbourg*, 1903, in-8.

4261. Mann (Jacob). The Jews in Egypt and in Palestine under the Fatimid caliphs. *Oxford*, 1920-1922, 2 vol. in-8.

Avec un cahier de notes mss.

4262. Mayer (Michel). Instructions morales et religieuses. [Tsidkath Elohim]. *Paris*, 1885, in-12.

4263. Meinhold (Johannes). Einführung in das Alte Testament. *Giessen*, 1926, in-8.

4264. Meiss (Honel). Échos des Psaumes dans le Talmud. *Nice*, s. d., in-8, broché.
Envoi d'auteur signé.

4265. Ménard (Louis). Histoire des Israélites d'après l'exégèse biblique. *Paris*, 1883.
Relié à la suite :
Schwab (Moïse). Histoire des Israélites, depuis l'édification du second Temple jusqu'à nos jours. *Paris*, 1866, in-12.

4266. Meyer (Eduard). Die Entstehung des Judenthums. *Halle*, 1896, in-8.

4267. — Der Papyrusfund von Elephantine. Dokumente einer jüdischen Gemeinde aus der Perserzeit. *Leipzig*, 1912, in-8.

4268. Mocatta (Frederic David). The Jews of Spain and Portugal and the Inquisition. *Londres*, 1877, in-12.

4269. Montefiore (C. G.). Lectures on the origin and growth of religion as illustrated by the religion of the ancient Hebrews. *Londres, Edimbourg, Oxford*, 1897, in-8.

4270. Müller (D. H.). Strophenbau und Responsion. *Vienne*, 1898, in-8.
Relié à la suite :
Friedmann (Lektor M.). Seder Eliahu rabba und Seder Eliahu zuta (Tannad' be Eliahu). *Vienne*, 1900, in-8.

4271. Müller (D. Nikolaus). Die Inschriften der jüdischen Katakombe am Monteverde zu Rom. *Leipzig*, 1919, in-4, broché.
Figures.

4272. — Die jüdische Katakombe am Monteverde zu Rom. *Leipzig*, 1912, in-8.
Figures. Lettre mss. jointe.

4273. Munk (S.). Palestine. *Paris*, 1863, in-8.

4274. Neubauer (Adolphe). La géographie du Talmud. *Paris*, 1868, in-8.

4275. Nowack (W.). Handkommentar zum Alten Testament, *Gottingen*, 1896-1903, in-8, 13 vol. en trois séries,
On y joint :
Steuerngel (C.). Das Buch Jasna, 1899.

4276. Oppenheim (Samson D.). The American Jewish Year Book 5678 [5679]. *Philadelphie*, 1917-1918, 2 vol. in-12.

4277. Pereyra de Paiva (Mosseh). Notitias dos Judeos de Cochim. *Lisbonne*, 1923, in-4, broché.
Envoi d'auteur signé.

4278. Petermann (Jul.-Henr.). Brevis linguae hebraicae grammatica. *Berlin*, 1864, petit in-12.

4279. Philippson (Martin). Neueste Geschichte des jüdischen Volkes. *Leipzig*, 1907-1911, 3 vol. in-8.
Les 2 derniers volumes brochés.

4280. Philipson (David). The reform movement in Judaism. *New-York, Londres*, 1907, in-8.

4281. Piepenbring (C.). Histoire du peuple d'Israël. *Paris, Strasbourg*, 1898, in-8.

4282. Popper (William). The censorship of Hebrew books. *New-York*, 1899, in-8.
Fac-similé.

4283. Rabbinowicz (Israël-Michel). Législation civile du Thalmud. *Paris*, 1877-1880, 5 vol. in-8.

4284. — Législation criminelle du Thalmud. *Paris*, 1876, in-8.

4285. — La médecine du Thalmud. *Paris*, 1880, in-8.

4286. Radin (Max) The Jews among the Greeks and Romans. *Philadelphie*, 1915, in-8.
Planches.

4287. Raisin (Jacob. S.). The Haskalah movement in Russia. *Philadelphia*, 1913, in-8.
Planches.

4288. Ratner (Ed.). Seder olam. in-8.

4289. Reinach (Joseph). Raphaël Lévy. Une erreur judiciaire sous Louis XIV. *Paris*, 1898, in-12.

4290. Reinach (Théodore). L'empereur Claude et les Juifs d'après un nouveau document. *Paris*, 1924, in-8.
Extrait de la *Revue des Études juives*.

4291. — Nº réservé,

4292. Renan (Ernest). Histoire générale et système comparé des langues sémitiques. 1re Partie : Histoire générale des langues sémitiques. *Paris*, 1858, in-8.
Rousseurs.

4293. — Histoire du peuple d'Israël. *Paris*, 1887-1893, 5 vol. in-8.

4294. Robertson Smith (W.). Lectures on the religion of the Semites. First series. *Londres*, 1894, in-8.

4295. Rodocanachi (Emmanuel). Le Saint-Siège et les Juifs. *Paris*, 1891, in-8.
Planches.

4296. Salvador (Gabriel). J. Salvador. *Paris*, 1881, in-12.

4297. Saulcy (F. de). Histoire de l'art judaïque. *Paris*, 1864, in-8.

4298. — Histoire d'Hérode, roi des Juifs. *Paris*, 1867, in-8.

Relié à la suite :

— Inscription du tombeau dit de Saint-Jacques à Jérusalem. *Paris*, 1864, in-8.

— La Syrie et la Palestine. Examen critique de l'ouvrage de M. Van de Velde. *Paris*, 1855, in-8.

4299. — Sept siècles de l'histoire judaïque depuis la prise de Jérusalem par Nabuchodonosor, jusqu'à la prise de Bettir par les Romains. *Paris*, 1874, in-12.

4300. Schürer (Emil). Geschichte des jüdischen Volkes im Zeitalter Jesu Christi. *Leipzig*, 1898-1911, 3 vol. in-8.

4301. — Le même ouvrage. *Leipzig*, 1898, in-8. t. II-III seulement.

4302. — Le même ouvrage. *Leipzig*, 1890, 2 vol. in-8.

4303. Schwab (Moïse). Rapport sur les inscriptions hébraïques de la France. *Paris*, Imp. Nation., 1904, in-8.

4304. — Rapport sur une mission de philologie en Grèce. Épigraphie et chirographie. *Paris*, 1913, in-8.

4305. — Répertoire des articles relatifs à l'histoire et à la littérature juives parus dans les périodiques de 1783 à 1900 (Supplément). *Paris*, 1903, in-8.
Autographié. Envoi d'auteur.

4306. — Vocabulaire de l'Angélologie, d'après les manuscrits hébreux de la Bibliothèque nationale. *Paris*, 1897, in-4.

4307. Schwarz (Adolf). Die Tosifta des Traktates Nesikin Baba Kamma... *Vienne*, 1912, in-8, broché.

4308. — Die hermeneutische Antinomie in der talmudischen Literatur. *Vienne*, 1913, in-8, broché.

4309. Sincerus (Edmond). Les Juifs en Roumanie depuis le traité de Berlin (1878), jusqu'à ce jour. *Londres*, 1901, in-8.

4310. Slouschz (Nahum). La renaissance de la littérature hébraïque (1743-1885). (Thèse). *Paris*, 1902, in-8.

4311. Smend (Dr Rudolf). Lehrbuch der Alttestamentlichen Religionsgeschichte. *Fribourg, Leipzig* et *Tubingue*, 1899, in-8.

4312. Smith (Henry Preserved). Old Testament history. *Edimbourg*, 1903, in-8.

4313. Stern (Moritz). Urkundliche Beiträge über die Stellung der Päpste zu den Juden. *Kiel*, 1893, in-8.

4314. Stiles (W.-C.). Out of Kishineff. The duty of the American people to the Russian Jew. *New-York*, 1903, in-12.

4315. Strack (Hermann). Der Blutaberglaube in der Menschheit, Blutmorde und Blutritus. *Munich*, 1892, in-8.
2e édition.

4316. — Einleitung in den Thalmud. 2. Aufl. *Leipzig*, 1894, in-8.

4317. Tiele (C.-P.). Histoire comparée des anciennes religions de l'Égypte et des peuples sémitiques. *Paris*, 1882, in-8.

4318. Vernes (Maurice). Les emprunts de la Bible hébraïque au grec et au latin. *Paris*, 1914, in-8, broché.
Envoi d'auteur signé.

4319. — Essais bibliques. *Paris*, 1891, in-12.

4320. — Précis d'histoire juive depuis les origines jusqu'à l'époque persane (ve siècle avant J.-C.). *Paris*, 1889, in-12.
Cartes.

4321. — Les résultats de l'exégèse biblique. *Paris*, 1890, in-12.

4322. Vigouroux (L'abbé F.). Dictionnaire de la Bible contenant tous les noms de personnes, de lieux, de plantes, d'animaux, etc... *Paris*, 1895, in-8.
Figures et planches Fasc. VIII et IX (tome II).

4323. Vogelstein (Hermann) et **Rieger** (Paul). Geschichte der Juden in Rom. *Berlin*, 1896, 2 vol. in-8.

4324. Weber (J.-B.) et **Kempster** (W.). La situation des Juifs en Russie. S. l. n. d., in-8.

4325. Weill (Julien). La foi d'Israël. Essai sur la doctrine du judaïsme. *Paris*, 1926, in-12, broché.
Envoi d'auteur signé.

4326. — Zadoc Kahn (1839-1905). *Paris*, 1912, in-12.

4327. Weill (Michel A.). Le judaïsme, ses dogmes et sa mission. *Paris*, 1866-1869, 3 vol. in-8.

4328. Weill (Raymond). La Cité de David. Compte rendu des fouilles exécutées à Jérusalem, sur le site de la ville primitive. Campagne 1913-1914. *Paris*, 1920, in-8, broché.
Plus deux albums de planches. Envoi d'auteur signé.

4329. Wellhausen (J.). Israelitische und jüdische Geschichte. *Berlin*, 1897, in-8, (3e édit.).

4330. — Prolegomena zur Geschichte Israels. *Berlin*, 1899, in-8 (5e édit.).

4331. Willrich (Hugo). Juden und Griechen vor der makkabäischen Erhebung. *Gœttingue*, 1895.

Relié à la suite :

— Judaica. Forschungen zur hellenistisch-jüdischen Geschichte und Litteratur. *Gœttingue*, 1900, in-8.

4332. — Urkundenfälschung in der hellenistisch-jüdischen Literatur. *Gœttingen*, 1924, in-8, broché.

4333. Winter (G.) et **Wünsche** (Aug.). Die jüdische Literatur seit Abschluss des Kanons. *Trêves*, 1896, 3 vol. in-8.

4334. Wurfel (Andrea). Historische Nachrichten von der Juden-Gemeinde welche ehehin in der Reichstadt Nürnberg. *Nuremberg*, 1755, in-4.
Frontispice gravé.

4335. Yellin (David) et **Abrahams** (Israël). Maïmonides. *Philadelphie*, 1903, in-12.

4336. Zeitlin (Salomon). Megillat Taanit as a source for Jewish Chronology and history in the Hellenistic and Roman periods. *Philadelphie*, 1922, in-8, broché.

4337. Zimmels (B.). Leo Hebraeus. *Breslau*, 1886, in-8.

4338. Zimmels (H.-J.). Beiträge zur Geschichte der Juden in Deutschland im 13. Jahrhundert. *Vienne*, 1926, in-8, broché.

4339. [Judaica]. Recueil factice. 1. Dareste, Sur le Code rabbinique (Journal des Savants, 1884). — 2. Cassel, Geschichte der Juden. — 3. Scheidler, Judenemancipation. — 4. Steinschneider, Jüdische Literatur. in-4.

4340. Bible (La), trad. S. Cahen. *Paris*, 1831-1851, 18 vol, in-8.

4341. Bible (La), trad. sous la direction de Zadoc Kahn. *Paris*, 1899, 2 vol. in-8.

4342. [Bible]. Vetus Testamentum graece. Codicis Sarraviani-Colbertini quae supersunt... [Ed. Omont]. *Leyde*, 1897, in-fol.

Envoi d'auteur signés.

4343. — L'Ecclésiastique (texte et trad.). *Paris*, 1898-1901, 2 vol. in-8, reliés en 1.

Envoi d'auteur signé.

4344. — Le même ouvrage. Trad. Renan. *Paris*, Calmann Lévy, in-8.

4345. — La consolation d'Israël (Second Isaïe). (Trad. Loisy). *Paris*, 1925, in-12.

4346. — **Eisenstein** (J.-D.). The classified Psalter arranged by subjects. The Hebrew text with a new English translation. *New-York*, 1899, in-8.

4347. — Les Psaumes, trad. Honel Meiss et Gabriel Houde. *Beaulieu-sur-Mer*, s. d., in-16, broché.

4348. — Le Livre des Psaumes. Trad. Zadoc Kahn. *Paris*, 1905, in-12.

4349. — **Liber Psalmorum**. *Rome*, Fr. Zanetto, 1581, in-48, v. f.

Texte hébreu; un feuillet de garde porte au crayon : à Ernest Renan.

4350. — Les Psaumes, trad. d'Eyragues. *Paris*, 1904, in-8.

4351. [Apocryphes]. Libri apocryphi Veteris Testamenti graece. — Recensuit... O. Fr. Fritzsche. Accedunt libri Veteris Testamenti pseudepigraphi selecti. *Leipzig*, 1871, in-8.

4352. Talmud de Jérusalem. Trad. Moïse Schwab. *Paris*, 1871-1902, 11 vol. in-8 et table.

Envoi d'auteur signé.

4353. Union Prayer-Book (The) for Jewish Worship edited and published by the Central Conference of American Rabbis. *Cincinnati*, 1894-1895, 2 vol. in-12.

4354. Prières (Livres de), catéchismes, etc. Un lot d'environ 20 vol. in-12.

4355. American Jewish historical Society (Publications) of the nº 26. [*New-York*], 1918, in-8.

4356. États-Unis. Two hundred and fiftieth (The) Anniversary of the settlement of the Jews in the United States. *New-York*, 1905, in-8.

4357. — Judaean selected Addresses, 1900-1917, 1918-1926. *New-York*, 1917, 1927, 2 vol. in-8.

Tomes II et III.

4358. Judaïca. 12 cartons (environ 215 brochures par Moses Bensabat Amzalak, L. Bellébi, Adolphe Bloch, Maurice Bloch, Arsène et James Darmesteter, Abraham Dreyfus, Édouard Dujardin, S. Feraès, W.-L. Horowitz, Israël Lévy, Isidore Loeb, Nathan, Naville, J. Psichari, A. Reinach, S. Reinach, Th. Reinach, etc. ; journaux et extraits.

4359. — 5 brochures par Moïse Schwab, M.-N. Schloutz, D. Sidersky, etc. ; journaux.

4360. **Bulletin de l'Alliance israélite** universelle, 1891-1913, *Paris*, s. d., 6 vol. in-8.

4361. **Bulletin de l'Amicale,** association des anciens élèves de l'Alliance israélite universelle, 1910-1913. *Constantinople*, s. d., 4 vol. in-8, brochés.

4362. **Menorah Journal** (The). 1918-1922. *New-York.*

Les années 1918, 1919, 1922, incomplètes.

4363. **Paix et droit,** organe de l'Alliance israélite universelle, 1921-1925, 3 vol. in-4, plus les années 1926 et 1928 en fasc.

Les années 1927 et 1928 incomplètes : manquent les fasc. d'avril 1927, de novembre et de décembre 1928.

4364. « **Rayon** (Le) ». Organe mensuel de l'Union libérale israélite, 1912-1914, 1921-1924, 1 vol. in-12 et 3 vol. in-8, les années 1925-1928 en livraisons.

4365. **Revue des écoles de l'Alliance israélite** universelle, 1901-1904. *Paris*, 9 fasc., in-8, plus un fasc. du Bulletin (juin 1910).

4366. **Revue des études juives** (1881-1927). *Paris*, in-8.

Avec 2 vol. d'actes et conférences.

4367. **Anglo-Jewish historical Exhibition** 1887. — Catalogue. *Londres*, William Clowes, 1887, in-8.

Envoi d'auteur signé.

Christianisme

4368. **Alés** (Adhémar d'). La théologie de Tertullien. *Paris*, 1905, in-8.

Envoi d'auteur signé.

4369. **Allier** (Raoul). etc. La séparation des Églises et de l'État. *Paris*, [1905], in-12.

4370. — Le même ouvrage. *Paris*, 1905, in-12.

4371. **Aubé** (B.). Les chrétiens dans l'empire romain, de la fin des Antonins au milieu du IIIe siècle (180-249). *Paris*, 1881, in-12, (2e édit.).

Envoi d'auteur signé.

4372. — De Constantino imperatore pontifice maximo. *Paris*, 1861, in-8.

4373. — Histoire des persécutions de l'Église jusqu'à la fin des Antonins. *Paris*, 1875, in-12, (2e édit.).

4374. **Bardenhewer** (Otto). Patrologie. *Fribourg en Brisgau*, 1901, in-8.

4375. **Barine** (Arvède). Saint François d'Assise et la légende des trois compagnons. *Paris*, 1901, in-12.

4376. **Batiffol** (Pierre). Le Siège apostolique. (359-451). *Paris*, 1924, in-12.

4377. **Benechevitch.** Recueil de documents canoniques. 1905, in-8.

4378. **Bert** (Paul). Le cléricalisme. *Paris*, 1900, in-12.

4379. — La morale des Jésuites. *Paris*, 1909, in-12.

4380. **Bianquis** (Jean). Les missions protestantes à Madagascar. *Paris*, 1907, in-8, broché.

4381. **Boll** (Franz). Aus der Offenbarung Johannis. Hellenistische Studien zur Weltbild der Apolkalypse. *Leipzig-Berlin*, 1914, in-8, broché.

4382. **Bossuet.** De la connaissance de Dieu et de soi-même. *Paris*, 1872, in-8.

4383. **Bréhier** (Louis). Le schisme oriental du XIe siècle. *Paris*, 1899, in-8.

Envoi d'auteur signé.

4384. Cabrol (Dom Fernand). Dictionnaire d'archéologie chrétienne et de liturgie. *Paris*, 1903-1905, in-8.

Figures.
Fasc. 1-8.

4385. Carus (Dr Paul). The Pleroma, an essay on the origin of chistianity. *Chicago*, 1909, in-8.

4386. Chabot (J.-B.). Chronique de Michel le Syrien, patriarche jacobite d'Antioche, 1166-1199. *Paris*, 1910, 3 vol. in-4, broché.

Tome III, fasc. 2 et 3, le fasc. 3 est double.

4387. Chaine (Léon). Les catholiques français et leurs difficultés actuelles. *Paris*, 1904, in-12.

Envoi d'auteur signé.

4388. — Menus propos d'un catholique libéral. *Paris*, 1910, in-8. [préparé pour la reliure, portr.].

Portrait. Par suite d'une erreur de brochage, manque la feuille 28; la feuille 2 est double.

4389. Chateaubriand (F. A. de). Le génie du christianisme. *Paris*, s. d., in-8.

4390. Chemin (J.-B.). Manuel des théophilanthropes, (1 vol). Année religieuse des théophilanthropes... *Paris*, an VI, 4 vol. in-32.

4391. Clugnet (Léon). Dictionnaire grec-français des noms liturgiques en usage dans l'Église grecque. *Paris*, 1895, in-8.

4392. Cruden. Concordance to the old and new Testament revised and condensed by G. Kerr Hannay. *Londres*, 1870, in-12.

4393. Darmesteter (James). La légende divine. *Paris*, 1890, in-12.

Envoi d'auteur signé.

4394. Debidour (A.). Histoire des rapports de l'Église et de l'État en France de 1789 à 1870. *Paris*, 1898, in-8.

4395. — L'Église catholique et l'État sous la 3e République (1870-1906). *Paris*, 1906, 2 vol. in-8, rel. en 1.

Figures.

4396. Deissmann (Adolf). Licht von Osten. Das neue Testament und die neuentdeckten Texte der hellenistisch-römischen Welt. *Tubingue*, 1908, in-4.

4397. Delfour (L'abbé L. Cl.). La religion des contemporains. *Paris*, 1895, in-12.

4398. Desjardins (Paul). Catholicisme et critique. Réflexions d'un profane sur l'affaire Loisy. *Paris*, 1905, in-12, broché.

Envoi d'auteur signé.

4399. Dieterich (Albrecht). Nekyia. Beiträge zür Erklärung der neuentdeckten Petrusapokalypse. *Leipzig*, 1893, in-8.

4400. Drews (Dr Arthur), **Soden** (H. von) etc. Jésus a-t-il vécu? Controverse religieuse... ayant eu lieu à Berlin 1910. Trad. Lipman. *Paris*, 1912, in-12, broché.

4401. Dujardin (Édouard). Le Dieu Jésus. *Paris*, 1927, in-8, broché.

Envoi d'auteur signé.

4402. Dumesnil (M.-A.-J.). Histoire de Sixte-Quint. *Paris*, 1869, in-12.

Envoi d'auteur signé.

4403. Eichthal (Gustave d'). Les Évangiles. *Paris*, 1863, 3 vol. in-8, reliés en 1 vol.

4404. Funk. Histoire de l'Église. Trad. Hemmer, Préface de l'Abbé Duchesne. *Paris*, s. d., [1891]. 2 vol. in-12.

4405. Georgiadis (Georges P.). Ὁ ἐν Γαλατᾷ ἱερὸς ναὸς τοῦ ἁγίου Ἰωάννου τῶν Χίων. *Constantinople*, 1898, in-8.

4406. Gibier (Mgr.). Religion. *Paris*, 1918, in-12, (2e édit.).

4407. Glen (J.-B. de). prieur des Augustines-lez-Liège. Histoire pontificale ou plutost Démonstation de la vraye Église. *Liége*, 1600, in-8.
Reliure ancienne, aux armes d'Aymer du Périer, conseiller au Parlement de Grenoble.

4408. Goblet d'Alviella (Félix). L'évolution du dogme cath· lique. Les origines, 1er partie. Préface par S. Reinach. *Paris*, 1912, in-8, broché.

4409. Gregorovius (F.). Die Grabmäler der römischen Päpste. *Leipzig*, 1857, in-16, broché.
Dos cassé.

4410. Grenfell (B. P.) et **Hunt**. (A. S.) Λόγια Ἰησοῦ. Sayings of our Lord. *Londres*, 1897, in-8.
Fac-similé.

4411. Guignebert (Charles). Manuel d'histoire ancienne du christianisme Les origines. *Paris*, 1906, in-12.

4412. Guizot. L'Église et la société chrétiennes en 1861. *Paris*, 1861, in-8.

4413. — Méditations sur la religion chrétienne dans ses rapports avec l'état actuel des sociétés et des esprits. *Paris*, 1868, in-8.

4414. Guyot (Yves). Le bilan social et politique de l'Église. *Paris*, 1901, in-12.

4415. Harnack (Adolf von). Die Entstehung des Neuen Testaments. *Leipzig*, 1914, in-8.

4416. — Das Wesen des Christentums. *Leipzig*, 1901, in-8.

4417. Herzog (J.-J.). **Hauck** (Albert) Realencyclopädie für protestantische Theologie und Kirche. *Leipzig*, 1896-1913, 24 vol. in-8.

4418. Hoennicke (Gustav). Das Judenchristentum im ersten zweiten Jahrhunderten. *Berlin*, 1908, in-8.

4419. Izoulet (Jean). La métamorphose de l'Église. *Paris*, s. d., [1928]. in-8.

4420. Krumbacher (Karl). Studien zu den Legenden des H. Theodosios. *München*, 1892, in-8.

4421. Lanessan (J.-L. de). L'État et les Églises en France depuis les origines jusqu'à la séparation. *Paris*, 1906, in-12.

4422. Lavy (R. P.). Les Anges. *Paris*, 1890, in-8.

4423. Lehner (Dr J. A. von). Die Marienverehrung in den ersten Jahrhunderten. *Stuttgart*, 1881, in-8.

4424. Loisy (Alfred). Autour d'un petit livre. *Paris*, 1903, in-12.

4425. — Les évangiles synoptiques. *Ceffonds*, 1907, 2 vol. in-8.

4426. Martigny (L'abbé). Dictionnaire des antiquités chrétiennes. *Paris*, 1877, in-8.
Figures.

4427. Meyer (Eduard). Ursprung und Anfänge des Christentums. *Stuttgart-Berlin*, 1921, 3 vol. in-8.

4428. Michaud (Abbé E.). Guillaume de Champeaux et les écoles de Paris au XIIe siècle. *Paris*, 1867, in-12.

4429. Mill (John Stuart). Essais sur la religion. Traduct. Cazelles. *Paris*, 1884, in-8.

4430. Nau (F.). Documents pour servir à l'histoire de l'Église nestorienne. Textes syriaques. [Patrologia orientalis, t. XIII, fascicule, 2.] *Paris*, s. d., in-8, broché.
Envol signé du traducteur.

4431. Nicolardot (Firmin). Les trois premiers évangélistes. *Paris*, 1908, in-8.

4432. Nourrisson. La philosophie de Saint Augustin. *Paris*, 1865, 2 vol. in-8.

4433. Pallis (Alex.). Ἡ νέα Διαθήκη [nouveau Testament] d'après le ms. Vat. *Liverpool*, 1902, in-8.

Tome I.

4434. Pfannmüller (Gustav). Jesus in Urteil der Jahrhunderte. *Leipzig-Berlin*, 1908, in-8.

4435. Pichon (René). Lactance. *Paris*, 1901, in-8.

Envoi d'auteur signé.

4436. Ranke (Leopold von) Die römischen Papste. *Leipzig*, 1900, 3 vol. in-8, (10e édit.).

4437. Regnault (Henri). Une province procuratorienne au début de l'Empire romain. Le procès de Jésus-Christ. *Paris*, 1909, in-8, broché.

4438. Rémusat (Charles de). Saint Anselme de Cantorbéry. *Paris*, 1868, in-12.

4439. Réville (Albert). Jésus de Nazareth. Études critiques sur les antécédents de l'histoire évangélique et la vie de Jésus. *Paris*, 1897, 2 vol. in-8.

4440. Richard de Castres. *Quia amore languco*, A Richard de Castre's Prayer to Jesus from the Lambeth Ms. published for the Medici Society, L. D. by Philip Lee Warner. *Londres*, 1915, in-16 obl., broché.

4441. Sabatier (Paul). A propos de la séparation des Églises et de l'État. *Paris*, 1906, in-12.

4442. — Les modernistes. *Paris*, 1909, in-12.

4443. Sarpi (Frà Paolo). Histoire du concile de Trente. (Trad. Amelot de La Houssaie). *Amsterdam*, 1704, in-4.

4444. Schermann (Theodor). Frühchristliche Vorbereitungsgebete zur Taufe. *München*, 1917, in-8, broché.

4445. Schmidt (C.) et **Schubart** (W). Altchristliche Texte. *Berlin*, 1910, in-4, broché.

Fac-similés.

4446. Schweitzer (Albert). Geschichte der Leben Jesus-Forschung. *Tubingue*, 1913, in-8.

4447. — Von Reimarus zu Wrede. *Tubingue*. 1906, in-8.

4448. Soden (Franz Freiherr von). Beiträge zur Geschichte der Reformation. *Nuremberg*, 1855, in-8.

Portrait. Fortes rousseurs.

4449. Strauss (David Friedrich). Das Leben Jesus. *Tubingue*, 1835-1836, 2 vol. in-8.

4450. — La même ouvrage. *Leipzig*, 1874, in-8.

4451. Kempis (Thomas A). (?) Imitation de Jésus-Christ. (Trad. all.). *Reutlingen*, 1879, in-32.

4452. Usener (Hermann). Das Weihnachtsfest. *Bonn*. 1911, in-8.

4453. Van den Ven (Paul). Saint Jérôme et la vie du moine Malchus le Captif. *Louvain*, 1901, in-8.

Envoi d'auteur signé.

4454. Vienot (John). Promenades à travers le Paris des Martyrs, 1523-1559. *Paris*, 1913, in-8.

Figures et planches.

4455. Vincent (H.), F. M. **Abel** (P. P.). Bethléem. Le sanctuaire de la Nativité. *Paris*, 1914, in-4, broché.

Figures.

4456. — Jérusalem. Recherche de topographie, d'archéologie et d'histoire. *Paris*, 1914-1926 ,4 vol. in-4, brochés.

4457. Voragine (Jacques de). La légende dorée. *Paris*, 1843, 2 vol. in-12.

4458. Weinel (Heinrich). Jesus in neunzehnten Jahrhundert. *Tubingue*, 1907, in-8,

4459. Wellhausen. Einleitung in die drei ersten Evangelien. *Berlin*, 1905, in-8.

4460. — Das Evangelium Marci. Das Evangelium Matthei. Das Evangelium Lucae. *Berlin*, 1904, 3 fascicules in-8,

4461. Vendte (Ch.), Harnack, etc. Études de théologie et d'histoire. *Paris*, 1912. in-12, broché.

4462. Werner (August). Die Helden der christlichen Kirche. *Leipzig*, 1874, in-8.

Figures et planches.

4463. Widtsoe (John A.). Joseph Smith as scientist, a contribution to Mormon philosophy. *Salt Lake City*, 1908, in-8.

4464. Yepes (Jean de). [Saint Jean de la Croix]. Canciones nouvellement traduits par René-Louis Doyon, avec une étude sur la poésie de l'amour mystique. *Paris*, La Connaissance, 1920, in-8, broché.

Bois gravés de Malo Renault. Tirage à 400 ex. justifiés.

4465. Yriarte (Charles). Autour du Concile. Souvenirs et croquis d'un artiste à Rome. *Paris*, 1887, in-8.

4466. Ce qu'on a fait de l'Église. *Paris*, 1912, in-12.

4467. [Bible]. Biblia Sacra Vulgatae Editionis. *Lyon*, Pierre Guillimin, 1686, in-8.

4468. — La Sainte Bible. éd. Osterwald. *Londres*, 1855, in-16.

4469. — La Bible du Centenaire. La Sainte Bible. *Paris*, Société Biblique, 1916-1927, 6 livraisons in-4, carton.

4470. — The Holy Bible containing the Old and New Testaments. Oxford, at the University Press, s. d., in-12. Relié à la suite : Helps to the study of the Bible comprising summaries of the several books... together with a dictionnary... and a new series of maps. *Oxford*, University press, in-12.

4471. — The Holy Bible, containing the Old and New Testaments. *Oxford*, 1865, in-16.

Reliure plaquée de métal.

4472. Bibel (Die). Trad. Luther. *Cologne*, 1869, in-8.

4473. Le même ouvrage. *Stuttgart*, s. d., in-4.

Chagr. Laval,, dent. intér., tr. dorées.

4474. Novum testamentum, graece. Édit. Tischendorf. *Leipzig*, 1859, 2 vol. in-8.

4475. Bible. The holy Scriptures according to the Masoretic text. *Philadelphie*, 1917, in-12.

4476. Nouveau testament. [texte grec.] *Athènes-Constantinople*, 1900, in-32.

4477. Evangelium secundum Matthaeum. Edit. Blass, *Leipzig*, 1901, in-8, broché.

4478. Neutestamentliche Apokryphen, ed. Hennecke. *Tubingue-Leipzig*, 1904, 2 vol. in-8.

4479. Antilegemena. Die Reste der ausserkanonischen Evangelien. Edit. Preuschen. *Giessen*, 1905, in-8.

4480. ΔΙΔΑΧΗ τῶν δώδεκα ἀπόστολων. Édit. Bryenne. *Constantinople*, 1883. in-8.

4481. Le même ouvrage, éd. J. X. Funk. *Tubingue*, H. Laupp, 1887, in-8.

Demi-maroq. rouge, tr. dorée.

4482. Acta apostolorum. Édit. Fr. Blass. *Leipzig*, 1896, in-8.

4483. Actes des martyrs. (Saint André. S. Nicéphore. etc). 10 brochures in-8, carton.

4484. Martyrer-Acten (Ausgewählte) und andere Urkunden aus der Verfolgungszeit der christlichen Kirche. Édit. O. von Gebhardt. *Berlin*, 1902, in-8.

4485. Ante-Nicene christian library. *Edimbourg*, 1872, 24 vol. in-8.

4486. Christliches neues Gesangbuch darinnen D. Martin Luthers und anderer gottseliger Männer in hiesiger Stadt-Strasburg gebrauchliche Kirchengesäng zu finden. *Strasbourg*, bei Joh. Fried. Spohr, 1709, in-32, carton velours usagé.

Planches gravées.

4487. Dictionnaire hagiographique. *Paris*, [Encyclopédie Migne], 1850, 2 vol. in-8.

4488. Culte orthodoxe. Synopsis or a synoptical collection of the daily prayers, the liturgy, and principal offices of the Greek Orthodox Church of the East, Lady Lechmere. *Londres*, s. d., in-16.

4489. Congrès international du Progrès religieux (Travaux du VIe). Chrétiens progressifs et libres croyants. Paris, 1913, *Paris*, s. d., in-8.

4490. Congrès d'histoire du Christianisme. Jubilé Alfred Loisy. *Paris-Amsterdam*, 1928, 3 vol. in-8.

4491. Deltion de la société grecque d'archéologie chrétienne. *Athènes*, 1888-1892, in-8, 1892-1907, 6 fascicules, in-8. carton.

4492. Christianisme. Environ 190 brochures, par A. Dieterich, P. Alphandéry, H. de Castries, P.-L. Couchoud, F. Cumont, F. Delaisi, H. Omont, E. Guimet, Mgr Lacroix, R. P. Lavy, L. G. Lévy, Salomon Reinach, Maurice Vernes, etc., journaux, coupures.

4493. Cultes. Législation. environ 12 brochures, par H. Toussaint, E. Nast, A. Mater, E. Flourens, etc., journaux.

LANGUES ET LITTÉRATURES INDO-EUROPÉENNES

Linguistique

4494. Bergaigne (Abel). Manuel pour étudier la langue sanscrite. *Paris*, 1884, in-8.

4495. Bréal (Michel). Essai de sémantique (science des significations.). *Paris*, 1899, in-8.

4496. Brugmann (K.). Abrégé de grammaire comparée des langues indo-européennes. Traduct. J. Bloch, A. Cuny et A. Ernont. *Paris*, 1905, in-8, broché.
Dos cassé.

4497. Müller (Max). La science du langage (George Harris et G. Perrot). *Paris*, 1876, 3 vol. in-8.

4498. Darmesteter (Arsène). Reliques scientifiques recueillies par son frère. *Paris*, 1890, 2 vol, in-8.
Portrait.

4499. Paris (Gaston). Mélanges linguistiques (Ed. Mario Roques). *Paris*, 1905-1909, 4 fascicules, in-8. brochés.

4500. Thomas (Antoine). Mélanges de philologie et d'histoire offerts à M. Antoine Thomas. *Paris*, 1927, in-8, broché.
Portrait.

4501. Sabatier (J.). Encyclopédie des noms propres. *Paris*, 1865, in-12, broché.

4502. Salverte (Eusèbe). Essai historique et philosophique sur les noms. *Paris*, 1824, 2 vol. in-8, rel. en 1 vol.

4503. Sayce (A.-H.). Principes de philologie comparée (Traduct. Ernest Jovy): *Paris*, 1884, in-12.

4504. Scott (Édouard-Léon). Les noms de baptême et les prénoms. *Paris*, 1857, in-12, broché.

4505. Vendryes (E.). Le langage. *Paris*, 1921, in-8, broché.

4506. Williams (Monier). A practical grammar of the Sanskrit language. *Oxford*, 1864, in-8.

4507. Bulletin de la société de linguistique de Paris, 1880-1924. *Paris*, 22 vol. in-8, plus un volume de tables, in-8.
Manquent les 29 premiers fascicules.

4508. Linguistique. environ 18 brochures, par R. Blanchard, Ada I. Snell, A. Meillet, O. Bloch, Michel Bréal, etc.

4509. Langues romanes. environ 18 brochures, par J. M. Meunier, G. Millardet, R. Mowat, J. M. F. Bascoul, Louis Havet, E. Littré, etc.

4510. Langues indo-européennes. 6 brochures, par A. Cuny, H. Herbig, L.Havet, A. Meillet, etc.

4511. Langues internationales. 12 brochures, par J. Orsat, L. de Beaufront, Th. Cart, E. Boirac, Gal Sebert, etc., et correspondance.

LANGUE GRECQUE

4512. Arnould (Louis). Méthode pratique de thème grec. *Paris*, 1892, in-12.

4513. Audouin (E.). Étude sommaire des dialectes grecs littéraires (autres que l'attique). *Paris*, 1891, in-12.

4514. Baron (Charles). Le pronom relatif et la conjonction en grec et principalement dans la langue homérique. *Paris*, 1891, in-8.

4515. Bechtel (Friedrich). Die griechischen Dialekte. *Berlin*, 1921-1923, 2 vol. in-8, brochés.

4516. Blass (Friedrich). Uber die Aussprache des Griechischen. *Berlin*, 1888, in-8.

4517. — Grammatik des neutestamentlichen Griechischen. *Gottingue*, 1896, in-8.

4518. Cattierus (Ph.). Philippi Cattieri Gazophylacium Graecorum seu Methodus admirabilis ad insignem brevi comparandam verborum copiam cum anotario Frid. Ludov. Abresch. *Cambridge*, 1810, in-4.

4519. Croiset (A.). et **Petitjean** (J.). Grammaire grecque. *Paris*, 1892, in-16.

Envoi d'auteur signé.

4520. Cuny (Albert). Le nombre duel en grec. *Paris*, 1906, in-8, broché.

Envoi d'auteur signé.

4521. Curtius (Georg). Grundzüge der griechischen Etymologie. *Leipzig*, 1879, in-8.

4522. Dufour (Médéric). Traité élémentaire des synonymes grecs. *Paris*, 1910, in-12.

4523. Eichthal (Gustave d'). La langue grecque. *Paris*, 1887, in-8.

4524. Gercke (Alfred). Abriss der griechischen Lautlehre. *Berlin*, 1902, in-12.

1re partie.

4525. Gildersleeve (B. L.) et **Miller** (Ch. W. E.). Syntax of classical Greek. *New-York*, s. d., (1e partie).

4526. — Problems in Greek syntax. *Baltimore*, 1903, in-8.

4527. Imbert (J.-A.). Études lyciennes. *Paris*, 1915, in-8, broché.

4528. Jannaris (A.-N.). An historical Greek grammar chiefly of the Attic dialect. *Londres*, 1897, in-8.

4529. Kühner (Raphael). Ausführliche Grammatik der griechischen Sprache. *Hanovre*, 1890-1904, 4 vol. in-8.

4530. Madvig (J. N.), Syntax of the Greek language especially of the Attic dialect. *Londres-Oxford-Cambridge*, 1873, in-8.

4531. Meillet (A.) Aperçu d'une histoire de la langue grecque. *Paris*, 1913, in-12.

4532. Meisterhans (K.). Grammatik der attischen Inschriften. *Berlin*, 1888, in-8.

4533. Le même ouvrage. Ed. Schwyzer. *Berlin*, 1900, in-8.

4534. Meyer (Gustav.). Griechische Grammatik. *Leipzig*, 1880, in-8.

4535. Mommsen (Tycho). Beiträge zu der Lehre von den griechischen Präpositionen. *Berlin*, 1895, in-8.

4536. Muller (H. C.). Historische Grammatik der hellenischen Sprache. *Leyde*, 1891, in-8.

4537. Pernot (Hubert). D'Homère à nos jours. Histoire, écriture, prononciation du grec. *Paris*, 1921, in-12.

Figures et planches.

4538. Petrakidis. Γραμματικὴ τῆς Ἑλληνικῆς γλώσσης μάλιστα τῆς Ἀττικῆς διαλέκτου, *Constantinople*, 1889, in-8.

4539. Riemann (Othon) et **Goelzer** (Henri). Grammaire grecque complète. *Paris*, 1902, in-12.

4540. — Grammaire comparée du grec et du latin. I. Phonétique et étude de formes grecques et latines. *Paris*, 1901, in-8.

4541. Solmsen (Feilix). Beiträge zur griechischen Wortforschung. *Strasbourg*, 1909, in-8, (1e partie).

4542. Thumb (Albert). Die griechische Sprache im Zeitalter des Hellenismus. *Strasbourg*, 1901, in-8.

4543. — Handbuch der griechischen Dialekte. *Heidelberg*, 1909, in-12.

4544. Veitch (William). Greek verbs irregular and defective. *Oxford*, 1871, in-8.

4545. Vendryes (J.). Traité d'accentuation grecque. *Paris*, 1904, in-12.

4546. Wilamowitz-Mœllendorff (Ulrich von). Griechisches Lesebuch. *Berlin*, 1902, 4 vol. in-8.

4547. Commentationes philologicae. Ienenses ediderunt seminarii philologorum Ienensis professores. *Leipzig*, 1894, in-8.
Tome v.

4548. Grammaire grecque. Environ 15 brochures in-8 de Clafin, Clapp, Courtaud-Divernéresse, G. Fohlen, Hauvette, O. Navarre, etc. Carton.

Auteurs grecs

4549. Auteurs grecs. 135 vol. in-18. *Leipzig*, Tauchnitz, 1829-1847.
Anacréon. Appien, 4 vol. Appollodore, 1 vol. Appollonius, 1 vol. Aristophane, 3 vol. Aristote, 16 vol. Arrien, 1 vol. Athénée, 4 vol. Babrius. 1 vol. Démosthène, 5 vol. Denis d'Halicarnasse, 6 vol. Diodore, 6 vol. Diogène, 2 vol. Dion Cassius, 4 vol. Élien, 1 vol. Eschyle, 1 vol. Ésope. Euripide, 4 vol. Gnomiques 1 vol. Hérodien, 1 vol. Hérodote, 3 vol. Hésiode, 1 vol. Homère, 4 vol. Isée, 1 vol. Isocrate, 2 vol. Lucien, 4 vol. Lysias, 1 vol. Marc Aurèle, 1 vol. Orphiques, 1 vol. Pausanias 3 vol. Pindare, 1 vol. Platon, 8 vol. Plutarque, Vies parallèles, 9 vol.; œuvres morales. 6 vol. Polybe, 4 vol. Ptolémée 3 vol. Quintus de Smyrne, 1 vol. Tryphiodore, etc. 1 vol. Sophocle, 2 vol. Stobée, 3 vol. Strabon, 3 vol. Testament (nouveau), 1 vol. Théocrite, Théophraste, 1 vol. Thucidyde, 2 vol. Xénophon, 5 vol.

4550. Auteurs grecs. 249 vol. in-12. *Leipzig*, Teubner.
Aberciana, 1 vol. Aeschines, 2 vol. Aeneas Poliorceticus, 1 vol. Aeschylus, 4 vol. Alciphro, 1 vol. Alexander Lycopolitanus, 1 vol. Anacréon, 2 vol. Andocides, 3 vol. Anthologia lyrica, 3 vol. Anthologia graeca, 3 vol. Apollonius Pergaeus, 2 vol. Appianus, 1 vol. Marcus Antoninus 2 vol. Apollinarius, 1 vol. Archimedes, 4 vol. Aristeas, 1 vol. Aristophane, 2 vol. Aristophanis Cantica, 1 vol. Divitiones Aristoteleae, 1 vol. Aristoteles, 21 vol. Arrianus, 2 vol. Athenaeus, 3 vol. Autolycus, 1 vol. Babrius, 2 vol. Bacchylides, 2 vol. Bucolici Graeci, 1 vol. Caecilius, 1 vol. Callinicus, 1 vol. Cebes, 1 vol. Chronographia Syntomos, 1 vol. Demetri et Libanii, 1 vol. Demosthènes, 3 vol. Diadochus, 1 vol. Dio Cassius, 7 vol. Dio Chrysostomus, 1 vol. Diodorus, 5 vol. Diogène, 1 vol. Dionysi, 3 vol. Diophantus, 2 vol. Epicorum graecorum paginæ, 1 vol. Epictetus. 1 vol. Epistulae graecae, 1 vol. Euclides, 5 vol. Fabulae romanenses, 1 vol. Eusebius, 4 vol. Eudocia, 1 vol. Euripides cantica, 1 vol. Galenus, 3 vol. Geoponica, 1 vol. Hephaestinis, 1 vol. Heracliti quaestiones homericae, 1 vol. Hermippus, 1 vol. Hero Alexandrinus, 5 vol. Herondas, 2 vol. Hesiodus, 1 vol. Hieroclès, 1 vol. Hesychius, 1 vol. Hipparchus, 1 vol. Hippocrates, 2 vol. Hyperides, 1 vol. Jamblichus in Nicomachi, 1 vol. Inscriptiones graecae, 2 vol. Joannes Philoponus, 1 vol. Josephus, 6 vol. Julianus, 1 vol. Justinianus, 1 vol. Laurentius, Libanius, 10 vol. Lucanus, 2 vol. Lycurgus, 1 vol. Lydus, 2 vol. Maximus Tyrius, Menander, 1 vol. Metrologici scriptores, 1 vol. Musici scriptores, 1 vol. Melodiarum reliquiae, 1 vol. Mythographi graeci, 4 vol. Nicomachus, 1 vol. Nonni Dyonisiaca, 2 vol. Olympiodorus,

1 vol. Scriptores originum Constantinop., 1 vol. Philodemus, 7 vol. Philostratus, 1 vol. Phrynichi praeparatio, 1 vol. Scriptores physiognomonici, 2 vol. Pindarus, 2 vol. Plutarchus, 7 vol. Polyaenus, 1 vol. Polybius, 5 vol. Polystratus, 1 vol. Proclus diadochus, 2 vol. Procopius, 4 vol. Prophetarum vitae, 1 vol. Ptolemäus, 2 vol. Ptolemaei syntaxis, 2 vol. Quintus Smyrnaeus, 1 vol. Rhetores graeci, 1 vol. Hermogenis opera, 1 vol. Syrianus in Hermogenem, 1 vol. Nicolai progymnasmata, 1 vol. Scriptores metrici graeci, 1 vol. Serenus Antinoensis, 1 vol, Sextus Empiricus, 3 vol. Sophoclis cantica, 1 vol, Stobaeus, 3 vol. Tryphiodorus, 1 vol. Theon Smyrnaeus, 1 vol. Scholia in Theocritum, 1 vol. Theophrasti rhetorica, 1 vol,. Thucydides, 1 vol. Xenophon, 3 vol. Zonaras, 3 vol. Florilegium graecum, 15 vol.

4551. Auteurs grecs. *Paris*, Firmin Didot, 1828-1858, 67 vol. in-8, plus 2 atlas géographiques. Textes et trad. latine. Æschyli et Sophoclis tragœdiae, 1 vol.. Æliani Porphyrii Philonis Opera, 1 vol. Epigrammatum Anthologia palatina, 3 v. Appiani Opera, 1 vol. Aristophanis Comœdia, 1 vol. Scholia graeca in Aristophanum, 1 vol. Aristotelis Opera, 5 vol. Arriani Anabasis et Indica, 1 vol. Chrysostomus (S. Joh.). Tomus, I, 1 vol. Demosthenis Opera, 1 vol. Diodori Siculi bibliotheca, 2 vol. Diogenis Laertii, 1 vol. Vitae philosophorum. Dionysii Halicarnassensis antiquitates romanae, 1 vol. Epistolographi graeci, 1 vol. Erotici scriptores, 1 vol. Euripidis fabulae, 1 vol. Euripidis fragmenta, Christiani poetae, 1 vol. Geographi Graeci minores, 2 vol. Herodoti historiarum, 1 vol. Hesiodi Carmina, 1 vol. Fragmenta historicorum graecorum, 5 vol. Homeri Carmina, 1 vol. Flavii Josephi Opera, 2 vol. Luciani Opera, 1 vol. Oratores Attici, 2 vol. Pausaniae descriptio Graeciae, 1 vol. Fragmenta philosophorum graecorum, 3 vol. Philostratorum Eunapi Himeri Opera, 1 vol. Platonis Opera, 3 vol. Plotini Enneades, 1 vol. Plutarque, 5 vol. Pœtae bucolici et didactici, 1 vol. Scholia in Theocritum, Nicandrum et Oppianum, 1 vol. Poetarum comicorum graecorum fragmenta, 1 vol. Polybii historiarum reliquiae, 1 vol. Cl. Ptolemaei geographica, 2 vol. Strabonis geographica, 1 vol. Vetus testamentum, 2 vol. Novum testamentum, 1 vol. Theophrastii Eresii Opera, 1 vol. Theophrasti Characteres, 1 vol. Thucydides, 1 vol. Xenophontis Opera, 1 vol.

4552. Aetius. Livre XII. édit. G. A. Kostomoiris, *Paris*, 1892, in-8.

4553. Agathias Myrinaei. Historiarum libri quinque. Edit. B. G. Niebuhr. *Bonn*, 1828, in-8.

4554. Alcée. Texte et trad. angl. Easbey-Smith. *Washington*, 1901, in-12.

4555. — Fragments. Édit. Lobel. *Oxford*, 1927, in-8.

4556. Alypius, Gaudence, Bacchius. Manuels de musique grecque, trad. C. E. Ruelle. *Paris*, 1895, in-8.

4557. Antiphon. Trad. Cucuel. *Paris*, 1888, in-8.

4558. Apollodore. Edit. A. Papadopoulos Kerameos. *Bonn*, 1891, in-8.

4559. — Ed. Jacoby. *Berlin*, 1902, in-8.

4560. Apollonios Dyscolos. Édit. R. Schneider. *Leipzig*, 1878-1910, 4 vol. in-8, brochés.

4561. Apollonios de Rhodes. Argonautiques. Edit. R. Merkel. *Leipzig*, 1854, in-8.

4562. — Argonautiques. Edit. Mooney. *Londres*, 1912, in-8.

4563. — Argonautiques Trad. H. de La Ville de Mirmont. *Bordeaux-Paris*, 1892, in-4.

4564. Apollonius de Citium. Illustrierter Kommentar zu der Hippokrateischen Schrift περί ἄρθρων. Edit. H. Schöne. *Leipzig*, 1896, in-4.

4565. Aratos. Phaenomena. Edit. E. Maass. *Berlin*, 1893, in-8.

4566. Aelius Aristide. Édit. Keil. *Berlin*, 1898, in-8.

Le tome II seulement.

4567. Aristophane, Ménandre et Philémon. Éd. Dindorf et trad. latine. *Paris*, 1846, in-8.

4568. — Extraits. Éd. Bodin et Mazon. *Paris*, 1902, in-16.

4569. — Scènes choisies, trad. Bodin et Mazon. *Paris*, 1906, in-12.

4570. — Le même ouvrage, broché.

4571. — Ausgewählte Komödien. Éd. Th. Kock. *Berlin*, 1894, in-8.

4572. — Trad. all. Donner. *Leipzig*, 1861, in-8.

4573. — Trad. en vers Fallex. *Paris*, 1863, 2 vol. in-12.

4574. — Trad. A. Willems. *Paris-Bruxelles*. 1919, 3 vol. in-8.

4575. — Scholia on the « Aves ». Éd. White. *Boston-Londres*, 1914, in-8.

4576. — La Paix. Éd. P. Mazon. 1904, in-8, broché.

Dos cassé.

4577. — La Paix. Éd. Zacher. *Leipzig*, 1909, in-8, broché.

4578. — Scholia in Plutum et Nubes. Ed. Koster. *Leyde*, 1927, in-8, broché.

4579. — **de Byzance**. Grammatici Alexandrini fragmenta. Éd. Aug.Nauck. *Halle*, 1848, in-8.

4580. Aristote. De anima. Ed. Hicks. *Cambridge*, 1907, in-8.

4581. — The Nicomachean Ethics of Aristotle. Trad. Welldon. *Londres*, 1892, in-8.

4582. — Métaphysique. Trad. Barthélemy Saint-Hilaire. *Paris*, 1879, 3 vol. in-8.

4583. — Poétique. Ed. Egger. *Paris*, 1875, in-16.

4584. — Theory of poetry and fine art. Edit. Butcher. *Londres*, 1898, in-8.

4585. — Politique. Trad. Barthélemy-Saint-Hilaire. *Paris*, 1874, in-8.

4586. — Politics. Ed. Newman. *Oxford*, 1902, in-8.

Tomes III et IV seulement.

4587. — République athénienne. Ed. Blass. *Leipzig*, 1892, in-12.

4588. — Ed. G. Kaibel et Wilamowitz-Mœllendorff. *Berlin*, 1898, in-8.

4589. — Le même ouvrage. Ed. F. G. Kenyon. *Londres*, 1891, in-8.

4590. — Le même ouvrage. Ed. Kenyon. *Berlin*, 1903, in-8.

4591. — Le même ouvrage. Ed. H. Van Herwerden. *Leyde*, 1891, in-8.

4592. — Ed. A. Sandys. *Londres-New-York*, 1893, in-8.

4593. — République athénienne. Trad. all. Kaibel et Kiessling. *Strasbourg*. 1891, in-12.

4594. — Trad. angl. Dymes. *Londres*, 1891, in-12.

4595. — Le même ouvrage. Trad. angl. Kenyon. *Londres*, 1891, in-16.

4596. N° réservé.

4597. — Le même ouvrage. Trad. angl. E. Poste. *Londres*, 1891, in-12.

4598. — Le même ouvrage. Trad. Haussoullier; relié à la suite : Poétique. Trad. Hatzfeld. *Paris*, 1891, in-8.

4599. Aristoxène. Ed. Paul Marquardt. *Berlin*, 1868, in-8.

Lettre et notes ms. jointes.

4600. — Ed. R. Westphal. *Leipzig*, 1883, in-8.

4601. — Harmoniques. Ed. et trad. angl. Macran. *Oxford*, 1902, in-8.

Musique notée.

4602. — Le même ouvrage, éd. et trad. angl. *Oxford*, 1902, in-12.

4603. — Trad. Ruelle. *Paris*, 1870, in-8.

Relié à la suite :

Alypius et Gaudence. — Bacchius l'ancien, traduits par le même. *Paris*, 1895, in-8.

Envoi d'auteur signé.

4604. Arrien. Ed. H. Dörner, Tafel, Osiander, etc. *Stuttgart*, J. B. 1829-1832, in-32.

4605. — Les Entretiens d'Epictète. Trad. V. Courdevaux. *Paris*, 1862, in-8.

4606. Artémidore. Onirocriticon. Ed. Th. R. Hercher. *Leipzig*, 1864, in-8.

4607. Athénée. Naucratitœ Deipnosophistarum Libri quindecim. *Strasbourg*, 1801-1807, in-8.

4608. — Le chapitre Treize. Trad. Thierry Sandre. *Amiens*, 1924, in-12, broché.

Envoi d'auteur signé.

4609. Babrius. Ed. Crusius (éd. minor.). *Leipzig*, 1897, in-12.

4610. Bacchylide. Trad. Desrousseaux. *Paris*, 1898, in-12.

4611. — Ed. C. Jebb. *Cambridge*, 1905, in-8.

4612. — Ed. Kenyon. *Londres*, 1897, in-8.

4613. — Ed. Taccone. *Turin*, 1907, in-8, broché.

4614. — Ed. et trad. ital. Festa. *Florence*, 1898, in-12.

4615. Callimaque. Ed. Schneider. *Leipzig*, 1873, in-8.

4616. — Hymni et epigrammata. Ed. Meineke. *Berlin*, 1891, in-8.

4617. — Hymni et epigrammata, ed. Wilamowitz-Mœllendorff. *Berlin*, 1897, in-8.

4618. — Hymnes. Bains de Pallas. Ed. C. Nigra. *Turin*, 1892, in-8.

4619. Clément d'Alexandrie. Œuvres choisies. Trad. de Genoude. *Paris*, s. d., in-12.

4620. — Ed. Potter. *Venise*, 1757, 2 vol. in-fol.

Portrait gravé.

4621. Cosmas Indicopleustes. The Christian topography. Ed. Winstedt. *Cambridge*, 1909, in-8.

4622. Ctesias. Persika. Ed. Gilmore. *Londres*, 1888, in-8.

4623. Démétrius. On style. Ed. W. Rhys Roberts. *Cambridge*, 1902, in-8.

Fac-similé.

4624. Démosthène. Ed. Butcher. *Oxford*, s. d., in-12.

Tome II, 1re partie.

4625. — Harangues. Ed. Weil. *Paris*, 1873, in-8.

4626. — Plaidoyers politiques. Ed. Weil. *Paris*, 1883-1886, 2 vol. in-8, rel. en 1 vol.

Envoi d'éditeur signé.

4627. — Philippiques. Éd. Westermann et Rosenberg. *Berlin*, 1891, in-12.

4628. — Ausgewählte Reden. Éd. Westermann. *Berlin*, 1902-1903, 2 vol. in-8, dont 1 vol. broché.

4629. — The first Philippic and the Olynthiacs. On the Peace, second Philippic, on the Chersonesus and third Philippic. Ed. Sandys. *Londres*, 1900, 2 vol. in-16.

4630. Preuss (Siegmund) Index Demosthenicus. *Leipzig*, 1892, in-8.

4631. — Les Plaidoyers civils, trad. Dareste. *Paris*, 1875, 2 vol. in-12, rel. en 1 vol.

4632. — Les Plaidoyers politiques. trad. R. Dareste. *Paris*, 1879, 2 vol. in-12, rel. en 1 vol.

4633. Demosthène et **Eschine**. Chefs-d'œuvre. trad. Stievenart. *Paris*, 1865, in-12.

4634. Denys d'Halicarnasse. Edit. Angelo Maï. *Leipzig*, 1889, [tomes V et VI], 2 vol. in-32, rel. en 1 vol.

4635. — The three literary letters. Ed. Roberts. *Cambridge*, 1907, in-8.

4636. — Examen critique des plus célèbres écrivains de la Grèce. Ed. et trad. Gros. *Paris*, 1826-1827, 3 vol. in-8.

4637. Diodore de Sicile. Trad. Hoefer. *Paris*, 1846, 4 vol. in-12.

4638. Dion Cassius. Éd. Boissevain. *Berlin*, 1895-1926, 4 vol. in-8, le dernier broché.

4639. Ecthesis chronica et chronicon Athenarum Édit. S. P. Lambros. *Londres*, 1902, in-8.

4640. Epicure (H.). Édit. Usener. *Leipsig*, 1887, in-8.

4641. Eschine. Discours sur l'Ambassade. Éd. Julien et Péréra. *Paris*, 1902, in-8.

4642. Eschyle. Ed. Campbell. *Londres*, 1898, in-12.

4643. — Éd. Kirchhoff. *Berlin*, 1880, in-8.

4644. — Éd. Weil. *Giessen*, 1862, 2 vol. in-8.

4645. — Éd. H. Weil. *Leipzig*, 1891, in-12.

4646. — Morceaux choisis. Éd. Weil *Paris*, 1881, in-16.

4647. — Agamemnon. Éd. Margoliouth. *Londres*, 1884, in-8, broché.

4648. — Agamemnon, Orestie. Ed. Wilamowitz-Mœllendorff. *Berlin*, 1885, 1896, 2 vol. in-8, brochés.

4649. — Choéphores. Éd. A. Sidgwick. *Oxford*, 1884, in-12.

4650. — Prométhée enchaîné. Éd. Sikes et Willson. *Londres*, 1898, in-12.

4651. — Drames, trad. Martinon. *Alger*, s. d., in-8, broché.

Envoi d'éditeur signé.

4652. — Les Perses. Trad. A. Ferd. Herold. *Paris*, 1896, in-12, broché.

Notes marginales.

4653. — Les Perses. Trad. Silvain et Jaubert. *Paris*, s. d., in-8.

Envoi d'éditeur signé.

4654. Etienne de Byzance. Ed. Meineke. *Berlin*, 1849, in-8.

4655. Euripide. Sept tragédies. Éd. Weil. *Paris*, 1879, in-8.

4656. — Alceste, Iphigénie à Aulis, Médée. Éd. Weil. *Paris*, 1891, in-8.
Envoi d'éditeur signé.

4657. — Iphigénie en Tauride, Oreste, Les Bacchantes, Hécube, Electre. Éd. H. Weil et Dalmeyda. *Paris*, 1903-1908, 5 vol. in-8.

4658. — Les Bacchantes. Éd. Bruckner *Berlin*, 1891, in-8.

4659. — Électre. Éd. Weil. *Paris*, 1893, in-12.

4660. — Hécube. Éd. Heberdey. *Oxford*, 1901, in-12.

4661. — Herakles. Éd. Wilamowitz-Mœllendorff. *Berlin*, 1889, 2 vol. in-8, rel. en 1 vol.

4662. — Hippolyte. Éd. Wilamowitz-Mœllendorff. *Berlin*, 1891, in-8.

4663. — Ion. Éd. Wecklein. *Leipzig*, 1898, in-8.
Figures.

4664. — Iphigénie en Tauride. Éd. Recker. *Vienne*, 1902, in-12.

4665. — Trad. all. Donner. *Leipzig*, 1859, 2 vol. in-8, rel. en 1 vol.
Envoi de traducteur signé.

4666. — Trad. Martinon. *Paris*, 1907-1908, 2 vol. in-8, brochés.

4667. Eusèbe. Éd. Schœne. *Berlin*, 1875, in-fol.

4668. Galien. Éd. Kühn. *Leipzig*, 1833, 22 vol. in-8.

4669. Harpocration et **Mœris**. Ed. Bekker. *Berlin*, 1833, in-8.

4670. Hérode. Ἡρῴδου περὶ πολιτείας. Ein politisches Pamphlet aus Athen 404 vor Chr. Ed. Engelb. Drerup. *Paderborn*, 1908, in-8, broché.

4671. Hérodien. Ed. Mendelssohn. *Leipzig*, 1883, in-8.
Demi-maroq. rouge, coins, t. dorée.

4672. — Trad. L. Halévy. *Paris*, 1871, in-12.
Page détachée.

4673. Hérodote. Ed. Rawlinson. *Londres*, 1862, 4 vol. in-8.

4674. — Éd. H. Stein. *Berlin*, 1884, in-8.

4675. — Éd. Stein. *Berlin*, 1896-1902, 2 vol. in-8, brochés.
Notes marginales.

4676. — Morceaux choisis. Éd. Fournier. *Paris*, 1904, in-16.

4677. — Livre II. Éd. Wiedemann. *Leipzig*, 1890, in-8.

4678. — Livres VII à IX. Éd. Macan. *Londres*, 1908, 3 vol. in-8.

4679. — Livres VIII-IX. Éd. Abicht. *Leipzig*, 1892, 3 vol. in-8.

4680. — Trad. Saliat et Talbot. *Paris*, 1864, in-8.

4681. Héron d'Alexandrie. Les mécaniques ou l'élévateur. Trad. Carra de Vaux. *Paris*, 1894, in-8.

4682. Hérondas. Les mimes. Ed. Otto Crusius. *Leipzig*, Teubner, 1900, in-12.
Relié à la suite :
Trad. Guillard. *Paris*, 1900, in-12.
Envoi du traducteur signé.

4683. — Ed. Meister. *Leipzig*, 1893, in-8.

4684. — Ed. Nairn. *Oxford*, 1904, in-8.

Notes margin., feuillet mss. de notes et lettre joints.

4685. — Ed. Rutherford. *Londres*, 1891, in-8, broché.

Notes margin., mss.

4686. — Trad. all. Otto Crusius. *Gœttingue*, 1893, in-8, broché.

4687. — Trad. Boisacq. *Paris*, 1893, Relié à la suite : Le même ouvrage. Ed. Crusius. *Leipzig*, 1892, 2 vol. in-12.,

Notes marginales.

4688. — Trad. Dalmeyda. *Paris*, 1893, in-12.

4689. — Trad. Ristelhuber. *Paris*, 1893, in-12.

Notes mss. Envoi du traducteur.

4690. Hésiode. Ed. Flach. *Leipzig*, 1878, in-8.

Demi-maroq. Laval., tr. dorée.

4691. — Ed. Rzach. *Leipzig*, 1902, in-8.

4692. — Les Travaux et les jours. Ed. Mazon. *Paris*, 1914, in-8, broché.

Envoi d'éditeur signé.

4693. Hésychius. Alexandrini Lexicon. Ed. M. Schmidt. *Iéna*, 1867, in-8.

4694. Homère. Ed. D. B. Monro. *Oxford*, 1896, in-12.

4695. — Iliade. Edit. Ludwich. *Leipzig*, 1902-1907, 2 vol. in-8.

4696. — Iliade. Ed. W. Leaf. *Londres*, 1855, in-12.

4697. — Iliade. Ed. Leaf. *Londres*, 1900-1902, 2 vol. in-8.

4698. — Iliade. Ed. Pierron. *Paris*, 1869, 2 vol. in-8.

Notes margin. mss.

4699. — Scholia graeca in Homeri Iliadem. Ed. Pendorf. *Oxford*, 1875, 2 vol. in-8.

4700. — **Nicole** (Jules). Les scolies genevoises de l'Iliade. *Paris*, 1891, in-8.

4701. — Odyssée. Ed. Pierron. *Paris*, 1875, 2 vol. in-8.

4702. — Odyssée. Ed. Schwarschild. *Francfort*, 1876, in-16.

4703. — Odyssée. Ed. Sommer. *Paris*, 1873, in-12.

4704. — Odyssée. Livres XIII à XXIV. Ed. Monro. *Oxford*, 1901, in-8.

4705. — The Homeric hymns. Ed. Allen et Sikes. *Londres*, 1904, in-8.

4706. — Batrachomyomachie. Ed. A. Baumeister. *Gœttingue*, 1852, in-8, broché

4707. — Batrachomyomachie. Ed. Ludwigh. *Leipzig*, 1896, in-8.

4708. Hypéride. Ed. Blass. *Leipzig*, 1881, in-12.

4709. Isée. Trad. Dareste. *Paris*, 1898, in-12.

4710. Isocrate. Trad. Clermont-Tonnerre. *Paris*, 1862-1864, 3 vol, in-8.

4711. Jamblique. De vita pythagorica. Ed. Aug. Nauck. *Saint-Pétersbourg*. 1884, in-8.

4712. Josèphe. Ed. Niese. *Berlin*, 1885-1894, 6 vol. in-8, rel. en 2 vol.

4713. — Opera. Ed. Niese minor. *Berlin*, 1889-1895, t. 3, 5 et 6, 3 vol in-12.

4714. — Ed. et trad. angl. St. Thackeray. *Londres*, 1926-1928, 3 vol. in-12.

Cartes. Tomes I, II, III.

4715. — Antiquités judaïques. Ed. B. Niese. *Berlin*, 1896, in-4.

4716. — Contre Apion. Ed. Boyden. *Vienne*, 1898, in-8.

4717. — Antiquités judaïques. trad. Arnauld d'Andilly. *Amsterdam*, 1700, in-4.

Frontisp. gravé, fig. et cartes.

4718. — Antiquitez judaïques, trad. Arnauld d'Andilly. *Paris*, 1744, 6 vol. in-12.

Planches gravées.

4719. — Jüdischer Krieg. Ed. Ph. Kohout. *Linz*, 1901, in-8.

4720. — Œuvres complètes traduites en français sous la direction de Th. Reinach.

Antiquités judaïques, (trad. Julien Weil et Joseph Chamonard, 3 vol.). Guerre des Juifs. (trad. R. Harmand, revisée et annotée par Th. Reinach). De l'ancienneté du peuple juif (trad. Léon Blum, 1er fascicule). *Paris*, Ernest Leroux, 1900-1926, 4 vol. in-8 et 1 fascicule.

4721. — Antiquités judaïques. trad. angl. Whiston. *Londres*, 1897, in-8.

4722. Julien. Trad. Talbot. *Paris*, 1863, in-8.

4723. Julius Africanus (Sextus). Ed. J. Rutgers. *Leyde*, 1862, in-8.

4724. Justin. Ed. et trad. Pautigny. *Paris*, 1904, in-12.

4725. Léon le Sage. Le livre du Préfet. Ed. Jules Nicole. *Genève*, 1893, in-4.

4726. Léonidas de Tarente. Epigrammes. Trad. Jules Mouguet. *Lille*, 1906, in-12,

Envoi du traducteur signé.

4727. Libanius. (Ed. Fœrster). *Leipzig*, 1906, in-12.

4728. — Epistolae. Trad. Wolf. *Amsdam*. 1738, in-fol, rel. vél. blanc.

4729. Longin. Du sublime. Ed. Iahn. *Bonn*, 1867, in-8, broché.

4730. — Le même ouvrage. Ed. Rhys Roberts. *Cambridge*, 1899, in-8.

4731. Lucien. Œuvres. Ed. Sommerbrodt. *Berlin*, 1886, 3 vol, in-8.

4732. — Trad. Talbot. *Paris*, 1903 2 vol. in-12 (5e édit.).

4733. Lycophron. Ed. Scheer. *Berlin*, 1881-1908, 2 vol. in-8.

4734. — Ed. et trad. ital. Ciacceri. *Catane*, 1901, in-8.

4735. Lydus (Joannes). De Magistratibus Reipublicae romanae. *Paris*, 1812, in-8.

4736. — Liber de ostentis et Calendaria graeca omnia (Ed. C. Wachsmuth) *Leipzig*, 1863, in-12.

4737. Manuel Philas. Carmina. Ed. E, Miller. *Paris*, Impr. impér. 1855-1857 2 vol. in-8.

4738. Méléagre. Trad. Pierre Louys. *Paris*, 1893, in-32, broché.

Lettre jointe de M. Jules Meyer.

4739. Ménandre. Four plays. Ed. Edw. Capps. *Boston-New-York*, s. d., in-12.

4740. — Szenen aus Menanders Komœdien. Trad. C. Robert. *Berlin*, 1908, in-12.

4741. — Le Laboureur. Ed. Nicole. *Genève*, 1898, in-8.

4742. — Das Schiedsgericht. Ed. Wilamowitz-Mœllendorff. *Berlin*, 1925, in-8.

4743. — Fragments d'un manuscrit. Ed. Lefebvre. *Le Caire*, Imp. de l'Institut français, in-4, broché.

Envoi d'éditeur signé.

4744. Nonnos. Dionysiaques. Trad. Marcellus. *Paris*, 1856, 6 vol. in-32.

4745. Oppien. La chasse. Ed. Boudreaux. *Paris*, 1908, in-8, broché.
Envoi d'éditeur signé.

4746. Origène. Philosophumenæ, Ed. Em. Miller. *Oxford*, 1851, in-8.

4747. Parménide. Lehrgedicht. Ed. Diels. *Berlin*, 1897, in-8.

4748. Pausanias. Ed. J.-G. Frazer. *Londres*, 1898, 6 vol. in-8.

4749. — Ed. H. Hitzig, et H. Bluemner. *Leipzig*, 1896-1910, 6 vol. in-8, dont 1 broché.

4750. Philodème. De Ira. Ed. Gomperz. *Leipzig*, 1864, in-8.

4751. Philon. Ed. Tischendorff, *Leipzig*, 1828-1830, 8 vol. in-16.

4752. Philon (de Byzance). Le livre des appareils pneumatiques et des machines hydrauliques, Ed. et trad. Carra de Vaux. *Paris*, 1902, in-4.

4753. Philostratos. Gymnastik. Ed. Jüthner. *Leipzig*, 1909, in-8, broché.

4754. Photius. Bibliotheca. Ed. Bekker. *Berlin*, 1824, in-4.

4755. — Lexicon. Ed. Porsen. *Leipzig*, 1823, in-8.

4756. — Anfang des Lexicons. Ed. R. Reitzenstein. *Leipzig*, 1907, in-8, broché.

4757. Phrynichus. Eclogae nominum et verborum atticorum. Ed. Lobeck. *Leipzig*, 1820, in-8.
Longue note mss. sur la première page de garde.

4758. Pindare. Ed. Boeckh. *Leipzig*, 1811, 3 vol. in-4.

4759. — Ed. Christ. *Leipzig*, 1896, in-8.

4760. — Trad. J. C. Donner. *Leipzig*, 1800, in-12, broché.

4761. — Ed. Schrœder. *Leipzig*, 1900, in-8.

4762. — Scholia recentia in Pindari Epinicia. Ed. Abel. *Budapest* et *Berlin*, 1891, 2 vol. in-8.

4763. — Œuvres. Trad. Chauvet et Saisse. *Paris*, s. d., 10 vol. in-12.

4764. Platon. Gorgias. Ed. Alf. Gercke. *Berlin*, 1897, in-8.

4765. — Gorgias. Trad. Thurot. *Paris*, 1873, in-12.

4766. — Hermiae in Platonis Phaedrum Scholia. Ed. P. Couvreur. *Paris*, 1904, in-8.

4767. — République. Ed. J. Burnet. *Oxford*, s. d. in-12, broché.

4768. — Le sophiste. Ed. Apelt. *Leipzig*, 1897, in-8.

4769. Plutarque. Œuvres morales. Ed. Bernardakis. *Leipzig*, 1895, in-12. (T. VI).

4770. — Œuvres, Trad. Amyot. Ed. Clauer. *Paris*, 1801-1805, 25 vol. in-8.
Planches hors-texte.

4771. — Œuvres morales. Trad. Ricard. *Paris*, 1844, 5 vol. in-12.

4772. — De la musique. Ed. R. Volkmann. *Leipzig*, 1856, in-8.

4773. — Le même ouvrage. Ed. Weil et Th. Reinach. *Paris*, 1900, in-8.

4774. — Le même ouvrage. Ed. Westphal. *Breslau*, 1865, in-8.
Nombr. notes mss.

4775. — Les vies des hommes illustres Trad. Ricard. *Paris*, 1860, 4 vol. in-8.
Planches.

4776. — Vie des hommes illustres. Trad. Ricard. *Paris*, s. d., 4 vol. in-12.

4777. Pollux. Onomasticon. Ed. Bekker. *Berlin*, 1846, in-8.

4778. — Onomasticon. Ed. Dindorf. *Leipzig*, 1824, 5 vol. in-8.

4779. Polybe. Ed. Hultsch. *Berlin*, 1892, 2 vol. in-12.

4780. — Trad. Bouchot. *Paris*, 1847, 3 vol. in-12.

4781. Ptolémée. Géographie. Ed. Nobbe. *Leipzig*, 1881, in-32.

4782. — Géographie. Reproduction photolithographique du ms. du monastère de Vatopédi au Mont Athos,... introduction... par Victor Langlois. *Paris*, 1867, in-fol.

4783. — Harmoniques. *Oxford*, 1682, in-8, v. f.

Portrait gravé, rel. fatig. notes mss. jointes.

4784. Rufin. Les Epigrammes d'amour, trad. P.-R. Cousin et Thierry Sandre. *Amiens*, 1925, in-12.

Envoi des traducteurs signé.

4785. Sappho. Ed. et trad. Haines. *Londres*, s. d., in-8.

4786. — I nuovi frammenti di Saffo. Ed. Salvatore Stella. *Catane*. 1926, in-8, broché.

4787. — Ed. et trad. angl. en prose par David M. Robinson. et en vers angl. par Marion Mills Miller... *Lexington*, 1925, in-8.

Planches.

4788. Sextus Empiricus. Ed. Bekker. *Berlin*, 1842, in-8.

4789. Simplicius. Der Bericht des Simplicius über die Quadraturen des Antiphon und des Hippokrates. Ed. F. Rudio. *Leipzig*, 1907, in-12.

4790. Sophocle. Œuvres. Ed. Donner. *Leipzig-Heidelberg*, 1868, 2 vol. in-8, rel. en 1.

4791. — Ed. Jebb. *Cambridge*, 1883-1896, 7 vol. in-8.

4792. — Ed. Fournier. *Paris*, 1877 in-8.

4793. — Ed. Tyrrell. *Londres*, 1897, in-12.

4794. — Œdipe-Roi, Electre, Antigone. Ed. Schneidewin et A. Nauck. *Berlin*, 1897-1904, 2 vol. in-8, dont un broché.

4795. — Electre. Ed. G. Kaibel. *Leipzig*, 1896, in-8.

4796. — Electre. Ed. Phiss. *Leipzig*, 1891, in-8.

4797. Stobée. Ed. C. Wachsmuth et Hense. *Berlin*, 1884-1909, 4 vol. in-8, rel. en 3 vol.

4798. Strabon. Trad. Am. Tardieu. *Paris*, 1886-1890, 4 vol. in-12.

4799. Suidas. Ed. Bekker. *Berlin*, 1854, in-8.

4800. Syncellus (Georgius). et **Nicephorus** (C. P.) Ed. G. Dindorf. *Bonn*, 1829, 2 vol. in-8.

4801. Teletes. Ed. Hense. *Tubingue*, 1909, in-8.

4802. Theognidei. Ed. Welcker. *Francfort*. 1826, in-8.

4803. Théon de Smyrne. Trad. J. Dupuis. *Paris*, 1892, in-8.

4804. Théophraste. Caractères (Textes et traduction all.). *Leipzig*, 1897, in-8

4805. Thucydide. Histoires. Ed. Hude. *Leipzig*, 1898, in-8.

4806. — Morceaux choisis. Ed. Croiset. *Paris*, 1912, in-16.

4807. — Extraits. Ed. Amédée Hauvette. *Paris*, 1898, in-12.
Envoi d'éditeur signé.

4808. — Livres I et II. Ed. Croiset. *Paris*, 1886, in-8.

4809. — Livre I et V. Ed. Classen Steup. *Berlin*, 1897-1900, 2 vol. in-8.

4810. — L. III. Ed. Herbert F. Fox. *Oxford*, 1904, in-12.

4811. — L. IV. Ed. Mills. *Oxford*, 1909, in-12.

4812. — L. IV. Ed. W. Rutherford. *Londres*, 1889, in-8.

4813. — Trad. Zevort. *Paris*, 1869, 2 vol. in-12, rel. en 1 vol.

4814. Timée. Lexicon vocum platonicorum. *Leyde*, 1754, in-12.

4815. Timothée. Les Perses. Ed. Wilamowitz-Mœllendorf. *Leipzig*, 1903, in-8.

4816. Xénophon. Œuvres. Vol. II, 1892. Vol III (1, 2) 1897, *Londres*, 3 vol. in-12.

4817. — Trad. Talbot. *Paris*, 1873, 2 vol. in-12.

4818. —. Anabasis. L. I-III. Ed. Rehdantz. *Berlin*, 1888, in-12.
Cartes.

4819. — Anabase. Trad. angl.Dakyns. *Londres*, 1901, in-12.

4820. — Pseudoxénophon. Ἀθηναίων πολιτεία. Ed.Kalinka. *Leipzig*, 1913, in-8.

4821. Zozime. Historia Nova. Ed. Mendelssohn. *Leipzig*, 1887, in-8.

4822. Anonyme. Traité de tactique connu sous le titre de « Traité de Castramétation », Ed. Graux et Martin. *Paris*, 1898, in-4.

4823. Anecdota graeca. Ed. Bekker. *Berlin*, 1814, 3 in-8.

4824. Anecdota oxoniensia. [Aristote, Porphyre]. Ed. Conybeare. *Oxford*, 1892, in-4.
Fac-similés.

4825. Anecdota graeca. E Codd. manuscriptis Bibliothecae Regiae parisiensis. Ed. Cramer. *Oxford*, 1839, 4 vol. in-8.

4826. — et graeco-latina. Ed. Rose. *Berlin*, 1864-1870, 2 vol. in-8, rel. en 1.

4827. Schoell et Guil. Studemund. Anecdota varia graeca et latina. *Berlin*, 1886, 2 vol. in-8.

4828. Anthologie. Anthologia graeca carminum Christianorum. Ed. Christ et Paramitas. *Leipzig*, 1871, in-8.

4829. Anthologie. Erotica. Ed. et trad. Paton. *Londres*, 1898, in-12.

4830. — Anthologia Lyrica. Ed. Bergk. *Leipzig*, 1844, in-8.

4831. — Le même ouvrage. *Leipzig*, 1883, in-12.

4832. — Trad. Dehèque. *Paris*, 1863, 2 vol. in-12.

4833. Astrologues. Catalogus codicum Astrologorum græcorum. *Bruxelles*, 1898-1910, 1 vol in-8, t. I-V, et 7 fascicules, brochés [tome V, complet, t. VII, 1e partie, tome VIII, 2e et 3e parties].

4834. Biographes. Vitarum scriptores graeci minores. Ed. Westermann. *Brunswick*, 1845, in-8.

4835. Doxographes. Ed. Diels. *Berlin*, 1879, in-8.

4836. Géographes. Périple de Marcien d'Héraclée, Epitome d'Artémidore, Isidore de Charax, etc. ou supplément aux dernières éditions des Petits géographes. Ed. Miller. *Paris*, 1839, in-8.

4837. Herculanum. Memoria graeca Herculanensis. Ed. G.. Crönert. *Leipzig*, 1903, in-8.

4838. Historiens. Excerpta historica jussu imperat. Constant. Porphyrog. confecta. II. 2. Excerpta de virtutibus et vitiis, édit. A. G. Roos. *Berlin*, 1910, in-8.

4839. — Fragmente der griechischen Historiker. Ed. Jacoby. *Berlin*, 1923-1926, 5 fascicules in-8, brochés, formant 3 volumes.

4840. — Scriptores rerum mirabilium graeci... Ed. Westermann. *Brunswick*, 1839, in-8.

4841. — Die Fragmente der sikelischen Artze Akron, Philistion, und des Diokles von Karystos. Ed. Wellmann. *Berlin*, 1901, in-8.

4842. Mélanges de littérature grecque. Ed. E. Miller. *Paris*, 1868, in-8.

4842 bis. Le même ouvrage. Ed. Miller. *Paris*, 1868, in-4.

4843. Oracles sibyllins. Ed. Alexandre. *Paris*, 1869, in-8.

Envoi d'éditeur signé.

4844. — Excursus ad Sibyllina. *Paris*, Firmin Didot, 1856, in-8.

Envoi d'éditeur signé.

4845. Orateurs. Ed. Walz. *Stuttgart-Londres-Paris*, 1832-1836, 9 vol. in-8.

4846. — Extraits des orateurs attiques. Ed. Bodin. *Paris*, 1898, in-16.

4847. Orphée. Fragments orphiques. Ed. O. Kern. *Berlin*, 1922, in-8, broché.

4848. Parœmiographes. Corpus Parœmiographorum græcorum. Ed. E. L. A. Leutsch et F. G. Schneidewin. *Gœttingue*. 1839, 2 vol. in-8.

Cuir de Russie, fil. sur les plats, dent., intér. tr. peigne (Ottmann-Duplanil).

4849. Philosophes. Die Fragment der Vorsokratiker. Ed. et trad. all. H. Diels. *Berlin*, 1903, in-8.

4850. Pœtarum philosophorum fragmenta Ed. H. Diels *Berlin*, 1901, in-8,

4851. — La Grèce. Pages et pensées morales. Ed. Germain Arnaut. *Marseille*, 1901, in-12.

4852. Poètes alexandrins. Collectanea Alexandrina. Reliquiae minores poetatarum graecorum Ptolemaicas... Ed. Powell. *Oxford*, 1925, in-8.

4853. Poètes comiques. Comicorum graecorum fragmenta. Ed. Kaibel. *Berlin*, 1899, in-8.

Broché, dos cassé. Tome I, fasc. I.

4854. — Comicorum atticorum fragmenta. Ed. Kock. *Leipsig*, 1880, 3 vol. in-8.

4855. Poètes lyriques. Poetae lyrici graeci. Ed. Eh. Bergk *Leipzig*, 1878-1914, 3 vol. in-8, les deux derniers brochés.

4856. — Supplementum lyricum. Neue Bruchstücke von Archilochus, Alcaeus, Sappho, Corinna, Pindar, Bacchylides. Ed. E. Diehl. *Bonn*, 1917, in-12.

4857. Poètes tragiques. Tragicorum graecorum fragmenta. Ed. Nauck. *Leipzig*, 1889, in-8.

4858. — Tragiques grecs (Les). Pages choisies. Introd. de Paul Girard. *Paris*, 1908, in-12.

4859. — Griechische Tragœdien, trad. all. von Wilamowitz-Mœllendorff. *Berlin*, 1899, 4 vol. in-8.

4860. Stoiciens. Stoicorum veterum fragmenta. Ed. von Arnim. *Leipzig*, 1903-1924, 3 vol. in-8, dont 2 brochés.

Tomes I, II et IV.

4861. Auteurs grecs. Anatolius, Antiphon, Ménandre, Aristote, Arrien, Denis d'Halicarnasse, etc. Textes. 17 brochures in-8.

4862. — Dion Chrysostome. Apollodore de Damas, Archimède [traduct. Théodore Reinach], Aristote, etc. Traductions. 12 brochures, in-8.

4863. — Ménandre, Callimaque, Bacchylide, [texte révisé et notices par Th. Reinach], etc. 11 brochures. in-4 et in-8.

PHILOLOGIE GRECQUE

4864. Allègre (F.). Sophocle. *Lyon, Paris*, 1905, in-8.

4865. Arnim (Hans von). Leben und Werke des Dio von Prusa. *Berlin*, 1898, in-8.

4866. — Quellenstudien zu Philo von Alexandria. *Berlin*, 1888, in-8.

4867. Baker (Guilielmus Wilson). De comicis graecis litterarum judicibus. *S. l. n. d.*, in-8.

4868. Barthélemy Saint-Hilaire (J.). La logique d'Aristote. *Paris*, 1838, 2 vol. in-8.

4869. Bauer (Adolf). Literarische Forschungen zu Aristoteles 'Αθηναίων πολιτεία. *Munich*, 1891, in-8.

4870. Benecke (E.-F.-M.). Antimachus of Colophon and the position of women in Greek poetry. *Londres*, 1896, in-8.

4871. Bérard (Victor). Un mensonge de la science allemande. — Les Prolégomènes à Homère de Frédéric-Auguste Wolf. *Paris*, 1917, in-12.

4872. Bergk (Theodor). Griechische Literaturgeschichte. *Berlin*, 1872-1887, 4 vol. in-8.

4873. Bernhardy (G.). Grundriss der griechischen Litteratur. *Halle*, 1872-1877, 2 tomes en 3 vol. in-8.

4874. Bertrin (Georges). La question homérique. *Paris*, 1897, in-12.

4875. Bethe (Erich). Homer. *Leipzig*, 1914-1922, 2 vol. in-8 (le tome I broché).

4876. Bidez (J.). Vie de Porphyre. *Gand, Leipzig*, 1913, in-8, broché.

4877. — et **Cumont** (F.). Recherches sur la tradition manuscrite des Lettres de l'empereur Jullien. *Bruxelles*, 1898, in-8.

4878. Biese (Alfred). Die Entwicklung des Naturgefühls bei den Griechen. *Kiel*, 1882, in-8.

4879. Blass (Friedrich). Die Rythmen der attischen Kunstprosa, Isokrates, Demosthenes, Platon. *Leipzig*, 1901, in-8.

4880. — Die attische Beredsamkeit. *Leipzig*, 1868-1877, 4 vol. in-8.

4881. — Die attische Beredsamkeit. *Leipzig*, 1887-1893, 2 vol. in-8.
Tomes I et III.

4882. Boll (Franz). Studien über Claudius Ptolemäus. *Leipzig*, 1894, in-8.

4883. Bouzeskoul. République athénienne d'Aristote. *Kharkof*, 1895, in-8.

4884. Bréal (Michel). Pour mieux connaître Homère. *Paris*, s. d., in-12.

4885. Breton (Guillaume). Essai sur la poésie philosophique en Grèce. *Paris*, 1882, in-8.

4886. Bruchmann (C. F. H.). Epitheta deorum. *Leipzig*, 1893, in-8.

4887. Bursy (Bernhardus). De Aristotelis Πολιτείας 'Αθηναίων partis alterius fonte et auctoritate. *Dorpat*, 1897, in-8.

4888. Bury (J. B.). The ancient Greek historians. *Londres*, 1909, in-8.

4889. Campbell (Lewis). Sophocles. *Londres*, 1879, in-16.

4890. Cauer (Paul). Grundfragen der Homerkritik. *Leipzig*, 1909, in-8.

4891. Chassang (A.). Histoire du roman et de ses rapports avec l'histoire dans l'antiquité grecque et latine. *Paris*, 1862, in-8.

4892. Couat (A.). Aristophane. *Paris*, 1902, in-12.

4893. — La poésie alexandrine sous les trois premiers Ptolémées. *Paris*, 1882, in-8.

Envoi d'auteur signé.

4894. Croiset (Alfred). La poésie de Pindare. *Paris*, 1880, in-8.

4895. Croiset (Maurice). Aristophane et les partis à Athènes. *Paris*, 1906, in-8.

Envoi d'auteur signé.

4896. — Essai sur la vie et les œuvres de Lucien. *Paris*, 1882, in-8.

4897. Crusius (O.), Die delphischen Hymnen. *Gœttingue*, 1894, in-8.

4898. — Untersuchungen zu den Mimiamben des Herondas. *Leipzig*, 1892, in-8.

4899. Decharme (Paul). Euripide et l'esprit de son théâtre. *Paris*, 1893, in-8.

4900. Destinon (Justus von). Die Quellen des Flavius Josephus in der Jüd. Arch. Buch XII-XVII — Jüd. Krieg Buch I. *Kiel*, 1882, in-8.

4901. Drerup (Engelbert). Ueber die bei den attischen Rednern eingelegten Urkunden. *Leipzig*, 1898, in-8.

4902. Dittmar (Heinrich). Aischines von Sphettos. *Berlin*, 1912, in-8.

4903. Dubois. Examen de la Géographie de Strabon. *Paris*, s. d., in-8.

En feuilles (carton).

4904. Dufour (Médéric). La Constitution d'Athènes et l'œuvre d'Aristote. *Paris*, 1895, in-8.

4905. — Le même ouvrage.

4906. Fouillée (Alfred). La philosophie de Platon. *Paris*, 1869, 2 vol. in-8.

4907. — La philosophie de Socrate. *Paris*, 1874, 2 vol. in-8.

4908. Fredrich (Carl). Hippokratische Untersuchungen. *Berlin*, 1899, in-8.

4909. Friedlander (Luc.). Dissertatio qua fabula Apulejana de Psyche et Cupidine cum fabulis cognatis comparatur. *Kœnigsberg*, s. d., in-4.

4910. Gaspar (Camille). Essai de chronologie pindarique. *Bruxelles*, 1900, in-8.

4911. Geffcken (Johannes). Timaios' Geographie des Westens. *Berlin*, 1892, in-8.

4912. Gehring (Augustus). Index homericus. *Leipzig*, 1891, in-8.

4913. Gerhard (Gustav. Adolf). Phoinix von Kolophon. *Leipzig-Berlin*, 1909, in-8.

Fac-similé.

4914. Girard (Paul). De l'expression des masques dans les drames d'Eschyle. *Paris*, 1895, in-8.

4915. Gomperz (Theodor). Griechische Denker. *Leipzig*, 1896-1902, 2 vol. in-8.

4916. — Le même ouvrage. *Leipzig*, 1906-1912, 2 vol. in-8.

Le t. II, broché, le t. III en 5 fascicules.

4917. — Sophistik und Rhetorik. *Berlin-Leipzig*, 1912, in-8.

4918. — Hellenika. *Leipzig*, 1912,2 vol. in-8, reliés en 1.

4919. Gomperz (Mélanges). Festschrift. Theodor Gomperz. *Vienne*, 1902, in-8.
Portrait.

4920. Gréard (Octave). De la morale de Plutarque. *Paris*, 1866, in-8.

4921. Guggenheim. Die Lehre vom apriorischen Wissen in ihrer Bedeutung für die Entwicklung der Ethik und Erkenntnisstheorie in der sokratisch-platonischen Philosophie. *Berlin*, 1885, in-8.
Relié à la suite :

4922. Joël (Karl). Zur Erkenntniss der geistigen Entwicklung und der schriftstellischen Motive Platos. *Berlin*, 1887, in-8.

4923. Guizot (Guillaume). Ménandre. *Paris*, 1866, in-12.

4924. Haigh (A.-E.). The tragic drama of the Greeks. *Oxford*, 1896, in-8.

4925. Hatzidakis. Plutarchiana. *S. l. n. d.*, in-8.

4926. Hausrath (Aug.) et **Marx** (Aug.). Griechische Maerchen, Fabeln, Schwaenke und Novellen aus dem klassischen Altertum. *Iéna*, 1922, in-8.
Planches.

4927. Hauvette (Amédée). Archiloque. *Paris*, 1905, in-8.
Envoi d'auteur signé.

4928. — Hérodote historien des guerres médiques. *Paris*, 1894, in-8.
Envoi d'auteur signé.

4929. — De l'authenticité des épigrammes de Simonide. *Paris*, 1896, in-8.
Envoi d'auteur signé.

4930. Helbig (W.). Das homerische Epos aus den Denkmälern erläutert. *Leipzig*, 1884, in-8.

4931. Hennings (P. D. Ch.). Homers Odyssee. *Berlin*, 1903, in-8.

4932. Herbst (Ludwig). Zu Thukydides. *Leipzig*, 1899, in-8.

4933. Horovitz (Josef.). Spuren griechischer Mimen im Orient. *Berlin*, 1905, in-8.

4934. Huddilston (John H.). The attitude of the Greek tragedians toward art. *Londres*, 1898, in-12.
Figures et planches. Hors-texte.

4935. — Greek tragedy in the light of vase paintings. *Londres*, 1898, in-12.

4936. Jebb (R. C.). The growth and influence of classical Greek poetry. *Londres*, 1893, in-8.

4937. Joël (Karl). Der xenophontische Sokrates. *Berlin*, 1893, 3 vol. in-8.

4938. Jordan (Reinhard). De fontibus Appiani in bellis Mithridaticis. *Gœttingue*, 1872, in-8.

4939. Kaibel (G.). Stil und Text der Πολιτεία 'Αθηναίων, des Aristoteles. *Berlin*, 1893, in-8.

4940. Keil (Bruno). Die solonische Verfassung in Aristoteles Verfassungsgeschichte Athens. *Berlin*, 1892, in-8.

4941. Klussmann (Rudolf). Bibliotheca scriptorum classicorum et Graecorum et Latinorum (1878-1896). *Leipzig*, 1911-1913, 4 vol. in-8, brochés.

4942. Kropp (Philipp). Die minoisch-mykenische Kultur im Lichte der Uberlieferung bei Herodot. *Leipzig*, 1905, in-4.

4943. Kuyper (B. H. Steringa). De fontibus Plutarchi et Appiani in vita Sullae enarranda. *Utrecht*, 1882, in-8.

4944. Landormy (Paul). Socrate. *Paris*, s. d. in-12, broché.
Envoi d'auteur signé.

4945. Laqueur (Richard). Polybius. *Leipzig-Berlin*, 1913, in-8.

4946. — Der jüdische Historiker Flavius Josephus. *Giessen*, 1920, in-8, broché.

4947. La Ville de Mirmont (H. de). Apollonios de Rhodes et Virgile. *Paris*, 1894, in-8.

Envoi d'auteur signé.

4948. Leaf (Walter). A companion to the Iliad. *Londres*, 1892, in-8.

4949. Legrand (Ph. E.). Étude sur Théocrite. *Paris*, 1898, in-8.

4950. — Daos. *Paris*, 1910, in-8.

4951. Leo (Friedrich). Die griechisch-römische Biographie nach ihrer litterarischen Form. *Leipzig*, 1901, in-8.

4952. Lucas (F. L.). Euripides and his influence. *Boston*, s. d., in-12.

4953. Maass (Ernestus). Aratea. *Berlin*, 1892, in-8.

4954. Mackail (J.-W.). Lectures on Greek poetry. *Londres*, 1910, in-8.

4955. Mahaffy (J.-P.). A history of classical Greek literature. The prose writers. *Londres*, 1890, 2 vol. in-8.

4956. [Mahne]. Aristoxenus. *S. l. n. d.*, [le titre manque], in-8.

4957. Mallinger (Léon). Médée. Étude de littérature comparée. *Louvain*, 1897, in-8.

4958. Masqueray (Paul). Bibliographie pratique de la littérature grecque. *Paris*, 1914, in-8, broché.

4959. — Euripide et ses idées. *Paris*, 1908, in-8, broché.

4960. Mazon (Paul). Essai sur la composition des comédies d'Aristophane. *Paris*, 1904, in-8.

4961. Meyer (Eduard). Theopomps Hellenika. *Halle*, 1909, in-8.

4962. Müller (Karl Otfried). Geschichte der griechischen Literatur bis auf das Zeitalter Alexander's. *Stuttgart*, 1875-1876, 2 vol. in-8.

4963. Navarre (Octave). Essai sur la rhétorique grecque avant Aristote. *Paris*, 1900, in-8.

4964. Norden (Eduard). Die antike Kunstprosa. *Leipzig*, 1898, 2 vol. in-8, reliés en 1.

4965. Oldfather (Ch.-H.). The Greek literary texts from Greco-Roman Egypt. *Madison*, 1923, in-8, broché.

Envoi d'auteur signé.

4966. Ouvré (Henri). Méléagre de Gadara. *Paris*, 1894, in-8.

4967. Patin (M.). Études sur les tragiques grecs. Eschyle. *Paris*, 1865, in-12,

4968. — Études sur les tragiques grecs Euripide. *Paris*, 1858, 2 vol. in-12.

4969. — Études sur les tragiques grecs. Sophocle. *Paris*, 1858, in-12.

4970. Peter (Hermann). Wahrheit und Kunst, Geschichtsbeschreibung und Plagiat im klassischen Altertum. *Leipzig-Berlin*, 1911, in-8.

4971. Pierron (Alexis). Histoire de la littérature grecque. *Paris*, 1867, in-12.

4972. Pridik (Eugen). De Alexandri Magni epistularum commercio. *Berlin*, 1893, in-8.

4973. Puech (Aimé). Histoire de la littérature grecque chrétienne. *Paris*, 1928, in-8, broché.

Tome I, le Nouveau Testament. Envoi d'auteur signé.

4974. — Recherches sur le Discours aux Grecs de Tatien. *Paris*, 1903, in-8.

4975. Reinach (Théodore). De Archia poeta. *Paris*, 1890, in-8.

4976. — N° réservé.

4977. Reitzenstein (R.). Epigramm und Skolion. *Giessen*, 1893, in-8.

4978. Ritter (H.) et **Preller** (L.). Historia philosophiae graecae. *Gotha*, 1898, in-8.

4979. Robert (Carl). Pausanias als Schriftsteller. *Berlin*, 1909, in-8.

4980. — Studien zur Ilias. *Berlin*, 1901. in-8.

4981. Robin (Léon). La pensée grecque et les origines de l'esprit scientifique. *Paris*, 1923, in-8, broché.

4982. Robinson (David M.). Sappho and her influence. *Boston*, s. d., in-12.

Planches.

4983. Rohde (Erwin). Der grieschische Roman und seine Vorläufer. *Leipzig*, 1900, in-8.

4984. Sainte-Croix. Examen critique des anciens historiens d'Alexandre le Grand. *Paris*, 1810, in-4.

Planches.

4985. Schmid (Wilhelm). Der Atticismus in seinen Hauptvertretern von Dionysius von Halikarnass bis auf den zweiten Philostratus. *Stuttgart*, 1887-97, 5 vol. in-8.

4986. Schwab (Moïse). Bibliographie d'Aristote. *Paris*, 1896, in-8.

Texte autographié. Envoi d'auteur signé.

4987. Schwartz (Ed.). Charakterköpfe aus der antiken Litteratur. *Leipzig*, 1910, 2 vol. in-8, brochés.

4988. Séchan (Louis). Etudes sur la tragédie grecque dans ses rapports avec la céramique. *Paris*, 1926, in-8, broché.

Figures et planches.

4989. Shawyer (J.-A.). The Menexenus of Plato. *Oxford*, 1906, in-12.

4990. Smyth (Herbert Weier). Greek Melic poets. *Londres*. 1900, in-12.

4991. Stark (Josef). Der latente Sprachoschatz Homers. *Munich-Berlin*, 1908. in-8, broché.

4992. Stemplinger (Eduard). Das Plagiat in der griechischen Literatur. *Leipzig*, *Berlin*, 1912, in-8.

4993. Strazzula (Vincenzo). I Persani di Eschilo ed il nomo di Timoteo. *Messine*, 1904, in-8.

4994. Susemihl (Franz). Geschichte der griechischen Litteratur in der Alexandrinerzeit. *Leipzig*, 1891-1892, 2 vol. in-8.

4995. Susemihl (Mélanges). Festgabe für Franz Susemihl. *Leipzig*, 1898, in-8.

4996. Terret (Victor). Homère. *Paris*, 1899, in-8, broché.

Planches et cartes.

4997. Underhill (G. -E.). A commentary on the Hellenica of Xenophon. *Oxford*, 1900, in-12.

4998. Weil (Henri). Etudes sur l'antiquité grecque. *Paris*, 1900, in-16.

Envoi d'auteur signé.

4999. — Études sur le drame antique. *Paris*, 1897, in-12.

Envoi d'auteur signé.

5000. — Étude de littérature et de rythmique grecques. *Paris*, 1902, in-8.

5001. — Mélanges. *Paris*, 1898, in-8.

Demi-maroq. rouge, t. dorée. Portrait.

5002. Weisshäupt (Rudolf). Die Grabgedichte der griechischen Anthologie. *Vienne*, 1889, in-8.

5003. Welcker (J.-G.). Kleine Schriften zur griechischen Litteraturgeschichte. *Bonn*, 1844-1867, 5 vol. in-8, reliés en 2.

5004. Wescher (C.). Poliorcétique des Grecs. *Paris*, 1867, in-8.

5005. Wilamowitz-Moellendorff (Ulrich von). Antigonos von Karystos. *Berlin*, 1881 ,in-8.

5006. — Aristoteles und Athen. *Berlin*, 1893, 2 vol. in-8, reliés en 1

5007. — Hellenistische Dichtung in der Zeit des Kallimachos. *Berlin*, 1924, 2 vol. in-8.

5008. — Die Ilias und Homer. *Berlin*, 1916, in-8, broché.

5009. — Pindaros. *Berlin*, 1922, in-8, broché.

5010. — Sappho und Simonides. *Berlin*, 1913, in-8.

5011. — Die Textgeschichte der griechischen Lyriker. *Berlin*, 1900, in-4.

5012. Auteurs grecs. Environ 330 brochures, in-4 et in-8.

5013. Ad auctores classicos. Carton contenant environ 9 brochures, par P. Foucart, P. Monceaux, H. Diels, Th. Reinach, etc.

5014. Josephe. 1 carton : environ 12 brochures par S. Zeitlin, A. Bosse, G. Hölscher, G. A. Müller, A. Schlœsing, Eug.Täubler, etc. ; correspondance dactylographiée.

5015. Ménandre. Etudes diverses le concernant, 2 cartons contenant environ 18 brochures ou revues.

5016. Bibliotheca Platonica Osceola (*U.S.A.*) 1889-1890, in-8, 3 fasc.

Manque le fasc. 3.

GREC POST-CLASSIQUE

5017. [**Bikélas** (D.)]. Διαλέξεις καὶ ἀναμνήσεις *Athènes*, 1893, in-8.

5018. — Louki Laras (trad. de Queux de Saint-Hilaire). *Paris*, 1892, in-8.

Fig. de Ralli.

5019. Constantinides (Prof. Michail). Neo hellenica, an introduction to moderne Greek. *Londres*, 1892, in-8.

5020. Deville (Gustave). Etude du dialecte tzaconien [Thèse de doctorat]. *Paris*, 1866, in-8.

5021. Dieterich (Karl). Geschichte der byzantinischen und neugriechischen Literatur. *Leipzig*, 1902, in-8.

5022. Germano (Girolamo). Grammaire et vocabulaire du grec vulgaire. Ed. H.Pernot, *Paris*, 1907, in-8, broché.

5023. Gritsani (P.). Στιχουργικὴ τῆς καθ' ἡμᾶς νεωτέρας ἑλληνικῆς ποιήσεως. *Alexandrie*, 1891, in-8, broché.

5024. Hatzidakis (Georges). Réponse à K. Krumbacher. *S. l. n. d.*, in-8.

5025. — Γλωσσολογικαὶ μελέται. *Athènes*, 1901, in-8.

Tome I.

5026. — Einleitung in die neugriechische Grammatik. *Leipzig*, 1892, in-8.

5027. Kanellakis (Constantin). Χιακα ἀνάλεκτα. *Athènes*, 1890, in-8.

5028. [**Koumanoudis**]. Σὺναγώγη νέων Λέξεων. *Athènes*, 1900, in-8.

5029. Krumbacher (Karl). Mittelgriechische Sprichwörter. *Munich*, 1893, in-8.

5030. — Populäre Aufsätze. *Leipzig*, 1909, in-8.

5031. — Das Problem der neugriechischen Schriftsprache. *Munich*, 1902, in-4.

5032. — Studien zu Romanos. *Munich*, 1898, in-8.

5033. Legrand (Emile). Dossier Rhodocanakis. Etude critique de bibliographie et d'histoire littéraire. *Paris*, 1895, in-8.

5034. — et **Pernot** (Hubert). Chrestomathie grecque moderne. *Paris*, 1899, in-8.

5035. — Épistolaire grec ou Recueil de lettres adressées à Chrysanthe Notaras. *Paris*, 1888, in-8.

Tome I. Envoi d'auteur signé.

5036. Palamas (Kostis). Τρισεγρενη. *Athènes*, 1903, in-8, broché.

5037. Mistriotis (Georgios). Ἑλληνικὴ γραμματολογία. *Athènes*, 1894, in-8.

5038. Pactidos (Georges D.). 260 Δημώδη ἑλληνικὰ αἴσματα. *Athènes*, 1905, in-8.

Tome Ier.

5039. Pallis (Alex.). Ἡ Ἰλιάδα. *Paris*, 1904, in-8.

5040. Pernot (Hubert). Études de linguistique néo-hellénique. *Mâcon*, 1907, in-8, broché.

I. Phonétique des parlers de Chio. Envoi d'auteur signé.

5041. — Grammaire grecque moderne. *Paris*, s. d. [1897], in-8.

5042. Pernot (Marthe) et **Pernot** (Hubert). Manuel de conversation français-grec moderne. *Paris*, 1899, in-12.

5043. Photiadès (Ph. D.). Τὸ γλωσσικὸν ζήτημα. *Athènes*, 1902, in-12, broché.

5044. [Politis]. Μελέται περὶ τοῦ βίου καὶ τῆς γλώσσης τοῦ ἑλληνικοῦ λαοῦ. *Athènes*, 1899-1902, 4 vol. in-8.

5045. — Le même ouvrage. *Athènes*, 1904, 2 vol. in-8.

5046. Psichari (Jean). Etudes de philologie néo-grecque. Recherches sur le développement historique du grec. *Paris*, 1892, in-8.

5047. — Τὸ Ταξίδι μοῦ. *Athènes*, 1888, in-12.

5048. Puntoni (Vittorio). Sopra alcune recensioni dello Στεφανίτης καὶ Ἰχνηλάτης. *Rome*, 1886, in-4.

Mémoires de l'Académie des Lincei.

5049. Renauld (Emile). Étude de la langue et du style de Michel Psellos. *Paris*, 1920, in-8, broché.

Envoi d'auteur signé.

5050. — Lexique choisi de Psellos. *Paris*, 1920, in-8, broché.

Envoi d'auteur signé.

5051. Renieris. Μητροφάνης Κριτόπουλος. *Athènes*, 1893, in-8.

5052. Thereianos (D.). Ἀδαμάντιος Κοραῆς. [*Trieste*], 1889, 3 vol. in-8.

Rel. en 1.

5053. Thumb (Albert). Handbuch der neugriechischen Volkssprache. *Strasbourg*, 1895, in-8.

5054. Auteurs et art byzantins. P. de Meester, K. Krumbacher, L. Weigl, P. H. Bourier, etc. Environ 24 brochures in-8, carton.

5055. Littérature néo-grecque. Environ 60 brochures par A. Andréadès, J. Schmitt, Politis, F. de Simone Brouwer, J. Psichari, Hubert Pernot, etc.

PHILOLOGIE LATINE

5056. Blake (Jex) and **Sellers** (E.). The elder Pliny's chapters on the history of art. *Londres*, 1896, in-8.

5057. Burnouf (J.-L.). Méthode pour étudier la langue latine. *Paris*, 1859, in-8.

5058. Collignon (A.). Étude sur Pétrone. *Paris*, 1892, in-8.

5059. Enszlin (Wilhelm). Zur Geschichtschreibung und Weltanschauung des Ammianus Marcellinus. *Leipzig*, 1923, in-8, broché.

(Klio.)

5060. Froude (James-Anthony). Life and letters of Erasmus. *Londres*, 1899, in-12.

5061. Hale (William-Gardner) and **Buck** (Carl-Darling). A Latin grammar. *Boston* et *Londres*, 1903, in-12.

5062. Kalkmann (A). Die Quellen der Kunst-geschichte des Plinius. *Berlin*, 1898, in-8.

5063. Klein (Walter). Studien zu Ammianus Marcellinus. *Leipzig*, 1914, in-8.

(Klio.)

5064. Kornemann (Ernst). Die neue Livius-Epitome aus Oxyrhynchus. *Leipzig*, 1904, in-8, broché.

(Klio.)

5065. Labriolle (Pierre de). Histoire de la littérature latine chrétienne. *Paris*, 1920, in-8, broché.

5066. Lafaye (Georges). Catulle et ses modèles. *Paris*, 1894, in-8.

5067. — Les Métamorphoses d'Ovide et leurs modèles grecs. *Paris*, 1904, in-8.

5068. La Ville de Mirmont (H. de). La vie et l'œuvre de Livius Andronicus. *Bordeaux*, 1897, in-8.

Relié à la suite : Étude biographique et littéraire sur le poète Laevius (1900).

5069. Macé (Alcide). Essai sur Suétone. *Paris*, 1900, in-8.

5070. Machiavel. Réflexions sur la première décade de Tite-Live. (Trad.). *Amsterdam* et *Paris*, 1782, 2 vol. in-8.

5071. Meissner (C.). Phraséologie latine. trad. Ch. Pascal. *Paris*, 1892, in-12.

5072. Mortet (Victor). Un nouveau texte des traités d'arpentage et de géométrie d'Epaphroditus et de Vitruvius Rufus. *Paris*, 1891, in-4.

5073. Pichon (René). Les sources de Lucain. *Paris*, 1912, in-8.

Envoi d'auteur signé.

5074. — De sermone amatorio apud latinos elegiarum scriptores. *Paris*, 1902, in-8.

Envoi d'auteur signé.

5075. — Les derniers écrivains profanes. *Paris*, 1900, in-8.

Envoi d'auteur signé.

5076. Pierron (Alexis). Histoire de la littérature romaine. *Paris*, 1867, in-12.

5077. Ribbeck (Otto). Geschichte der römischenDichtung. *Stuttgart*, 1887, in-8.

Tome I.

5078. Richter (Fr.) et **Eberhard** (Alfred). Ciceros Rede über das Imperium des Cn. Pompei. *Leipzig*, 1900, in-8.

5079. Riemann (O.). Syntaxe latine. *Paris*, 1890, in-12.

5080. — Études sur la langue et la grammaire de Tite-Live. *Paris*, 1879, in-8.

5081. Teuffel (W.-S.). Geschichte der römischen Literatur. *Leipzig*, 1875, in-8.

5082. — Geschichte der römischen Litteratur. *Berlin*, *Leipzig*, 1910-1913, 2 vol. in-8, brochés.

Tomes II et III.

5083. Weil (Henri) et **Benloew** (Louis). Théorie générale de l'accentuation latine. *Berlin-Paris*, 1855, in-8.

5084. Auteurs latins. Environ 30 brochures in-4 et in-8, de R. Hildebrandt, Salomon Reinach, J. Simon, Doublet, L. Havet, Paul Lejay, etc. Carton.

5085. Grammaire latine. Environ 10 brochures, in-8, de F. Antoine, E. Monaci, A. Cuny, L. Havet, Ant. Thomas, etc. Carton.

5086. Littérature latine du Moyen Age et des temps modernes. 1 carton : 7 brochures, par J. Cuzin, E. Faral, J. V. Scheil, Wilmote, L. Dorez, etc.

AUTEURS LATINS

5087. Bibliotheca classica latina sive collectio auctorum classicorum cum notis et indicibus.

Caesar, 4 vol. in-8. Catullus 1, Cicero, 19. Claudianus, 2. Cornelius Nepos, 1. Florus, 1. Horatius, 3. Justinus, 1. Juvenalis et Persius, 3. Lucanus, 3. Martialis, 3. Ovidius, 10. Phædrus, 2. Plautus, 4. Plinius, 11. Plinius Junior, 2. Propertius, 1. Quintus Curtius, 3. Quintilianus, 7. Sallustius, 1. Seneca Philosopha, 5. Seneca, Declamationes, 1. Seneca Tragoediae, 3. Silius Italicus, 2, Statius, 4. Suetonius, 2. Tacitus, 5. Terentius, 2. Tibullus, 1. Titus Livius. 12, Val. Flaccus, 2. Val. Maximus,2. Velleius Paterculus, 1. Virgilius, 8. Poetae latini minores, 7. Titus Lucretius Carus, 2. Appendice, 1. *Paris*, N. E. Lemaire, 1819-1838, 142 vol. in-8, plus un volume d'appendice.

5088. Collection des auteurs latins avec la traduction en français, publiés sous la direction de M. Nisard.

Cicéron, 5. César, Salluste, Velleius Paterculus, A. Florus, 1. Horace, Juvenal, Perse, Sulpicia, Ternus, 1. Lucain, Silius, Claudien, 1. Caton, Varon, Columelle, Palladius, 1. Celse, Vitruve, Censorin, 1. Ammien Marcellin, Jornandès, Frontin, Végèce, Modestus, 1. Lucrèce, Virgile, Valerius Flaccus, 1. Macrobe, Varron, Pomponius Mela, 1. Martial, Stace, Manilius Lucilius, Rutilius, etc., 1. Ovide, Pétrone, Apulée, Aulu-Gelle, 1. Plaute, Térence, Sénèque, 1. Quinte-Curce, Corn. Nepos, Justin ; Valère Maxime, Julius Obsequens, 1. Quintilien, Pline le jeune, 1. Histoire naturelle de Pline, 2. Sénèque le Philosophe, 1. Suétone, Eutrope, Sextus Rufus, 1. Tacite, Tite-Live, Tertullien, S. Augustin, 1. *Paris*, Dubochet, 1846, 27 vol. in-8.

5089. Collection des auteurs latins.

Ammianus Marcellinus, 1. Ampelius, Florus Paterculus, Eutropius, 1. Anthologia Latina, 2. Augustinus, 2. Ausonius, 1. Apuleiuus, 1. Boetius, 1. Caesar, 2. Cato, 1. Catullus, Tibullus, Propertius, 1. Censorinus, Hieronymus, C. Nepos, 1. Chronica Minora, 1. Commodianus, 1. Q. Curtius, 1. Donatus, 2. Dracontius, 1. Eutropius, 1. Julii Firmici, 1. Frontinus, Hyginus, Vegetius, 1. Gaius, 1. Aulus Gellius, 1. Historia Augusta, 1. Historicorum Romanorum fragmenta, 1. Horatius, 1. Justinus, 1. Titus-Livius, 6. Lucanus, 1. Macrobius, 1. Martianus Capella, 1. Ovidius, 2. Panegyrica, 1. Phaedrus, Persius, Juvenalis, 1. Plautus, 2. Plinius, 6. Plinius secundus, 2. Poetae latini minores, 5, Fragmenta poetarum, romanorum, 1. Pomponius Mela, 1. Quintilianus, 2. Seneca rhetor, 1. Seneca, 3. Seneca, 1. Silius Italicus, 1. Statius, 1. Suetonius, 1. Virgilius, 1. Vitae Virgilianae, 1. Valerius Maximus, 1. Valerius Flaccus, 1. Tacitus, 1. Terentius, 1. *Leipzig*, Teubner, 76 vol. in-12.

5090. [Agrimensores], édit. F. Blume, K. Lachmann et A. Rudorff. *Berlin*, 1848-1852, 2 vol. in-8.

5091. Ammonius. De adfinium vocabulorum differentia... édit. Calekenaer. *Leyde*, 1739, in-8.

5092. Apulée. Œuvres complètes. trad. Victor Bétolaud. *Paris*, 1873, 2 vol. in-12.

Portrait.

5093. Arnobe. Adversus nationes libri VII. Edit. Reifferscheld. *Vienne*, 1875, in-8.

5094. Augustin (Saint). *Venise*, 1756-1769, 18 vol. in-4.

5095. — Confessions, trad. P. Janet. *Paris*, 1872, in-12.

5096. Aurelianus (Cœlius).. Acutorum morborum libri III, Chronicorum libri V, édit. Albert Haller. *Lausanne*, 1774, 2 vol. in-8.

5097. Aurelius Victor. Historia romana. *Leipzig*, 1883, in-32.

5098. Boèce. La Consolation philosophique. Trad. de Mirandol. *Paris*, 1867, in-8.

5099. Caton. De agricultura.
Relié à la suite :
Varron, Rerum rusticarum libri III. *Leipzig*, 1884, in-8.

5100. Cicéron. Opera. Edit. Jo. Casp. Orelli et Jo. Georg. Baiteri. *Turin*, 1845, 10 vol. in-8.

5101. — Ad Quintum fratrem. Edit. Antoine. *Paris*, 1888, in-8.

5102. — Brutus, édit. J. Martha. *Paris*, 1892, in-8, broché.
Couverture détachée.

5103. — De imperio Cn. Pompei ad Quirites oratio. Edit. Preudhomme. *Gand*, 1893, in-12.
Envoi d'éditeur.

5104. — De Re publica, *Turin-Rome*, s. d., in-12.

5105. — De Signis (Edit. E. Thomas). *Paris*, 1887, in-8, broché.

5106. — In Catilinam, édit. M. Levaillant. *Paris*, 1907, in-16.

5107. Cicéron (Quintus). Reliquiae, édit. Franciscus Buecheler. *Leipzig*, 1869, in-8.

5108. Cornelius Nepos. Œuvres. Edit. Monginot. *Paris*, 1868, in-8.

5109. Festus (Sex. Pompeius), de verborum significatu. Ed, de Ponor. *Budapest*, 1889, in-8.
Le tome 1er seulement.

5110. Fortunat. Opera poetica. Edit. Fr. Leo. *Berlin*, 1881, in-4.

5111. [Géographes]. Geographi latini minores. Edit. Al. Riese. *Heilbronn*, 1878, in-8.

5112. [Grammairiens]. Auctores linguæ latinae in unum redacti corpus. S. Gervais [*Genève*]. Petrus de la Rovière, 1602, in-8.
V. f. dos orné, le dos fatigué.

5113. Horace. Opera omnia. *Paris* [imp. Didot], 1828,. in-64.
V. Vert, les pl. détachées.

5114. — Opera. Edit. L. Müller. *Leipzig*, 1885, in-12.

5115. — Opera. Edit. T. E. Page. *Londres*, 1895, in-12.

5116. — Œuvres. Edit. Plessis et Lejay. *Paris*, 1906, in-16.

5117. — Opera. Ed. Wickham. *Oxford*, s. d., in-8.

5118. — Odes. Ed. Garnsey. *Londres*, 1910, in-8.

5119. — Satires. Ed. P. Lejay. *Paris*, 1911, in-8.

5120. Hyginus. Fabulae. Ed. B. Bunte. *Leipzig*, s. d., in-8.

5121. Juvénal. Le cours royal complet (de Bossuet) par Juvénal (avec texte). *Paris*, Didot, 1881, in-8.

5122. — Edit. Friedlaender. *Leipzig*, 1895, in-8.

5123. Lactance. Arnobe, Minutius Felix, Cyprien. *Besançon-Paris*, 1836, 2 vol. in-8, reliés en 1.

5124. Licinianus. Quae supersunt. *Leipzig*, 1858, in-8.

5125. Lucrèce. De natura rerum. Edit. N. Munro, trad. de l'anglais par A. Reymond. *Paris*, 1890, in-8, broché.

Livre Ier.

5126 — De la nature des choses. Livre V. Trad. M. Patin. *Paris*, 1884, in-8, broché.

Manque le plat supérieur de la couverture.

5127. Martial. Epigrammaton Libri. Edit. Friedlaender. *Leipzig*, 1886, 2 vol. in-8.

5128. Minucius Felix. Firminus Maternus. Liber de errore profanarum religionum. Edit. C. Halm. *Vienne*, 1867, in-8.

5129. Nonius Marcellus. De compendiosa doctrina per litteras ad filium, et Fulgence, Expositio sermonum antiquorum. Edit. Gerlach et Roth. *Bâle*, 1842, in-8.

5130. Orose (Paul). Historiarum adversum paganos libri VII. Edit. Zangemeister. *Vienne*, 1882, in-8.

5131. Ovide. Morceaux choisis. *Paris*, 1881, in-12.

5132. Pétrone, Satirae et liber Priapeorum. Edit. Fr. Buecheler. *Berlin*, 1885, in-8.

5133. — Cena Trimalchionis. Edit. L. Friedlaender. *Leipzig*, 1891, in-8.

5134. Plaute. Comœdiae. Edit. Heckeisen. *Leipzig*, 1881, 2 vol. in-12.

5135. — Les Ménechmes, Pseudolus. Trad. Boisacq, *Bruxelles*, 1905, in-12.

5136. Pline le jeune. Lettres, Panégyrique. Ed. Keil. *Leipzig*, 1886, in-12.

5137. Quinte-Curce. Œuvres. Trad. Aug. et Alph. Trognon, *Paris*, 1861, in-12.

5138. Rufius Festus. Carmina. Edit. A. Holder. *Heidelberg*, 1887, in-8.

5139. Salluste (C.). Historiarum reliquiae. Edit. Maurenbrecher. *Leipzig*, 1891, in-8.

5140. — Catilina, Jugurtha, Historiarum fragmenta. Edit. Kritzius. *Leipzig*, 1856, in-8.

5141. — Catilina, Jugurtha, Historiarum reliquiae codicibus servatæ. Edit. H. Jordan. *Berlin*, 1887, in-8.

5142. Salvianus. Opera omnia. Edit. F. Pauly. *Vienne*, 1883, in-8.

5143. Sidoine Apollinaire. Edit. Eug. Baret. *Paris*, 1879, in-8.

5144. Silius Italicus. Punicorum libri XVII. *Bâle*, 1522, in-12.

5145. Solini (C. Jul.). Collectanea rerum memorabilium. Edit. Mommsen. *Berlin*, 1895, in-8.

5146. Sulpice Sévère. Edit. C. Halm. *Vienne*, 1866, in-8.

5147. — [Petits Essais — Extraits du second volume de la Chronique de Sulpice Sévère]. Edit. et trad. Lavertujon. *S. l. n. d.*, in-8.

5148. — Récits mis en français par P. Monceaux. *Paris*, 1927, in-8.

Broché, couv. illustrée Envoi d'auteur signé.

5149. Tacite. Œuvres. Édit. Henri Gœlzer. *Paris*, 1920, 2 vol. in-8, brochés.

5150. — Édit. E. Jacob. *Paris*, 1875, 2 vol. in-8.

5151. — De vita Agricolæ. *Berlin*, 1902, in-8.

5152. Térence. Trad. J.-J. C. Donner. *Leipzig, Heidelberg*, 1864, 2 vol. in-8, brochés.

5153. — L'Héautontimoroumenos. Trad. Emile Boisacq. *Ixelles-Bruxelles*, 1900, in-8.

5154. Tertullien. Quae supersunt. Edit. Oehler. *Leipzig*, 1851-1853, 3 vol. in-8.
Demi-maroq. Laval. clair, tr. dorée.

5155. Tite-Live. Ab Urbe condita librorum CXLII Periochae. Edit. Otto Jahn. *Leipzig*, 1853, in-8.

5156. — Livres XXI et XXII. Livres XXIII à XXV. *Paris*, Hachette, 1882, 1883, 2 vol. in-16.

5157. — Res memorabiles et narrationes selectae. *Paris*, 1870, in-12.

5158. Valens (V.). Anthologiarum libri. Edit. G. Kroll. *Berlin*, 1908, in-8.

5159. Valerius Flaccus, Sextus Pompée, Festus. Fragments. *Paris*, 1838, in-32.

5160. Valère Maxime. Œuvres. Trad. Frémien. *Paris*, 1864, 2 vol. in-12.

5161. Virgile. Œuvres. *Paris*, Hachette, 1919, in-16.

5162. — Edit. E. Benoist. *Paris*, 1867-1872, 3 vol. in-8.
Demi-maroq. rouge, tr. dorées. Légères rousseurs.

5163. — Bucolica, Georgica, Aeneis. Edit. Page. *Londres*, 1895, in-12.

5164. — Les Bucoliques. *Paris*, Hachette, 1913, in-16.

5165. — Enéide I-IV. Edit. Ladewig, C. Schaper. *Berlin*, 1902, in-8.

5166. — Les Géorgiques. *Paris*, 1915, in-16.

5167. — Les Géorgiques. Trad. V. Glachant. *Paris*, 1923, in-16.

5168. Vitruve. De Architectura. Edit. Val. Strübing. *Leipzig*, 1867, in-8.

5169. — Trad. all. Pestel. *Strasbourg*, 1912, in-4.

5170. Gaselee (Stephen). An anthology of Medieval Latin. *Londres*, 1925, in-8.

LITTÉRATURES MODERNES

Généralités

5171. Bougeault (Alfred). Histoire des littératures étrangères. *Paris*, 1876, 3 vol. in-8.

5172. Brandes (Georg.). Menschen und Werke. *Francfort*, 1895, in-8.

5173. — Le même ouvrage. *Francfort*, 1900, in-8.
Envoi d'auteur signé.

5174. — Moderne Geister. *Francfort*, 1882, in-8.

5175. — Die Emigranten Litteratur. *Leipzig*, 1882, in-8.
Demi-maroq. olive, coins, t. dorée (David).

5176. Ebert (A.). Histoire générale de la littérature du Moyen Age. Trad. J. Aymeric et James Condamin. *Paris*, 1883-1889, 3 vol. in-8.

5177. Scherr (Johannes). Allgemeine Geschichte der Litteratur. *Stuttgart*, 1869, 2 vol. in-8.
Reliés en 1. 1er plat détaché.

5178. Histoire comparée des littératures. Congrès de Paris, 1900. *Paris*, Armand Colin, 1901, in-8.
Broché; manquent la table et le 2e plat de la couvert.

Auteurs français

5179. About (Edmond). Le bas de M. Guérin *Paris*, 1888, in-12.

5180. Adam (Paul). Les mouettes. *Paris*, 1907, in-12, broché.
Édition originale. Envoi d'auteur signé.

5181. Alembert (D'). Œuvres. *Paris*, 1853,

5182. Amiel (Henri-Frédéric). Fragments d'un Journal intime. *Genève-Bâle-Paris*, 1884, 2 vol. in-12.

5183. Ampère (Jean-Jacques). Christian (ou l'année romaine). *Paris*, 1887, in-8. broché.
Tirage à 200 exempl. numérotés.

5184. Aubigné (Th. Agrippa d'). Les Tragiques. *Paris*, 1857, in-12.

5185. Aurel. Jean Dolent. *Paris*, 1910, in-12, broché.
Ed. orig. Envoi d'auteur signé.

5186. Balzac (J. L. de Guez de). Œuvres (Edit. L. Moreau). *Paris*, 1854, 2 vol. in-12.

5187. Banville (Thoéd. de). Odes funambulesques. *Paris*, 1889, in-12.

5188. Barbey d'Aurevilly. Le chevalier des Touches. *Paris*, 1879, in-12.

5189. Beaumarchais. Théâtre. *Paris*, 1886, in-12.
Portrait.

5190. Benda (Julien). L'Ordination. *Paris*, 1912, in-12, broché.

5191. Béranger (P.-J. de). Chansons anciennes et posthumes. *Paris*, 1866, in-4.

5192. Bernardin de Saint-Pierre. Etudes de la Nature. *Paris*, 1861, in-12.

5193. — Paul et Virginie. *Paris*, 1878, in-12.
Demi-maroq. vert, coins, t. dorée. Portr. et eaux-fortes par Laguillermie.

5194. Bernis (Cardinal de). Œuvres. *Paris*, 1802, in-32.

5195. Bernstein (Henry). Après moi. *Paris*, 1911, in-12.
Ed. originale. Envoi d'auteur signé.

5196. Bersot (Ernest). Etudes et Discours. (1868-1878). *Paris*, 1879, in-12.
Relié à la suite : Conseils d'enseignement de philosophie et de politique.

5197. Bert (Paul). Discours parlementaires, 1872-1881. *Paris*, 1882, in-12.

5198. Blum (Léon). Nouvelles conversations de Gœthe avec Eckermann. 1897-1900. *Paris*, 1901, in-12.

5199. Boileau (Œuvres complètes. *Paris*, 1870, 4 vol. in-8.

5200. Bossuet Œuvres. *Paris*, 1862, 4 vol. in-8.
Portrait.

5201. — Choix de Sermons. *Paris*, 1867, in-8.

5202-5217. Numéros réservés.

5218. Brosses (Charles de). Lettres familières. *Paris*, 1869, 2 vol. in-12.

5219. Buffon. Correspondance inédite. *Paris*, 1860, 2 vol. in-8.

5220. Caylus (Comte de). Œuvres badines complettes. *Amsterdam, Paris*, 1787, 12 vol. in-8.
Portrait et planches gravées.

5221. Challemel-Lacour. Œuvres oratoires. *Paris*, 1897, in-8.
Demi-maroq. bleu, coins, tr. dorée, couvert. conservée. Portr. Envoi ms. de Joseph Reinach.

5222. Chanson de Roland (La). Édit. et trad. Léon Gautier. *Tours*, 1880, in-12.

5223. Chapelle et Bachaumont. Œuvres. *Paris*, 1854, in-12.

5224. Charles d'Orléans. Poésies. Edit. Champollion-Figeac. *Paris*, 1842, in-12.

5225. Chateaubriand. Atala, René. Le dernier Abencerage. Les Natchez. *Paris*, s. d., in-12.

5226. — Les Martyrs. *Paris*, s. d., in-8.
Planches.

5227. — Le Paradis perdu, suivi de : Essai sur la littérature anglaise. *Paris*, s. d., in-8.
Planches.

5228. Coccaie (Merlin). Histoire maccaronique de Merlin Coccaie, prototype de Rabelais... *Paris*, 1859, 1 vol. in-18.

5229. Constant (Benjamin). Adolphe. *Paris*, 1867, in-12.

5230. — Adolphe. *Paris*, 1868, in-12.

5231. Coppée (François). Le Passant (Comédie en un acte). *Paris*, 1869, in-12.

5232. — Premières poésies. *Paris*, 1869, in-12.

5233. — Théâtre [1869-1885]. *Paris*, s. d., 4 vol. in-12.
Demi-maroq. bleu, coins, tr. dorée (Lanscelin; Gruel).

5234. — Une idylle pendant le Siège. Contes en prose. *Paris*, 1884, in-12.
Demi-maroq. bleu, coins, tr. dorée (Gruel).

5234 *bis*. — Vingt contes nouveaux. *Paris*, 1884, in-12.
Demi-maroq. bleu, coins, tr. dorée (Gruel). (Double).

5235. — Poèmes et récits. *Paris*, s. d., in-8.
Dessins de Myrbach.

5236. Cormenin (Louis de). Reliquiae. *Paris*, 1868, 2 vol. in-8.

5237. Corneille (Pierre). Œuvres. *Paris*, Furne, s. d., in-8.
Portrait et planches.

5238. — Œuvres complètes. *Paris*, 1865, 12 vol. in-32.
Demi-maroq. rouge, coins, tr. dorée (David) Collection du Prince Impérial.

5239. — Œuvres complètes, suivies des œuvres choisies de Th. Corneille. *Paris*, 1874, 2 vol. in-8.
Portrait.

5240. — Œuvres. *Paris*, 1882, 12 vol. in-8, broché et un album.
(Les Grands Écrivains de la France.) Les quatre premiers volumes en réimpression.

5241. — Chefs-d'œuvre. *Paris*, 1867, in-12.

5242. Courier (P.-L.). Œuvres complètes. *Paris*, 1834, 4 vol. in-8.

5243. Cousin (Victor). Œuvres. *Paris*, 1849, 3 vol. in-12.

5244. Cyrano de Bergerac. Œuvres comiques, galantes et littéraires. *Paris*, 1858, in-12.

5245. — Histoire comique des états et empires de la Lune et du Soleil. Edit., P.-L. Jacob. *Paris*, Garnier frères, s. d. in-12.

5246. Dassoucy. Aventures burlesques. *Paris*, 1858, in-12.
Portrait.

5247. Delahache (Georges). L'Exode. *Paris*, Cahiers de la Quinzaine, 1914, in-12.

5248. Demoustier (C.-A.). Lettres sur la Mythologie. *Paris*, Garnier frères, s. d., in-12.

5249. Desportes(Philippe). Œuvres. *Paris*, 1858, in-8.
Frontisp. gravé. Le 1er plat détaché.

5250. Diderot (Denis). Œuvres choisies. *Paris*, 1901, 2 vol. in-12.

5251. Dortzal (Jeanne). La croix de sable (poèmes). *Paris*, 1927, in-8.

5252. Dreyfus (Abraham). Jouons la comédie. *Paris*, 1887, in-12.
3e édition.

5253. Ducis, Chénier, Legouvé, etc. Chefs-d'œuvre tragiques. *Paris*, 1876, in-12.

5254. Dumas (Alexandre) fils. Affaire (L') Clémenceau. *Paris*, 1866, in-8.

5255. — Théâtre complet. Edition des Comédiens, avec les premières préfaces, revue, corrigée et augmentée de variantes et notes inédites. *Paris*, 1882-1893, 7 vol. in-8, brochés.

5256. Duncan (Raymond). Poèmes, parole torrentiel. *Paris*, 1927, in-8, broché.
Un des 200 exempl. en éd. de luxe. Envoi de l'auteur.

5257. Duvert (J.-A.). Théâtre choisi. *Paris*, 1878, 6 vol. in-12.
Portrait.

5258. Errera (Leo). Mélanges, vers et prose. *Bruxelles*, 1908, in-8.
Portrait.

5259. Fénelon. Œuvres. *Paris*, 1854, 8 vol. in-8.
Rousseurs.

5260. — Œuvres précédées d'études sur sa vie par Aimé Martin. *Paris*, 1865, 3 vol. in-8.
Portrait.

5261. Feuillet (Octave). La Tentation. *Paris*, 1860, in-8.
Relié à la suite : l'*Age ingrat*, par L. Pailleron.

5262. Flaubert (Gustave). Madame Bovary. Edition définitive. *Paris*, 1892, in-12.

5263. — Salammbô. Edition définitive. *Paris*, 1892, in-12.

5264. Fléchier. Mémoires sur les Grands jours d'Auvergne en 1665. *Paris*, 1862, in-12.

5265. — **Bourdaloue**. Chefs-d'œuvre oratoires. Petit Carême de Massillon. *Paris*, 1875, in-8.

5266. Fleg (Edmond). Le mur des pleurs. *Paris*, 1919, in-8, broché.
Edition originale.

5267. Florian. Galatée. *Paris*, 1825, in-32.

5268. France (Anatole). Ce que disent nos morts. *Paris*, 1916, in-4.
Illustrations de Bernard Naudin.

5269. Fromentin (Eugène). Dominique. *Paris*, 1920, in-12.

5270. — Un été dans le Sahara. *Paris*, 1910, in-12.

5271. — Une année dans le Sahel. *Paris*, 1911, in-12.

5272. Furetière (Antoine). Le Roman bourgeois. Édit. Pierre Jannet. *Paris*, 1868, 2 vol. in-12.

5273. Gautier (Théophile). Le capitaine Fracasse. Edition définitive. *Paris*, 1895, 2 vol. in-12.

5274. — Le roman de la Momie. *Paris*, 1876, in-12.

5275. — Mademoiselle de Maupin. *Paris*, 1885, in-12.

5276. — Poésies complètes. *Paris*, 1877, 2 vol. in-12.

5277. Gilbert. Œuvres. Édit. Charles Nodier. *Paris*, Garnier frères, s. d., in-12.

5278. Golberg (Mécislas). Fleurs et cendres. *Reims*, 1907, in-8, broché.
Figures, couv. ill. Éd. originale.

5279. — Lazare le ressuscité. *Paris*, 1901, in-12.

Éd. orig. Un des 30 ex. sur hollande.

5280. Goncourt (Ed. et J. de). Idées et sensations. *Paris*, 1877, in-12.

5281. Grandmougin (Charles). L'Empereur (1807-1821). *Paris*, 1893, in-8. broché.

Envoi d'auteur signé à M. Ch. Ephrussi.

5282. Gresset. Œuvres. *Paris* 1811, 2 vol. in-8.

Portrait et planches gravés.

5283. — Œuvres illustrées. *Paris*, in-12.

Illustrations de Laville.

5284. — Le Parrain magnifique, poème en 10 chants. *Paris*, Renouard, 1810, in-8.

Planches gravées.

5285. Guizot (F.). Discours académiques. *Paris*, 1861, in-8.

5286. Haïg-Aram Kibarian-d'Artchouguentz. Les Murmures du cœur (1915).

5287. Halévy (Ludovic). Discours de réception à l'Académie française. *Paris*, 1886, in-12.

Demi-maroq. rouge, coins, tr. dorée. (La réponse est reliée à la suite.)

5288. Hamilton. Contes. *Paris*, Lib. des Bibliophiles, 1873, 3 vol. in-12, reliés en un.

5289. Haraucourt (Edmond). Circé. *Paris*, 1907, in-12.

5290. — Héro et Léandre. *Paris*, 1893, in-12.

5291. Heine (Henri). L'Intermezzo. *Paris*, s. d., in-32.

5292. Hervieu (Paul). La course au flambeau. *Paris*, 1901, in-12.

Éd. originale. Envoi d'auteur à Ch. Ephrussi.

5293. Hugo (Victor). Bug-Jargal. Le Dernier jour d'un condamné. Claude Gueux. *Paris*, 1871, in-12.

5294. — Les Contemplations. *Paris*, Alph. Lemerre, s. d., 2 vol. in-12.

5295. — Les Feuilles d'automne. Les Chants du crépuscule. *Paris*, Alph. Lemerre, s. d., in-12.

5296. — Han d'Islande. *Paris*, 1868, 2 vol. in-12.

5297. — Histoire d'un crime. *Paris*, 1877, in-8.

Le tome II manque.

5298. — La Légende des siècles. Première série. *Paris*, Hetzel et Cie, 1870, in-12.

Édit. elzévirienne. Ornements par E. Froment.

5299. — La Légende des siècles. Nouvelle série. *Paris*, Alph. Lemerre, s. d., 2 vol. in-12.

5300. — La Légende des siècles. Dernière série. *Paris*, Alph. Lemerre, 1887, in-12.

5301. — Les Misérables. *Paris*, s. d., 4 vol. in-12.

5302. — Notre-Dame de Paris. *Paris*, Alph. Lemerre, 1879, 2 vol. in-12.

Portrait.

5303. — Odes et ballades. Les Orientales. *Paris*, 1875, 2 vol. in-12.

Portrait.

5304. — Quatre - vingt - treize. *Paris*, 1874, 2 vol. in-12.

5305. — Théâtre. *Paris*, 1869, 4 vol. in-12.

Manque le tome II.

5306. — Les Travailleurs de la Mer. *Paris*, 1866, in-8.

5307. Victor Hugo en images. *Paris*, s. d., in-8, broché.

5308. Huysmans (J.-K.). A rebours. *Paris*, 1884, in-12.
Édition origin. Légères rousseurs.

5309. Karr (Alphonse). Voyage autour de mon jardin. *Paris*, s. d., in-16.

5310. La Boëtie (Estienne de). Œuvres complètes. *Paris*, 1846, in-12.

5311. La Bruyère. Œuvres complètes. *Paris*, 1876, 2 vol. in-8.
Portrait.

5312. — Œuvres. *Paris*, 1878, 5 vol. in-8, brochés.,
(Les Grands Écrivains de la France.) Les 3 premiers volumes en second tirage.

5313. La Fayette (Mme de). Romans et nouvelles. *Paris*, Garnier frères, s. d., in-12.

5314. La Fontaine. Œuvres complètes. Edit. Henri Régnier. *Paris*, 1883-1893, 11 vol. in-8, brochés et un album.
(Les Grands Écrivains de la France.)

5315. — Œuvres complètes [Fables]. *Paris*, 1872, 2 vol. in-8.
Portrait et planches.

5316. — Fables. *Paris*, 1872, in-12.
Portrait.

5317. — Fables. (Edit. Walckenaer). *Paris*, 1854, in-12.
Portrait. Rousseurs.

5318. — Fables choisies. *Paris*, A. Lemerre, 1868, 2 vol. in-12.
Demi-chag. vert, coins, tr. dorées. Front. gravé.

5319. Laforgue (Jules). Moralités légendaires. *Paris*, 1887, in-8. •
Éd. originale. Un des 20 exemplaires sur gr. vélin fr. demi mar. Portrait.

5320. [Lamartine]. Lecture pour tous, ou Extraits des œuvres générales de Lamartine. *Paris*, s. d., in-12.

5321. — Les Confidences. *Paris*, 1862, in-12.

5322. — Nouvelles Confidences. *Paris*, 1863, in-12.

5323. — Graziella. *Paris*, 1888, in-12.

5324. — Gutenberg. *Paris*, 1867, in-12.

5325. — Harmonies poétiques et religieuses. *Paris*, 1885, in-12.
Demi-maroq. Laval., coins, tr. dorée. (Durit-Solleau).

5326. — Premières méditations poétiques. La mort de Socrate. *Paris*, 1885, in-12.
Demi-maroq. Laval,, coins, tr. dorée (Durit-Solleau). Portrait.

5327. — Nouvelles méditations poétiques. Troisième Méditations poétiques. Le Chant du Sacre. Le dernier chant du pèlerinage d'Harold. *Paris*, Alph. Lemerre, 1885, in-12.
Demi-maroq. Laval,, coins, tr. dorée (Durit-Solleau).

5328. — Raphaël. Pages de la vingtième année. *Paris*, 1871, in-12.

5329. — Recueillements poétiques. *Paris*, Alph. Lemerre, 1885, in-12.
Demi-maroq. Laval,, coins, t. dorée. (Durit-Solleau).

5330. — Le Tailleur de pierres de Saint-Point. *Paris*, 1862, in-12.

5331. — Voyage en Orient. *Paris*, 1876, 2 vol. in-12.

5332. — Nouveau Voyage en Orient. *Paris*, 1877, in-12.

5333. La Mennais (F. de). Œuvres complètes. *Bruxelles*, 1839, in-8.
Le tome II seulement.

5334. La Rochefoucauld. Œuvres complètes. *Paris*, 1865, in-8.

5335. — Maximes et Réflexions morales. *Parme*, de l'imprimerie Bodoni, 1812, in-4.

5336. Larrouy (Maurice). Trop de bonheur. *Paris*, les Editions de France, s. d., in-12, broché.

Envoi d'auteur signé.

5337. — [René Milan]. Le Révolté. *Paris*, s. d., in-12.

Éd. orig. Exempl. sur grand papier. Envoi d'auteur signé.

5338. Le Braz (Anatole). La Chanson de Bretagne. *Paris*, 1901, in-12.

Demi-chagr. bleu, dos mosaïque et coins, tr. dorée.

5339. Lesage. Œuvres. *Paris*, 1862, in-8.

5340. — Turcaret, comédie en cinq actes. *Paris*, 1787, in-12.

5341. — Le Diable boîteux. Edit. Villemain. *Paris*, 1884, in-12.

5342. — Histoire de Gil Blas. *Paris*, 1885, in-12.

5343. Lespinasse (Mlle de). Lettres. Edit. Eugène Asse. *Paris*, 1882, in-12.

5344. Loti (Pierre). Les derniers jours de Pékin. *Paris*, s. d., in-12.

5345. — Le Désert. *Paris*, 1895, in-12,

5346. — Fleurs d'ennui. *Paris*, 1883. in-12.

5347. — La Galilée. *Paris*, 1924, in-12, broché.

5348. — Jérusalem. *Paris*, 1895, in-12,

5349. — Propos d'exil. *Paris*, 1887. in-12.

5350. — Ramuntcho. *Paris*, s. d., in-12, broché.

5351. Lourdelet (Ernest). Aux jardins de Mytilène. *Paris*, in-8, broché.

Illustrat. par divers. Envoi d'auteur signé.

5352. Malherbe. Œuvres poétiques. Edit. Louis Moland. *Paris*, Garnier frères, 1874, in-12.

5353. Manuel (Eugène). Mélanges en prose *Paris*, 1905, in-8.

Portrait.

5354. Marguerite de Navarre. L'Heptaméron. Contes de la Reine de Navarre. *Paris*, 1866, in-12.

5355. Marivaux. Œuvres choisies. *Paris*, 1865, 2 vol. in-12.

5356. Marot (Clément). Œuvres complètes. *Paris*, 1879, 2 vol. in-12.

5357. Massillon. Œuvres choisies. *Paris*, 1868, 2 vol. in-8.

Portrait.

5358. Maupassant (Guy de). Mont-Oriol. *Paris*, 1887, in-12.

5359. — Des vers. *Paris*, 1884, in-12.

Broché, dos cassé.

5360. Meilhac et **Halévy.** Froufrou. *Paris*, 1870, in-12.

Relié à la suite : *Le Testament de Michel Girodot*, par Adolphe Belot et Edmond Villetard.

5361. Mercier (Louis-Sébastien). Tableau de Paris. Edit. abrégée. *Paris*, Louis-Michaud, s. d., in-12.

Planches.

5362. Mérimée (Prosper). Chronique du règne de Charles IX, la double méprise, la Guzla. *Paris*, 1842, in-12.

5363. Méringo (Edouard de). Ma femme au Niger. Roman de mœurs coloniales. *Paris*, s. d., [1929], in-12, broché.

5364. Michelet (J.). L'Amour. *Paris*, 1889, in-12.

5365. — La Femme. *Paris*, Calmann-Lévy, s. d., in-12.

5366. — La Mer. Edit. Pierre Loti. *Paris*, 1898, in-12.

5367. — La Montagne. *Paris*, 1868, in-12.

5368. — L'Oiseau. *Paris*, 1878, in-12.

5369. Molière. Œuvres complètes. Édit. Aimé-Martin. *Paris*, 1824-1826, 8 vol. in-8.

Portrait et planches.

5370. — Œuvres. *Paris*, 1876-1883, 13 vol. in-8, brochés et un album.

(Les Grands Écrivains de la France.) (Les 2 premiers volumes en réimpression).

5371. — Œuvres complètes. *Paris*, 1884-1885, 8 vol. in-32.

Demi-maroq. rouge, coins, tr. dorée.

5372. Montaigne (Michel de). Essais. *Paris*, Firmin Didot, 1859, in-8.

Portrait.

5373. Montesquieu. Œuvres complètes. *Paris*, Garnier frères, 1875, 7 vol. in-8.

Portrait.

5374. — Textes choisis et commentés par Fortunat Strowski. *Paris*, Plon, s. d., in-12.

Envoi d'auteur signé.

5375. Montesquiou (Robert de). Exposition universelle de 1900. Musée rétrospectif de la classe 90. Parfumerie. Rapport. [*Saint-Cloud*], s. d., in-4.

Figures et planches. Envoi d'auteur signé.

5376. Monzie (de). Aux confins de la politique. *Paris*, 1913, in-12, broché.

Envoi d'auteur signé.

5377. [**Moralistes français**]. Pensées de Pascal ; Réflexions et Maximes de La Rochefoucauld ; Caractères de La Bruyère ; Œuvres de Vauvenargues ; Considérations, etc. par Duclos. *Paris*, Firmin Didot, 1869, in-8.

Portrait.

5378. Morand (Paul). Fermé la nuit. *Paris*, Nouvelle Revue française, 1923, in-12, broché.

5379. Musset (Alfred de). Œuvres. *Paris*, Charpentier, 1867, in-8.

Dessins de Bida gravés en taille-douce.

5380. — Œuvres. *Paris*, Lemerre, 1876, 9 vol. in-12.

Demi veau f., dos et coins, tr. dorées.

5381. Noailles (Comtesse de). Poésies. *Paris*, Payot, s. d., in-32.

5382. — La Domination. *Paris*, s. d., in-12.

5383. — Les Vivants et les Morts. *Paris*, Fayard, s. d., in-12.

Broché, dos cassé, 9e édit.

5384. Parny. Œuvres. Elégies et poésies diverses. Préface de Sainte-Beuve. *Paris*, Garnier frères, s. d., in-12.

5385. Pascal (Blaise). Œuvres complètes. *Paris*, 1866, 3 vol. in-12.

5386. — Pensées avec Introduction par Ernest Havet. *Paris*, 1866, 2 vol. in-8.

5387. — Pensées suivies des Pensées de Nicole. *Paris*, 1860, in-12.

5388. — Les Provinciales ou les Lettres escrites par Louis de Montalte à un provincial de ses amis et aux RR. PP. Jésuites. *Cologne*, chez Nicolas Schoute, 1659, in-12.

Vélin blanc.

5389. Péguy (Charles). A nos amis, à nos abonnés. *Paris*, Cahiers de la Quinzaine, 1909, in-12, broché.

5390. — L'argent. — L'argent (suite). *Paris*, Cahier de la Quinzaine, 1913, 2 vol. in-8, brochés.

5391. — Eve. *Paris*, Cahiers de la Quinzaine, 1913, in-12, broché.

5392. — Le mystère de la charité de Jeanne d'Arc. *Paris*, Cahiers de la Quinzaine, 1910, in-12, broché.

5393. — Le mystère des Saints-Innocents. *Paris*, Cahiers de la Quinzaine, 1912, in-12, broché.

5394. — Notre jeunesse. *Paris*, Cahiers de la Quinzaine, 1910, in-12, broché.

5395. — Le porche du mystère de la deuxième vertu. *Paris*, Cahiers de la Quinzaine. 1911, in-12, broché.

5396. — De la situation faite au parti intellectuel dans le monde moderne. *Paris*, Cahiers de la Quinzaine, 1907, in-12, broché.

5397. — La Tapisserie de Notre-Dame. *Paris*, Cahiers de la Quinzaine, 1913, in-12, broché.

5398. — La Tapisserie de Ste Geneviève et de Jeanne d'Arc. *Paris*, Cahiers de la Quinzaine, 1912, in-12, broché.

5399. — Œuvres choisies, 1900-1910. *Paris*, Bernard Grasset, s. d., [1911], in-12.

Envoi d'auteur signé.

5400. Piron. Œuvres complètes. Édit. Rigoley de Juvigny. *Paris*, de l'Imp. Lambert, 1776, 7 vol. in-8.

Portrait.

5401. — Œuvres. Édit. Fournier. *Paris*, 1864, in-12.

5402. Ponsard (F.). Œuvres complètes. *Paris*, 1865-1866, 3 vol. in-8.

5403. — Théâtre. *Paris*, 1856-1871, 5 vol. in-12, reliés en 1.

5404. — **Popelin** (Claudius). Histoire d'avant-hier, poème. *Paris*, 1886, in-4. broché.

Dessins de l'auteur. Envoi signé à M. Ch. Ephrussi.

5405. — Poésies complètes. *Paris*, 1889, in-12.

5406. — Le Songe de Poliphile ou Hypnérotomachie de frère Francesco Colonna, littéralement traduit pour la première fois, avec une introduction et des notes par Claudius Popelin. *Paris*, Isidore Liseux, 1883, 2 vol. in-8.

Brochés, dos cassés. Figures sur bois gravées à nouveau par A. Prunaire. Tirage à 410 exempl. numérotés (exempl. sur hollande). Envoi signé de Claudius Popelin à M. Charles Ephrussi.

5407. Porché (François). Nous. *Paris*, Cahier de la Quinzaine. in-12.

5408. Porto-Riche (Georges de). Bonheur manqué (Carnet d'un amoureux). *Paris*, 1889, in-32.

5409. Prévost (l'Abbé). Manon Lescaut. *Paris*, 1867, in-8.

5410. Racine. Œuvres poétiques. *Paris*, 1863-1871, 8 vol. in-32.

Demi-maroq. rouge, coins, tr. dorée (David). Collection du Prince Impérial.

5411. Racine (Louis). La religion et la grâce. *Paris*, 1826, in-32.

Portrait.

5412. Raphaël (Gaston). Der Professor ist die deutsche Nationalkrankheit. *Paris*, Cahiers de la Quinzaine, 1908, in-12, broché.

5413. Regnard. Théâtre, suivi de ses Voyages. *Paris*, 1876, in-8.

Portrait.

5414. N° réservé.

5415. Renan (Ernest). Discours et conférences. *Paris*, 1887, in-8.

5416. — Fragments intimes et romanesques. *Paris*, s. d., in-12, broché.

5417. Renan (Henriette). Nouvelles lettres intimes, 1846-1850. *Paris*, 1923, in-8, broché.

5418. Richepin (Jean). Mes paradis. *Paris*, 1894, in-12.
Éd. originale.

5419. Rictus (Jehan). Les soliloques du pauvre. *Paris*, 1897.
Couv. illustrée et portr. de Steinlen. Éd. originale. L'un des 500 ex. sur vélin.

5420. Rivoire (André). Le songe de l'Amour. *Paris*, 1900, in-12.
Envoi d'auteur signé.

5421. — Berthe aux grands pieds. Imageries. *Paris*, 1899, in-12.
Envoi d'auteur signé.

5422. Rotrou, Crébillon, Lafosse, Laurier, etc. Chefs-d'œuvre tragiques. *Paris*, 1869, in-12.
Le tome I seulement.

5423. Rousse (Edmond). Lettres à un ami, 1870-1880. *Paris*, 1909, 2 vol. in-12.

5424. Rousseau (J.-B.). Œuvres lyriques. Edit. E. Manuel. *Paris*, Dezobry, s. d., in-12.

5425. Rousseau (J.-J.). Émile. *Paris*, 1866, in-12.

5426. Saint-Réal. Œuvres. *Amsterdam*, chez François L'Honoré, 1732, 4 vol., in-12.

5427. Saint-Simon (Duc de). Mémoires. Edit. Chéruel et Regnier fils. *Paris*, 1873, 20 vol. in-12.

5428. Sainte-Beuve. Le général Jomini. *Paris*, 1869, in-12.

5429. — Vie, poésies et pensées de Joseph Delorme. *Paris*, 1830, in-8.
Rousseurs.

5430. — Volupté. *Paris*, 1861, in-12.

5431. Sand (George). Mauprat. *Paris*, 1869.
Premier plat détaché.

5432. — Le Marquis de Villemer. *Paris*, 1884, in-12.

5433. Satyre Ménippée. Édit. Ch. Marcilly. *Paris*, 1882, in-12.

5434. Scarron. Le Virgile travesti. Edit. Fournal. *Paris*, Garnier frères, s. d., in-12.

5435. Sedaine. Œuvres choisies. *Paris*, 1865, in-12.

5436. Sévigné (Madame de). Lettres choisies. *Paris*, Garnier frères, in-8.
Portrait.

5437. — Lettres choisies. *Paris*, 1866, in-12.

5438. — Lettres de Mme de Sévigné, de sa famille et de ses amis. Édit. Monmerqué. *Paris*, 1862-1866, 14 vol. in-8.
(Les grands Écrivains de la France.)

5439. — Lettres inédites de Mme de Sévigné à Mme de Grignan. Edit. Capmas. *Paris*, 1876, 2 vol. in-8.
(Les grands Écrivains de la France.)

5440. Soulary (Joséphin). Œuvres poétiques. *Paris*, 1880-1883, 3 vol. in-12.
Demi-maroq. vert, coins, tr. dorée (Lanscelin). Portr. ex dono ms de M. Paul Bourget.

5441. Staël (Mme de). De l'Allemagne. *Paris*, Garnier, s. d., in-12.
Pages détachées.

5442. — Corinne ou l'Italie. *Paris*, 1877, in-12.

5443. — Delphine. *Paris*, s. d., in-12.

5444. Stendhal. Vie de Henri Brulard. [*Paris*, Charpentier], in-12.

Manquent le 1er plat de la couvert., le faux titre et le titre.

5445. Sully-Prudhomme. Poésies. *Paris*, 1872, in-32.

Ed. originale. L'un des 25 ex. sur hollande. Ex.-dono ms de Paul Bourget.

5446. Taine (H.). Voyage aux Pyrénées. *Paris*, 1891, in-12.

5447. Tallemant des Réaux. Historiettes. *Paris*, 1862, 6 vol. in-12.

5448. Thiers (E.). Discours parlementaires. Edit. Calmor. *Paris*, 1879-1883, 5 vol. in-8.

Brochés. Quelques dos cassés.

5449. Tillier (Claude). Mon Oncle Benjamin. *Paris*, Conquet, 1881, 2 vol. in-8.

Portraits. Dessins de Sahib.

5450. Tocqueville (Alexis de). De la démocratie en Amérique. *Paris*, 1868, in-8.

Tome III.

5451. — Correspondance. *Paris*, 1867, in-8.

5452. Töpffer (Rodolphe). Nouvelles genevoises. *Paris*, 1859, in-12.

5453. — Premiers Voyages en zigzag. *Paris*, 1859, in-8.

Illustrations par divers. Rousseurs.

5454. Trarieux (Gabriel). Hypatie. *Paris*, Cahiers de la Quinzaine, 1904, in-12.

Éd. originale.

5455. Vacquerie (Auguste). Tragaldabas. *Paris*, 1875, in-8.

Relié à la suite: *La Fille de Roland*, par Henri de Bornier.

5456. Vaudoyer (Jean-Louis). Quarante petits poèmes. *Paris*, 1907, in-8.

Envoi d'auteur signé.

5457. Verne (Jules). Les Enfants du Capitaine Grant. *Paris*, Hetzel, s. d., in-8.

Illustrat. de Riou.

5458. Vernon (Yvonne). Noby. *Paris*, s. d., in-8.

Tirage à 500 exempl. numérotés.

5459. — Les Souvenirs de Noby. *Paris*, s. d., in-8.

Couvert. illustrée. Tirage à 500 exempl. num.

5460. Viau (Theophile de). Œuvres complètes. *Paris*, 1854, 2 vol. in-12.

5461. Vielé-Griffin (Francis). La lumière de Grèce. *Paris*, [1912], in-12.

Ed. originale. Couv. conservée. Envoi d'auteur signé. pap. vergé.

5462. Vigny (Alfred de). Cinq-Mars. *Paris*, 1845, in-12.

5463. Voiture. Œuvres, lettres et poésies. Edit. Ubicini. *Paris*, 1855, 2 vol. in-12.

5464. Voltaire. Œuvres. Tomes 44-5 [Romans]. [*Kehl*] 1785, 2 vol. in-8.

5465. Waldeck-Rousseau. Action républicaine et sociale. *Paris*, 1903, in-12.

5466. — Associations et congrégations. *Paris*, 1902, in-12.

5467. — Plaidoyers. *Paris*, 1906, 2 vol. in-12.

5468. — La Défense républicaine. *Paris*, 1902, in-12.

5469. — L'Etat et la liberté (1883-1885). *Paris*, 1906, 2 vol. in-12.

5470. — Politique française et étrangère. *Paris*, 1903, in-12.

5471. — Questions sociales. *Paris*, 1904, in-12.

5472. — Pour la République, 1883-1903. *Paris*, 1904, in-12.

5473. — Testament politique. *Paris*, Cahiers de la Quinzaine, s. d., in-12.

5474. Wilmotte (Maurice). Le Français à tête épique. *Paris*, 1917, in-12, broché.
Envoi d'auteur signé.

5475. Golberg (Cahiers mensuels de Mécislas). Nos 1 à 12 (manquent 9-10). *Paris*, 1900-1903, in-8 (en fasc.) no 1-2 1907, in-12 (fasc.).

5476. Staaff (Lt-Col). Littérature françaises (Lectures choisies). *Paris*, 1871, 2 vol. in-8.

5477. [Moyen Age]. Extraits de la Chanson de Roland et de la Vie de Saint-Louis par Jean de Joinville. Édit. P. Paris. *Paris*, 1887, in-12.

5478. [Poésie]. Anthologie des poètes français du XIXe siècle. *Paris*, Alphonse Lemerre, s. d., 4 vol. in-8.
Portrait hors-texte.

5479. Revue à bon marché (La), en deux actes et un prologue, représentée à Paris au théâtre du cercle de l'Union artistique le 7 juin 1884. [*Paris*, s. d.], in-8.
Demi-maroq. vert, dos et coins, tr. dorée, couv. conservée. Illustrations hors texte et dans le texte.

5480. [Théatre]. Ancien Théâtre français. Edit. Viollet-le-Duc. *Paris*, 1854-1857, 10 vol. in-12.

5481. Ysopet de Lyon (XIIIe siècle). XVIII planches précédées d'une notice et du texte complet en langue romane des fables reproduites. *Lyon*, 1923, in-8, broché.
Fac-similés.

5482. Littérature française, XIXe-XXe siècle : environ 27 brochures par J. Aicard, H. Becque, Jean Lahor, F. Coppée, E. d'Eichthal, Cl. Popelin, G. de Porto-Riche, Jean Psichari, J.-L. Vaudoyer, etc. et journaux.

5483. Théatre contemporain. 20 volumes ou brochures par Tristan Bernard, Max Maury, Emile Blémont, G. Courteline, F. de Curel, A. Dreyfus, O. Feuillet, Anatole France, Ph. de Massa, E. Pailleron, etc.

HISTOIRE LITTÉRAIRE DE LA FRANCE

5484. Abry (E.). **Audic** (C.), **Crouzet** (P.). Histoire illustrée de la littérature française. *Paris*, 1912, in-8.
Figures.

5485. Allier (Raoul). Voltaire et Calas. *Paris*, 1898, in-8.

5486. Allier (Roger). 13 juillet 1890-30 août 1914. *S. l. n d.*, in-8.
Portrait Tirage à 300 exemplaire sur papier vergé d'Arches.

5487. Armaingaud (Dr). Montaigne pamphlétaire. L'énigme du Contr'un. *Paris*, 1910, in-8.
Un des 60 exemplaires numérotés sur papier à bras. Envoi d'auteur signé.

5488. Aubert (Jean-René). Mécislas Golberg. *Reims*, 1906, in-8.
Ill. dans le texte et hors texte.

5489. Aubertin (Charles). Histoire de la langue et de la littérature françaises au Moyen Age. *Paris*, 1876, 2 vol. in-8.

5490. Bartsch (Karl). Romances et pastourelles françaises des 12e et 13e siècles. *Leipzig*, 1870, in-8.

5491. Bédier (Joseph) et **Roques** (Mario). Bibliographie des travaux de Gaston Paris. *Paris*, 1904, in-8.
Portraits.

5492. Bonneville de Marsangy (Louis). Madame de Beaumarchais d'après sa correspondance inédite. *Paris*, s. d., in-8.
Portraits.

5493. Boutet de Monvel (Roger). Les Variétés (1850-1870). *Paris*, in-12.

5494. Brandes (Georg). Die romantische Schule in Frankreich. *Leipzig*, 1883, in-8.

Demi-maroquin olive, tr. dorée (David).

5495. — Anatole France. *Berlin* s. d., in-12.

Portraits.

5496. Büchner (Alexander). Französische Literaturbilder. *Francfort*, 1857, in-8.

1re partie.

5497. Buffenoir (Hippolyte). La comtesse d'Houdetot. *Paris*, s. d., in-8.

Demi-maroquin vert, coins, tr. dorée (Gruel.) Portraits.

5498. Chénier (Joseph de). Tableau historique de l'état et des progrès de la littérature française depuis 1784. *Paris*, s. d., in-8.

Portraits.

5499. Citoleux (Marc). Alfred de Vigny. *Paris*, 1924, in-8, (broché).

5500. Clément-Janin. Victor Hugo en exil. *Paris*, 1922, in-8.

Bois gravés par Henry Munsch. Envoi d'auteur signé.

5501. Cohen (Gustave). Mystères et moralités du manuscrit 617 de Chantilly. *Paris*, 1920, in-4.

5502. — Écrivains français en Hollande dans la 1re moitié du XVIIe siècle. *Paris*, 1920, in-8.

Portraits. Envoi d'auteur signé.

5503. — Le livre de conduite du régisseur et le compte des dépenses pour le Mystère de la Passion joué à Rome en 1501. *Strasbourg*, 1925, in-8.

Planches.

5504. Colani (E.). Essais de critique historique, philosophique et littéraire. *Paris*, 1895, in-12.

Demi-maroquin bleu, coins, t. dorée. Envoi signé de J. Reinach.

5505. Darmesteter (James). Critique et politique, Ed. Mary Darmesteter. *Paris*, 1895, in-12.

Envoi signé de Mme Mary James Darmesteter.

5506. Delord (Taxile). Les Matinées littéraires. *Paris*, 1860, in-12.

5507. Demogeot (J.). Histoire de la littérature française. *Paris*, 1873, in-12.

Exemplaires de travail. Notes, croquis sur une page de garde.

5508. Doumic (René). Portraits d'écrivains. *Paris*, s. d., in-12.

Envoi d'auteur signé.

5509. Dupuy (Ernest). Victor Hugo. *Paris*, 1887, in-12.

5510. Eichthal (Eugène d'). Alexis de Tocqueville. *Paris*, 1897, in-12.

5511. — Quelques âmes d'élite (1804-1912). *Paris*, 1919, in-12.

5512. Encyclopediana. Recueil d'anecdotes anciennes, modernes et contemporaines. *Paris*, s. d., in-8.

Figures.

5513. Ephrussi (Charles). Étude sur le songe de Polyphile (*Venise*, 1490 et 1545. *Paris*, 1546, 1883.) *Paris*, 1888, in-4.

Gravures sur bois. Extrait à 100 exemplaires du *Bulletin du Bibliophile*.

5514. Fabre (Joseph). Jean-Jacques Rousseau. *Paris*, 1912, in-12.

5515. Faguet (Emile). Propos de théâtre. *Paris*, 1903, in-12.

5516. France (Anatole). Discours prononcé à l'inauguration du monument de Marceline Desbordes-Valmore. *S. l. n. d.*, en feuilles.

Fac-similé photographique du manuscrit.

5517. **Gallois** (N.). Biographie contemporaine des artistes du Théâtre-Français. *Paris*, 1867, in-12.

5518. **Gaucher** (Maxime). Causeries litraires, 1872-1888. *Paris*, 1890, in-12.

5519. **Géruzez** (Eugène) Histoire de la littérature française. *Paris*, 1867, 2 vol. in-8.

5520. **Guiraud** (Paul). Fustel de Coulanges *Paris*, 1896, in-12.

5521. **Harmand** (René). Essai sur la vie et les œuvres de Georges de Brébeuf. *Paris*, 1897, in-8.

Envoi d'auteur signé.

5522. **La Harpe** (J.-F.). Lycée. *Paris*, 1834, 2 vol. in-8.

5523. **Lamartine** (A. de). Fénelon. *Paris*, 1853, in-12.

5524. — Souvenirs et portraits. *Paris*, 1872, 2 vol. in-12.

5525. **Langfors** (Arthurs). Notice du manuscrit français 12483 de la Bibliothèque Nationale. *Paris*. 1916, in-4, broché.

5526. **Larroumet** (Gustave). Etudes de littérature et d'art. *Paris*, 1895, in-12. 3e série.

Envoi d'auteur signé à M. Charles Ephrussi.

5527. **Lefranc** (Abel). Les dernières poésies de Marguerite de Navarre. *Paris*, 1896, in-8.

Portraits.

5528. **Lemaitre** (Jules). Jean-Jacques Rousseau. *Paris*, s. d., in-12.

5529. — Jean Racine. *Paris*, s. d., in-12.

5530. **Lintilhac** (Eugène). Histoire élémentaire de la littérature française. *Paris*, s. d.. in-8.

Envoi d'auteur signé.

5531. — La comédie au XIXe siècle. *Paris*, s. d., in-12.

Envoi d'auteur signé.

5532. — Conférences dramatiques. *Paris*, 1898, in-12.

Envoi d'auteur signé.

5533. **Lucas** (Hippolyte). Histoire du Théâtre-Français. *Paris*, 1843, in-12.

Rousseurs.

5534. **Magnin** (Charles). Entretien sur l'éloquence. *Paris*, 1829, in-8, broché.

5535. **Merlet** (Gustave). Etudes sur les classiques français. (17e et 18e siècles). *Paris*, 1876, in-8.

5536. — Etudes sur les classiques français. *Paris*, 1883, 2 vol. in-12.

5537. **Michel** (Henry). Le quarantième fauteuil. *Paris*, 1898, in-12.

Envoi d'auteur signé.

5538. **Milliet** (Paul). L'origine du théâtre à Paris. *Paris*, 1870, in-12.

Eau-forte.

5539. **Monselet** (Charles). Fréron ou l'illustre critique. *Paris*, 1864, in-12.

Exemplaire numéroté sur papier de Chine contenant le portrait en sanguine, en bistre et en noir.

5540. **Musset** (Paul de). Biographie d'Alfred de Musset. *Paris*, 1877, in-12.

Demi-veau fauve, coins, tr. dorée. Portraits.

5541. **Nisard** (D.). Histoire de la littérature française. *Paris*, 1877, 4 vol. in-12.

5542. **Paris** (Gaston). L'altération romane du latin. *Paris*, 1893, in-8.

5543. — Mélanges de littérature française du Moyen Age. *Paris*, 1912, in-8.

5544. **Péguy** (Charles). Victor-Marie-Emile Hugo. *Paris*, Cahiers de la quinzaine. 1910, in-12, broché.

5545. — Un nouveau théologien : M. Fernand Laudet. *Paris*, 1911, in-12, broché.

5546. N° réservé.

5547. Poitevin (Prosper). Petits poètes français depuis Malherbe jusqu'à nos jours. *Paris*, 1861, 2 vol. in-8.

5548. Raynal (Paul de). Les correspondants de Joubert. *Paris*, 1883, in-12.
Portraits broché, dos cassé, manque le plat supérieur de la couverture.

5549. Reinach (Joseph). L'éloquence française depuis la Révolution jusquà nos jours.. *Paris*, 1894, in-12.
Demi-maroquin bleu, coins, tr. dorée. Envoi d'auteur signé.

5550. — Études de littérature et d'histoire. *Paris*, 1889, in-12.
Envoi d'auteur signé.

5551. Renan (Ernest). Histoire littéraire de la France au XIVe siècle. *Paris*, 1865, 2 vol. in-8.

5552. Ricci (Seymour de). Catalogue d'une collection unique des éditions originales de Ronsard. *Paris-Londres*, Magg's brothers, s. d., in-8, broché.
Fac-similés.

5553. Roujon (Henry). La galerie des Bustes. *Paris*, 1908, in-12.
Envoi d'auteur signé.

5554. — En marge du temps. *Paris*, 1908, in-12.
Envoi d'auteur signé.

5555. — Dames d'autrefois. *Paris*, 1911, in-12.

5556. Saint-Marc Girardin (M.). Essais de littérature et de morale. *Paris*, 1853, 2 vol. in-12.

5557. — Cours de littérature dramatique. *Paris*, 1857, 3 vol. in-12.

5558. Sainte-Beuve. Galerie des grands écrivains français. *Paris*, 1878, in-8.
Portraits.

5559. — Lundis. Tomes, 1, 2, 4, 8, 10, tome compl. (et table). *Paris*, in-12.
Édition originale sauf le Tome I (3e éd.).

5560. — Nouveaux lundis. *Paris*, 1864-1870. in-12.
Tome 1 à 5, 7 à 10, 13.

5561. — Portraits contemporains. *Paris*, 1870, in-12.

5562. — Portraits littéraires. *Paris*, s. d., 3 vol. in-12.

5563. — Derniers portraits littéraires. *Paris*, s. d., in-12.

5564. Sarcey (Francisque). Quarante ans de théâtre. *Paris*, 1900-1902, 8 vol. in-12.
Portraits.

5565. Schirmacher (Kaethe). Voltaire. *Leipzig*, 1898, in-8.
Demi-maroquin rouge, tr. dorée (David). Portraits.

5566. Schwan-Behrens. Grammaire de l'ancien français. (Traduction O. Bloch). *Leipzig-Paris*, 1900, in-8.

5567. Spuller (E.). Lamennais. *Paris*, 1892, in-12.
Envoi d'auteur signé.

5568. — Livre de souvenir. *Évreux*, s. d., in-8.
Portraits et fac-similés.

5569. Stopfer (Paul). Racine et Victor Hugo. *Paris*, 1887, in-12.

5570. Suarès. François Villon. *Paris*, [1914]. in-12.

5571. Surville (Mme L.). Balzac. *Paris*, 1858. in-12.

5572. Thomson (Valentine). La vie sentimentale de Rachel. *Paris*, s. d., in-12.
Portraits.

5573. Vasili (Cte Paul). La société de Paris. *Paris,* 1887, in-8.

Le tome I seulement.

5574. Vattier (G.). Galerie des académiciens. 3e série. *Paris,* 1866, in-12.

5575. Villemain (M.). Tableau de la littérature au Moyen Age. *Paris,* 1865. 2 vol. in-12.

5576. — Tableau de la littérature au XVIIIe siècle. *Paris,* 1864, 2 vol. in-12.

5577. Vieux journaliste (Un). L'art de faire un journal. *Genève,* 1900, in-12.

5578. Collection : Les grands écrivains. Bardoux : Guizot. Barine (Arvède) : Bernardin de Saint-Pierre, Alfred de Musset. Boissier : Madame de Sévigné, Saint-Simon. Bossert : Calvin. Bourdeau : La Rochefoucauld. Boutroux : Pascal. Broglie (Duc de) : Malherbe. Caro : George Sand. Clédat: Rutebeuf. Cogordan, Joseph de Maistre Darmesteter (Mary) : Froissart. Deschamps (G.) : Marivaux. Doumic : Lamartine. Du Camp (M.) : Théophile Gautier. Faguet : André Chénier, Flaubert. Filon : Mérimée. Fouillée : Descartes. Hallays : Beaumarchais. Haussonville (D') : Lacordaire, Madame de la Fayette. Janet (Paul), Fénelon. Laborde-Milaa : Fontenelle (envoi d'auteur signé). Lafenestre : La Fontaine, Molière. Lanson : Boileau, Corneille. Lescure (De) : Chateaubriand. Lintilhac : Lesage. Mabilleau : Victor Hugo. Monod (Gab.) : Jules Michelet. Morillot (Paul) : La Bruyère. Paléologue : Vauvenargues. Parigot : Alexandre Dumas père. Paris (Gaston) : François Villon. Rébelliau : Bossuet. Rémusat (Paul de) : A. Thiers. Rocheblave : Agrippa d'Aubigné. Rod (Édouard) : Stendhal. Rousse (Edmond) : Mirabeau. Say (Léon): Turgot. Simon (Jules): Victor Cousin. Sorel (Albert) : Montesquieu, Mme de Staël. Spuller : Royer-Collard. *Paris,* Hachette, 1887-1912, 47 vol. in-12.

5579. Galerie des contemporains illustres, par un homme de rien. *Bruxelles,* 1847, in-8.

Tome I. Portraits et lithographie.

5580. Les hommes d'aujourd'hui. Caricatures de Gille. La plupart des numéros portent l'autorisation ms des « hommes » caricaturés. *Paris,* s. d., in-4.

5581. No réservé.

5582. Mélanges de littérature et d'histoire. publiés par la société des bibliophiles françois. *Paris,* 1857, 2 vol. in-8.

5583. Histoire littéraire de la France. *Paris,* 1921-1927. 2 vol. in-4.

(Tome XXXV-XXXVI. ce dernier en fascicules).

5584. Revue d'histoire littéraire de la France. *Paris,* 1894-1927, 34 vol. in-8.

5585. Histoire littéraire, critique. Environ 60 brochures par L. Delarue-Mardrus, J. de Bonnefon, P. Errera, vte de Grouchy, Ch. Comte, R. Sturel, G. Cohen, R. Dezeimeris, P. P. Plan, Seymour de Ricci,

Coupures et journaux.

LITTÉRATURE ITALIENNE

5586. Alfieri. Tragédies celtes. *Paris,* 1841, in-12.

Rousseurs.

5587. Arioste (L'). Roland furieux. Trad., C. Hippeau. *Paris,* s. d., 2 vol. in-12.

5588. Boccace. Le Décaméron. Trad. Reynard. *Paris,* 1879, 2 vol. in-12.

5589. Bojardo (Matteo Maria). Orlando innamorato. *Milan,* 1878, in-12.

5590. Carducci (Giosue). Poésie. *Bologne,* 1906, in-8.

5591. Dante. La divina Commedia. *Londres,* G. Pickering, 1823, 2 vol. in-64.

Maroquin Laval., doublé maroquin rouge, dentelle intér.. tr. dorées (David).

5592. — La Divina Commedia, édit. G. A. Scartazzini. *Milan*, 1903, in-8.

5593. — La Divine Comédie, trad., Brizeux; la Vie nouvelle, trad. Delécluze. *Paris*, 1872, in-12.

5594. — Monarchia e De vulgari eloquentia con le Epistolae e la Quaestio de aqua et terra. *Florence*, 1917, in-32.

5595. — Vita Nova. Trad. Henry Cochin. *Paris*, 1914, in-8, broché.

5596. Dornis (Jean). La poésie italienne contemporaine. *Paris*, 1898, in-8.

(Broché, dos cassé).

5597. Etienne (L.). Histoire de la littérature italienne. *Paris*, 1875, in-12.

5598. Guarini (Jean-Baptiste). Le berger fidèle. Texte et trad. chez Jean. *Paris*, 1759, 2 vol. in-32.

5599. Landau (Marcus). Giovanni Boccaccio. *Stuttgart*, 1877, in-8, broché.

5600. Leopardi (Giacomo). [Œuvres], trad. Paul Heyse. *Berlin*, 1878, 2 vol. in-12.

5601. Machiavel. Commedie. *Milan*, Sonzogno. s. d., in-12, broché.

5602. — Œuvres politiques. Trad. Périès. *Paris*, Fasquelle, s. d., in-12.

5603. Manzoni. I promessi sposi. *Milan*, s. d., in-8.

5604. Mézières (A.). Pétrarque. *Paris*, 1868, in-18.

5605. Parini (Giuseppe). Poesie scelte. *Milan*, s. d., in-12, broché.

5606. Quatro poeti italiani (I). [Dante, Pétrarque, Arioste, Le Tasse]. *Paris*, Lefèvre, 1833, in-8.

Rousseurs.

5607. Tasso (Torquato). La Gerusalemme liberata. *Florence*, 1853, in-12.

5608. — La Gerusalemme liberata. *Londres*, G. Pickering, 1822, 2 vol. in-64,

Portraits. Mar. lavall. doubl. mar. rouge, den. int., tr. d. (David,)

5609. Littérature italienne. environ 10 brochures par Henry Cochin, Marcus Landau, G. Castellani, Pierre de Nolhac, etc.

LITTÉRATURE ESPAGNOLE

5610. Alarcon (D. Pedro A. de). El Sombrero de tresspicos. *Madrid*, 1891, in-12, broché.

5611. Alvarez (P. de Valdemoros). Cours gradué de versions espagnoles. *Paris*, 1876, in-12.

5612. Camoes (Luiz de). Os Lusiadas. Ed. Reinhard Stoettner. *Strasbourg*, 1874, in-8.

5613. Castellar (I.). Nueva florista espanola. *Paris*, 1882, in-16.

5614. Cervantes. Don Quijote. *Madrid*, 1875, in-8.

Bois. Rousseurs.

5615. — L'ingénieux hidalgo Don Quichotte de la Manche. Trad. Louis Viardot. *Paris*, s. d., 2 vol. in-12.

5616. Chasles (Emile). Michel de Cervantes. *Paris*, 1866, in-8.

5617. Sobrino. Grammaire espagnole-française. *Paris*, 1891, in-8.

5618. Ticknor. Histoire de la littérature espagnole. Trad. Magnabal. *Paris*, 1870, 3 vol. in-8.

5619. Vacaresco (Hélène). Le Rhapsode de la Dimbovitza. *Paris*, in-12.

(Broché, dos cassé, 1er plat de la couverture détaché.)

5620. Vargas (Don Juan de). Les aventures de Don Juan de Vargas, racontées par lui-même. Trad. Navarin. *Paris*, 1853, in-12.

5621. Littérature espagnole et portugaise. 2 brochures.

AUTEURS ALLEMANDS

5622. Auerbach (Berthold). Gesammelte Schriften. *Stuttgart,* 1858. 2 vol. in-12 rel. en 1 vol.
Tomes 19 et 20.

5623. Bechstein (Ludwig). Märchenbuch. *Leipzig,* 1871, in-8.
Illustrat. de Ludwig Richter.
La premier plat détaché.

5624. Bettelheim-Gabillon (Hélène). Ludwig Gabillon. Tagebuchblätter, Briefe, Erinnerungen. *Vienne-Budapest-Leipzig,* 1900, in-8.
Portraits.

5625. Bodenstedt (Friedrich). Album deutscher Kunst und Dichtung. *Berlin,* 1884, in-8.
Figures.

5626. — Die Lieder des Mirza-Schaffy. *Berlin,* 1854, in-32.
Les plats détachés.

5627. — Der Sanger von Schiras. *Berlin,* 1877, in-8.

5628. Bœchtold (Jakob). Niklaus Manuel. *Frauenfeld,* 1878, in-8.

5629. Börne (Ludwig). Gesammelte Schriften. *Hambourg-Francfort,* 1862, 12 vol. in-12, rel. en 6 vol.

5630. Bürger (Gottfried-August). Gedichte. *Goettingue,* 1853, in-32.
Frontisp. gravé. Rousseurs.

5631. Busch (Wilhelm). Eduards Traum. *Munich,* 1891, in-12.

5632. Du Bois-Reymond (Emil). Reden. *Leizig,* 1886, in-8,
(Broché, dos cassé, la couverture manque).

5633. Ebeling (Friedrich). Flogels Geschichte. *Leipzig,* 1861, in-8.
Portraits.

5634. Eberhard (G. A.). Hannchen und die Ruchlein. *Leipzig,* 1862, in-32.
Frontisp. gravé.

5635. Frankl (Ludw. Aug.). Helden und Liederbuch. *Prague,* 1863, in-16.
Frontisp. gravé.

5636. Freiligrath (Ferdinand). Gesammelte Dichtungen. *Stuttgart,* 1877, 6 vol. in-8, rel. en 3 vol.
Portraits.

5637. Geibel (Emmanuel). Classisches Liederbuch Griechen und Römer. *Berlin,* 1879, in-12.

5638. — Gedichte. *Stuttgart,* 1884, in-12.

5639. Gellert (C. F.). Sämmtliche Schriften. *Berlin,* 1867, 10 vol. in-12.

5640. Gessner (S.). Schriften. *Zürich,* 1762, 4 vol. in-8,
Demi-chagr. vert, dos et coins, tr. dorées. Titres, bandeaux avec culs-de-lampe gravés.

5641. Gildemeister (Otto). Essays. *Berlin,* 1897-1898, 2 vol. in-8.
(Brochés, dos cassés).

5642. Goethe. Werke. *Stuttgart,* 1882, 12 vol. in-8.

5643. — Briefe und Dichtungen (1764-1776). *Leipzig,* 1887, 3 vol. in-8.

5644. — Gedichte. *Stuttgart,* 1868, 2 vol. in-32. carton. en 1.

5645. — Neue Schriften. *Berlin,* 1792-1800, 7 vol. in-12,
Maroquin bleu, tr. dorées, dent. intérieure.

5646. — Briefe an Frau von Stein. *Francfort,* 1883, 2 vol. in-8.
Portraits.

5647. — Briefwechsel mit Wilhelm und Alexander v. Humboldt. *Berlin*, 1909, in-8.

Planches.

5648. — Der Bürger General. *Berlin*, 1793, in-16.

Chagr. Laval., fers sur les pl., dent. intér., tr. dorée (W. Collin, Berlin).

5649. — Campagne in Frankreich. Éd. Chuquet. *Paris*, 1884, in-12.

5650. — Hermann und Dorothea. *Munich-Berlin*, s. d., in-8.

Illustrations, photographies.

5651. — Reineke Fuchs. *Stuttgart*, 1857, in-4.

Illustrations hors texte de Wilhelm von Kaulbach.

5652. — Reineke Fuchs. *Stuttgart*. 1857, in-8.

Figures.

5653. — Le serpent vert. Trad. Oscar Wirth. *Paris*, 1922, in-12, broché, (2e édition).

Portraits. Envoi signé du traducteur.

5654. — Wilhem Meisters theatralische Sendung. *Stuttgart* et *Berlin*, 1911 in-12.

5655. Goethe (La mère de). Briefe von Goethes Mutter an die Herzogin Anna Amalia. *Leipzig*, 1889, in-8.

Portraits.

5656. Goethe et Schiller. Correspondance choisie. Trad. M. J. Gérard, *Paris*, J. Delalain, s. d., in-12.

5657. Gottfried von Strassburg. Tristan und Isolde. *Stuttgart*, 1877, in-16.

5658. Grillparzer. Sämmtliche Werke. *Stuttgart*, 1874, 10 vol. in-8, rel. en 5 vol

Portraits.

5659. — Gedichte. *Stuttgart*, 1891, in-8.

Portraits.

5660. Grimmelshausen (H. J. Chr. v.). Der abenteuerliche Simplicissimus. Abdruck der ältesten Original-Ausgabe 1669. *Halle*, 1880, in-8.

Demi-maroquin violet, tr. dorée.

5661. Grün (Anastasius). Gedichte. *Berlin*, 1882, in-12.

Portraits.

5662. — Der letzte Ritter. *Leipzig*, 1851, in-32.

Frontisp. gravé.

5663. – Schutt. *Vienne*, 1875. in-32.

5664. Halden (Elisabeth). Mädchengeschichten. *Stuttgart*, s. d., in-8. (2e édition)

5665. Hamerling (Robert). Ahasver in Rom. *Hambourg-Leipzig*, 1869, in-12.

5666. Hauff (Wilhelm) Werke. *Berlin*, 1878, 4 vol. in-12.

Figures et planches.

5667. — Gedichte und Märchen. *Stuttgart*, 1871, in-12.

Une page détachée.

5668. — Lichtenstein. *Stuttgart*, 1874, in-8.

Illustration en couleurs.

5669. Hebbel (Friedrich). Der heilige Krieg. *Leipzig*, 1911, in-12.

5670. Hebel (J. P.). Allemannische Gedichte. *Aarau*, 1860, in-32.

5671. — Schatz-Kästlein des rheinischen Hausfreundes. *Stuttgart*, 1888, in-12.

Figures.

5672. Heine (H.). Buch des Lieder. *Hambourg*, Hoffman et Campe, s. d., in-32.

5673. Herder. Sämmtliche Werke. *Stuttgart*, 1861-1862, 13 vol. in-12, rel. en 7 vol.

5674. — Der Cid nach spanischen Romanzen. *Stuttgart*, 1859, in-8.
Figures.

5675. — Le même ouvrage. *Leipzig*, 1868, in-8, broché.

5676. Heyse (Paul). Gedichte. *Berlin*, 1885, in-16.

5677. Hirschfeld (E. E. L.). Das Landleben. *Leipzig*, 1771, in-8, v. f.
Frontisp. gravé, bandeaux et culs-de-lampe.

5678. Hoffmann (E. T. A.). Lebens-Ansichten des Katers Murr. *Berlin*, s. d., 2 vol. in-16, rel. en 1 vol.

5679. Hoffmann von Fallersleben. Gedichte. *Hanovre*, 1864, in-32.
Portraits.

5680. Hrostvitha. Théâtre, trad. Cœcilia Vellini. *Paris*, 1907, in-8, broché.

5681. Ilse (Prinzessin). Ein Märchen aus dem Harzgebirge. *Berlin*, 1852, in-32.

5682. Immermann (Karl). Der Aberhof. *Berlin*, 1881, in-32.

5683. Jensen (Wilhelm). Im Pfarrdorf. *Berlin*, 1875, in-32.

5684. Jordan (W.). Nibelunge. *Francfort*, 1874-1875, 4 vol. in-8.

5685. Keller (Gottfried). Romeo und Julia auf dem Dorfe. *Berlin*, 1876, in-32.

5686. Kinkel (Gottfried). Gedichte. *Stuttgart*, 1872, in-12.
(1re édit.)
Le tome I seulement.

5687. — Otto der Schutz. *Stuttgart*, 1885, in-32.

5688. Kleist (Henrich von). Gesammelte Schriften. *Berlin*, 1863, 3 vol. in-12.

5689. Klinger (L. M.). Sämmtliche Werke. *Stuttgart-Tubingen*, 1842, 12 vol. rel. en 6 vol.
Portraits.

5690. Klopstock. Sämmtliche Werke. *Leipzig*, 1840, in-8.
Portraits.

5691. — Sämmtliche Werke. *Leipzig*, 1854-1855, 10 vol. in-12.

5692. Körner (Theodor). Sämmtliche Werke. *Berlin*, 1881, 2 vol. in-12.

5693. Krais (Julius). Deutscher Vergissmein nicht. *Reutlingen*, 1878, in-48.

5694. Laube (Heinrich). Die Karlsschüler. *Leipzig*, 1848, in-32.

5695. Leander (Richard). Träumereien an französischen Kaminen. *Leizig*, 1880, in-16.

5696. — Le même ouvrage (sous le nom de R. von Volkmann-Leander). *Leipzig*, 1889, in-16.

5697. Lenau. Gedichte. *Stuttgart-Tübingen*, 1851, in-32 (12e édition).

5698. Lessing. Sämmtliche Schriften. (Ed. Karl Lachmann). *Leipzig*, 1853-1857, 12 vol. in-8.
Portraits.

5699. — Minna von Barnhelm. *Leipzig*, 1870, in-16.
Portraits, Rousseurs.

5700. Lingg (Hermann). Die Völkerwanderung. *Stuttgart*, 1866, 3 vol. in-8, rel. en 1 vol.

5701. Ludwig (Otto). Werke. *Berlin*, s. d., 4 vol. in-8, rel. en 2 vol.
Portraits.

5702. Luther (Martin). Kleine Schriften. *Bielefeld-Leipzig*, 1876, 2 vol. in-12.

5703. Meyer (Conrad Ferdinand). Hüttens letzte Tage. *Leipzig,* 1911, in-12.

5704. Mörike (Eduard). Gedichte. *Stuttgart,* 1878, in-12.

5705. Musœus. Contes populaires de l'Allemagne. Trad. A. Cerfbeer de Médelsheim. *Paris,* 1846, in-8,

Figures. Demi-maroquin violet, tr. dorée.

5706. Nordau (Max). Die conventionellen Lügen der Kulturmenschheit. *Leipzig,* 1899, in-8.

5707. Platen (Cte August von) Gesammelte Werke. *Stuttgart,* 1869, 2 vol. in-12.

5708. Ramler (Karl Wilhelm). Poetische Werke. *Berlin,* 1800-1801, 2 vol. in-4.

Planches. Rousseurs.

5709. Ratschky (J. F.). Melchior Striegel, *S. l.,* 1799, in-8.

Planches gravées.

5710. Reuter (Fritz). Sämmtliche Werke. *Weimar-Rostock-Ludwigslust,* 1877, 7 vol. in-12.

5711. Roquette (Otto). Waldmeisters Brautfahrt. *Stuttgart,* 1873, in-32.

5712. — Le même ouvrage. *Stuttgart,* 1883, in-32.

5713. Rückert (Friedrich). Gedichte. *Francfort,* 1868, in-8.

Portraits.

5714. — Gedichte. *Francfort,* 1876, 3 vol. in-32.

Frontisp. gravé.

5715. Scheffel (Joseph Victor von). Bergpsalmen. *Stuttgart,* 1874, in-4.

Illustration hors texte par Anton von Werner.

5716. Le même ouvrage. *Stuttgart,* 1878, in-12.

5717. — Frau Aventiure. *Stuttgart,* 1877, in-12.

5718. — Le même ouvrage, *Stuttgart,* 1886, in-12.

5719. — Ekkehard. *Stuttgart,* 1877, in-12.

Le cartonnage détaché.

5720. — Le même ouvrage, *Stuttgart,* 1881, in-12.

5721. — Gaudeamus! *Stuttgart,* 1881, in-12.

5722. — Le même ouvrage, *Stuttgart,* 1881, in-12.

5723. — Juniperus, Geschichte eines Kreuzfahres. *Stuttgart,* 1877, in-12.

5724. — Der Trompeter von Säckingen. *Stuttgart,* 1883, in-12.

5725. — Le même ouvrage. *Stuttgart,* 1884, in-12.

5726. Scherer (Georg). Liederborn. *Berlin,* 1880, in-32.

5727. Schiller. Werke [Edit. J. G. Fischer]. *Stuttgart, Leipzig,* s. d., 4 vol. in-8.

Figures et planches.

5728. — Werke [Edit. Heinrich Kurz]. *Leipzig,* s. d., 6 vol. in-8.

5729. — Gedichte. *Stuttgart,* 1867, in-32.

1er plat détaché.

5730. — Wilhelm Tell. *Tubingue,* 1804, in-16.

Maroquin citron, fers sur les pl., dent. intér., tr. dorées.

5731. — et **Goethe.** Briefwechsel zwischen Schiller und Goethe. *Stuttgart,* 1881, 2 vol. in-8.

5732. Schmid (Christoph von). Ausgewählte Erzählungen fur die Jügend. *Vienne-Leipzig*, s. d., 4 vol.in-16.
Planches.

5733. Schönthan (Franz et Paul von). Kleine Humoresken. *Leipzig*, s. d., in-32.

5734. Schúbin (Ossip). Ehre. *Dresde-Leipzig*, 1884, in-12.
Premier plat détaché.

5735. Schumacher (Tony), Reserl am Hofe. *Stuttgart*, s. d., in-8. (2e édition).

5736. Seidel (Heinrich). Wintermärchen. *Stuttgart-Berlin-Leipzig*, s. d., in-8, (6e édition).
Figures et planches.

5737. Silcher (Fr.). et **Erk**. Fr. Schauenburgs allgemeines Deutsches Kommersbuch. *Lahr*, s. d., in-12.

5738. Simrock (Karl). Gudrun. *Stuttgart-Augsbourg*, 1858, in-32.
Frontisp. gravé.

5739. Soltau (D. W.). Reineke der Fuchs. (trad. all. mod.). *Berlin*, s. d., in-16.

5740. Sträse (K.). Altes Gold. *Leipzig*, 1878, in-32.

5741. Strauss (David J.). Gesammelte Schriften. *Bonn*, 1876, in-8.
Portraits. Tome I.

5742. Sudermann (Hermann). Der Katzensteg. Roman. *Berlin*, 1898, in-12.

5743. Thümmel. Werke. *Stuttgart*, 1880, 2 vol. in-8.

5744. Uhland. Gedichte. *Stuttgart*, 1867, in-4.
Figures.

5745. — Gedichte und Dramen. *Stuttgart*, 1863, in-12.

5746. — Le même ouvrage. *Stuttgart*, 1885, in-12.

5747. Voss. Homers Ilias. *Altona*. 1793, 4 vol. in-4.

5748. — Le même ouvrage, *Stuttgart, Tübingen*, 1847, in-32.
Frontisp. gravé.

5749. Wieland (E. N.). Oberon. *Leipzig*, 1841, in-32.

5750. Wildenbruch (Ernst von). Kindertränen. *Berlin*, 1909, in-16.

5751. Wildermuth (Ottilie). Fur Freistunden. *Stuttgart-Berlin-Leipzig*, s. d., in-8, (7e édition).
Illustrations en couleurs.

5752. Wolff (Julius). Schauspiele. *Berlin*, 1877, in-12.

5753. — Lurlei. *Berlin*, 1886, in-12.

5754. — Der Rattenfänger von Hameln. *Berlin*, 1881, in-12.

5755. — Renata. *Berlin*, 1892, in-12.

5756. — Singuf. *Berlin*, 1881, in-12.

5757. — Tannhäuser. *Berlin*, 1880, 2 vol. in-18.

5758. — Till Eulenspiegel redivivus. *Berlin*, 1879, in-12.

5759. — Der wilde Jäger. *Berlin*, 1881, in-12.

5760. Wolff (O. L. B.). Poetischer Hausschatz des deutschen Volkes. *Leipzig*, 1816, in-8.

5761. [Humour]. Album unfreiwilliger Komik. *Berlin*, 1884, in-12.

1er volume.

5762. — Gedankensplitter gesammelt aus den « Fliegenden Blättern ». *Munich.* s. d., in-32.

5763. Jugend Garten (Der). Eine Festgabe für Mädchen. *Stuttgart-Berlin-Leipzig*, s. d., in-8.

Figures et planches. Tome 27.

5764. Philosophie. Neueste Etui-Ahrenlese aus deutschen Denkern. *Munich*, s. d., in-32.

5765. Poésie. Aus lichten Tagen. Ein Straus deutscher Lieder. *Leipzig*, s. d., in-4., dos cassé.

Reproduct. en couleurs d'aquarelles de Julius Hoeppner.

5766. — Blätter und Blüthen Deutscher Poesie und Kunst. *Leipzig*, 1862, in-8.

Planches.

5767. — Blüthen und Perlen deutscher Dichtung. *Hanovre*, 1871, in-16.

5768. — Deutsche Lieder aus der Schweiz. *Zurich et Winterthur*, 1843, in-32.

5769. — Bloch (Eduard). Dilettanten-Bühne. *Berlin*, s. d., in-8.

Tome VIII. [Recueil de pièces de théâtre].

5770. Littérature allemande. Environ 25 brochures par Goethe, Gerhart Hauptmann, Jacob Grimm, R. Hamerling, I. Kont, E. d'Eichtal, etc.

PHILOLOGIE ALLEMANDE.

5771. Bacchtold (Jakob). Gottfried Kellers Leben. *Berlin*, 1898, in-8, broché.

5772. Bamberger (Ludwig). Studien und Meditationen. *Berlin*, 1898, in-8.

5773. Brandes (Georg). Die romantische Schule in Deutschland. *Leipzig*, 1887, in-8.

Demi-maroquin olive, coins, tr. dorée (David).

5774. — Das junge Deutschland. *Leipzig*, 1891, in-8.

Demi-maroquin olive, coins tr. dorée (David). Envoi d'auteur signé.

5775. Büchmann (Georg). Geflügelte Worte. Der Citatenschatz des deutschen Volkes. *Berlin*, 1877, in-8.

5776. Bulthaupt (Heinrich). Dramaturgie der Schauspiels [Dramaturgie der Classiker]. *Oldenburg-Leipzig*, 1891, in-8.

5777. Dalmeyda (Georges). Goethe et le drame antique. *Paris*, 1908, in-8, broché.

5778. Devrient (Eduard). Geschichte der deutschen Schauspielkunst. *Leipzig*, 1848, in-12, broché.

Tome I.

5779. Doering (Heinrich). Friedrich von Schillers Leben. *Weimar*, 1822, in-8.

Exemplaire sur grand papier.

5780. Eckermann (Johann Peter). Gesprache mit Goethe in den letzten Iahren seines Lebens, *Leipzig*, 1885, 3 vol. in-12.

5781. Engelmann (Emil). Das Nibelungenlied in das deutsche Haus. *Stuttgart*, 1885, in-8.

Figures et planches.

5782. Frankl (Ludw.-Aug.). Zu Lenau's Biographie. *Vienne*, 1854, in-8.

(Broché, la couverture manque.)

5783. Freytag (Gustav). Bilder aus der deutschen Vergangenheit. *Leipzig*, 1884-1886, 5 vol. in-8.

5784. Genast (Eduard). Aus Weimars klassischer und nachklassischer Zeit. *Stuttgart*, s. d., in-8.
Portrait.

5785. [**Goethe**]. Schriften über Goethe. [Recueil factice], in-8.

5786. Goethe-Jahrbuch, Ed. Ludwig Geiger. *Francfort*, 1880-1882, 3 vol. in-8,
Portrait.

5787. Grothuss (Jeannot Emil von). Probleme und Charakter. Studien zur Litteratur unserer Zeit. *Stuttgart*, 1898, in-8, broché.
Portrait.

5788. Halatschka (Raimund). Versuch eines sprachlichen Commentares zu Goethes Iphigenie. *Halle*, 1890, in-8.

5789. Hanstein (Adalbert von). Die Frauen in der Zeit des Aufschwunges des deutschen Geisteslebens. *Leipzig*, 1899, in-8, broché.
Portrait.

5790. Hehn (Viktor). Gedanken über Goethe. *Berlin*, 1895, in-8, broché.
Portrait.

5791. Heine (Maximilian). Erinnerungen an Heinrich Heine und seine Familie. *Berlin*, 1868, in-12.

5792. Heinrich (G. A.). Histoire de la littérature allemande. *Paris*, 1870-1873. 3 vol. in-8.

5793. Henkel (Hermann). Goethe und die Bibel. *Leipzig*, 1890, in-12.

5794. Hettner (Hermann). Literaturgeschichte des achtzehnten Jahrhunderts. *Brunswick*, 1865-1869, 6 vol. in-8, brochés.
Manquent les deux premiers feuillets du 3e livre de la 3e partie.

5795. Immergrün. Classische Denksprüche in Poesie und Prosa. *Cannstatt*, s. d., in-32.

5796. Keil (Robert). Ein Goethe-Strauss. *Stuttgart-Leipzig-Berlin*, 1891, in-8.
Portrait.

5797. Kirchner (Friedrich). Gründeutschland. Ein Streifzug durch die jüngste deutsche Dichtung. *Vienne-Leipzig*, 1895, in-8.
(Broché, dos cassé).

5798. Kletke (H.). Deutschlands Dichterinnen. *Berlin*, s. d., in-32.

5799. Koenig (Robert). Deutsche Litteraturgeschichte. *Bielefeld-Leipzig*, 1882, in-8.
Figures et planches, Fac-similés en noir et en couleurs.

5800. Kont (J.). Lessing et l'antiquité. *Paris*, 1894, 2 vol. in-8, rel. en 1 vol.

5801. Leixner (Otto von). Illustrirte Geschichte des deutschen Schriftthums in volksthümlichter Darstellung. *Leipzig-Berlin*, 1880-1881. 2 vol. in-8.
Figures et planches.

5802. Lewes (G. H.). Goethe's Leben und Schriften. *Berlin*, 1860, 2 vol. in-8.

5803. Lublinski (Samuel). Friedrich Schiller. *Berlin*, s. d., in-16.

5804. Mézières (A.). W. Goethe, 1749-1795, *Paris*, 1872, in-8.

5805. Neubert (Franz). Goethe Bilderbuch für das deutsche Volk. *Leipzig*, s. d., in-4.
Recueil de reproductions.

5806. Palleste (Emil). Schiller's Leben und Werke. *Berlin*, 1863, 2 vol. in-16.
Pl. détaché.

5807. Proels (Robert). Heinrich Heine. *Stuttgart*, 1886, in-8, broché.
Portrait.

5808. Scherer (Wilhelm). Aufsätze über Goethe. *Berlin*, 1886, in-8, broché.

5809. Scherr (Johanes). Schiller und seine Zeit. *Leipzig*, 1859, in-4.

Portrait.

5810. Schlenther (Paul). Gerhart Hauptmann. *Berlin*, 1898, in-8, broché.

Portrait.

5811. Schöll (Adolf). Goethe. *Berlin*, 1882, in-8.

5812. Simrock (Karl). Walter von der Vogelweide. *Leipzig*, 1883, in-32.

Maroquin Laval., fil sur les plats. dent. intér., tr. dorées (A. Gunther, Vienne).

5813. Stahr (Adolf). G. E. Lessing und seine Werke. *Berlin*, 1873, 2 vol. in-8, rel. en 1 vol.

5814. Steiner (Rudolf). Goethes Weltanschauung. *Weimar*, 1897, in-8, broché.

5815. Sträse (K.). Deutsche Minne aus alter Zeit. *Leipzig*, 1878, in-32.

5816. Träger (Albert). Deutsche Lieder. *Leipzig*, 1864, in-8.

Figures.

5817. Vilmar (U. F. C.). Geschichte der deutschen National-Literatur. *Marburg et Leipzig*, 1866, in-8.

5818. Théâtre. Fach-Katalog der Abtheilung des deutschen Drama und Theater. *Vienne*, 1892, in-8.

(Broché, dos cassé, le plat supplémentaire de la couverture détaché).

5819. Langues germaniques. 3 brochures, par d'Arbois de Jubainville, Michel Bréal, etc.

Auteurs anglais

5820. Arnold (Matthew). Poetical works. *Londres*, 1893, in-8.

Portrait.

5821. — Merope. To which is appended the Electra of Sophocles translated by Robert Whitelaw, edit. by J. Churton Collins. *Oxford*, 1906, in-12.

5822. Austen (Jane). Pride and prejudice. *Londres*, s. d., in-12.

5823. Avebury (Lord). Essays and addresses, 1900-1903. *Leipzig*, 1904, in-12.

5824. Bacon (Francis). The Essays or Counsels civil and moral... Ed. A Spiers. *Paris*, 1851, in-12.

5825. Beecher Stowe (Harriet). Uncle Tom's Cabin. *Londres*, 1852, in-12.

5826. Bell (Currer). Jane Eyre : an autobiography. *Leipzig*, 1850, 2 vol. in-12.

5827. Ben Jonson's. Every man in his humour. Ed. Henry B. Wheatley. *Londres*. 1877, in-16.

5828. Bennett (Arnold). The old wives, tale. *Londres*, 1909, in-8.

5829. Benson (Arthur Christopher). From a college window. *Londres*, 1906, in-8.

5830. Boswell (James). The life of Samuel Johnson. *Londres*, 1900, 6 vol. in-16.

5831. Brontë (Charlotte). The professor. To which are added the poems of Charlotte, Emily, and Anne Brontë. Ed. Theodore Watts-Dunton. *Oxford*, s. d., in-12.

5832. Bulwer (Edward, Lord Lytton). The last Days of Pompeii. *Leipzig*, 1879, in-12.

5833. Bryant (W. Cullen). Poetical works, with Griswold's memoir, éd. F. W. S. Bayley. *Londres*, 1852, in-32.

5834. Burns (Robert). Poetical works. *Londres*, 1887, in-8.

5835. Byron. Poetical works. *Londres*, 1849-1856, 6 vol. in-8.
Pl. veau, fil. sur les plats, dent. intér., dos ornés. tr. jasp.
Portrait.

5836. Carlyle. The love letters of Thomas Carlyle and Jane Welsh, ed. Alexander Carlyle. *Londres-New-York*, 1909, 2 vol. in-8.
Planches.

5837. — Sartor resartus. The life and opinions of Herr Teufelsdröckh. *Londres*, 1902, in-12.

5838. Chesney (Colonel). The battle of Dorking. Reminiscences of a volunteer. *Édimbourg-Londres*. 1871, in-12.

5839. De Foe (Daniel). Aventures de Robinson Crusoé. *Tours*, 1862, 2 vol. in-12, rel. en 1 vol.
Planches.

5840. Dickens (Charles). Little Dorrit. *Leipzig*, 1856-1857, 4 vol. in-12.
Illustrations de H. K. Browne.

5841. Dilke (Lady). The Book of the spiritual life. *Londres*, 1905, in-8.
Portrait et illustrations. Envoi d'auteur signé à M. Ch. Ephrussi.

5842. Doyle (A. Conan). The green flag and other stories of war and sport. *Leipzig*, 1900, in-12.

5843. Du Maurier (George). Trilby. *Londres*, 1896, in-8.
Illustrations de l'auteur.

5844. Emerson (Ralph Waldo). Essays. *Londres*, 1902, in-12.

5845. Freiligrath (Ferdinand). The Rose, Thistle and Shamock. A book of English poetry chiefly modern. *Stuttgart*, s. d., in-12.
Planches, 5e édition.

5846. Goldsmith. Works. Ed. J. W. M. Gibbs. *Londres*, 1885-1886, 5 vol. in-12.
Portrait.

5847. — Le ministre de Wakefield. (Trad.) *Paris*, 1837, 2 vol. in-32, reliés en 1 vol.

5848. Gosse (Edmund). Father and son. *Londres*, 1910, in-12.
Planche.

5849. Greenaway's (Kate). Birthday Book for children. *Londres*, s. d., in-32.
382 illustrations de Kate Greenaway.

5850. — Le même ouvrage. *Munich.*, s. d.

5851. Hawthorne (Nathaniel). Our old home : *Boston*, 1866, in-12.

5852. Holmes (Oliver Wendell). The poet at the breakfast table. Ed. Robertson Nicoll. *Oxford*, s. d., in-12.

5853. — The professor at the breakfast table. Ed. W. Robertson Nicoll. *Oxford*. s. d., in-12.

5854. — The autocrat at the breakfast table. *Oxford*, s. d., in-12.

5855. Hood (Thomas). The poetical works. *Londres*, s. d., in-8.
Planches. Chagr. vert, fil. s. pl. et à l'int., tr. dorés.

5856. Hyde (Douglas). Beside the fire. A collection of Irish, Gaelic folk stories... Ed. Alfred Nutt. *Londres*, 1890, in-8.

5857. Irving (Washington). The sketch book of Geoffrey Crayon, esq. *Paris*, 1846, in-8.

5858. Keats (John). Poetical works, éd. Walter S. Scott. *Londres*, 1902, in-8.
Portrait.

5859. Lamb (Charles). The Essays of Elia. *Londres* et *Glasgow*, s. d., in-12.
Planches.

5860. Lemon (Don). Everebody's scrap book of curious facts. *Londres*, s. d., in-16.

5861. Mackay (Eric). Love letters of a violonist and other poems. *Londres*, s. d., in-16.

Portrait.

5862. Milton (John). Poetical works, éd. Egerton Brydges. *Londres*, 1862, in-8.

Planches.

5863. — Poetical works. Ed. Thomas Newton. *Londres*, s. d., in-12.

Planches.

5864. Montagu (Lady Mary Wartley). Letters and works... éd. Lord Wharncliffe. *Paris*, 1857, 2 vol. in-8.

5865. Moore (Thomas). Poetical works. *Londres*, s. d., in-8,

Maroquin Laval., fil et dent. intér., tr. dorée. Portrait.

5866. Nesbit (E.). aud **Mack** (Robert Ellice). Autumn songs and sketches. *Londres*, s. d., in-8, broché.

Figures et planches.

5867. Norris (Frank). The Octopus. *Londres*, s. d., in-12.

5868. Ossian. The poems of Ossian translated by James Macpherson. *Edimbourg*, 1885, in-12.

Demi-maroquin Havane, coins, tr. dorée. Portrait.

5869. Percy (Thomas). Reliques of ancient English poetry..., éd. Henry B. Wheatley. *Londres*, 1867-1877, 3 vol. in-8.

5870. Poètes. Collection « The British Poets. » Akenside, Beattie. Burns. 3 vol.; Butler, 2 vol.; Chaucer, 6 vol.; Churchill, 2 vol.; Collins, Cowper, 3 vol.; Dryden, 5 vol; Falconer, Goldsmith; Gray; Milton, 3 vol.; Parnell; Pope, 3 vol.; Prior, 2 vol. Shakespeare. Spencer, 5 vol. Surrey (Howard, Earl of): Swift, 3 vol, Thomson, 2 vol.; White. Wyatt, Young, 2 vol. *Londres*, Bell et Daldy, s. d., 52 vol. in-12.

5871. Pope (Alexander). Poetical works *Londres*, s. d., in-12.

5872. — The Illiad of Homer. The Odyssy of Homer; Ed. Watson. *Londres*, 1881-1886, 2 vol. in-12.

Planches d'après Flaxman.

5873. — Poetical works of Alexander Pope, ed. Robert Carruthers. *Londres*, Henry G. Bohn, 1883, 1885, 2 vol. in-12.

Plat chagr. t. de n., fil. sur les plats, dent. intér., t. dorées. Planches.
Le 1er volume en nouvelle édition.

5874. — The life of Alexander Pope. Including Extracts from his Correspondence, by Robert Carruthers. *Londres*, 1857, in-12.

Plein chagr. t. de n., fil. sur les plats. dent. intér., tr. dorées.
Planches.

5875. Porter (Miss). The Scottish chiefs. *Halifax*, s. d., in-12.

Planches.

5876. Quincey (Thomas de). Confessions of an English Opium-eater. *Londres et Glasgow*, s. d., in-16.

Illustrations de Willy Pogany.

5877. Ruskin (The Reader). Passages from modern painters, The seven lamps of Architecture, The Stones of Venice. *Londres*, s. d., in-12.

5878. — Selections from Writings. 1843-1860, 1860-1888. *Londres*, s. d., 2 vol. in-12.

Portrait.

5879. — The Bible References in the works of John Ruskin. *Londres*, s. d., in-12.

5880. — The Crown of wild Olive. *Londres*, s. d., in-12.

5881. — The Eagle's nest. *Londres*, s.d., in-12.

5882. — The Elements of drawing. *Londres*, s. d., in-12.

5883. — The Ethics of the dust. *Londres*, s. d., in-12.

5884. — Frondes agrestes. *Londres*, s. d., in-12.

5885. — Giotto and his works in Padua. *Londres*, s. d., in-12.

Planches.

5886. — The Harbours of England. *Londres*, s. d., in-12.

5887. — A joy for ever. *Londres*, s. d., in-12.

5888. — Lectures on architecture and painting. *Londres*, s. d., in-12.

Planches.

5889. — Lectures on Art. *Londres*, s. d., in-12.

5890. — Modern painters. *Londres*, s. d., 6 vol. in-12.

Planches. Le tome IV est double et le tome V manque.

5891. — Mornings in Florence. *Londres*, s. d., in-12.

5892. — Munera pulveris. *Londres*, s. d., in-12.

5893. — On the old road. *Londres*, s. d., in-12.

Le tome I seulement.

5894. — The poetry of architecture. *Londres*, s. d., in-12.

Planches hors texte.

5895. — The Queen of the air. *Londres*, s. d., in-12.

5896. — St. Mark's rest. *Londres*, s. d., in-12.

5897. — Sesame and lilies. *Londres*, s. d., in-12.

5898. — The seven lamps of architecture. *Londres*, in-12.

Planches. Tache en haut de la 1re planche et des premiers feuillets.

5899. — The stones of Venice. The Fael. *Londres*, s. d., in-12.

Figures et planches.

5900. — The stones of Venice. The foundations. *Londres*, s. d., in-12.

Figures et planches.

5901. — The stones of Venice. The sea-stories. *Londres*, s. d., in-12.

Figures et planches.

5902. — The stones of Venice. Travellers' edition. *Londres*, s. d., 2 vol. in-12.

5903. — Time and Tide. *Londres*, s.d., in-12.

5904. — The two paths. *Londres*, s.d., in-12.

5905. — Unto this last. *Londres*, s. d., in-12.

5906. Scott (Sir Walter). Poetical works. *Édimbourg*, William P. Nimmo, s. d., in-12.

Planches.

5907. — The Lady of the Lake. *Londres*, 1886, in-16.

5908. Shakespeare (William). Complete works. *Paris*, Baudry, 1838, 2 vol. in-8.

Portrait (détaché).

5909. — Plays. Ed. Charles and Mary Cowden Clarke. *Londres*, s. d., 3 vol. in-4.

Illustrated by H. C. Selous.

5910. — Théâtre. Trad. all. August Wilhelm von Schlegel et Ludwig Tieck. *Berlin*, 1851-1852, 12 vol. in-12.

Portrait.

5911. — Dunbar (Mary F. P.). The Shakespeares Birthday Book. *Londres*, 1881, in-32.

5912. — As you like it, ed. by A. W. Verity. *Cambridge*, 1900, in-12.

5913. — Beaucoup de bruit pour rien. Trad. Legendre. *Paris*, 1887, in-12, broché.

5914. — Hamlet, éd. A. W. Verity. *Cambridge*, 1904, in-12.

5915. — Hamlet, Ed. Nicolaus Delius. *Elberfeld*, 1854, in-8, broché.

5916. — Hamlet, Trad. Dumas et Maurice. *Paris*, 1887, in-12.
Relié à la suite :
— Même ouvrage. trad. Louis Ménard. *Paris*, 1886, in-12.

5917. — King Lear. *Oxford*, 1902, in-12.

5918. — Othello. Ed. Morel. *Paris*, 1884, in-16.

5919. — Ein Sommernachtstraum. Trad. all. W. von Schlegel. *Heidelberg*, 1868, 1 vol. in-4.

5920. — Le même ouvrage, 1873, (2e édition).
Illustrations de Paul Konewka.

5921. — The Tempest. Ed. W. Stone. *Londres*, 1899, in-8.
Illustrations de S. G. Davis.

5922. Shaw (Bernard). Man and superman. *Londres*, 1906, in-12.

5923. — Three plays for Puritans. *Londres*, 1906, in-12.

5924. — Three unpleasant plays. *Londres*, 1906, in-12.
Portrait.

5925. Smollett (T.). The Expedition on Humphry Clinker. *Leipzig*, 1846, in-32.

5926. — The Adventures of peregrief Pickle. *Leipzig*, 1870, 2 vol. in-12.

5927. Sterne (Laurence). A sentimental journey through France and Italy. *Leipzig*, 1861, in-12.
Portrait.

5928. — Voyage sentimental augmenté de l'Histoire de deux filles très célèbres dans le monde. *Londres*, 1782, 2 vol. in-32.

5929. Tennyson. Works. *Londres*, 1896, in-12.
Portrait.

5930. — Becket; the Cup; the Falcon. *Leipzig*, 1885, in-12.

5931. — Enoch Arden. trad. A. Beljame. *Paris*, 1892, in-12.
Tirage à 500 exemplaires. Envoi signé du traducteur.

5932. — , Le même ouvrage. Trad. all. Feldmann. *Hambourg*, 1880, in-16.
Portrait.

5933. Thackeray (W. M.). The history of Henry Esmond. *Leipzig*, 1852, 2 vol. in-12.

5934. — Miscellanies: prose and verse. *Leipzig*, 1856, in-12.
Tome IV.

5935. — The Paris Sketch Book. *Londres*, 1886, in-32.

5936. — Sketches and travels in London. *Londres*, 1858, in-12.

5937. — Vanity fair. *Leipzig*, 1848, 3 vol. in-12.

5938. — The Virginians, *Leipzig*, 1858-1859, 4 vol. in-12.

5939. Wilde (Oscar). Plays. *Boston* et *Londres*, 1905, 2 vol. in-8.

5940. The British Drama. *Londres*, John Dicks, s. d., 3 vol. in-12.
Figures.

5941. Morceaux choisis Echoes from Kottabos, édited by R. Y. Tyrrell, and sir Edward Sullivan. *Londres*, E. Grant Richards, 1906, in-8.

5942. Spectator (The) : With Sketches of the lives of the authors, and explanatory notes. *Londres*, J. Nunn et autres, 1816, in-12.

Tome VIII.

PHILOLOGIE ANGLAISE

5943. Blaze de Bury (Y.). Les romanciers anglais contemporains. *Paris*, 1900, in-12.

5944. Brandes (Georg). William Shakespeare. *Paris-Leipzig-Munich*, 1898, in-8.

Envoi d'auteur signé.

5945. Byron (Lord) jugé par les témoins de la vie. *Paris*, Amyot, 1868, in-8.

Portrait. Le tome I seulement.

5946. Chambers (Robert). Cyclopdæia of English literature. A history critical and biographical of British authors with specimens of their writings. *Londres et Édimbourg*, 1885, 2 vol. in-8.

Planches. 4e édition revue par Robert Carruthers.

5947. Chesterton (G. K.). Robert Browning. *Londres*, 1911, in-12.

5948. Collier (William Francis). A history of English literature. *Londres*, 1885, in-12.

5949. Darmesteter (James). Nouvelles études anglaises. *Paris*, 1896, in-12.

Envoi de Mme Marie James Darmesteter.

5950. Filon (Augustin). Histoire de la littérature anglaise. *Paris*, 1896, in-12.

Demi-maroquin, rouge, coins, tr. dorée. 2e édition.

5951. Gervinus (G. G.). Shakespeare. *Leipzig*, 1862, 2 vol. in-8.

(3e édition).

5952. Knauer (Vincenz). William Shakespeare, der Philosopher sittlichen Weltordnung. *Innsbruck*, 1879, in-8.

5953. Mézières (A.). Contemporains et successeurs de Shakespeare. *Paris*, 1864, in-8.

5954. Pierquin (Hubert). Le Poème anglo-saxon de Beowulf. *Paris*, 1912, in-8, broché.

Envoi d'auteur signé.

5955. Simrock (Karl). Die Quellen des Shakespeare in Novellen, Märchen und Sagen. *Bonn*, 1872, in-8, broché.

5956. Taine (H.). Histoire de la littéraure anglaise. *Paris*, 1881, 5 vol. in-12.

LITTÉRATURE SCANDINAVE

5957. Andersen (H. C.). Bilderbuch ohne Bilder. Trad. all. *Leipzig*, s. d., in-16, (17e édition).

5958. — Le même ouvrage. Trad. all. Zoller. *Leipzig*, s. d., in-16.

5959. Brandes (Georg). Ludwig Holberg und seine Zeitgenossen. *Berlin*, 1885, in-8.

(Broché, dos cassé.) Portraits. Envoi d'auteur signé.

5960. — Sören Hurkegaard. Ein literariches Charakterbild. *Leipzig*, 1879, in-8, broché.

5961. Saga de Nial. Trad. Rod. Dareste. *Paris*, 1896, in-12.

5962. Suarès. Le portrait d'Ibsen. *Paris*, 1908, in-12, broché.

5963. Tegner (Esaias). Hrithjofs-Sage. *Munich*, in-16.

Frontisp. gravé.

5964. Littérature scandinave. 4 pièces d'Ibsen (trad. allemande).

LITTÉRATURE SLAVE

5965. Bædeker (K.). Manuel de langue russe. *Leipzig*, 1897, in-12.

5966. Dostoïewsky (Th.). Souvenirs de la maison des morts. trad. Neyrond. *Paris*, s. d., in-12.

5967. Krilof. Fables. trad. en vers. Charles Parfait. *Paris*, 1867, in-12, broché.

5968. Pouchkine (Alexandre). Eugen Onägin, [trad. all. Bodenstadt]. *Berlin*, 1854, in-16.

5969. Reiff (C.). Grammaire française-russe (revue et corrigée par Louis Leger). *Paris*, 1878, in-8.

Relié à la suite :

Benloew (L.). Analyse de la langue albanaise. *Paris*, 1879, in-8.

5970. Suarès. Dostoïevski. *Paris*, Cahiers de la quinzaine, 1911, in-12, broché.

5971. — Tolstoï vivant. *Paris*, Cahiers de la quinzaine, 1911, in-12, broché.

5972. Tolstoï (Léon). La sonate à Kreutzer 20e édition, *Paris*, Lemerre, s. d., in-12.

(Broché, dos cassé.)

5973. — Anna Karénine. *Paris*, 1885. 2 vol. in-12.

5974. — Les Cosaques. *Paris*, 1886, in-12.

Demi-maroquin bleu, coins, tr. dorée.

5975. — La guerre et la paix (Trad. par une Russe). *Paris*, 1885, 3 vol. in-16.

Demi-maroquin, bleu, coins, tr. dorée.

5976. — Résurrection. Trad. de Wyzewa. *Paris*, 1900, 2 vol. in-16. rel. en 1 vol.

5977. Tourguenief (Ivan). Mémoires d'un seigneur russe. Trad. Charrière. *Paris*, 1855, in-12.

5978. — Pères et enfants. *Paris*, 1863, in-12.

5979. Vasa (Paul). Böhmisch (Grammatik). *Berlin*, s. d., in-32, broché.

5980. Vogüé (Vicomte E. M. de). Le roman russe. *Paris*, 1886, in-8 broché.

Manquent la couverture, le faux titre, le titre et une partie du 1er feuillet.

5981. Littérature slave. 5 brochures.

SCIENCES

Généralités

5982. Revue générale des sciences pures et appliquées. *Paris,* 1890-1927, 38 vol. in-8, plus l'année 1928, en fascicules.

5982 bis. Hommage à Louis Olivier. S. l. n. d., in-4.

Portrait. Un des 40 exemplaires, numérotés sur Japon.
Légère éraflure à un coin.

5983. Histoire des sciences [Annales internationales d'Histoire. Congrès de Paris, 1900]. *Paris,* Armand Colin, 1901, in-8.

5984. Sciences. Généralités. Histoire. 1 carton : environ 10 brochures par G. A. Blanc, E. T. Hamy, M. Lecat, Ch. Richet, A. I. A. Vincent.

Mathématiques

5985. Ahrens (Dr W.). Mathematische Unterhaltungen und Spiele. *Leipzig,* 1901, in-8.

5986. Bergson (Henri). Durée et simultanéité. *Paris,* 1922, in-12, broché.

Envoi d'auteur signé.

5987. Bertrand (Joseph). Traité d'algèbre. *Paris,* 1874, 2 vol. in-8.

5988. —. Les fondateurs de l'astronomie moderne. *Paris,* s. d., in-8 (2e édit).

5989. Bourlet (Carlo). Cours abrégé de géométrie I. Géométrie plane II. Corrigé des exercices. *Paris,* 1914, 2 vol. in-12

5990. Briot et **Bouquet**. Géométrie analytique. *Paris,* 1878, in-8.

5991. Dariès (Georges). Mathématiques. 2e édition. *Paris,* s. d., in-12.

5992. Delaunay (Charles). Cours élémentaire d'astronomie. *Paris,* 1870, in-12.

5993. Desboves (A.). Questions de trigonométrie rectiligne. *Paris,* 1877, in-8.

5994. — Questions de géométrie élémentaire. *Paris,* 1875, in-8.

5995. — Questions d'algèbre élémentaire. *Paris,* 1873, in-8,

5996. Dupuis (J.). Tables de logarithmes. *Paris,* 1868, in-8.

5997. Eddington (A.S.). Space, time and gravitation, an outline of the general relativity theory. *Cambridge,* s. d. in-8.

5998. Euler. Lettres à une princesse d'Allemagne sur différentes questions de physique et de philosophie. *Paris,* 1787-1789, 3 vol. in-8.

5999. Fabre (Lucien). Les théories d'Einstein. *Paris,* 1921, in-12.

6000. Legendre (A. M.). Eléments de géométrie. *Paris,* 1847, in-8 (14e édition).

Dos cassé.

6001. Marais (Henri). Introduction géométrique à l'étude de la relativité. *Paris,* 1923, in-8.

6002. Mascart (M.). Eléments de mécanique. *Paris,* 1875, in-8.

6003. Parville (Henri de). L'électricité et ses applications. *Paris*, 1892, in-12.

Figures.

6004. Poincaré (Lucien). L'électricité. *Paris*, 1918, in-12, broché.

6005. Rouché (Eug.) et **Comberousse.** (Ch. de) Traité de géométrie élémentaire. *Paris*, 1868, 2 vol. in-8.

6006. Tallgren (O. J.). Survivance arabo-romane du catalogue d'étoiles de Ptolémée. *Helsingfors*, 1928, in-8, broché.

I. Introduction et série première.

6007. Tyndall (John). Heat, a mode of motion. *Londres*, 1898, in-8.

6008. Vintéjoux (J.). et **Reinach** (Jacques de). Formules et tables d'intérêts composés et d'annuités. *Paris*, 1874, in-8.

6009. Wallis (John). Opera mathematica. *Oxford*, 1695-1699, 3 vol. in-fol.

Portrait. Un nom a été coupé au haut du titre du tome I.

6010. Wurtz (A.). La théorie atomique. *Paris*, 1879, in-8.

6011. Annuaire du Bureau des Longitudes pour l'an 1907 [1908, 1909, 1910, 1911, 1912]. *Paris*, s. d., 6 vol. in-16, brochés.

6012. Astronomie. 18 brochures, par C. Delaporte, C. Flammarion, J. K. Fotheringham, E. Durand-Gréville, J. Mascart, etc.

6013. Mathématiques. M. Larrouy : solution d'un problème (Ms) et 5 brochures par MM. Vincent, Gerson, Lévy, etc.

6014. Mécanique, physique, chimie, météorologie. 17 brochures par MM. Delezenne, Mascart, Diderot, G. A. Blanc, L. Errera, etc.

Sciences naturelles

6015. Bavink (Bernhard). Ergebnisse und Probleme der Naturwissenschaft. *Leipzig*, 1924, in-8.

Figures.

6016. Bernhard (J.). La thériaque. Etude historique et pharmacologique. *Paris*, 1893, in-12, broché.

6017. Blanchard (Dr Raphaël). Corpus Inscriptionum ad medicinam biologiamque spectantium. *Paris*, 1909-1915, in-8.

Tome I, en 4 fascicules brochés.

6018. Bonaparte (Prince Roland). Notes ptéridologiques. *Paris*, 1915-1918, fascicules in-8.

I-V, VII, XIV-XVI.

6019. Büchner (Ludwig). Die darwinsche Theorie. *Leipzig*, 1876, in-8.

6020. Colin (Ferdinand). Die Pflanze. *Breslau*, 1882, in-8.

6021. Cook (Theodore Anders). Eclipse and O' Kelly *Londres*, 1907, in-4.

Planches. Tirage à 100 exemplaires numérotés.

6022. Debay (A.). Hygiène et physiologie du mariage. *Paris*, 1885, in-12.

6023. Delangre (Dr A.). Consultations médico-chirurgicales. *Paris*, 1923, in-8.

Figures.

6024. Delogne (C. H.). Flore de la Belgique. *Namur*, s. d., in-8.

6025. Dennert (E.). Katechismus der Botanik. *Leipzig*, 1897, in-12, (2e édition).

6026. Duclaux (Émile). L'hygiène sociale. *Paris*, 1902, in-8.

6027. Errera (Léo). Botanique générale. *Bruxelles - Berlin - Paris - Londres*, 1908, 2 vol. in-8.

Portrait.

6028. — Physiologie générale philosophique. *Bruxelles-Londres-Berlin-Milan-Paris*, in-8.
Portraits.

6029. — et L. **Laurent**. Planches de physiologie végétale. *Bruxelles*, 1897, in-4.
Figures. Envoi d'auteurs signé.

6030. — et L. **Laurent**. Planches de physiologie végétale. *Bruxelles*, s. d., in-fol. en feuilles.
Planches en couleurs, I à XV.

6031. Ferrier (David). Les fonctions du cerveau, trad. H. C. de Varigny. *Paris*, 1878, in-8.
Figures.

6032. Figuier (Louis). L'alchimie et les alchimistes. *Paris*, 1860, in-12.

6033. Flourens (P.). De la longévité humaine et de la quantité de vie sur le globe. *Paris*, 1860, in-12.

6034. Gensse (Mme A.). La femme, son hygiène et sa thérapeutique. *Paris, Le Havre*, 1885, in-8.

6035. Gervais (Paul). Eléments de zoologie: (anatomie, physiologie, histoire naturelle des animaux). *Paris*, 1871, in-8, (2e édition.).
Figures, fortes rousseurs.

6036. Hamy (E.T.). Analecta historico-naturalia. 2e et 3e série. XXVI à LXXV. *Paris*, 1899-1901 et 1902-1906, 2 vol in-8.

6037. Huxley (Thomas). De la place de l'homme dans la nature. Trad. Dally. *Paris*, 1868, in-8.

6038. — L'Écrevisse. Introduction à l'histoire de la zoologie. *Paris*, 1880, in-8.
Figures.

6039. Javal (Dr Émile). Entre aveugles. *Paris*, 1903, in-12.
Envoi d'auteur signé.

6040. — Physiologie de la lecture et de l'écriture. *Paris*, 1905, in-8.

6041. Joret (Charles). Les plantes dans l'antiquité et au moyen âge. Histoire, usages et symbolisme. *Paris*, 1897-1904. 2 vol. in-8.
Envoi d'auteur signé. Le 1er volume broché, dos cassé, les plats de la couverture détachés.

6042. Jussieu (Adrien de). [Cours élémentaire d'histoire naturelle]. Botanique. *Paris*, 1858, in-12.

6043. Lane (Charles Henry). All about dogs. A book for doggy people. Illustrated by R. H. Moore. *Londres-New-York*, 1900, in-8.
Portrait.

6044. Le Maout (Emm.) et J. **Decaisne**. Traité général de botanique descriptive et analytique. *Paris*, 1876, in-4.
Figures.

6045. Leven (Dr M.). La névrose. *Paris*, 1887, in-8.
Plat supérieur détaché. Envoi d'auteur signé.

6046. Liebig (Justus von). Chemische Briefe. *Leipzig-Heidelberg*, 1878, in-8.

6047. Lyell (Charles). Das Alter des Menschengeschlechts auf der Erde. *Leipzig*, 1874, in-8.
Figures et planches.

6048. Maeterlinck (Maurice). La vie des abeilles. *Paris*, 1901, in-12.

6049. Marage (Dr). Petit manuel de la physiologie de la voix. *Paris*, s. d., in-8, broché.
Figures.

6050. Marey (E. J.). La machine animale (locomotion terrestre et aérienne). *Paris*, 1878, in-8 (2e édition).
Figures.

6051. Meyer (G. H. de). Les organes de la parole (Trad. O. Claveau). *Paris*, 1885, in-8.
Figures.

6052. Milne Edwards. [Cours élémentaire d'histoire naturelle]. Zoologie. *Paris*, 1858, in-12.

6053. Oddo (Dr C.). Maladie de la moelle et du bulbe. *Paris*, s. d., in-12.
Figures.

6054. Périer (Dr C.). Les stations médicales dans les maladies des enfants. *Paris*, 1896, in-12.
Envoi d'auteur signé.

6055. Quatrefages (A. de). L'espèce humaine. *Paris*, 1877, in-8.

6056. Reclus (Dr Paul). Manuel de pathologie externe. *Paris*, 1901, in-8.
Figures. Tome I.

6057. Rosenthal (Æ.). Les nerfs et les muscles. *Paris*, 1883, in-8.
Figures.

6058. Rousseau (J.-J.). Recueil de plantes coloriées pour servir à l'intelligence des Lettres sur la botanique. *Paris*, 1789, in-8.

6059. Sachs (J.). Traité de botanique. (Trad. van Tieghem). *Paris*, 1874, in-8.
Figures.

6060. Saporta (G. de). **Marion** (A. F.) L'évolution du règne végétal. Les phanérogames. *Paris*, 1885, 2 vol. in-8.

6061. Sappey (Ph. O.). Traité d'anatomie descriptive. *Paris*, 1879, 4 vol. in-8.

6062. Schafier (Henri). Études cliniques sur les maladies des femmes. *Paris*, 1886, in-8.

6063. Schwarzschild (Heinrich). Magnetismus, Somnambulismus, clairvoyance. *Cassel*, 1854, in-12.

6064. Sée (Professeur). Des dyspepsies gastro-intestinales. *Paris*, 1883, in-8.

6065. — De la phtisie bacillaire des poumons. *Paris*, 1884, in-8.
2 planches en chromolithographie.

6066. Springer (Maurice). Etude sur la croissance et son rôle en pathologie. *Paris*, in-8.
Envoi d'auteur signé.

6067. — L'énergie de croissance et les lécithrines dans les décoctions de céréales. *Paris*, s. d., in-12, broché.
Envoi d'auteur signé.

6068. — L'hygiène des albuminuriques. *Paris*, 1912, in-12.
Envoi d'auteur signé.

6069. Van Beneden (J. P.). Les commensaux et les parasites dans le règne animal. *Paris*, 1878, in-8.

6070. Wundt (Wilhelm). Lehrbuch des Physiologie des Menschen. *Stuttgart*, 1878, in-8.
Figures.

6071. Biologie. Environ 10 brochures par L. Errera, H. Schouteden, E. T. Hamy, Dr Pierre Sée, etc.

6072. Botanique. Environ 30 brochures par le prince Roland Bonaparte, L. Errera, E. T. Hamy, etc.

6073. Médecine. Environ 60 brochures par Ch. Achard, S. Bernheim, Léon Bizard, A. Blanchet, A. Bouchard, J. de Sard, P. Budin, E. Fournier, E. T. Hamy, etc.

6074. Médecine vétérinaire. 4 brochures par H. Duclaux, Jules Bluzet, Serge Voronoff.

6075. Zoologie, environ 15 brochures par L. Errera, R. Legendre, Salomon Reinach, A. Weissmann, etc.

Sciences appliquées

6076. Farman (Henri). L'automobile. *Paris*, s. d., in-8. broché.
Planche coloriée démontable.

6077. Ferber (F.). L'aviation. *Paris-Nancy*, 1909, in-8.
(Broché, manque le 1er plat de la couverture.) Planches.

6078. Forest (Louis). Monseigneur le vin. *Paris*, s. d., in-8.
Planches.

6079. Gouffé (Jules). Le livre de cuisine. *Paris*, 1877, in-8.
1er plat détaché.

6080. Graffigny (Henry de). Dictionnaire des termes techniques employés dans les sciences et dans l'industrie. *Paris*, 1909, in-8, broché.

6081. Herget (C. V.). Prof. **Kohl**, etc. Die mechanische Bearbeitung der Rohstoffe. *Leipzig-Berlin*, 1874, in-8.
Figures et planches.

6082. Leguidre (Paul). Industrie manufactières. *Paris*, 1883, in-32, (15e édition).

6083. Richardin (Edmond). La cuisine française du xive au xxe siècle. L'art du bien manger. *Paris*, Nilson, s. d., in-8.
Planches.

6084. Exposition internationale de Buenos-Aires, 1910. Rapport du commissaire général du gouvernement de la République. *Paris*, 1912, in-8.
Cartes et planches.

6085. Rapport général sur l'industrie française. *Paris*, 1919, in-8, broché.
1re partie, tome II.

6086. Agriculture. Environ 20 brochures. par G. Montorgueil, P. Duchemin, E. Cardot, A. Calvet, etc.

6087. Agriculture. législation : environ 12 brochures.

6088. Automobilisme. Environ 15 brochures [catalogues], et un itinéraire Michelin [Bretagne].

6089. Chemins de fer, environ 26 brochures, par J. Coignet, E. Milhaud, L. Schlüssel, M. Peschaud, J. Berge, etc.

6090. Eaux, forces hydrauliques. 2 brochures.

6091. Industrie : législation 4 brochures.

6092. Marine marchande. 10 brochures, plans et coupes, journal.

6093. Mines. Maurice Ajam : La question des mines (1911).

6094. Postes, télégraphes, téléphones. 5 brochures.

6095. Sciences appliquées. Environ 15 brochures par le prince Bonaparte, Commnt Paul Renard, Lazare Weiller, W. Loth, etc.; journaux.

6096. Travaux publics. environ 20 brochures par M. Molinos, C. Bloch, P. Dupuich, L. Verstraet, Yves Guyot, Pierre Baudin, Marius Richard, etc.

Questions militairbs

6097. Archer (J.). Projet de règlement de manœuvre du canon d'infanterie. *Paris*, 1918, in-12,
Envoi d'auteur signé. Fig. et pl.

6098. Barrère (Albert). A dictionary of English and French military terms. *Londres*, 1915, in-12.
First Part : English-French.

6099. Bernhardi (Friedrich von). Deutschland und der nächste Krieg. *Leipzig-Berlin*, 1913, in-8.

6100. Bloch (Jean de). Conséquences probables tant politiques qu'économiques d'une guerre entre grandes puissances. *Paris*, 1900, in-8, broché.

Dos cassé. Le 1er plat de la couverture et la 1re page détachés.

6101. Brialmont (Général A.). La défense des États et les camps retranchés. *Paris*, 1880, in-8.

Plans et figures.

6102. Civrieux (Commandant de). La bataille du « champ des Bouleaux ». *Paris*, s. d., in-8, broché.

Carte.

6103. Corsi (Alessandro). L'occupazione militare in tempo di guerra. *Florence*, 1886, in-8, broché.

6104. D'Estournelles de Constant, Painlevé, etc. Pour l'aviation. *Paris*, s. d., in-12, broché.

Planches.

6105. Ferry (Ct Edmond). De Moukden à Nancy. *Paris*, 1907, in-8, broché.

Envoi d'auteur signé.

6106. Goltz (Von der). La Nation armée. (trad. Ernest Jaeglé). *Paris*, 1884, in-8.

6107. Holenlohe-Ingelfingen (Prince Kraft de). Lettres sur la stratégie. (Trad. par un officier d'infanterie. *Paris*, 1887, in-8.

6108. — Lettres sur l'artillerie (Trad. Ernest Jaeglé). *Paris*, 1886, in-8.

6109. — Lettres sur l'infanterie (Trad. E. Jaeglé). *Paris*, 1885, in-8.

6110. Kann (Réginald). Impressions de campagne et de manœuvres. *Paris*, in-8, broché.

Croquis et carte. Envoi d'auteur.

6111. Kanner (Michel). Guide militaire et vocabulaire pratique franco-russe. *Paris*, s. d., in-32.

6112. Kaulbars (Colonel baron). Rapport sur l'armée allemande (trad. G. Le Marchand). *Paris*, 1880, in-12.

6113. Le Français (Cap.). Une erreur militaire; une faute politique; le service obligatoire pour les Musulmans d'Algérie. *Paris, Nancy*, 1913, in-8, broché.

6114. Lehugeur (Paul). Histoire de l'armée française. *Paris*, 1880, in-8.

Envoi d'auteur signé. Relié à la suite : Organisation militaire des chemins de fer.

6115. Le Marchand (G.). L'officier. *Paris*, 1887, in-8.

6116. Lenz (Alfred v.). Lebensbild des Générals Uchatius. *Vienne*, 1904, in-8, broché.

Portraits. Envoi d'auteur signé.

6117. Maitrot (Gal). Nos frontières de l'Est et du Nord. *Paris-Nancy*, 1913, in-8.

Broché, carte et croquis.

6118. Moltke (Mal de). Taktisch-strategische Aufsätze aus den Jahren 1857 bis 1871. *Berlin*, 1900, in-8.

Avec atlas.

6119. Mordacq (Commnt). Politique et stratégie dans une démocratie. *Paris*, 1912, in-12.

6120. Reinach (Joseph). Le ministre civil de la Guerre. *Paris*, 1887, in-12.

(Broché. Envoi d'auteur).

6121. — L'armée toujours prête. *Paris-Nancy*, 1913, in-12.

Demi-chagr. bleu, coins, tr. dorée, couverture conservée (Affolter). Envoi d'auteur signé.

6122. Rhados (Constantin). Histoire des flottes de guerre contemporaines. *Athènes*, 1901, in-8, broché.

Dos cassé.

6123. Roederer (G.) et **Guth** (A.) Abréviations et signes topographiques en usage dans les documents militaires allemands. *Paris-Nancy*, 1913, in-16, broché.

6124. Roy (E.). Répertoire alphabétique des termes militaires allemands. *Paris-Nancy*, 1914, in-12, (5e édition).

6125. Sommerfeld (Adolf). Le partage de la France en l'an 1900. (ce qu'on verra un jour). *Paris*, s.d ., in-8.

6126. Spero (Capitaine). La défense nationale sous la République. *Paris*, s. d., in-12, broché.

6127. Troussaint (Médecin inspecteur). La direction du service de santé en campagen. *Paris*, 1914, in-12.

6128. Wachter (A.). Atlas élémentaire de topographie. *Paris*, 1878, in-4.

Cartes et plans.

6129. Manuel d'escrime. *Paris*, Impr. nat., 1881, in-32.

6130. Etat militaire de toutes les nations du monde. 1914. *Paris-Nancy*, 1914, in-12, broché.

6131. Réunion des officiers de réserve et de l'armée territoriale du service d'état-major. Bulletin, 1900-1914, 15 vol. in-8.

6132. Revue du cercle militaire, 1886-1907. *Paris*, 1886-1907, 42 vol. in-4.

6133. Armée, législation ; environ 16 brochures par H. Garrot, Cne J. Roux, Lt Cel Mangin, L. de Montesquiou, P. Simon, Gal de Torcy, etc.

6134. Art militaire, environ 25 brochures par H. Allain-Targé, Cel Aubier, Gal Donop, Gal Faurie, H. Le Wita, Gal Percin, etc.

6135. Règlements militaires : 8 brochures.

SPORTS, JEUX

6136. Chasse moderne (La). Encyclopédie du chasseur par MM. Henri Adelon, Vte E. de la Besge, Gustave Camet, etc. *Paris*, Larousse, s. d., in-8, fig.

6137. Foster (R. F.). Bridge tactics, a complete system of self instruction. *Londres*, 1903, in-12.

6138. Lahure (Ch.). Le whist à trois ou mort. *Paris*, 1886, in-8.

6139. Maréchal (Dr Ph.). L'évolution de l'opinion publique sur les courses de taureaux. *Paris*, 1902, in-8.

Envoi d'auteur signé à M. Charles Ephrussi.

6140. Rosenthal (S.). Traité des échecs. *Paris*, 1901, in-8.

Envoi d'auteur signé.

6141. Jeux de hasard. 1 carton; projets de réglementation.

6142. Sports. 1 carton : 4 brochures, par A. Beauvois-Devaux, J. Scheible, etc.

TABLE

Beaux-Arts

Histoire médiévale et moderne

Droit, économie politique

Sciences morales

Langues et littératures indo-européennes

Sciences

Imprimerie
LETOUZEY ET ANÉ
87, Boulevard Raspail
PARIS - VI

www.ingramcontent.com/pod-product-compliance
Lightning Source LLC
LaVergne TN
LVHW010551110826
845149LV00003B/624

* 9 7 8 2 3 2 9 1 9 8 1 6 3 *